Jetzt helfe ich mir selbst

Dieter Korp

Mercedes-Benz
200 / 230 E

ab Juli '80

Jetzt helfe ich mir selbst

Unter Mitarbeit von
Wolfgang Schmarbeck

Motorbuch Verlag Stuttgart

Umschlagentwurf und Buchgestaltung: Peter Werner / Siegfried Horn
Titelbild: Wolfgang Schmarbeck

ISBN 3-87943-863-3

Auflage Nr. 1024810

Die in diesem Buch enthaltenen Ratschläge werden nach bestem Wissen und Gewissen erteilt, jedoch unter Ausschluß jeglicher Haftung.
Idee und Gestaltung des Störungsfahrplanes in der vorderen Buchklappe: Verfasser.
Manuskriptbearbeitung: Redaktion Dipl.-Ing. Dieter Korp,
Zeisigweg 1, 7250 Leonberg 7.
Fotos: Daimler-Benz 6, Schmarbeck 92.
Zeichnungen: Bosch 1, Daimler-Benz 23, Schmarbeck 1, Archiv Verfasser 1.
Schaltpläne: Daimler-Benz.
Satz und Druck: Staib + Mayer, Vereinigte Druckereien, 7000 Stuttgart 1.
Buchbinderische Verarbeitung: Verlagsbuchbinderei Wilhelm Nething, 7315 Weilheim.
Printed in Germany.

Sie finden in diesem Buch

Vorwort

So bleibt Ihr Auto mobil

Manche Kosten zum Unterhalt eines Autos sind unabwendbar. Doch der Autobesitzer braucht sich mit den allgemein ständig steigenden Preisen nicht einfach abzufinden. Es gibt vielerlei Möglichkeiten zu Einsparungen, ohne sich in der Benutzung des Wagens einschränken zu müssen.

Wer solche Überlegungen anstellt, der kommt sehr bald zu dem Entschluß, sich um die Pflege und Wartung seines Automobils so gut wie möglich selbst zu kümmern. Das setzt natürlich voraus, daß man über das Wie auch Bescheid weiß. Dazu dient dieses Buch, das auch darüber Auskunft gibt, was man selbst tun kann und was Sache der Werkstatt ist.

Die einfachste Stufe der Selbsthilfe sind Sichtprüfungen. Auch diese erhalten den Wert des Wagens und dessen Fahrsicherheit. Darüber hinaus werden in diesem Buch praktische Handgriffe, aber auch Reparaturen beschrieben. Letztere werden besonders im Hinblick auf die Möglichkeit gegeben, im Ausland oder nach einem Unfall manchem fremden Werkstattpersonal die nötige Unterstützung zu vermitteln. Deshalb sollte dieses Buch im Handschuhfach seinen Platz haben.

Ferner dient dieses Buch – es ist eine erheblich erweiterte Betriebsanleitung – der Wissensvermehrung, was die Funktionen im Automobil betrifft. Derartige Kenntnisse sind sicherlich bei einem Werkstattbesuch nützlich, und man kann sich auch auf die Untersuchungen beim TÜV besser vorbereiten, zumal das Buch auch erläutert, was dabei beachtet werden soll.

Nachdem in unserer Handbuchreihe bereits die bis 1980 gebauten Mercedes-Benz-Modelle 200, 230 und 250 beschrieben worden sind, ist der vorliegende Band den seitdem erschienenen Typen 200 und 230 E gewidmet, die ebenso der Baureihe 123 angehören. Diese Wagen besitzen einen völlig neuen Motor mit neuem Getriebe und teilweise auch neue Nebenaggregate. Es sind Weiterentwicklungen mit erneut vergrößerter Wartungsfreundlichkeit, womit das Geschick jener Fahrer unterstützt wird, die sich mit Verantwortungsgefühl um ihr Auto kümmern möchten. So gepflegt und gewartet, können sie den Wagen später einmal auch günstig verkaufen.

Die Fachkunde vieler erfahrener Leute hat zum Entstehen des Buches eindrücklich beigetragen. Dafür und für manchen praktischen Ratschlag sei an dieser Stelle ein Dankeschön gesagt.

Die Verfasser

Wenn man eine gute Landkarte zur Hand hat, fällt es unterwegs nicht schwer, die richtige Richtung einzuschlagen. Was zu tun ist, wenn am Auto einmal etwas nicht in Ordnung sein sollte, das offenbart dieses Handbuch. Es ist für den Umgang mit dem Mercedes ein treuer Wegweiser.

Prüfen ohne Werkzeug

Einsicht

Gelegentlich das Auto etwas unter die Lupe nehmen und nach Mängeln und Verschleiß absuchen – damit erhalten Sie den Wert Ihres Mercedes. Ohne Fachmann sein zu müssen und sogar ohne Werkzeug in der Hand ist jeder in der Lage, die Zuverlässigkeit seines Autos beurteilen zu können.
Die Beseitigung sich anbahnender Mängel, die rechtzeitig erkannt wurden, kostet viel weniger Geld als eine spätere, zwangsläufig folgende Reparatur. Wie man solche Unstimmigkeiten entdeckt, das sagt dieses erste Kapitel. Damit erfüllen Sie zugleich Ihre Pflicht als Autobesitzer: Für die Verkehrssicherheit Ihres Wagens sind Sie selbst verantwortlich.

Prüfen im Stand

Bei einer Probefahrt läßt sich der technische Zustand eines Autos am zuverlässigsten erkennen. Aber ein solches Examen beginnt schon, wenn der Wagen noch steht. Man kann es sich zur Angewohnheit machen, gelegentlich mit kritischem Blick um den Wagen herumzugehen.
Abweichungen im äußeren Zustand lassen sich bei Tageslicht am leichtesten entdecken:

- Beulen im Blech,
- Kratzer im Lack,
- Rostansatz,
- Zerbrochene Gläser der Leuchten,
- Abgefahrenes Reifenprofil.

Die Beleuchtungsanlage kann man zu jeder Tageszeit prüfen. Sind alle Lichtspender sauber? Schalten Sie der Reihe nach ein:

- Standlicht,
- Abblendlicht,
- Fernlicht,
- Nebelleuchten.

Funktionieren auch Rückleuchten, Bremsleuchten, Blinkleuchten?
Öffnen Sie die Motorhaube und kontrollieren Sie den Stand dieser Flüssigkeiten:

- Wasser im Scheibenwaschbehälter,
- Ölstand im Motor,
- Stand der Kühlflüssigkeit,
- Stand der Bremsflüssigkeit,
- Stand der Batterieflüssigkeit.

Im gleichen »Arbeitsgang« kann man sich davon überzeugen, ob die Spannung der Keilriemen stimmt und ob die Batteriepole sauber sind.
Starten Sie jetzt den Motor und nehmen Sie Ihr Gehör zur Hilfe:

- Ungleichmäßiger Leerlauf?
- Ventilgeräusche?
- Sonstige, früher nicht wahrgenommene Geräusche?

Als nächstes sehen Sie sich den Standplatz des Wagens an. Frische Ölflekken? Wenn ja, woher? Und wie verhält es sich mit der Unterseite des Autos? Nutzen Sie zu dieser Betrachtung den nächsten Ölwechsel bei Ihrer Tankstelle, wenn der Mercedes über einer Grube oder auf einer Hebebühne steht. Wenn bis dahin aber noch längere Zeit vergeht, vergewissern Sie sich besser bald: Schieben Sie Packpapier, alte Zeitungen oder praktischer noch eine öfter verwendbare Kunststoffolie unter das Auto und kriechen Sie so weit wie möglich unter Ihren seitlich angehobenen (und sicher abgestützten) Wagen. Wie man das Auto anhebt und unterbaut, lesen Sie auf Seite 64. Schauen Sie in Ruhe und der Reihe nach an, ob Sie folgende Mängel entdecken:

- Öl am Kurbelgehäuse, Getriebe?
- Bremsleitungen verrostet?
- Anschlüsse der Bremsleitungen feucht?
- Unterbodenschutz angegriffen?
- Stoßdämpfer ölverschmiert?
- Auspuff durchgerostet?
- Rostansatz?

Diese Kontrollen »unten herum« sollten auch von der anderen Seite des Wagens vorgenommen werden. So können Sie mehr erkennen und gleichzeitig feststellen, ob alle freihängenden Räder etwas schwergängig sind oder ob die Radlager zuviel Spiel aufweisen.

Haben sich bei der Musterung irgendwelche Mängel ergeben, können Sie selber beurteilen, wie Sie Abhilfe schaffen wollen. Suchen Sie im Stichwortverzeichnis dieses Buches den entsprechenden Abschnitt und lesen Sie diesen durch. Welche Möglichkeiten der Eigenhilfe sich bieten oder wie eventuell die Werkstatt vorgehen würde, um einen Schaden zu beheben – die Beschreibung wird Sie zu dem für Sie günstigsten Entschluß führen. Der Sinn dieses Buches ist es ja, Sie mit Ratschlägen zu unterstützen, daß Sie in möglichst vollkommener und zugleich kostengünstigster Weise den Zustand Ihres Autos bewahren können.

Probefahrt

Pflegearbeit Nr. 46

Der eben beschriebenen Durchsicht folgt die Beobachtung, wie sich das Auto während der Fahrt verhält. Probefahrten, die in den Werkstätten nach Inspektionsdiensten und nach größeren Reparaturen vorgenommen werden, führen dort nicht immer zu echten Aufschlüssen. Zeitmangel im Betrieb und Verkehrsdichte vor dem Werkstattor verhindern oder verfälschen manchmal diese wichtige Kontrolle. Dem Fachmann in der Werkstatt bietet dann ein moderner Prüfstand ebenfalls aufschlußreiche Beobachtungsergebnisse.

Die eigene, mit Umsicht unternommene Probefahrt läßt rechtzeitig eventuelle Mängel erkennen und unterstützt die Verkehrssicherheit. Jedermann kann – je nach Erfahrung – eigene Methoden entwickeln, solche Probefahrten mit wirklichen Erkenntnissen über sein Auto zu beenden, ohne irgendwelchen Täuschungen zu unterliegen. Wir schlagen vor, die Reihenfolge der Kontrollen nach folgendem Schema einzuhalten: Lenkung – Fahrwerk – Bremsen – Motor – Kupplung – Getriebe – Elektrik.

- Wagen fahren und ohne Gas rollen lassen. Hände vom Lenkrad. Der Wagen darf nicht einseitig wegziehen (die Straße darf nicht gewölbt sein, gilt auch für den Bremsversuch). Lenkung kurz anreißen und loslassen. Kommt der Wagen von selbst in die Geradeausstellung zurück? Stellt sich die Lenkung nach einer Kurve ohne Nachhilfe zurück? Kein zu großes Spiel in der Lenkung?
- Rollt der Wagen leicht (Motor im Leerlauf, Schalthebel neutral) weiter? (Sonst schleifende Bremsbeläge oder zu schwergängige Räder.)

Scheinwerfer, Blinker und Rückleuchten des Autos müssen immer funktionsbereit sein. Wie man sich von der Einsatzbereitschaft überzeugt, ist auf Seite 200 beschrieben. Wenn man sich bei der Kontrolle helfen lassen kann, dann ist es leichter, doch es geht auch allein: Die betreffende Leuchte einschalten, aussteigen und die Funktion der Lampe überprüfen. Denn besonders bei schlechter Witterung sind die Beleuchtungseinrichtungen wichtig. Dann sollten sie auch regelmäßig gesäubert werden. Also auch unterwegs öfter einmal anhalten und die Leuchtengläser vom Straßenschmutz reinigen.
Wagen mit Rundscheinwerfern wie auf unserem Bild wurden übrigens nur bis August 1982 ausgeliefert, danach gibt es rechteckige Scheinwerfer.

■ Bremsen: Siehe Abschnitt »Bremsen prüfen« auf Seite 144.
■ Dreht der betriebswarme Motor im Leerlauf ruhig und gleichmäßig? Auch nach strammer Fahrt? Sauberer Übergang und ruckfreies Beschleunigen beim Gasgeben? Gaswegnehmen aus höherer Geschwindigkeit: Unübliche Geräusche von Motor, Getriebe, Auspuff? Qualmt der Auspuff?
■ Trennt die Kupplung beim Schalten (kein Kratzen im Getriebe)? Rutscht sie beim scharfen Gasgeben gleich nach dem Schalten und bei entlastetem Kupplungspedal durch (Motor dreht hoch, ohne daß der Wagen schneller wird)? Bei Getriebeautomatik: Reagiert der Wagen in allen Fahrstufen in gewohnter Weise?
■ Lassen sich alle Gänge des mechanischen Getriebes im Stand und während der Fahrt ohne wesentlichen Widerstand einlegen? Schaltstufen des automatischen Getriebes gleichermaßen prüfen; funktioniert die Wählhebelanzeige?
■ Funktionieren alle Scheinwerfer, Leuchten und Kontrollampen? Arbeiten die Blinker richtig? Zeigen die Instrumente an? Funktionieren Scheibenwischer, Heizung, Belüftung und heizbare Heckscheibe?

Fingerzeig: *Selten hat man eine völlig ebene und zudem noch unbefahrene Straße für die Probefahrt zur Verfügung, wo man auch keine anderen Verkehrsteilnehmer etwa durch plötzliche Bremsmanöver in Bedrängnis bringt. Sicherer ist ein am Wochenende verwaister großer Parkplatz im Industriegebiet, wo Sie in Ruhe Ihre Runden drehen können und niemanden durch quietschende Reifen aus seiner Wochenendruhe reißen.*

Prüfen vor der TÜV-Kontrolle

Unsere Autos müssen regelmäßig beim Technischen Überwachungsverein vorgeführt werden, damit die Verkehrssicherheit erhalten bleibt. Aus der farbigen Plakette auf dem hinteren polizeilichen Kennzeichenschild und aus dem entsprechenden Vermerk im Kraftfahrzeugschein ist der nächste Vorführtermin zu ersehen.
Der besonders bei älteren Wagen bisweilen mit Sorge erwarteten Kontrolle können Sie mit ruhigem Gewissen entgegensehen, wenn Sie Ihren Mercedes sachverständig, anhand dieses Buches, gepflegt haben. In Selbsthilfe oder durch die Werkstatt abgestellte Mängel beweisen dem Prüfer Ihr Verantwortungsgefühl. Bei einer eventuell doch noch bestehenden Beanstandung wird dann seine Beurteilung sachlicher ausfallen, als wenn er ein im ganzen verkommenes Fahrzeug vor sich hätte. Deshalb sollte man auch die Wagenunterseite direkt vor der Fahrt zum TÜV gründlich reinigen lassen. Das bekommt man in je-

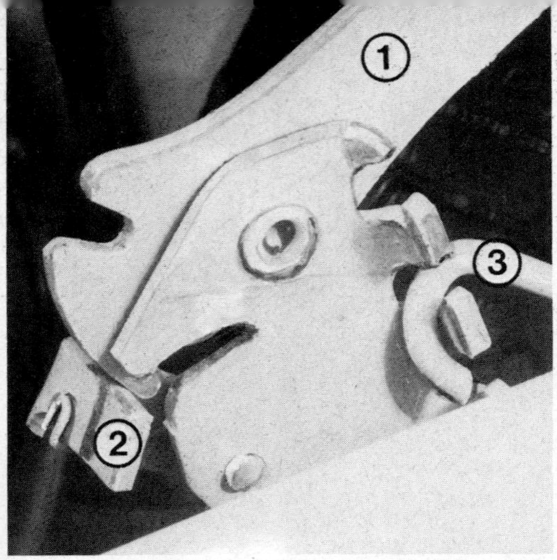

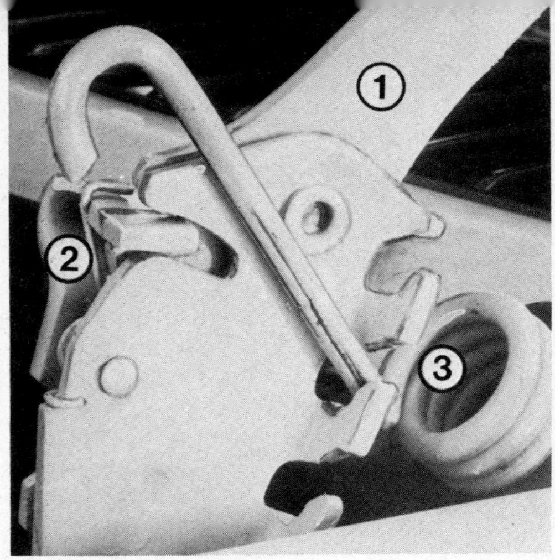

Die Motorhaube läßt sich aus der normalen Öffnungsstellung auch in eine 90°-Stellung bringen, zum Vorteil der optimalen Zugänglichkeit des Motorraums. Dazu ist an der linken Haubenstütze (1) der Sperrhebel (2) aus der Raste zu ziehen und die Motorhaube etwas nach oben zu drücken, damit der Sperrhebel nicht wieder einrastet. Dann wird an der rechten Haubenstütze der Sperrhebel ebenfalls aus der Raste gezogen und die Motorhaube nach oben gedrückt, bis der Sperrhebel der linken Haubenstütze in die 90°-Raste einklinkt (Bild rechts). Zum Schließen der Haube ist der Sperrhebel der linken Haubenstütze aus der Raste zu ziehen. Die Zugfedern (3) beider Seiten müssen in der Führung eingerastet sein.

der Tankstelle gemacht. Die Fahrwerkteile und die Bremsleitungen müssen für den Prüfer mühelos zu erkennen sein.

Es ist nicht verkehrt, wenn Sie vorher Ihren Wagen selbst eingehend unter die Lupe nehmen. Der Auspuff ist auf Durchrostung, die Reifen sind auf Profiltiefe zu prüfen. Nicht serienmäßige Anbauteile oder solche, für die weder eine ABE (Allgemeine Betriebserlaubnis) noch eine Werksfreigabe vorliegt – darunter können z. B. fremde Auspuffanlagen, Leichtmetallfelgen, »Sport«-Lenkräder fallen –, sind durch genehmigte Teile zu ersetzen. Alle Beleuchtungseinrichtungen am Auto haben zu funktionieren und die Scheinwerfer müssen richtig eingestellt sein, siehe Kapitel »Scheinwerfer und Leuchten«.

Wesentliche Beachtung wird bei der TÜV-Kontrolle den Teilen des Fahrwerks und der Wirkung der Bremsen geschenkt.

Man kann auch einer Werkstatt den Auftrag erteilen, den Wagen komplett für die TÜV-Kontrolle vorzubereiten. Aber das wird möglicherweise teuer. Solchen gerngesehenen Kunden könnte manche geschäftstüchtige Werkstatt Ersatzteil- und Reparaturkosten berechnen, die mit dem Auftrag recht wenig zu tun haben.

Es gibt Autobesitzer, die führen erst einmal ihren gesäuberten und weitgehend selbst kontrollierten Wagen dem TÜV vor und erklären dabei, daß sie sich über eventuelle Mängel informieren wollen. Nach der Kontrolle überreicht der Prüfer einen schriftlichen Befund. Nach dem soll sich jetzt die Werkstatt richten, wenn man die Plakette noch nicht bekommen hat. Der ausdrückliche Hinweis, nur die vermerkten Mängel zu beheben, verhilft zu einer preislich angemessenen Instandsetzung. Kleinere Mängel wird man sogar selbst abstellen können. Danach führt man den Wagen ein zweites Mal dem TÜV vor und die detaillierte Werkstatt-Rechnung nimmt man mit. Trotz einer Nachgebühr, die sich in ihrer Höhe danach richtet, ob leichte oder erhebliche Mängel zu beseitigen waren, hat man mit diesem erneuten Besuch dennoch Geld gespart.

Was es vor dem Besuch beim TÜV im besonderen zu beachten gibt, finden Sie in einzelnen, diesbezüglichen Abschnitten des vorliegenden Buches eingehend beschrieben.

Und noch einige Tips: Die Untersuchung braucht nicht bei einer TÜV-Stelle am Wohnort zu erfolgen (man kann sich also eine solche aussuchen, bei der man sich mehr Entgegenkommen verspricht). Ungünstige Prüfzeiten sind die Tage vor den Ferien und vor den Feiertagen, allgemein jedoch das Frühjahr. Eine Anmeldung ist nicht immer möglich, doch man kann mit einzelnen Prüfstellen Termine vereinbaren.

Die Untersuchung kann auch bei einer anderen Kfz-Sachverständigen-Organisation erfolgen, so bei der Dekra, bei der TÜV-Tochter FKUE und schließlich noch bei der GTUE (Gesellschaft für technische Überwachung).

Der Kraftstoffverbrauch

Verkehrsverhältnisse, Belastung des Wagens und Witterungsverhältnisse beeinflussen den Verbrauch eines jeden Autos, ebenso die Fahrweise. Fallen diese Umstände insgesamt negativ aus, liegt der Verbrauch merklich höher als normal. Wie anschließend zu lesen ist, kann zu hoher Verbrauch natürlich auch andere Ursachen haben.

Was heißt »Normverbrauch«?

Wenn die Rede auf den Kraftstoffverbrauch kommt, fällt vielfach die Bezeichnung »Normverbrauch«. Dieser wird nach den Prüfbedingungen 70 030 des DIN (= **D**eutsches **I**nstitut für **N**ormung) ermittelt.
Die Verbrauchswerte werden unter drei unterschiedlichen Fahrbedingungen gemessen. Im Stadtverkehr ist ein sogenannter Fahrzyklus vorgeschrieben, der aus 25 Einzelvorgängen besteht – u. a. Leerlauf, Beschleunigen, Schalten, Bremsen und verschiedene Geschwindigkeiten von 10, 15, 32 und 50 km/h. Dann kommt eine Fahrt mit konstant 90 Stundenkilometern und eine weitere mit konstant 120 km/h.
Die bei konstanter Geschwindigkeit gemessenen Verbrauchswerte sind in die Praxis nur mit Einschränkungen zu übertragen, denn der heutige dichte Verkehr verhindert vielfach ein gleichmäßiges Fahren. Trotzdem kann man die neuen DIN-Verbrauchswerte (Seite 221) als ausreichend praxisnah bezeichnen.

Durchschnittsverbrauch

Allgemein muß man mit höheren Verbrauchswerten als mit der als »Normverbrauch« bezeichneten Angabe rechnen. Mit erhöhter Geschwindigkeit steigt auch der Verbrauch. Wäre es möglich, ständig ein bestimmtes Tempo einzuhalten, so sähe die Sache noch ganz gut aus. Aber derart ideal sind die Verkehrsbedingungen selten: Abbremsen und Gasgeben erhöht den Verbrauch.
Bei den verschiedenen Versionen der hier besprochenen Mercedes-Modelle kann man daher mit einem Durchschnittsverbrauch von 8,5 – 14 Liter (Motor 200) und 9 – 15 Liter (Motor 230) rechnen. Die Höhe des Durchschnittsverbrauchs ist auch von der Getriebeart abhängig.

Verbrauchsmessung mit dem Fahrtenbuch

Eine Aussage über die Gesundheit des Motors und des Fahrwerks gibt nur eine Meßstrecke von ca. 2000 km über mehrere Tage oder Wochen, weil sich nur darin unterschiedliche Fahrweisen und -strecken (Autobahn-, Stadtfahrt) genügend mischen, um einen echten Durchschnitt ermitteln zu können. Dazu nehmen Sie am besten ein Fahrtenbuch (kostenlos an Ihrer Stamm-Tankstelle). Die Verbrauchsberechnung geht dann so:

- Alle Tankungen mengenmäßig eintragen.
- Bei gelegentlichem Volltanken genauen Kilometerstand dabei vermerken.
- Alle Nachfüllmengen zwischen zwei Volltankungen (in ca. 2000 km Abstand) und die letzte Volltankung addieren.
- Gesamtverbrauch durch gefahrene km teilen und mit 100 multiplizieren.

Zu hoher Verbrauch

Ihr Freund, Kollege oder Nachbar behauptet vielleicht, daß sein Auto weniger als Ihr Mercedes verbraucht. Bei näherer Nachprüfung verschieben sich solche angeblichen Verbrauchswerte aber spürbar in Richtung der Tatsachen.
Die Verkehrsverhältnisse lassen es nur selten zu, bewußt sparsam zu fahren. Es ist auch nicht vertretbar, ständig als rollendes Verkehrshindernis zu erscheinen.

Unbeeinflußbare Bedingungen

■ Witterung; Luftfeuchtigkeit, Luftdruck und Temperatur beeinflussen die Bildung des Kraftstoff/Luft-Gemisches. Gegenwind hemmt das Fortkommen, Rückenwind kann dagegen helfen, ein klein wenig Benzin zu sparen. Kälte läßt die Schmierstoffe zähflüssiger werden, die dann allen drehenden Teilen einen höheren Widerstand entgegensetzen. Der Kraftstoff vergast schlechter, die automatische Starteinrichtung bleibt länger im Einsatz, um dem Motor kraftstoffreicheres Gemisch zu liefern. Und nicht zuletzt erhöhen Schnee und Matsch auf der Straße den Rollwiderstand.

■ Fahrbahnart und Straßenzustand; die Räder rollen auf glattem Beton oder Asphalt leichter als auf rauhem Fahrbahnbelag, Schotter-, Feld- oder gar Schlammwegen. Außerdem muß man auf schlechten Straßen oft in einem kleineren Gang fahren, was zusätzlich Benzin kostet.

■ Gebirge; nicht nur das Bergauffahren kostet Kraftstoff, in höheren Regionen ist zusätzlich der Luftdruck geringer und der im Flachland einregulierte Vergaser bzw. die Einspritzanlage liefert dem Motor nun fetteres Kraftstoff/Luft-Gemisch. Selbst bergab läßt sich im Gebirge kaum Sprit sparen. Die Bremsen würden zu stark beansprucht, wenn man nicht auch mit dem Motor bremst.

■ Stop-and-go-Verkehr; ständiges Anfahren und Bremsen, lange Leerlaufzeiten, wobei das Triebwerk mit Kraftstoffüberschuß arbeitet und nicht richtig warm wird, steigern den Kraftstoffkonsum um 30 % und mehr.

Fahrzeugursachen

■ Rollwiderstand; hierfür sind die Reifen und Radlager zuständig, unter Umständen auch die Bremsen. Der Reifen drückt sich an dem Punkt, an dem er die Fahrbahn berührt, etwas platt, was Widerstand erzeugt. Dabei spielt der Reifendruck eine entscheidende Rolle. Ein hart gepumptes Rad läuft leichter, denn höherer Druck verringert die Aufstandsfläche. 0,5 bar Luftdruck zu wenig steigern den Verbrauch um 10–15 %.

Normale Sommergürtelreifen haben den geringsten Rollwiderstand, bei breiteren Reifen ist der Rollwiderstand manchmal höher, auf jeden Fall aber der Luftwiderstand durch die breitere Reifenlauffläche. Grobstollige Winterreifen rollen schlechter, mit aufgelegten Schneeketten ist der Rollwiderstand am höchsten. Zu stramm eingestellte oder defekte Radlager hemmen die Fortbewegung, ebenso schleifende Bremsen (leichtes Gefälle: rollt der Wagen selbsttätig?). Auch eine grob verstellte Achseinstellung erhöht den Rollwiderstand.

■ Gewicht; hohe Belastung steigert durch größere Abplattung der Reifen den Rollwiderstand, außerdem muß der Motor beim Beschleunigen und Bergauffahren mehr Kraft aufbringen, den Wagen vorwärts zu bewegen. Je 100 kg Zuladung kosten zwischen 0,5 und 0,75 Liter Kraftstoff mehr. Deshalb alle nicht benötigten Gegenstände aus dem Wagen nehmen.

■ Höherer Luftwiderstand durch Dachträger, besonders mit sperrigem Gepäck, aber auch mit aufgeschnallten Skiern, verursacht einen Mehrverbrauch bis zu 1 Liter bei schneller Fahrt. Im Stadtverkehr und auf Landstraßen ist der Einfluß geringer. Träger möglichst bald wieder abnehmen. Bei Geschwindigkeiten ab 80 km/h erhöht sogar ein geöffnetes Seitenfenster oder Schiebedach den Luftwiderstand.

■ Wohnwagen, Last- oder Bootsanhänger belasten die Benzinrechnung je nach Gewicht und Luftwiderstand. Zusatzspiegel erhöhen den Luftwiderstand, deshalb sollten Sie sie nicht unnötig lange anmontiert lassen.

Motorursachen

■ Die in den Fahrzeugpapieren angegebenen kW (früher PS) kommen leider nicht vollzählig an den Antriebsrädern an. Ein Teil bleibt an den Zusatzaggregaten des Motors (Servolenkung, Lichtmaschine) und vor allem im Getriebe hängen. Je höher die Antriebsverluste sind, desto mehr Kraft muß der Motor aufbringen, um sie zu überwinden und damit den Wagen in Gang zu bringen – und das kostet Kraftstoff.

■ Im fabrikneuen Auto sind die Verluste höher als im eingefahrenen, bei dem sämtliche Lager, Wellen usw. schon leichter laufen. Der »Neue« ist daher auf den ersten paar 1000 km durstiger als später.

■ Der mechanische Zustand des Motors spielt eine wesentliche Rolle. Zu geringe Kompression durch schadhafte Ventile bzw. Kolben und Zylinder kostet Kraftstoff.

■ Zusammengedrückte Auspuffrohre (etwa durch harte Bodenberührung) hemmen durch den kleineren Rohrdurchmesser den Abgasfluß, die Motorleistung sinkt, der Verbrauch steigt.

■ Ein durchgerosteter Auspuff hat einen geringeren »Staudruck«. Das ergibt schlechtere Motorleistung und höheren Verbrauch.

■ Zu hohe Leerlaufdrehzahl steigert den Benzinkonsum nicht nur des im Stand laufenden Motors, sondern wirkt bis in mittlere Drehzahlbereiche verbrauchssteigernd. Außerdem ist die Motorbremswirkung im Gefälle geringer.

■ Störungen am Vergaser durch falsche Einstellung des Leerlaufs, der Beschleunigungspumpen-Einspritzmenge oder des Schwimmerstands, undichtes Schwimmernadelventil, verstellte oder klemmende Starterklappe, verschmutzen oder verstopfte Düsen steigern den Verbrauch.

■ Mängel an der Benzineinspritzung (siehe Seite 123) heben den Benzinkonsum an.

■ Verschmutztes Luftfilter; der mit der Verbrennungsluft angesaugte Staub setzt sich in den Papierfilterporen ab, die Löcher setzen sich zu und werden weniger luftdurchlässig. Der Motor leidet unter Luftmangel und verbrennt zu fettes Gemisch.

■ Mängel an der Zündanlage; fehlerhaft arbeitende automatische Zündverstellung (siehe Seite 187). 1° zu viel Spätzündung kostet etwa 1 % mehr Kraftstoff. Zu weit abgebrannte oder verschmutzte Zündkerzenelektroden bewirken bis zu 10 % Mehrverbrauch.

■ Zu dickes Motoröl erhöht den Reibungswiderstand im Triebwerk, vor allem in der Warmlaufphase nach dem Kaltstart. Wer statt der normalerweise vorgeschriebenen Ölviskosität (siehe Seite 67) ein sogenanntes Leichtlauföl verwendet, spart damit etwas Kraftstoff. Bei Einhaltung der vorgeschriebenen Ölwechselintervalle wird die Ersparnis durch den beträchtlich höheren Ölpreis jedoch wieder aufgebraucht.

Fahrerursachen

■ Die Fahrgeschwindigkeit ist der wesentlichste Verbrauchsfaktor: Mit zunehmendem Tempo wächst der Rollwiderstand der Reifen durch vermehrte Walkarbeit. Noch größer ist der Einfluß des Luftwiderstands. Er ist bei 100 km/h nicht etwa doppelt so hoch wie bei 50 km/h, sondern er vervierfacht sich (er nimmt im Quadrat zu).

■ Bleifußfahren kostet unnötig Benzin. Selbst bei zügiger Autobahnfahrt braucht das Gaspedal nicht bis zum Bodenblech durchgetreten zu werden. Leichtes Anheben des Gasfußes bewirkt keine oder nur eine geringe Geschwindigkeitsverminderung, aber der Verbrauch sinkt um einiges. Probieren Sie selbst aus, ab welcher Gaspedalstellung das Tempo nachläßt. Auch an Steigungen ist nicht immer Vollgas nötig.

■ Bei hohem Fahrtempo tritt bei den Vergasermotoren die sogenannte Volllastanreicherung in Aktion, sie kostet zusätzlich zum erhöhten Luftwiderstand im Hochgeschwindigkeitsbereich Kraftstoff.

■ »Sportliches« Fahren; Anfahren mit viel Gas, Beschleunigen bis in hohe Drehzahlen (Ausdrehen der Gänge) und notgedrungen oft auch hartes Bremsen ist verschwenderisch!

■ Zwischengas ist nicht nur überflüssig beim vollsynchronisierten Mercedes-Getriebe (siehe Seite 130), sondern kostet auch unnötig Kraftstoff.

■ Warmlaufenlassen frißt das Benzin ohne Nutzen. Der unbelastete Motor wird nur sehr langsam warm, das bedeutet zusätzlichen Verschleiß und unnötige Lärmbelästigung.

So fahren Sie sparsam

Zum Thema Spritsparen hört man bisweilen Widersprüchliches. Was den Fahrstil angeht, haben neuere Erkenntnisse frühere Auffassungen widerlegt. Heute gilt: »Je niedriger die Motordrehzahl, desto niedriger der Verbrauch.«

■ Wirklich günstig ist der Verbrauch bei niedriger Drehzahl und hoher Motorbelastung. Eine derartige Fahrweise war lange als »Motorquälerei« verpönt. Doch alle namhaften Automobilhersteller vertreten heutzutage die Ansicht, daß ihre Motoren selbst dann noch optimal geschmiert werden, wenn unsinnigerweise aus Leerlaufdrehzahl im höchsten Gang herausbeschleunigt wird. Sie können sich also beruhigt folgende Fahrweise aneignen: Zügig beschleunigen, nicht etwa zaghaft Gas geben, aber möglichst früh den nächsthöheren Gang einlegen.

Ist die gewünschte Geschwindigkeit erreicht, schalten Sie in den höchstmöglichen Gang und lassen den Mercedes mit wenig Gas rollen. Man kann beim Hochschalten auch mal einen Gang überspringen. Flott drehen soll der Motor eigentlich nur, wenn es die Verkehrssituation erfordert, also beim Überholen oder beim Einspuren in den fließenden Verkehr.

■ Die Motoren des Mercedes sind in der Ebene bei 2000/min hinreichend durchzugskräftig. Lassen Sie deshalb den Motor möglichst nur so weit drehen, daß Sie im nächsthöheren Gang aus ca. 2000/min weiterbeschleunigen können.

■ Bei jedem längeren Halt den Motor abstellen, z. B. vor einer Eisenbahnschranke, Baustellenampel oder im Verkehrsstau. Bereits ab 5–7 Sekunden Wartezeit haben Sie Benzin gespart.

■ Sparen können Sie durch Rollenlassen des Wagens: Wenn Sie an eine Stopstelle, Stauung o. ä. heranfahren, nicht mit eingelegtem Gang verzögern, sondern Schalthebel in den Leerlauf drücken. An mäßigen Gefällstrecken den Gang herausnehmen, aber nie bei einer Paßabfahrt, sonst werden die Bremsen überlastet. Nie bei eingelegtem Gang die Kupplung lediglich durchtreten, sondern den Gang herausnehmen, sonst besteht in niedrigen Gängen und höheren Geschwindigkeit Gefahr für die Kupplung. Auf keinen Fall dürfen Sie beim Rollenlassen den Motor abschalten! Die Bremskraftunterstützung fällt nach wenigen Bremsungen aus und unter ungünstigen Umständen könnte das Lenkschloß einrasten. Übrigens – in der Schweiz ist dieses Rollenlassen verboten.

Noch einige zusätzliche Spartips

■ Eine Extrafahrt zu einer entfernten, billigen Tankstelle lohnt sich nur bedingt. Tanken Sie an der billigsten Zapfstation, an der Sie ohnehin vorbeifahren. Außerdem grundsätzlich volltanken, wenn der Preis günstig ist.

■ Im Sommer den Tank nicht kragenvoll füllen, wenn der Wagen anschließend gleich in der prallen Sonne abgestellt wird. Der in den Erdtanks kühl gelagerte Treibstoff dehnt sich bei Erwärmung aus und kann bis zu 2 Liter Mehrvolumen einnehmen. Die so entstandene Mehrmenge an Benzin geht durch die Tankentlüftung verloren.

■ Elektrizität kostet auch im Auto Geld. Eine unbelastete Lichtmaschine ist leichter durchzudrehen, als wenn sie Leistung abgeben muß. Als Anhaltspunkt kann gelten, daß 100 Watt in der Stunde etwa 10 Pfennig kosten. Deshalb Stromverbraucher, wie die heizbare Heckscheibe oder Nebelscheinwerfer rechtzeitig wieder abschalten. Aber nicht aus falschem Sparbewußtsein Licht sparen! Abblendlicht ist in der Bundesrepublik bei Beginn der Dämmerung, bei Nebel sowie starkem Regen und Schneefall zwingend vorgeschrieben.

■ Mit leichtem Schuhwerk läßt sich gefühlvoller Gas geben als mit Wander- oder Skistiefeln. Auf Langstreckenfahrten empfehlen wir Turn- oder Gymnastikschuhe.

■ Noch ein letzter Tip: Suchen Sie sich, wenn möglich, einen Weg und eine Zeit aus, bei der Sie nicht in den Hauptverkehr geraten. Eine etwas weitere Strecke ist oftmals wirtschaftlicher als eine kürzere, aber überfüllte.

Die Kraftstoff-Qualität

Daimler-Benz schreibt für die in diesem Buch behandelten Mercedes-Motoren Super-Kraftstoff vor.
Ginge es auch mit »Normal«? Nein, denn der Mercedes-Motor würde beim Beschleunigen erbärmlich »klingeln«. Das hört sich an wie rasendes Klopfen eines kleinen Metallhammers auf die Motor-Innenseite. Man muß dazu aber ein scharfes Ohr haben und hört das Klingeln am besten, wenn der betreffende Wagen an einem vorbeifährt.

Super für die Mercedes-Motoren

Um dieses Klingeln oder Klopfen zu vermeiden, muß der Kraftstoff entsprechend »klopffest« sein. Die Klopffestigkeitsansprüche der Benzinmotoren – und damit die Ansprüche an die Kraftstoffqualität – sind unterschiedlich und hängen somit vor allem von dem Verdichtungsverhältnis (siehe »Technische Daten«, Seite 220) der Motoren ab, also von dem Raumverhältnis zwischen tiefstehendem und höchststehendem Motorkolben im Zylinder. Motoren mit einer Verdichtung unter 8,0:1 kommen in der Regel mit Normal-Kraftstoff aus. Weil unsere Mercedes-Motoren ein Verdichtungsverhältnis von 9,0:1 haben, geht's nicht ohne Super-Qualität.
Die Klopffestigkeit wird mit der sogenannten »Oktanzahl« (kurz: OZ) gekennzeichnet. Dabei handelt es sich um eine Vergleichsgröße, die in einem speziellen Prüfmotor mit Meßkraftstoffen im Vergleich zur zu prüfenden Benzin-Großlieferung ermittelt wird. Reicht es mit der OZ nicht aus, kann eine sogenannte »Klopfbremse« beigemischt werden, vor allem Bleitetraäthyl. Weil das aber sehr giftig und nicht umweltfreundlich ist, darf in der Bundesrepublik der Anteil nur 0,15 Gramm pro Liter betragen. Wenn das nicht reicht, muß der Kraftstoff mit höchstklopffesten Kohlenwasserstoffen vermischt werden. Die DIN-Norm 51 600 für Kraftstoffe fordert in der Bundesrepublik bei Super-Kraftstoff eine Klopffestigkeit von mindestens 98 ROZ und 88 MOZ und bei Normal-Kraftstoff mindestens 91 ROZ und 83 MOZ. ROZ und MOZ sind zwei auf verschiedenen Wegen ermittelte Oktanzahlen, ROZ nach der sogenannten »Research-Methode«, MOZ nach der »Motor-Methode«.

Was ist Klingeln oder Klopfen?

Das Klingeln oder Klopfen kann auch bei einem an sich ausreichend klopffesten Kraftstoff auftreten, wenn der Zündzeitpunkt »zu früh« eingestellt ist (siehe Seite 193). Bei diesem, zu Anfang des Abschnitts, beschriebenen »Beschleunigungsklopfen« genügt zuerst, den Fuß vom Gaspedal zu nehmen und nur ganz behutsam zu fahren, bis sich bei Kraftstoffwechslung richtiges Super tanken bzw. die Zündzeitpunkteinstellung korrigieren läßt.
Eine andere Spielart des Klingelns, die auch ordentlich mit Super betankte Mercedes-Motoren befallen kann (vor allem wenn es an der »MOZ« des Kraftstoffs

etwa im Ausland fehlen sollte), ist das sogenannte »Hochdrehzahlklopfen«. Es ist gefährlicher als das leichter hörbare »Beschleunigungsklopfen«, da das Hochdrehzahlklopfen zumeist nur bei Vollgas – auch in unteren Gängen! – auftritt, wenn andere Fahrgeräusche das Klingeln übertönen. Ein Hinweis für eine sich etwa anbahnende Motorschädigung durch das Hochdrehzahlklopfen ist eigentlich nur die dann stark ansteigende Motor- und Kühlwassertemperatur. Die dabei auftretenden Spitzentemperaturen bis zu 1500° C können Löcher in die Kolbenböden brennen.

Was passiert beim »Klingeln«? Normalerweise verbrennt das Kraftstoff-Luft-Gemisch im Zylinder auf Befehl der Zündkerze. Weil der Zündfunke schon vor dem »Oberen Totpunkt«, dem höchsten Stand des Kolbens im Zylinder, an der Zündkerze überspringt, gibt diese schon »Feuer«, während der Kolben noch das Kraftstoff-Luft-Gemisch zusammenpreßt. Das kann zu einer »Gegenexplosion« durch Selbstentzündung (wie beim Diesel-Motor) in einer Ecke des Brennraumes führen, deren Druckwelle dem aufwärts strebenden Kolben entgegenschlägt und den Motor in allen Teilen erschüttert. Genügend klopffester Kraftstoff wartet, bis die Flammfront von der Zündkerze zu ihm »wandert«.

Benzinqualität im Ausland

In vielen europäischen Ländern sind die Kraftstoffe durch die Erlaubnis höherer »Bleibeimischung« genauso klopffest oder zumindest fast so klopffest wie bei uns. Schwierigkeiten sind eigentlich nur im Ostblock, in Frankreich, Griechenland, Österreich, Italien, Spanien und Portugal zu erwarten.

Da sich jedoch die Kraftstoffqualitäten laufend ändern, empfiehlt es sich, vor einem Auslandsaufenthalt erst einmal eine Autoclub-Geschäftsstelle diesbezüglich zu befragen.

Sind Oktanzahlprobleme zu erwarten, müssen Sie Ihre Fahrweise darauf einstellen. Fahren Sie zurückhaltend und beschleunigen Sie nur mäßig. Die Motordrehzahlen sollten zwischen 2500 und 4500/min bleiben. Auf Langstrecken die Kühlwassertemperaturanzeige im Auge behalten, um Überhitzungserscheinungen rechtzeitig zu erkennen.

Die Höchstgeschwindigkeit

Die tatsächliche Höchstgeschwindigkeit eines Autos ist immer einmal von Interesse. In Autofahrergesprächen spielt die »Spitze« (gemeint ist die Spitzengeschwindigkeit) stets eine wichtige Rolle, aber kaum jemand berücksichtigt, daß sie in der Praxis nur selten erreicht wird. Nur sachliche Beobachtungen können Aufschluß über die wirklich erreichbare Höchstgeschwindigkeit vermitteln.

Als Mercedes-Fahrer muß man nicht fürchten, daß die Tachometeranzeige im Mercedes über Gebühr schwindelt. Üblicherweise ist nämlich die auch bei anderen Fabrikaten anzutreffende Voreilung vergleichsweise gering: Im Durchschnitt werden bis zu 3 Prozent zuviel angezeigt. Das liegt erheblich unter der Toleranzgrenze, denn in den oberen beiden Dritteln des Anzeigebereichs darf ein Tachometer bis zu 7 Prozent zuviel anzeigen.

Die Tachometervoreilung hängt nicht immer mit einer »Fehlfunktion« des Instruments zusammen, sie kann auch auf äußeren Umständen basieren: Vor allem die Reifengröße und mit ihr der Abrollumfang sowie der Reifendruck haben auf die Geschwindigkeitsanzeige Einfluß, in geringerem Maße auch Fertigungstoleranzen innerhalb der mechanischen Übertragung der Anzeige.

Die Voreilung läßt sich auf einer ebenen, mäßig befahrenen Autobahnstrecke nachprüfen. Voraussetzungen: Beifahrer mit Stoppuhr, notfalls Armbanduhr mit Sekundenanzeige. Bei Vollgas die Zeit für einen Kilometer messen lassen. Die Tachonadel darf dabei während der Messung nicht mehr ansteigen, was einen kilometerlangen Anlauf bedingt (Fenster schließen). Die Höchstgeschwindig-

keit wird bei Gegen- und Seitenwind nicht erreicht, und sie wird durch Rückenwind oder abgefahrene Reifen gleichfalls verfälscht.
Die Geschwindigkeit in Kilometer pro Stunde (3600 Sekunden) ergibt sich, wenn man 3600 durch die gestoppte Zahl (in Sekunden) dividiert.
Übrigens läßt sich ähnlich auch der Tacho eichen: 3600 geteilt durch die zwischen zwei Kilometer-Markierungen auf der Autobahn gestoppte Zeit, während man genau nach Tachometer ein bestimmtes Tempo fuhr. Beispielsweise 3600 : 38 sec = 95 km/h (Tacho zeigte 100 km/h).
Alle Mercedes-Typen erreichen mindestens die vom Werk angegebenen Geschwindigkeiten, die in diesem Buch auf Seite 224 erwähnt sind. Daimler-Benz ist bei der Angabe von Höchstgeschwindigkeiten eher zurückhaltend. Gut eingefahrene Wagen bringen es gewöhnlich auf bis zu 4 km/h mehr als angeführt. Herstellungstoleranzen bei der Fertigung, Einfahrbedingungen und Alter des Wagens sind natürlich Kriterien, die sich auf die Spitzengeschwindigkeit auswirken können. Wenn man vollbeladen fährt, ist an die Höchstgeschwindigkeit sowieso nicht zu denken, sie verringert sich sogar um 10 km/h bis maximal 25 km/h, wenn sperrige Dachlast mitgeführt wird. Wagen mit automatischem Getriebe sind in der Regel um 5 km/h in der Spitze langsamer als das gleiche Modell mit Schaltgetriebe.

Partnerschaft

Wie jeder Mensch einmal die Hilfe eines Arztes beansprucht, so muß man das Auto auch gelegentlich in die Werkstatt bringen. Zu mancher Arbeit werden besondere Werkzeuge und Meßinstrumente gebraucht, dazu das Wissen und Können von Fachkräften. Erhöhte Sorgfalt wird beim Umgang mit der Bremsanlage und mit der Lenkung verlangt.
Vor einem Werkstattbesuch bestehen aber häufig noch Unklarheiten, und außerdem kostet anderer Leute Arbeit auch Geld. Deshalb ist es nützlich zu wissen, wie man sich verhalten soll und mit welchen Eventualitäten man rechnen muß.

Umgang mit der Werkstatt

Der Kauf eines neuen Wagens erweist sich immer dort am zweckmäßigsten, wo man als Kunde auch später noch solide bedient wird. Es lohnt sich daher, zuvor den Ruf des Betriebes zu erkunden, dem man sich anvertrauen möchte. Doch die beste Werkstatt kann nicht immer sofort alle Wünsche eines Kunden erfüllen. Dafür mögen mancherlei Gründe vorhanden sein. Ungeschicklichkeit des Autobesitzers oder Unkenntnis im Umgang mit Werkstätten können daneben Differenzen entstehen lassen, die das Verhältnis zum Werkstattpersonal trüben. Folgende Ratschläge sollen derartige Probleme entschärfen:

■ Wartungsdienste und voraussehbare Reparaturen möglichst rechtzeitig persönlich oder telefonisch anmelden und Termin vereinbaren:

■ Kleinere Werkstätten fern der Großstadt haben oft mehr Zeit und arbeiten preiswerter, sind aber mit Ersatzteilen nicht so eingedeckt wie größere Betriebe.

■ Möglichst morgens zwischen 7 und 8 Uhr vorfahren; dann werden die Arbeiten für den Tag eingeteilt. Notfalls den Wagen am Vorabend hinbringen. Falls Sie zeitlich nicht unter Druck stehen oder Sonderwünsche haben, hat man an der Reparaturannahme aber nach 10 Uhr mehr Ruhe für eine Unterhaltung.

■ Wagen möglichst nicht kurz vor Feiertagen oder großen Schulferien in die Werkstatt bringen – man ist dann oft überlastet.

■ Ganz klaren Reparaturauftrag geben (dieses Buch soll dazu helfen). Zum Beispiel Ölwechsel: ja oder nein? Wollen Sie das teuerste Öl? Es wird oft ungefragt beim Ölwechsel aufgefüllt.

■ Schriftlichen Kostenvoranschlag ausstellen lassen (er ist drei Wochen für die Werkstatt verbindlich). Wird ein schriftlich zugesagter Termin um mehr als 24 Stunden überzogen, muß die Werkstatt ein gleichwertiges Ersatzfahrzeug stellen oder 80 % der Mietwagenkosten tragen.

■ Ausgetauschte oder ersetzte Teile wandern auf den Schrotthaufen (Rückgabe-Austauschteile natürlich ausgenommen). Lassen Sie auf dem Auftrag vermerken, daß man die defekten Teile in den Kofferraum legt oder zur Hand hält. Dadurch haben Sie eine gewisse Kontrolle über die Werkstattarbeit.

■ Bei Abnahme des reparierten Wagens sollten Sie noch auf dem Werkstatthof möglichst viele Funktionen Ihres Wagens überprüfen und auch versuchen, ein kleines Stück hin und her zu fahren. Solange Sie noch im Bereich der Werkstatt sind, lassen sich Beanstandungen besser und überzeugender anbringen.

■ Wenn Sie anderer Meinung als die Leute von der Werkstatt sind, suchen Sie nicht durch Streit Ihr vermeintliches Recht zu erzwingen, sondern sprechen Sie sachlich und ruhig mit dem zuständigen Mann. Lassen Sie sich seine Gründe so erklären, daß Sie sie als Laie verstehen können.

■ Ein nettes Wort hellt auch verärgerte ölige Gesichter wieder auf; eine freundliche Stimmung der Leute, die an Ihrem Wagen arbeiten, überträgt sich auf die Qualität ihrer Arbeit.

■ Bei Uneinigkeiten mit der Werkstatt wende man sich an eine der über die BRD verteilten Schiedsstellen. Ein Anschriftenverzeichnis ist vom Zentralverband des Kraftfahrzeughandwerks, Franz-Lohe-Straße 21, 5300 Bonn 1, von der Kfz-Innung, von der Handwerkskammer, von den Automobilklubs oder von der DAT erhältlich. Die Schiedsstellen können aber nur bei den Betrieben etwas ausrichten, die auch der Innung angehören, erkennbar am weißen Schild »Meisterbetrieb des Kfz-Handwerks«.

■ Bei Reparaturen haben Sie Garantieansprüche, wenn die Arbeit unsachlich erledigt wurde oder sich ein Materialfehler herausstellt. Branchenüblich für die Werkstätten ist eine Reparaturgarantie von 6 Monaten. Bei der Nachreparatur haben Sie dann allenfalls das zu bezahlen, was sich als zusätzlich erforderliche Instandsetzung herausstellt, aber nicht mehr den ganzen Reparaturumfang! Bei grober Fahrlässigkeit der Werkstatt haben Sie sogar Anspruch auf Schadenersatz, falls Ihnen etwa kurz nach Verlassen der Werkstatt ein nachlässig montiertes Rad verlorengeht und dadurch ein Unfall passiert.

Neuwagengarantie

Falls Sie Ihren Mercedes neu kauften, unterschrieben Sie beim Händler eine Menge Papier. Hatten Sie das alles genau durchgelesen? Sollte dieses Auto noch kein Jahr alt sein, müssen Sie wissen, was es mit dem Begriff »Gewährleistung« auf sich hat. Für Gebrauchtfahrzeuge und Vorführwagen leistet Daimler-Benz allerdings keine Gewähr.
Als Neuwagenbesitzer haben Sie Rechte, aber auch Pflichten. Die Garantie gilt ein Jahr lang ohne Kilometerbegrenzung. Sie erstreckt sich auf Instandsetzungsarbeiten oder auf Ersatzlieferungen von Teilen, allerdings nur dann, wenn Fehler oder Schäden im Material oder in der Herstellung aufgetreten sind. Ob ein solcher Anspruch berechtigt ist, wird von der zuständigen Daimler-Benz-Niederlassung geprüft. Im Zweifelsfall oder wenn Materialuntersuchungen notwendig sind, entscheidet die Kundendienstabteilung in der Zentrale Stuttgart. Den Vorwurf unsachgemäßer Behandlung des Wagens, der immerhin denkbar ist, werden Sie nicht in jedem Fall widerlegen können. Dann kommt es auf Ihr Verhandlungsgeschick an und auf eine diplomatische Formulierung der (berechtigten) Forderung, die das Lieferwerk zur Schadensbeseitigung innerhalb der Garantiezeit veranlassen.
Innerhalb der Garantiezeit müssen lückenlos alle vorgeschriebenen Wartungsarbeiten durch eine – von Ihnen gewählte – Vertragswerkstatt ausgeführt und bestätigt werden. Bestätigungen von Tankstellen, die sich auf erledigte Schmierdienste beziehen, werden nicht anerkannt.

Schadenersatz

Das im April 1977 in Kraft getretene Verbraucherschutzgesetz bietet neben besseren Rechten des Käufers bei der Neuanschaffung auch eine klarere Regelung der Garantieansprüche bei Mängeln innerhalb der Garantiezeit. So sind alle Garantiearbeiten einschließlich Lohn und Teile kostenlos. Eventuell

notwendige Inspektionsarbeiten nach einer Garantiereparatur erfolgen gratis. Zur Bedingung wird allerdings gemacht, daß nach einer Panne wegen eines Garantiefehlers die nächstgelegene Vertragswerkstatt des Autoherstellers anzurufen ist, um mit ihr Absprachen bezüglich der Schadensbehebung zu treffen.
Falls das wiederhergestellte Auto noch weiterhin Mängel aufweist, kann der Käufer von der Firma, bei der er den Wagen gekauft hatte, sein Geld zurückverlangen oder eine Reduzierung des Kaufpreises fordern. Freilich muß er der Werkstatt zubilligen, daß diese sich – eventuell mehrmals – um die Beseitigung des Fehlers bemüht.
Man kann aber ausgesprochenes Pech haben und in einen Unfall verwickelt werden, weil ein Teil am Wagen seinen Dienst versagte. Dieses und die beschädigten Teile am eigenen Wagen werden ersetzt; für den angerichteten Schaden kommt weiterhin die Haftpflichtversicherung auf. Anderweitig entstehende Kosten (Unterbrechung der Geschäfts- oder Urlaubsreise) kann man jedoch vom Hersteller nicht zurückverlangen. Auch wenn der Wagen infolge einer mangelhaften Reparatur liegenblieb: Die dann fälligen Abschleppkosten zur Vertragswerkstatt werden ersetzt.

Was wird das wohl kosten?

Die am häufigsten gestellte Frage in der Werkstatt lautet: »Was kostet das?« Drei Arten der Beantwortung sind dann möglich:

■ Der Reparaturannehmer oder Meister schätzt über den Daumen. Die hierbei genannte Zahl ist völlig unverbindlich, und der tatsächliche Rechnungsbetrag kann wesentlich höher ausfallen.

■ Der genaue Zeitaufwand einer Routinereparatur wird aus dem nachfolgend genannten Arbeitspositionsbuch herausgesucht und im Auftragsformular – von dem Sie eine Kopie erhalten müssen – neben der jeweiligen Reparatur aufgeführt. Diese Methode hat sich in der Praxis eingebürgert, und die Preise sind für die Werkstatt verbindlich, sofern sich keine Zusatzarbeiten ergeben.

■ Ein verbindlicher, schriftlicher Kostenvoranschlag – an den sich die Werkstatt übrigens drei Wochen lang halten muß – lohnt sich nur bei umfangreichen Reparaturen. Wir denken dabei an einen Unfallschaden oder die Beseitigung von Durchrostungen. Der Meister schaut sich den Wagen dazu genau an und sucht die Preise für die Arbeiten und Ersatzteile heraus. Diesen Zeitaufwand darf die Werkstatt nur dann in Rechnung stellen, wenn dies zuvor ausdrücklich mit dem Kunden vereinbart wurde.
Ein derartiger Kostenvoranschlag kann bei einem Schadensfall auch als Nachweis gegenüber der Versicherung gelten.

Überschreiten des Kostenvoranschlags

■ Nach den bisherigen Kfz-Reparaturbedingungen durften die Reparaturkosten ohne Rückfrage beim Besitzer auch um 15–20 % höher ausfallen. Diese Klausel gilt nicht mehr. Sind entsprechende Überschreitungen der bei Auftragserteilung festgehaltenen Zirka-Preise zu erwarten, muß die Werkstatt den Kunden hierüber vorab unterrichten.
Allerdings muß er dann kurzfristig erreichbar sein, sonst kann die Werkstatt nach eigenem Gutdünken weiter verfahren. Daher empfiehlt es sich, am Reparaturtag wenigstens telefonisch erreichbar zu sein, um bei der Fahrzeugabholung keine Überraschung zu erleben.

■ Der schriftlich erstellte und verbindliche Kostenvoranschlag darf keinesfalls überschritten werden. Hier muß der Wagenbesitzer in jedem Fall gefragt werden, ob er Zusatzarbeiten und damit einem höheren Preis zustimmt.

Werkstattkosten

Preise, Löhne und Gehälter klettern ständig, was sich auf den Stundenlohn in Reparaturwerkstätten niederschlägt. Werkstattpreise setzen sich nur zu einem Drittel aus dem Arbeitslohn des Mechanikers und zu knapp einem Viertel aus Lohnanteilen und Gehältern für die Beschäftigten in dem Betrieb zusammen, der Rest errechnet sich aus festen Kosten (Miete, Strom, Heizung usw.), Buchhaltung, Porto, Telefon, Abschreibungen, Steuern, Versicherungen und aus genau 10 % gesetzlich vorgeschriebenen sozialen Aufwendungen.
Die so von Werkstatt zu Werkstatt differierenden Arbeitskosten kommen zu den Ersatzteil- und Materialkosten hinzu und es besteht eine Basis für die Kalkulation der Reparaturpreise.
Daimler-Benz hat für alle häufiger vorkommenden Werkstattarbeiten sogenannte »Arbeitswerte« in einem Katalog (»Arbeits-Positionsbuch«) festgelegt. Ein solcher Arbeitswert entspricht etwa 10 Minuten Arbeitszeit, d. h. eine Reparatur, für die 6 Arbeitswerte ermittelt wurden, soll von einer ordentlichen Werkstatt in einer Stunde erledigt sein. Wenn sie länger braucht, ist es ihr Schaden und umgekehrt ihr Gewinn. Insofern ist die Reparaturberechnung (anscheinend) überall gleich.
Alle Handwerksbetriebe müssen über die am häufigsten vorkommenden Arbeiten eine Preisliste in ihren Geschäftsräumen offen liegen haben. Man kann sich also ohne viel Fragerei über gewisse Kosten ein vergleichendes Bild machen, und die Entscheidung, welchen Betrieb man aufsuchen will, fällt leichter. Wo allerdings qualitativ besser gearbeitet wird, das lassen solche Preisauszeichnungen offen.

Unterschiede bei Preisen und Reparaturen

Aus dem lokalen Sitz der Werkstätten ergeben sich erhebliche Preisunterschiede, und allein innerhalb einer Großstadt kann man Preisschwankungen um 20 % feststellen. Wesentlich billiger ist es in kleinen Städten und auf dem Land. Fallen am Auto größere Arbeiten an, so lohnt es sich immer, auf das Land zu gehen, wo wegen geringerer Unkosten weniger Geld gefordert wird.
Überhöhte Rechnungen werden sich nicht immer ausschließen lassen, aber in der Regel ist das Kraftfahrzeughandwerk um Seriosität bemüht. Die sinkende Inanspruchnahme der Werkstätten in den letzten Jahren, deren Gründe in der allgemeinen finanziellen Belastung des Autobesitzers zu suchen sind, führten dazu, daß auch Werkstätten um ihre Kundschaft werben.
Unwägbarkeiten bestehen natürlich kaum bei der Werkstatt, zu der man einen guten Kontakt unterhält. Dagegen birgt der Besuch eines fremden Reparaturbetriebes eine Reihe von Unsicherheitsfaktoren, die mit den Stichworten »Preiswürdigkeit« und »Arbeitsqualität« ganz einfach zu benennen sind.
Doch auch auf Autoreparaturen gibt es Garantie, die im Juni 1982 auf zwölf Monate ausgedehnt wurde. Damit ist mehr Sicherheit für die fachgerechte Instandsetzung nach einem Unfall gegeben. Überdies wird nach einem Jahr die kostenlose Überprüfung des Wagens zugesichert.

Ersatz- und Austauschteile

Es müssen nicht in jedem Fall neue Teile sein, die Sie bei fälligen Reparaturen in Ihren Mercedes einbauen lassen. Denn Daimler-Benz hat für verschiedene Teile, die erfahrungsgemäß nicht das ganze Autoleben aushalten, aber vom Werk wieder »generalüberholt« werden können, ein besonderes Austauschteile-Programm bereit. Dazu gehören neben dem Motor z. B. Kupplung, Kupplungsscheibe und Schaltgetriebe bzw. automatisches Getriebe.
Mit dem Austauschmotor erhält man bei Daimler-Benz übrigens ein komplettes Stück, an dem auch alle Zusatzaggregate, wie Wasserpumpe, Lichtmaschine,

Anlasser usw., überholt bzw. erneuert wurden. Das ist nicht bei allen Automarken üblich. Dort müssen entweder die alten Anbauteile des seitherigen Motors »umgerüstet« werden, was entsprechendes Geld kostet, oder diese sind ebenfalls durch Austauschteile zu ersetzen, was noch mehr Geld kostet.
Die technische Entwicklung läßt auch bei Mercedes Änderungen in der Serie eintreten, die im Einzelfall bei der Ersatzteil-Beschaffung beachtet werden müssen (beim Einkauf die Fahrgestellnummer und evtl. auch das Datum der ersten Zulassung bereithalten).
Auch in den Kundendienstwerkstätten von Bosch sind Austauschaggregate erhältlich. Man spart rund 40 % des Neupreises z. B. für Lichtmaschine und Anlasser.

Verschleißteile

Ölfilter, Luftfilter, Glühlampen, Zündkerzen, Unterbrecherkontakte, auspuffanlagen, Bremsbeläge und Stoßdämpfer können Sie – zum Teil halb so teuer wie in der Werkstatt – im Zubehörhandel, Großmarkt und Waren- oder Versandhaus finden. Wenn Sie preisgünstige Einkaufsquellen nutzen wollen, dann mit zwei Einschränkungen: Nur Bremsbeläge aus dem Mercedes-Ersatzteillager sind entsprechend getestet worden und versprechen bestmögliche Bremsverzögerung; Eigenversuche mit Billigware können lebensgefährlich werden. Preisgünstige Stoßdämpfer sollten Sie auch nur von bekannten Herstellern kaufen, wobei die großen Versand- und Warenhäuser allerdings auch unter eigenem Namen Markenfabrikate vertreiben. Billige Auspuffanlagen passen oft nicht so exakt wie Originalteile und auch mit der Lebensdauer kann es Enttäuschungen geben. Innerhalb der Garantiezeit des Mercedes sollten Sie grundsätzlich nur original Daimler-Benz-Ersatzteile verwenden, denn auch ein unschuldiges Fremdteil kann bei einem Garantiefall zu Ihren Ungunsten entscheiden.

Mercedes-Benz-Notdienst

Bei Daimler-Benz besteht ein Notdienst, der an Werktagen und auch an Samstagen, Sonn- und Feiertagen von 7.30 bis 22.00 Uhr in Notfällen Hilfe leistet. Über die »Zentrale Leitstelle für den Reparatur-Notdienst« in Stuttgart-Untertürkheim erfährt man unter der Rufnummer (07 11) 54 11 54, welche Werkstatt in der Nähe Bereitschaftsdienst hat.
Ein solches Notdienst-System existiert auch im Ausland. Hier folgen diese europäischen Stützpunkte:

Land	Stadt	Vorwahl	Telefon
A	Salzburg	(0 62 22)	3 15 31
B	Bruxelles	(02)	2 51 29 86
CH	Zürich	(01)	7 30 08 71
DK	Hillerod	(03)	26 33 50
E	Madrid		4 01 60 00
F	Paris	(16-1-)	3 80 34 40
GB	London	(01)	5 60 21 51
I	Roma	(06)	8 12 01 24
L	Luxembourg		6 02 23
N	Oslo	(02)	80 60 90
NL	Utrecht	(0 30)	45 12 12
SF	Helsinki	(90)	55 86 45
YU	Ljubljana	(0 61)	34 38 96

Die Kunst der Spezialisten

Mercedes-Benz-Werkstätten sind selbstverständlich für alle an Ihrem Wagen einmal anfallenden Arbeiten zuständig. Aber es gibt Spezialbetriebe, die können bisweilen gezielter helfen.
Das trifft besonders auf Elektrowerkstätten zu, wobei den Bosch-Diensten eine besondere Bedeutung zukommt. Diese im ganzen Bundesgebiet anzutreffenden

Vertretungen können nicht nur Ersatzteile wie Zündkerzen und Glühlampen liefern, sondern sie sind z. B. auch in der Lage, mittels Motortestgeräten die Vergasereinstellung zu kontrollieren. Nicht zuletzt kann auch die Einspritzanlage des 230 E (K-Jetronic) von Bosch-Werkstätten betreut werden. Allerdings ist nicht jeder Bosch-Dienst darauf eingerichtet. Es empfiehlt sich also, vorher nachzufragen, ob die nächstgelegene Bosch-Werkstatt auch die K-Jetronic versorgen kann. Im Telefonbuch sind die umliegenden Bosch-Dienste verzeichnet, ein komplettes Verzeichnis erhält man auf Anfrage von der Kundendienstabteilung der Robert Bosch GmbH, Postfach 50, 7000 Stuttgart 1.
Vergaser-Spezialwerkstätten sind hierzulande zumeist mit der Pierburg GmbH & Co. KG vertraglich verbunden, die die Stromberg-Vergaser für unsere Mercedes-Modelle liefert. Solche Vergaserdienste sind vorwiegend in größeren Städten zu finden; die Anschriften erhalten Sie von der Kundendienstabteilung der Pierburg GmbH & Co.KG, Postfach 838, 4040 Neuß 13.
Auf die Instrumente und verschiedene sonstige Geräte des Autos haben sich die VDO-Tachometerdienste spezialisiert. Ein Anschriftenverzeichnis können Sie von der Kundendiesntabteilung der VDO Adolf Schindling AG, Postf. 6140, 6231 Schwalbach, bekommen. Bei diesen VDO-Tachometerdiensten kann man beispielsweise das Tachometer reparieren lassen, wenn es nicht mehr funktionieren will; dort weiß man auch von der Scheibenwascherpumpe bis zur Zeituhr Rat.

Auch Tankstellen können helfen

Suchen Sie sich eine gut geführte Stamm-Tankstelle, wo man noch Zeit für den Kunden hat. Das ist im Zeitalter der Selbstbedienungs-Zapfstationen nicht mehr ganz so einfach, aber für den Ölwechsel, die Batterie- und Reifenpflege wichtig. Denn die technische Ausstattung einer modernen Tankstelle bietet mehr als nur Benzin und Öl für den Motor. Einige Aral- und Esso-Stationen haben auch Motor-Prüfeinrichtungen, mit denen zumindest die Zündung und eventuell auch der Vergaser von geschulten Fachkräften geprüft und eingestellt werden können. Auch Unterbrecherkontakte kann man dort beispielsweise austauschen lassen. Regelrechte Reparaturen werden aber nicht angenommen.
Andere Tankstellen, die sich für Instandsetzungsarbeiten an Ihrem Mercedes

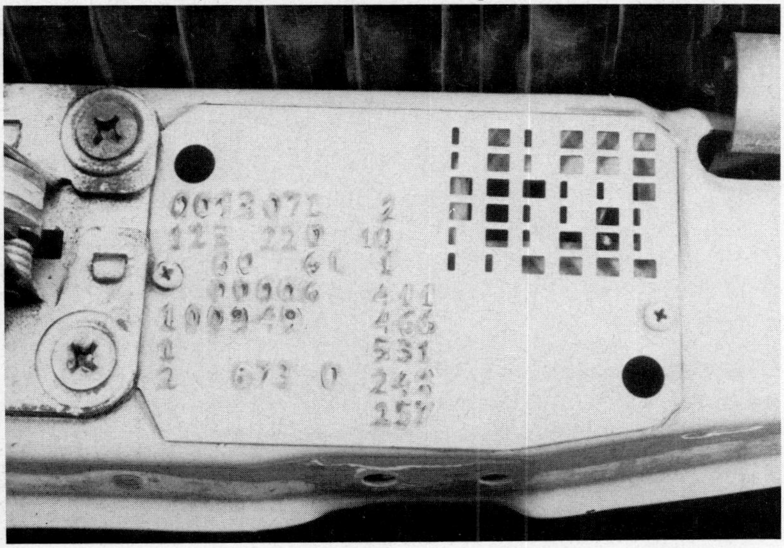

Auf der Traverse vor dem Kühler ist das gezeigte Schild mit der Karosserie-Nummer und der Lackierungs-Nummer befestigt. Links davon befindet sich das Typschild. Die Fahrgestell-Nummer ist auf einem Schild an der hinteren Motorraumwand zu finden, und die Motor-Nummer sitzt am Motor vorne links, Fahrgestell- und Motor-Nummer sind wichtig bei der Bestellung von Ersatzteilen.

anbieten, sind mit Vorsicht zu genießen. Wenn dort kein Kraftfahrzeugmeister arbeitet, decken die Haftpflicht- und Betriebsversicherung keine Reparaturen an Motor, Bremsen, Lenkung, Fahrwerk usw. Auch liegen dort nicht die neuesten Wartungs- und Reparaturhinweise des Mercedes-Kundendienstes vor. Das kann teurer Pfusch werden, und ein vernünftiger Tankstellenhalter wird daher von sich aus solche Reparaturen ablehnen.

Eigene Geschicklichkeit wird belohnt

Handwerkliche Fähigkeiten, die man sich durch eigene Erfahrungen beigebracht hat, kann einem niemand streitig machen. Keiner hindert Sie daran, Reparaturen am Auto selbst auszuführen.
Diesen Standpunkt muß man auch manchmal Versicherungen gegenüber vertreten. Wurde etwa das Auto durch einen unverschuldeten Unfall beschädigt, muß der Schädiger bzw. dessen Versicherung dem Eigentümer die Kosten für die von ihm selbst durchgeführte Reparatur in voller Höhe ersetzen. Maßgeblich für die Erstattung ist der Kostensatz, der in einer gewerblichen Werkstatt angefallen wäre. Der Anspruch umfaßt auch die Mehrwertsteuer. Einen derartigen Grundsatz stellte der Bundesgerichtshof im Urteil VI ZR 46/72 auf.
Erfahrene Autopraktiker – von denen es viele auch in anderen Berufen außerhalb des Kraftfahrzeughandwerks gibt – können sich natürlich noch mehr selbst helfen. Dazu muß allerdings der Werkzeugschrank schon recht gut ausgestattet sein. Unser Buch ist auch auf diese »Hohe Schule« der Eigenhilfe abgestimmt, wobei nicht vergessen wird, was Sache der Werkstatt bleiben muß. In erster Linie denken wir dabei an Bremsanlage und Lenkung, also an die für die Verkehrssicherheit des Fahrzeugs verantwortlichen Teile.

Selbsthilfe in der Mietwerkstatt

Steht Ihnen zu Hause oder im Bekanntenkreis kein geeigneter Platz zum Autobasteln zur Verfügung oder müßte im Winter bei Eiseskälte im Freien geschraubt werden, können Sie sich auch in einer Werkstatt einquartieren. Dort ist die Halle winters beheizt und es gibt Hebebühnen, Gruben und teilweise auch Spezialwerkzeug. Mit freien Plätzen in der Mietwerkstatt ist unter der Woche eher zu rechnen als am Wochenende, wenn alle Autobastler zum Werkzeug greifen. Die Rechnung muß auch in der Mietwerkstatt stimmen und deshalb müssen Sie Ihre Zeit scharf kalkulieren. Nur wenn die Arbeit flott von der Hand geht oder sogar ein Helfer mitarbeitet, lohnt sich die Eigenarbeit. Wenn Sie eine umfangreiche Reparatur erstmals selbst ausführen, kann das Experiment durch die Summe der angesammelten Stunden teurer werden als der Arbeitspreis in der Fachwerkstatt.
Mietwerkstätten existieren in kleineren Orten oft ziemlich im Verborgenen und haben auch bisweilen nur ein kurzes Leben. Achten Sie deshalb bei der Suche auf entsprechende Anzeigen im Autoteil der Tageszeitung bzw. in Anzeigenblättern, oder fragen Sie andere Autobastler.

Handgreiflichkeiten

Für Wartungsarbeiten und Reparaturen, die man selber erledigen möchte, muß man das richtige Werkzeug haben. Nur damit läßt sich gezielt arbeiten. Doch auch unterwegs ist vielleicht einmal ein kleiner Defekt zu beheben. Dann muß man ohne den passenden Schraubenschlüssel womöglich das Vielfache dessen an Reparaturkosten bezahlen, das dieser Schlüssel wert ist.

Bedeutung der Größenangaben

In Deutschland werden Maschinenteile und Werkzeuge wie in den meisten europäischen Ländern nach dem metrischen Maßsystem gemessen. Wahrscheinlich wissen Sie, daß es Wagen gibt (vor allem englische und amerikanische), bei denen man mit unserem Werkzeug nicht viel ausrichten kann, weil in jenen Ländern bislang ein Maßsystem in Zoll üblich war. Die Bedeutung dieses im ersten Augenblick vielleicht unerheblich erscheinenden Unterschiedes liegt für Sie als Mercedes-Besitzer einfach darin, daß Sie keine »englischen« Schraubenschlüssel verwenden dürfen, die nicht genau auf die Schrauben passen. Man beschädigt mit ihnen nur die Flanken von Schraubenköpfen und Muttern, und richtig passende Schraubenschlüssel lassen sich danach nicht mehr effektvoll ansetzen.
Bei Schrauben mit Sechskantkopf und bei deren Muttern mißt man den Abstand der sich gegenüberliegenden Flanken in Millimeter oder Zoll und schreibt auf den passenden Schraubenschlüssel die entsprechende Schlüsselweite (Kurzbezeichnung SW). Ein Doppelgabelschlüssel – man nennt ihn auch vielfach Maulschlüssel – mit der Bezeichnung 13 × 14 hat also eine Gabel für eine 13 mm und am anderen Ende für eine 14 mm breite Schraube oder Mutter.

Welches Werkzeug zu welchem Zweck?

Schrauben und Muttern am Mercedes sind wie bei anderen Fabrikaten in verschiedenen Größen vorhanden, und die vier in der Bordwerkzeugtasche mitgelieferten Doppelgabelschlüssel helfen nur zu Handgriffen an einigen Teilen des Wagens. Viele der Schrauben sind ohne Umstände zu betätigen, andere weniger bequem, weil sie an schlecht zugänglicher Stelle sitzen. Davon hängt es ab, ob Maul- oder Ringschlüssel vernünftiger sind oder ob etwa Rohrsteckschlüssel verlangt werden. Ringschlüssel sind den Maul-(Gabel-)schlüsseln vorzuziehen, weil sie auf alle sechs Kanten einer Schraube gleichmäßigen Druck ausüben und dadurch wirkungsvoller und öfter umgesetzt werden können. Rohrschlüssel erfüllen diesen Zweck auch, sie werden auf tiefsitzenden Schrauben angesetzt. Ringschlüssel sollen hochgekröpft und nicht zu lang sein, um auch bei engem Raum mit ihnen hantieren zu können. Bei Bedarf verlängert man sie (und vergrößert dadurch die Hebelwirkung), indem man ein zweites Werkzeug durch die Ringöffnung des anderen Schlüsselendes hindurchsteckt. Auch Gabelschlüssel kann man verlängern, indem man in die hintere, nicht benutzte Gabel des zu bedienenden Schlüssels einen zweiten Gabelschlüssel nahezu gleicher Größe einhakt und dann dieses Verlängerungswerkzeug in der zu drehen-

Das erfreulich reichhaltige Bordwerkzeug, das der Mercedes vom Werk mit auf den Weg bekommt, ist nur für Notfälle bestimmt. Dazu gibt es auch ein Liegebrett, falls man sich unterwegs einmal unter das Auto legen muß. Es ist auch nicht beabsichtigt, daß man mit diesem Besitz auf Werkstätten verzichtet. Wer aber an seinem Mercedes selbst Hand anlegen möchte, sollte auf diesen Seiten einmal überprüfen, welche Werkzeuge und Hilfsmittel ihm bei seinen Bemühungen von Nutzen sein können.

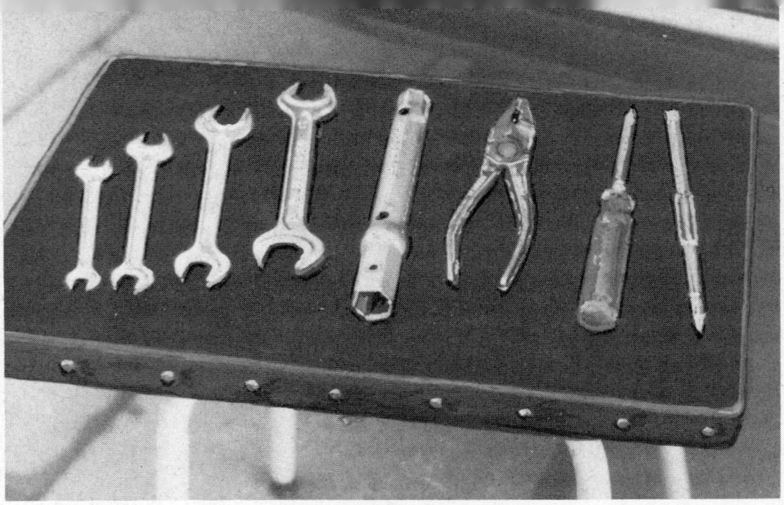

den Ebene bewegt. Bei dem Notbehelf muß man allerdings aufpassen, daß man mit dem zweiten Schlüssel nicht abrutscht und sich verletzt.

Schließlich gibt es noch Inbusschlüssel. Das sind gewöhnlich Stahlstäbe mit Außensechskant, auf ungleichmäßiger Länge im rechten Winkel gebogen. Beide Enden lassen sich in einen Schraubenkopf mit Innensechskant ansetzen.

Lassen wir einige Beispiele der unterschiedlichen Schraubengrößen am Mercedes der Größe nach folgen:

Einen Inbusschlüssel SW 5 braucht man zum Drehen der Einstellschraube am Lenkgetriebe (zuvor muß die Gegenmutter SW 19 gelöst sein). Gabel- oder Ringschlüssel mit der Weite 8 mm werden für einige Befestigungen von Karosserieteilen wie Kühlermaske, Lehne der hinteren Sitzbank und Verglasung der Rückleuchten (nicht bei deren Lampenwechsel) benötigt, aber auch für die Mutter an einer Glühkerze zum Halt der Stromschiene. Weitere Karosserieteile sind mit Sechskantschrauben SW 10 befestigt, so die vorderen Kotflügel, die Scharniere von Motorraum- und Kofferraumhaube, die Kofferraumschließe, die Sitzschienen eines Vordersitzes vorn. Mit einem Gabelschlüssel der nächsten Größe SW 11 bedient man die Einstellschrauben der Scheinwerfer.

13 Millimeter ist das Maß einer ganzen Reihe von Schrauben, etwa an den Batterieklemmen und Türscharnieren, am Ölfilterdeckel, an der Zylinderkopfhaube und an den Spurstangen, auch die Entlüftungsschraube für den Kühlkreislauf und die Ölablaßschraube der Ölwanne haben diese Größe. Für die Ölfüllung im Hinterachsgetriebe ist freilich ein Inbusschlüssel SW 14 nötig. Die Kontrollschraube an der Einspritzpumpe wie auch die Einstellmuttern der Ventile verlangen nach einem Gabelschlüssel SW 14. Der Bremslichtschalter läßt sich mittels Gabelschlüssel SW 17 herausdrehen, aber für die Befestigungen der Stoßfänger eignet sich besser ein Ringschlüssel dieser Abmessung (seitliche Gummiabdeckungen: SW 10). Bei der Riemenscheibe der Lenkhilfe kommt man ohne 22-mm-Schlüssel nicht zum Zuge, und der Ölkühler besitzt Anschlüsse mit der respektablen Abmessung von 27 mm.

In Ergänzung der beiden Schraubendreher-Einsteckklingen mit Griff im Bordwerkzeug sollte man sich noch einen kräftigen Schraubenzieher für Querschlitzschrauben zulegen. Den sogenannten Vergaser-Schraubenzieher, kurz und mit dickem Handgriff, braucht man oft für beengt sitzende oder für widerspenstige Schrauben, da er kräftig zu greifen ist. In gleicher Form gibt es ihn auch für Kreuzschlitzschrauben. Rohrzange, Kombizange (mit isoliertem Griff) und der Seitenschneider zum Abschneiden von Kabeln dienen als allgemeine Hilfswerkzeuge, ebenso Hammer, Meißel, Körner, Durchschläger und die feinen

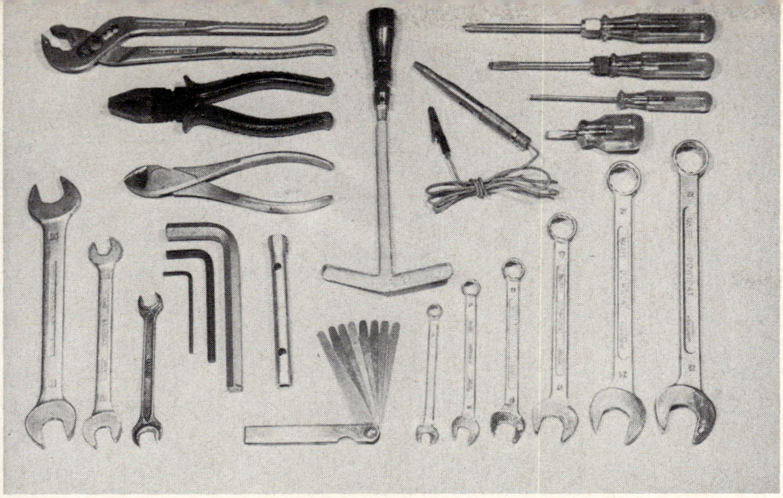

Das Bild zeigt als Beispiel eine Zusammenstellung empfehlenswerte Werkzeuge und enthält Doppelgabelschlüssel, Ringgabelschlüssel, Rohrschlüssel, Inbusschlüssel (für Innensechskantschrauben) sowie Schraubendreher verschiedener Größen. Ferner können Rohrzange, Kombizange (mit isoliertem Griff) und Seitenschneider nützlich sein. Die Fühlblattlehre wird bei der Kontrolle des Ventilspiels und die Prüflampe zu Kontrollen der elektrischen Anlage benötigt. In Bildmitte ein Kerzenschlüssel mit Kreuzgelenk.

Feilen in verschiedenen Ausführungen. Die Fühlerblattlehre wird zum Messen des Ventilspiels und des Elektrodenabstandes der Zündkerzen gebraucht.

Empfehlenswerte Grundausrüstung

Nach diesen Überlegungen ist es einfach, eine Liste der notwendigen und richtigen Werkzeuge aufzustellen. Qualität sollte bei der Anschaffung vordringlich berücksichtigt werden, obwohl gutes Werkzeug nicht billig ist. Als Heimwerker ist man schnell am Ende seiner Kunst, wenn nur schlechte Schraubenschlüssel und verbogene Schraubenzieher zur Verfügung stehen.
Die Werkzeug-Empfehlung lautet somit:

3 Doppel-Gabelschlüssel SW 10 × 11, 13 × 14, 17 × 19
6 Gabel-Ringschlüssel SW 8, 10, 13, 17, 21, 22
1 Rohrsteckschlüssel SW 8 × 10
2 Innensechskantschlüssel SW 5, 14
1 Zündkerzenschlüssel, lang, SW 16 (siehe Seite 189)
2 Schraubenzieher Größe 2 und 8, für Querschlitzschrauben
2 Schraubenzieher für Kreuzschlitzschrauben, verschiedene Größen
1 Schraubenzieher, kurze Form, für Querschlitzschrauben
1 Rohrzange, 240 mm lang
1 Kombizange, isolierter Griff
1 Seitenschneider
1 Schlosserhammer, 300 Gramm
1 Fühlerblattlehre
1 Flachmeißel
1 Körner
1 Durchschläger, 3 mm
1 Radschraubenschlüssel SW 19.

Ergänzung nach Wunsch

Natürlich kann man die Werkzeugausrüstung noch vervollständigen, wenn sich der Umgang mit dem Auto intensiver gestaltet. So führt die Ergänzung des Ringschlüssel-Sortiments zu mehr Freude bei der Arbeit. Noch universaler lassen sich Steckschlüssel mit Sechskant-Einsätzen (sogenannte »Nüsse«) handhaben. In Verbindung mit einer vielzahnigen Knarre kann man sie vielseitig versetzen und bei geringem Bewegungsraum über ein dazugehöriges Gelenkstück abgewinkelt bewegen. Zu solch einem Schlüsselsortiment gehören Gelenkgriff mit verschiebbarem Querhebel, Verlängerungsstücke und eine Knarre (Hebel mit Drehsperre, den man nicht abzusetzen braucht); alle Teile besitzen Vierkant-Steckverbindungen.

Zugleich sollen die praktischen Vorsatzgeräte erwähnt sein, die sich mit wenigen Handgriffen an eine dazu vorgesehene Bohrmaschine koppeln lassen. Mit solchen Geräten – etwa von Bosch – kann man schleifen, polieren, Karosserieblech sägen, aber auch – mit zusätzlicher Hilfe eines kleinen Kompressors – Luft in die Reifen pumpen.

Umgang mit Werkzeug

Pflegen Sie Ihr Werkzeug und benutzen Sie es richtig. Ein jedes Werkzeug ist für einen bestimmten Zweck geschaffen. Wenn man mit der Zange einer Schraube oder Mutter zu Leibe rückt, hat man vielleicht die Mutter gelöst, aber die Kanten der Zange haben die Ecken und Flanken der Befestigung derart beschädigt, daß später jeder Schraubenschlüssel abgleiten muß. Eine Zange ist zum Halten da; nur mit der Rohrzange darf, ihrem Namen gemäß, an Rohren und Wellen gedreht werden.

Schraubenzieher sollen eine gerade, aber nicht scharf geschliffene Klingenspitze haben, damit sie im Schraubenschlitz festen Halt findet, sich nicht herausdreht und den Schraubenkopf beschädigt. Ein Schraubenzieher ist kein Meißel.

Mit einem Schleifstein kann man manches Werkzeug einsatzbereit halten, z. B. stumpfe Meißel schärfen, und er eignet sich auch zum Bearbeiten mancher Werkstücke.

Verschmutztes Werkzeug ist nach Gebrauch bald zu reinigen und leicht einzuölen, damit es durch Rost nicht unansehnlich wird. Man weiß ja nie, ob man es gleich in den nächsten Tagen wieder braucht. Zusätzliches Werkzeug, das man unterwegs im Wagen dabei haben will, wird in alte Leinentücher gewickelt, und der Gummiring eines Einmachglases hält dieses Bündel zusammen.

Hilfsmittel für die Wagenpflege

Verschiedene Hilfsgeräte, die in der Werkzeug-Grundausstattung nicht fehlen dürfen, müssen Sie sich noch zusätzlich anschaffen. Immer wieder dienliche Hilfen sind folgende:

- Ölspritzkännchen,
- Reifendruckprüfer,
- Prüflampe,
- Schlüsselfeile, flach
- Fensterleder 1. Qualität,
- Autoschwamm oder Waschhandschuh,
- Waschbürste mit Stiel,
- Waschpinsel ohne Metallfassung.

In den diesbezüglichen Kapiteln dieses Buches ist erwähnt, wann man diese Hilfsmittel einsetzt.

Flüssige Hilfen

Rostlöser und Isolierspray

Als Rostlöser für festgerostete Schrauben haben sich beispielsweise »Caramba Rasant«, »LM Liqui Multi« von Liqui Moly, »Multigliss« von Molykote oder »mo-Schnellrostlöser« von Teroson sehr bewährt. Man muß nur ein wenig Geduld haben und die Flüssigkeiten lange genug einwirken lassen.

Mit diesen Rostlösern verwandt durch ihre außerordentliche Kriechfähigkeit sind die »Isoliersprays«. Vielfach sind die Rostlöser (z. B. alle oben genannten) zugleich solche Isoliersprays, die bei Feuchtigkeit in der Autoelektrik den feinen Wasserfilm unterwandern und dadurch verhindern, daß Batteriestrom über den leitenden Wasserfilm als Kurzschluß oder »Kriechstrom« abgeleitet wird. Zu den bereits genannten Rostlösern wären als Spezial-Isoliersprays beispielsweise zu nennen »Aral Intact« oder »4 × Silikon-Spray« von Molykote.

Die Vielseitigkeit dieser Sprays erweist sich auch an den Türschlössern des Autos. Sie halten das Schloß als Schmiermittel leichtgängig und verhindern im Winter durch ihre Feuchtigkeitsverdrängung das Einfrieren.

Kaltreiniger und Motorschutzlack

Der Motorraum des Mercedes ist im Lauf der Zeit vom Straßendreck gezeichnet. Auch können die Motorteile ölverschmiert sein. Dagegen helfen sogenannte

Kaltreiniger (etwa der »Spezialreiniger« von Aral). Damit werden die Teile eingestrichen oder eingesprüht; nach einigen Minuten kann man mit einem Pinsel den Schmutz abwaschen und anschließend mit Wasser abspritzen.
Damit es im Triebwerksabteil nach der Wäsche nicht zu Korrosionserscheinungen kommt, sollten sowohl der Motorraum als auch die Aggregate mit einem Motorschutzlack (z. B. »Plastglanz« von Teroson) eingesprüht werden. Damit ein wirklich ausreichender Schutz erreicht wird, verwenden Sie hierzu mindestens 600 g Sprühmaterial (gewöhnlich 2 Sprühdosen). Solcher Motorschutzlack übersteht auch mehrere Motorwäschen.

Spezial-Schmierstoffe

■ Haushaltsöl in kleinen Spritzkännchen ist dünnflüssiges Universalöl, das man überall verwenden kann, wo keine besonderen Schmieransprüche gestellt werden. Aber es hält Motorwärme aus, ist also beispielsweise zur Schmierung des Motorhaubenschlosses geeignet.
■ Graphitöl enthält den »Festschmierstoff« Graphit, der die Schmierkraft des Öls erhöht. Besonders gut ist die Graphitöl-Sprühdose von BP, die einen meterweiten nadelfeinen Ölstrahl versprüht und dadurch vor allem für schwer erreichbare Schmierstellen sehr geeignet ist.
■ Schmierstoff-Suspensionen liegen an der Grenze zwischen Öl und Fett und sind für seltener beanspruchte Gleitflächen (z. B. Sitzschienen, Heizungshebel) sehr vorteilhaft. Nach dem Auftragen bilden sie auf der behandelten Gleitfläche einen wachsähnlichen Schmierfilm, der auch gegen Rost schützt und erst bei Druckbeanspruchung flüssig wird (z. B. »MO-Gleitspray« von Teroson, »Paste U-n« von Molykote oder »LM Schmierfix« von Liqui Moly).
■ Heiß-Schrauben-Compound möchten wir nicht mehr missen, denn eine einmal damit eingeriebene Verschraubung rostet nie mehr und läßt sich auch nach Jahren wieder ohne weiteres lösen. Das gilt vor allem für Auspuffrohr-Verschraubungen und Federbeinhalterungen. Diese Spezialpaste gibt es in kleinen Tuben als »HSC-Paste« von Molykote, »Molykote 1000« und als »ASC-Paste« von Liqui Moly. Die Paste ist hitzefest bis über 1000° C!
■ Säureschutzfett, auch Polfett genannt, ist ein gegen elektrische Ströme, Säure und Feuchtigkeit isolierender Spezialschmierstoff, der vor allem die Batteriepole sauber hält. Konkurrenzlos ist hierbei das Säureschutzfett »Ft 40 v 1« von Bosch.

Hilfsmittel für unterwegs

Manch einer hat in seinem Auto weder einen Reservekanister noch ein brauchbares Ersatzrad. Andere dagegen schleppen in ihrem Wagen dauernd ein ganzes Arsenal von Werkzeugen mit sich herum. Der goldene Mittelweg ist auch

Für den Werterhalt der Autos steht eine Unzahl von Pasten und Tinkturen zur Verfügung. Es ist nicht ganz leicht, das für einen jeweiligen Zweck wirkungsvollste und schonendste Mittel herauszufinden. In diesem Buch erhalten Sie dazu viele wertvolle Ratschläge, und wie die flüssigen Hilfen im einzelnen angewendet werden sollen, ist in den Kapiteln »Wagenwäsche«, »Lackpflege« und »Winterschutz« beschrieben.

Es gibt Glühbirnen und Sicherungen als Reservevorrat, untergebracht in einem handlichen Kästchen. Da man nie weiß, wann eine Lampe oder eine Sicherung durchbrennt, sollte man auf eine solche Eventualität stets vorbereitet sein. Der im Wagen mitgeführte Ersatz muß natürlich rechtzeitig ergänzt werden, wenn man ihn einmal hatte in Anspruch nehmen müssen.
Sehr praktisch ist auch die handliche Lampe, die man bei einem Defekt irgendwo am Auto anklemmen kann und die bei Dunkelheit die Arbeit erleichtert.

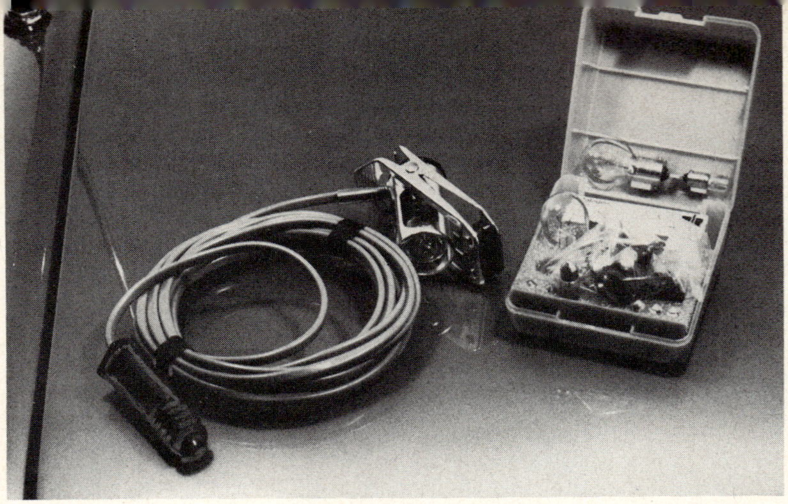

hier richtig. Was man mitnehmen sollte, sei hier genannt; vielleicht dient es mit dazu, anderen hilflosen Autofahrern unterwegs zu helfen:

- Reservekanister,
- Abschleppseil oder -stange,
- Ersatzglühlampen,
- Sicherungen,
- Rolle Draht,
- Klebeband, Tesa-Film,
- 2 Reifenmontierhebel,
- Flickwerkzeug für Autoschläuche,
- 2 m Elektrokabel,
- 1–2 m benzinfesten Schlauch,
- Alleskleber (UHU-Plus),
- Brettchen zum Unterlegen für Wagenheber.

Dazu sollte man wissen, daß man auch auf der Autobahn (am äußersten rechten Fahrbahnrand) anhalten darf, um einen in Not geratenen anderen Autofahrer hilfreich zu unterstützen.

Ersatzteile bei Auslandsreisen

Selbstverständlich ist der Mercedes-Service auch im Ausland vertreten, sogar in den Ostblockstaaten. Aber es beruhigt trotzdem, wenn man fern der Heimat einige Dinge bei sich hat, die man vielleicht gebrauchen kann. Neben sinnvoll ausgewähltem Werkzeug und den schon genannten Hilfen wird man noch folgende Teile in Lappen wickeln und im Kofferraum unterbringen:

- Zündkerzen,
- je ein Keilriemen
- Kühlwasserschlauchstücke, Schlauchbinder,
- kräftige Fußluftpumpe,
- einige Muttern, Schrauben und Sicherungsringe gängiger Größen.

Außerdem kann man in Verlegenheit kommen und zusätzlich gebrauchen:

- Motoröl, Menge je nach geplanter Fahrstrecke (nicht in EG-Ländern),
- Flasche mit destilliertem Wasser (Ostblockstaaten) für Batterie,
- Handwaschpaste,
- Handlampe.

Alle Ersatzteile besitzen genaue Bezeichnungen mit Nummern, die zumeist auf den Originalteilen am Mercedes vermerkt sind. Allerdings ist bei Neukauf zu überprüfen, ob dieses oder jenes Ersatzteil eine Veränderung erfahren hat, was durch technische Weiterentwicklung möglich ist.

Verbindungen

Wenn die Reise durch einen Schaden unterbrochen wird, der nicht auf der Stelle behoben werden kann, dann ist guter Rat teuer. Am billigsten erweist sich dabei ein Abschleppseil, denn Abschleppdienste sind keine kostenfreien Wohltätigkeitsunternehmen. Aber man muß sich beim Abschleppen auch richtig verhalten, sonst handelt man sich womöglich noch weitere Unannehmlichkeiten ein.

Das eigene Seil

Mit ihrem Leergewicht von rund 1350 kg bis 1480 kg bieten die in diesem Buch beschriebenen Autos einigen Widerstand, wenn es einmal ans Abschleppen gehen soll. Man braucht dann immerhin ein Seil strapazierfähiger Qualität. Die vom Handel angebotenen Abschleppseile sind nicht in jedem Fall für Ihr Auto zu empfehlen. Sollten Sie daneben einmal als Kavalier auftreten und einen Straßenkreuzer aus dem Graben ziehen wollen, so steht das durchaus in der Kraft eines jeden Mercedes, hängt aber von der Stärke des dabei verwendeten Seils ab.

Die vorhandenen Ösen vorn und hinten sind auch für relativ dicke Seile geeignet. Man muß also beim Kauf der hier nachfolgend genannten Arten von Seilen deren Durchmesser nicht unbedingt berücksichtigen.

Perlon, Hanf und Stahl sind die Materialien von Abschleppseilen; jede Sorte hat ihre Vor- und Nachteile. Perlonseile dehnen sich beim Schleppen und verhüten dadurch das beim Losfahren so lästige Anrucken. Aber Perlon ist hitze- und scheuerempfindlich: Karosseriekanten, Stoßstangen und ein heißer Auspuff machen ein solches Seil rasch wertlos, sofern es keine verschiebbaren Ledermanschetten hat. Haltbarer, preiswerter, aber auch dicker, sind Hanfseile. Ein Seil aus Stahl ist spröde zu handhaben, und weil es überhaupt nicht nachgiebig ist, muß es unbedingt einen Ruckdämpfer besitzen. Das ist eine Schraubenfeder oder ein Gummistück, das aus der Seilmitte eine dehnbare Schlaufe bildet. Stahlseile lassen sich naturgemäß am stärksten strapazieren.

Die Schleppstange

Zum Abschleppen ist eine Schleppstange die sicherste Lösung. Denn wenn der Motor nicht läuft, arbeitet auch die Servounterstützung der Bremse nicht, Sie müssen also wesentlich stärker auf das Bremspedal treten, um die übliche Bremsverzögerung zu erreichen. Falls Sie beim Abschleppen mit Seil zu schwach oder einen Sekundenbruchteil zu spät auf das Bremspedal treten, kann der Abstand zum Schleppwagen schon gefährlich kurz sein. Mit der Schleppstange ist es unproblematisch, da muß allenfalls der Vorausfahrende Ihren Wagen zusätzlich mitbremsen.

Die beste Schleppstange ist nach unseren Erprobungen die »Nr.Sicher« (Vertrieb: Hans Herrmann, Otto-Hahn-Straße 18, 7032 Sindelfingen 6), die sich ganz exakt einstellen läßt, so daß es beim Gasgeben oder -wegnehmen keinerlei Rucke in den Schleppösen gibt. Außerdem kann diese Schleppstange auch in eine Anhängerkupplung eingehängt werden.

Im Schlepptau

Zum Schleppen des Mercedes darf das Seil nur an dem Zughaken angebracht werden, der sich am Vorbau rechts unterhalb des Stoßfängers befindet. Die Befestigung eines handelsüblichen Seils bereitet keinerlei Schwierigkeiten. Bei einem Seil mit großdimensioniertem Verschluß muß man eine Schlaufe des Seils durch die Öse am Wagen zwängen und das andere Seilende durch diese Schlaufe ziehen.
Eventuelle Versuche, Teile der Radaufhängung als Anknüpfungspunkt für ein Schleppseil zu verwenden, führen unweigerlich zu kostspieligen Schäden. Es ist eindringlich davor zu warnen, das Auto an anderen Stellen als an der vorgesehenen zu schleppen.
Es ist Vorschrift, das Seil zwischen beiden Wagen mit einer roten Fahne zu markieren. Die Warnblinkanlage muß während der Schleppfahrt an beiden Fahrzeugen des Schleppzugseingeschaltet sein. Noch besser: Zusätzlich Warndreieck ins Rückfenster stellen.
Sich abschleppen lassen ist kein Kinderspiel. Vorsichtige Fahrweise des Ziehenden ist die Grundbedingung der Rücksichtnahme auf sein Anhängsel. Im geschleppten Wagen muß man die Verkehrssituation vor dem Zugwagen beobachten und beinahe vorausahnen: Sie müssen eher bremsen als Ihr Helfer vorn, damit das Seil immer straff bleibt, ihn also praktisch mitbremsen. Jedes Anfahren mit lockerem, über die Straße schleifendem Seil beansprucht die Haltepunkte des Seils an beiden Wagen, denn der Vordermann kann es meist nicht sehen, wenn die Verbindung zu seinem Anhänger nicht stramm spannt. Zieht er dann wieder los, gibt es einen gewaltigen Ruck durch beide Autos.
Um an dem fremden Schleppwagen vorbei gute Sicht voraus zu haben, wird das Seil an diesem möglichst links angeknüpft. So kann die Zugmaschine scharf rechts fahren und der Geschleppte lenkt leicht versetzt zur Fahrbahnmitte hin. Die hinter diesem Geleitzug fahrenden Verkehrsteilnehmer müssen sehen können, wann Sie bremsen.
Die Bremsleuchten können aber nur bei eingeschalteter Zündung brennen. Natürlich muß das Lenkschloß in Stellung »1« geöffnet sein. In dieser Stellung lassen sich auch die Lichthupe (für Signale an den ziehenden Wagen) sowie Scheibenwischer und -wascher betätigen.

Abschleppen des Mercedes mit Getriebeautomatik

Bei vorhandener Getriebeautomatik darf nur in der Wählhebelstellung »N« abgeschleppt werden. Dabei soll die Geschwindigkeit von 50 km/h nicht überschritten werden, sonst ist im Getriebe der »Leerlauf« zu hoch. Die Schleppstrecke sollte auch nicht mehr als 120 Kilometer betragen. Sollte das Ziel weiter entfernt sein oder durch einen Schaden ist aus der Getriebeautomatik Öl ausgelaufen, dann muß das Auto bei angehobener Hinterachse und mit in Geradeausstellung fixierten Vorderrädern rückwärts abgeschleppt werden. Das ist nur einem Abschleppdienst möglich und bei Fahruntüchtigkeit des Wagens durch Unfall ohnehin nicht zu umgehen. Es sei denn, man trennt die Verbindung zwischen der Kardanwelle und Hinterachse und zieht dann das Auto in normaler Fahrtrichtung.

Einen anderen abschleppen

Hinten verfügt der Mercedes über eine ähnliche Öse wie vorn. Falls sich am Wagen eine Anhängerkupplung befindet, so kann dort auch eine Schleppstange befestigt werden.
Hoffentlich beherrscht jener, dem Sie helfen wollen, die primitivsten Regeln der Abschleppkunst. Verabreden Sie mit ihm Handzeichen und Lichtsignale und denken Sie daran: Er muß bremsen. Bei einer Notbremsung müssen Sie versuchen, aus der alten Fahrspur herauszukommen. Dann reicht vielleicht noch der

Bremsweg des Hintermannes, daß er nicht auf Sie auffährt, sondern noch etwas an Ihrem Wagen vorbeilenken kann.
Wenn möglich, läßt man die Beifahrer des abzuschleppenden Fahrzeuges in den Zugwagen umsteigen, weil dann das Anhängegewicht niedriger ist.

Anschleppen bei Getriebeautomatik

Allgemeine Hinweise zum Notstart des Mercedes, wenn etwa die Batterie zu schwach zum Durchdrehen des Anlassers ist, sind auf Seite 173 enthalten. Hier seien zusätzliche Hinweise gegeben, falls es sich um einen Wagen mit automatischem Getriebe handelt, der in Gang gebracht werden soll. Das ist nämlich beim Mercedes im Gegensatz zu anderen Fabrikaten mit Getriebeautomatik möglich. Selbstverständlich trifft das Nachstehende sinngemäß auch für Wagen mit mechanischem Getriebe zu.
Zunächst braucht man ein längeres Seil als nur zum Abschleppen, damit der anspringende Motor den Wagen nicht auf den Vordermann treibt, denn es muß eine Geschwindigkeit bis zu 50 km/h gefahren werden. Praktischerweise sollte man deshalb zwei handelsübliche Seile zusammenknüpfen. Wenn die Seilenden an beiden Wagen befestigt sind, läuft dann das Anschleppen wie folgt ab:
Wählhebel in Stellung »N« bringen und Zündung einschalten. Falls beim 200 der Motor kalt ist: Wie üblich das Gaspedal einmal durchtreten zum Einschalten der Startautomatik. Nun kann dem Schleppfahrer das Zeichen zum Anfahren gegeben werden. Wenn das Getriebe sehr kalt ist, etwa im Winter, soll mit 30 km/h gezogen werden, und bei warmem Getriebe soll die Geschwindigkeit 50 km/h betragen. Das betreffende Tempo muß etwa 2 Minuten eingehalten werden. Das ist nötig, damit sich der erforderliche Öldruck in der Automatik aufbaut.
Glaubt man, der Augenblick des Motoranwerfens sei gekommen, ist der Wählhebel in Stellung »L« zu bringen. Sofort, wenn der Motor anspringt, muß der Wählhebel wieder in die Leergangstellung »N« gerückt werden. Der Motor muß nach einigen Sekunden angesprungen sein, sonst besteht das Risiko eines Getriebeschadens, also auch in diesem Fall den Wählhebel nach »N« schieben.
Wenn der Motor läuft, macht man dem Schleppfahrer ein vorher vereinbartes Zeichen und bremst den Wagen sanft ab.

Anhängerbetrieb

Haben Sie vor, an Ihrem Mercedes einen Anhänger mitzuziehen? Zunächst muß der Wagen eine vom TÜV zugelassene und in die Fahrzeugpapiere eingetragene Anhängerkupplung haben. Eine solche ist bereits ab Werk verfügbar oder kann nachträglich angebaut werden. Dann ist zu beachten, daß die Anhängelast normalerweise 1200 kg für einen gebremsten Anhänger nicht überschreiten darf. Unter bestimmten Bedingungen kann auf Antrag bei Daimler-Benz in Stuttgart, Abteilung ZKD (Zentralkundendienst), eine schriftliche Genehmigung zum nachträglichen Anbau einer Anhängevorrichtung für eine Anhängelast bis maximal 1900 kg eingeholt werden. Solche nachträglich zu montierenden Kupplungen sind im Autozubehörhandel mit starrem und abnehmbaren Kugelhals erhältlich.
Es ist nicht ratsam, die erlaubte Anhängelast vollständig auszunutzen. Der Wagen dankt es Ihnen, weil er auf der Urlaubstour über Pässe und bei Sommerhitze sowieso schon ungewöhnlichen Beanspruchungen ausgesetzt ist. Wenn ein größerer Wohnwagen zu ziehen ist, lohnt sich der Einbau der auf Seite 143 erwähnten Niveauregulierung, die das Wagenheck durch die Deichsellast nicht absinken läßt.

Geborgenheit

Der Aufbau der Modelle 200 und 230 E ist seit Erscheinen der Typenreihe 123 praktisch unverändert. Sicherheit und Reparaturfreundlichkeit standen bei der Entwicklung dieser Karosserie im Vordergrund, die Verarbeitungsqualität gab von Anfang an keinen Anlaß zu Beanstandungen. Überdies hat die langjährige Produktionspraxis positive Auswirkungen auf die mögliche Lebensdauer des Mercedes-Kleides. Sorgen damit gibt es also nicht, falls man nicht gerade in einen Unfall verwickelt wird.

Passive Sicherheit

Heutige Personenwagen besitzen kein eigentliches Fahrgestell oder »Chassis« mehr, vielmehr muß die nötige Stabilität in den Aufbau »hineinkonstruiert« werden. Die also selbsttragende Karosserie muß außerdem zum Schutz der Insassen eine unterschiedlich verformbare Struktur aufweisen, damit Überlebensraum im Fall eines Zusammenstoßes erhalten bleibt. Eine wichtige Bedeutung hat die »Knautschzone« vorn und hinten am Auto, die sich bei einem Unfall in exakt berechneter Weise zusammendrücken läßt, während die Fahrgastzelle weitgehend unverformt bleiben soll.
Der Mercedes der Baureihe 123 besitzt eine Vorderachse ohne Fahrschemel (Vorderachsrahmen, an dem Motor und Radaufhängung montiert waren), wodurch gerade Längsträger für den Vorbau (mit eingeprägten Sicken als vorgesehene Knickstellen) möglich wurden. Für die Profile des Dachrahmens sowie der Vorderwand-, Mittel- und Hecksäulen wurden geschlossene Querschnitte zur Einsparung besonderer Überrollbügel gewählt. Desgleichen wurden Seitensteifigkeit und Verformbarkeit der Heckzone verbessert.

Was ist demontierbar

Die einzelnen Teile der Karosserie sind durch verschiedenartige Schweißtechniken miteinander verbunden. Eine solche, der Festigkeit dienende Bauweise fordert allerdings ihren Tribut, denn bei Blechschäden muß man auf kostspielige Schweißarbeiten gefaßt sein.
Ohne übermäßigen Aufwand lassen sich die Türen, die beiden Hauben, die Fenster, das Kühlerschutzgitter, die Scheinwerfer und die Stoßstangen ausbauen. Um fachmännisches Wissen kommt man aber oft nicht herum: Allein der Abbau einer Tür konfrontiert oft mit der Pneumatik der Zentralverriegelung (Sonderausstattung) und je nach Ausführung auch mit der Elektrik für die Fensterheber. Ähnlich verhält es sich mit den vorderen Kotflügeln, die – obwohl geschraubt – keine Studienobjekte für Feierabendbasteleien sind. Auch nach leichteren Kollisionen wird man eine Werkstatt in Anspruch nehmen müssen. Bei größeren Schäden sind ohnehin Spezialwerkzeuge und besondere Meßgeräte nötig.

Klappergeräusche

Manchmal klappert oder rasselt es im Auto ohne erkennbare Ursache. Das kommt sogar bei neuen Autos vor, wenn eine bei der Montage vergessene Schraube oder Scheibe hinter der Verkleidung herumrollt oder weil ein unbefe-

stigtes Kabel ans Blech schlägt. Mit Sicherheit weiß man dann selten, wo es überhaupt klappert, weil die Karosserie als Resonanzkörper die Akustik fortpflanzt. Dann sind in der Geräuschgegend eventuell freihängende Kabel in ihre Halterung zu drücken oder mit Klebeband zu befestigen. Rasselt etwas herum, ist es vermutlich eine Schraube oder Mutter.
Versuchsweise kann man gegen Quietschgeräusche angehen, indem man die in der Störgegend erreichbaren gegeneinander scheuernden Teile mit Glyzerin einreibt oder beträufelt. Öl ist in diesem Fall nicht immer ratsam, denn oft sind Gummiteile an der Quietscherei mitbeteiligt, die gegen Fett allergisch sind. Ältere Wagen leiden vielleicht an klappernden Hauben oder Türen – das liegt dann an falscher Einstellung dieser Bauteile oder an einem unsachlich beseitigten Unfallschaden.

Die Motorhaube

Beim Mercedes läßt sich die Motorhaube von vorn nach rückwärts aufstellen. Als Sicherheit gegen unbeabsichtigtes Öffnen während der Fahrt ist eine Verriegelung mit einem zusätzlichen Sicherungshaken vorhanden. Für bequemeres Hantieren im Motorraum ist eine Möglichkeit geschaffen, die Haube aus der bis zum ersten Anschlag geöffneten Stellung völlig senkrecht aufzustellen (dazu zunächst an der linken Haubenstütze die Sperre ausrasten, Haube etwas anheben und dann die Sperre der rechten Stütze ausklinken).
Die Motorhaube kann zur Beseitigung eines Schadens ausgebaut werden. In diesem Fall stellt man sie, wie beschrieben, senkrecht und deckt das Mittelstück vor der Windschutzscheibe mit Tüchern ab. An der linken Haubenstütze wird der Schlauch der Scheibenwaschanlage von der Klammer befreit, außerdem muß der Schlauch am T-Verteiler an der Haube abgezogen werden. Mittels passender Stange stützt man die Haube im Motorraum ab. An beiden Scharnierhebeln werden je zwei Sechskant-Befestigungsschrauben herausgedreht. Zum Ausbau der Haubenstütze muß man die Zugfeder aushängen und an der Seitenwand das Sicherungsblech von dem Gelenkbolzen abziehen. Der Niet am »Knie« der Haubenstütze muß mit einem 11-mm-Bohrer von außen ausgebohrt werden. Dieser Niet wird beim Einbau durch eine Schraube mit Mutter unter Verwendung der vorhandenen Scheibe (zwischen Scharnierbügel und Haubenstütze einsetzen) ersetzt.
Die Befestigungsschrauben am Scharnier sind erst nach Ausrichten der Motorhaube festzuziehen: Die Langlöcher erlauben eine Einstellung in Längsrichtung. Die beiden Anschlagpuffer vorn an der Haube lassen sich so einstellen, daß die Haubenunterkante zur Unterkante der Kotflügel (direkt oberhalb der Scheinwerfer) stufenlos fluchtet – dabei ergibt sich die »Peilkante« zwischen der Oberfläche der Haube und der Kotflügel. Zum Einstellen muß man die Kontermutter SW 10 lockern und den Puffer entsprechend drehen und danach die Mutter wieder festziehen. Diese Puffer sollen so eingestellt sein, daß zum Schließen der Haube eine Kraft von ca. 50 kp nötig ist, andernfalls kann die Haube bei höherer Geschwindigkeit flattern.

Die Kofferraumhaube

Bevor der Heckdeckel ausgebaut werden soll, sind die beiden Kennzeichenleuchten herauszunehmen und von ihren Kabelverbindungen zu trennen. Außerdem ist die Kofferraumleuchte mit Schalter auszubauen, das zugehörige Kabel clipst man aus und zieht es aus dem Hohlraum des Deckels hervor. Zum Vermeiden von Beschädigungen bei der Demontage sind unter beiden vorderen Ecken des Heckdeckels Lappen unterzulegen. Dann können die beiden Schrauben SW 10 an jedem Scharnier herausgedreht werden und der Heckdeckel läßt sich abnehmen.

Die Feder hält die geöffnete Kofferhaube in ihrer Stellung. Wenn sie ermüdet ist, muß ihr Ende in der Rastenleiste versetzt eingehängt werden. Es stehen jedoch nur zwei Ösen zur Verfügung, und wenn bereits die zweite in Anspruch genommen werden mußte (weißer Pfeil), ist eine neue Feder einzubauen.
Bei einer Störung am elektrisch betriebenen Schiebedach kann dieses per Hand bewegt werden. Mittels Rohrschlüssel ist dann die Mitnehmerscheibe (1) am Antriebsmotor zu drehen, nachdem das bei (2) sitzende Verbindungsstück auf die Mitnehmerscheibe gesteckt wurde.

Wie bei der Motorhaube, sind auch hier Einstellmöglichkeiten gegeben. Bei nur locker eingedrehten Schrauben am Scharnier kann man den Heckdeckel seitlich verschieben, nach gleichmäßiger Seitenausrichtung werden die Schrauben festgezogen. Das Schloßunterteil (auf der Rückwand des Kofferraumes) ist nach Lockern der beiden Befestigungsschrauben ebenfalls verschiebbar. Am Schloßoberteil, das an der Unterkante des Heckdeckels befestigt ist, muß man eventuell durch Unterlegen von Distanzscheiben eine Übereinstimmung zum Unterteil herstellen.
Am Scharnierbügel sitzt eine Schraubenfeder zum Hochhalten der geöffneten Kofferraumhaube. Im Laufe der Zeit kann ihre Federkraft ermüden; durch Einhängen des hinteren Federendes in das nächste Loch der Halterung wird die Federspannung wieder vergrößert.

Die Stoßfänger

Die Stoßfänger, auch als Stoßstangen bezeichnet, sind aus einem Stück gefertigt und besitzen in ihrer gesamten Länge eine Gummiauflage. Zum Lösen der Befestigungsschrauben braucht man nur einen Schraubenschlüssel. Der vordere Stoßfänger ist lediglich an zwei Haltern mit je einem Bolzen mit Mutter SW 17 befestigt. Nach Abschrauben dieser Muttern läßt sich der Stoßfänger nach vorn herausziehen. Die seitlich um den Kotflügel herumgeführten Abdeckungen sind am Karosserieblech an drei Stellen mit Schrauben SW 10 angebracht, und man braucht sie beim Stoßstangentausch nicht abzubauen. Diese Gummiteile müssen in ihren Führungen beim Einbau eines neuen Stoßfängers mit Seifenwasser oder Glyzerin benetzt werden, damit sie den Kanten des Stoßfängers keinen Widerstand entgegensetzen.
Der hintere Stoßfänger besitzt zwei gegabelte Halterungen mit je zwei Muttern SW 17. Aus- und Einbau erfolgen wie beim vorderen Stoßfänger. Um die äußeren seitlichen Gummiabdeckungen zu entfernen, muß man die Trennwand hinter dem Tank (4 Schrauben) und die Verkleidung im Kofferraum lösen, und danach gelangt man an jeweils zwei Schrauben SW 10, mit denen eine Abdeckung befestigt ist.

Die Türen

Muß eine beschädigte Tür zur Reparatur ausgebaut werden, so kann das wegen der Anlage für die Zentralverriegelung eine Sache der Werkstatt sein. Dort entfernt man die Innenverkleidung der Tür, wie nachstehend beschrieben, um die in der Tür noch verwertbaren Teile zu prüfen oder gegebenenfalls auszubauen. Der Türhalter – ein Öffnungsbegrenzer – wird demontiert, indem man die Sicherung an seinem Bolzen entfernt und dann die beiden Schrauben außen an der

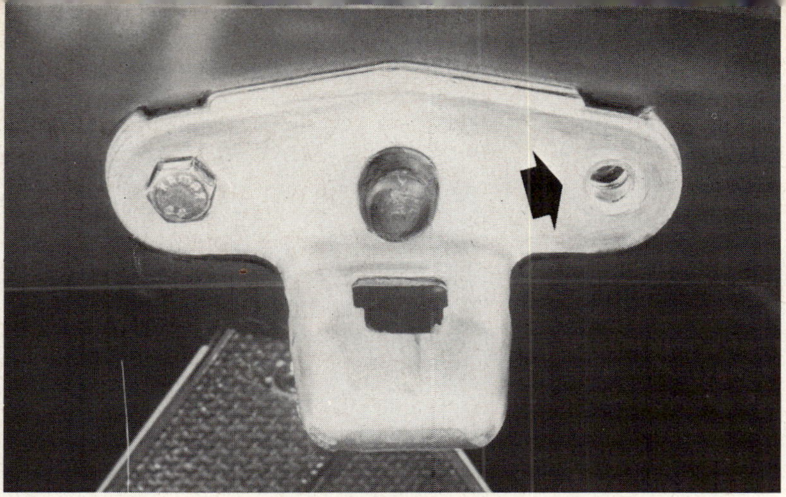

Die Schloßfalle am Heckdeckel ist mit zwei Schrauben SW 10 befestigt. Sollte der Kofferraumdeckel nicht richtig schließen, dann sind die beiden Schrauben etwas zu lockern und die Falle ist entsprechend zu verschieben. Dann werden die Schrauben wieder festgezogen.

Tür und eine Mutter am Innenblech herausdreht. Nach Lösen der Scharnierschrauben kann die Tür abgehoben werden.

Türen justieren

Die an der Mittelsäule (auch »B-Säule« genannt) sitzende Schließöse kann man bei schlecht schließender oder klappernder Tür versetzen. Dazu muß man die vier Schrauben mit einem Innensechskantschlüssel SW 5 lockern, sodann ist die Schließöse seitlich und in der Höhe verstellbar. Eventuell kann es auch nötig sein, den Abstand von der Säule durch Hinzufügen oder Entfernen dafür vorgesehener Platten zu korrigieren.
Wenn eine frisch eingebaute Tür nicht mit der Seitenwand der Karosserie fluchtet, müssen die Scharnierschrauben etwas gelockert und in ihren Bohrungen so weit verschoben werden, bis die geschlossene Tür fluchtet. Dieses Heimwerker-Justieren wird allerdings nicht ausreichen, wenn beispielsweise die Tür beim Öffnen auf den Bürgersteig gerammt oder durch Anprall gestaucht wurde und verkantet im Türausschnitt sitzt. In dem Fall sind spezielle Richtwerkzeuge einer erfahrenen Werkstatt notwendig. Anschließend muß die Türschloßeinstellung überprüft werden.

Türabdichtungen reinigen

Gummiabrieb und Verschmutzungen der Türabdichtungen sind im Laufe der Zeit unvermeidlich. Etwa einmal im Jahr muß man daher etwas einfache Pflege walten lassen, die zudem das lästige Anfrieren der Dichtgummis im Winter verhindert.
Nach der Wagenwäsche reibt man die getrockneten Abdichtungen der Türen und auch des Heckdeckels mit einem in Glyzerin getränkten Lappen sorgfältig ab (Glyzerin erhält man in der Drogerie). In keinem Fall darf irgendein Plastikreiniger verwendet werden, und natürlich ist Benzin oder Öl ebenso Gift für Gummi. Talkum, wie man es manchmal für Türabdichtungen empfiehlt, behält nicht lange seine Wirkung, da es bei Nässe rasch abgewaschen wird.

Türverkleidung ausbauen

Vor Arbeiten an der eingebauten Tür muß gewöhnlich die Innenverkleidung abgenommen werden. Das ist natürlich auch nötig, bevor die Tür mit Zentralverriegelung und elektrischen Fensterhebern ausgebaut werden muß.
Zunächst dreht man den Knopf der Innenverriegelung ab. Zum Abnehmen der Fensterkurbel ist die Verkleidung auf dem Kurbelarm an der Seite des Kurbelkopfes etwas abzuheben, dann läßt er sich in Richtung Knopf aus dem Ende der Achse des Kurbelapparates abziehen: Die Fensterkurbel kann zusammen mit der Distanzscheibe entnommen werden. An der verchromten Einfassung des

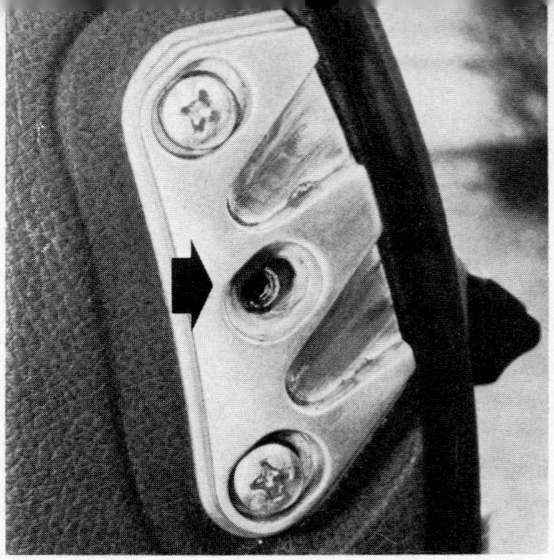

Links: Bei klappernderoder nicht flächenglatt sitzender Tür sind die vier Schrauben der Türschloßöse zu lösen und die Falle wird so verschoben, daß nach Wiederfestdrehen der Schrauben das Türschloß »satt« einrastet.
Rechts: Gleiches gilt für die seitlichen Fallen der Hecktür bei den T-Modellen.

Türschlosses werden zwei Kreuzschlitzschrauben herausgedreht. Die Armlehne ist an ihrer Unterseite ebenfalls mit zwei Kreuzschlitzschrauben befestigt. Am inneren Türöffnergriff wird die schwarze Kunststoffeinlage mit einem Schraubenzieher seitlich herausgehebelt und die darunter befindliche Kreuzschlitzschraube zum Halt der Metallmulde abgeschraubt. Den Griff braucht man nicht abzuschrauben. An den Fondtüren muß zusätzlich der Aschenbecher entnommen werden: Mit einem Schraubenzieher wird der untere Haltenocken am Gehäuse aus der Türverkleidung gedrückt, dann das Gehäuse von unten nach oben herausheben.

Danach ist es möglich, die mittels Klammern an den Seiten und unten auf dem Türinnenblech festgedrückte Verkleidung abzudrücken. Dazu bedient man sich eines breiten Schraubenziehers, den man zwischen Verkleidung und Türblech schiebt und in der Nähe der Klammern als Hebel benutzt. Um den Lack der Tür nicht zu zerkratzen, hält man gegen das Türblech noch ein Stückchen Karton.

Die gesamte Verkleidung wird sodann zusammen mit der inneren Gummileiste zur Abdichtung des Fensters nach oben gedrückt. Man kann dabei auch – bei heruntergekurbeltem Fenster – von außen mit einem Holzkeil den Türbelag aus den oberen Halteklammern herausdrücken. Die somit auch oben gelöste Türverkleidung muß bei den Vordertüren noch nach vorn verschoben werden, bis man den Haken in Höhe des Ablagefaches von oben aus dem Türblech ausgehängt hat. Bei der Fondtür befindet sich statt dessen im Bereich des Aschenbechers noch eine Klammer.

Zum Schutz gegen eventuell eindringende Nässe ist über dem Türinnenblech

Die linke Vordertür mit abgenommener Innenverkleidung. Hierzu wurde die Armlehne abgeschraubt, der Griff von der Fensterkurbelwelle abgenommen, die Kunststoffschale aus der Türgriffumrandung abgehebelt und die Umrandung abgeschraubt. Bei – 2 – ist die Welle der Fensterkurbel zu erkennen und bei – 4 – der innere Türgriff mit der Bedienungsstange zum Schloß, die bei – 3 – zu sehen ist. Mit den kleinen Pfeilen werden die Löcher für die Klammern der Verkleidung angezeigt.
Bei – 1 – befindet sich die Öffnung für den Haken der Verkleidung, die für zusätzlichen Halt sorgt. Beim Einbau der Verkleidung läßt sich der Haken dort nur mit einiger Mühe einhängen, da zugleich auch die obere Kante der Verkleidung ihren Platz finden muß.
Bei – 5 –: Unterdruckschalter der Zentralverriegelung.

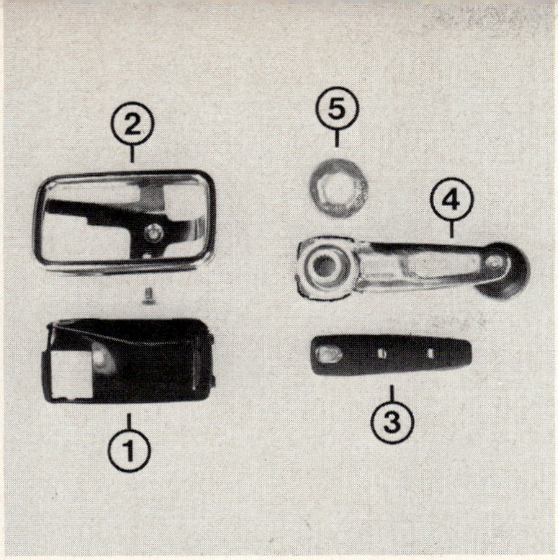

Vor dem Ausbau der Türinnenverkleidung ist beim Fensterheber mit Handkurbel die Fensterkurbel abzubauen. Dazu die Platte (3) auf dem Kurbelarm (4) verschieben und abheben, dann läßt sich die Kurbel und die Scheibe (5) entnehmen.
Die Griffschale (1) des Türöffners ist in dem Metallrahmen (2) seitlich eingehakt und läßt sich, da etwas biegsam, ohne Schwierigkeit entnehmen. Der Rahmen (2) ist mit einer Schraube befestigt.

noch eine Regenabweisfolie mit Klebemasse befestigt. Sie läßt sich abziehen und später mit der weiterhin vorhandenen Klebemasse wieder befestigen; man kann die Folie auch am gesamten Umfang mit selbstklebendem Band befestigen. Wenn sie zerrissen ist: Kunststoffolie zurechtschneiden und anbringen.
Der Einbau der Türverkleidung geschieht in umgekehrter Reihenfolge wie der Ausbau. Beim Einhängen des Hakens an den Vordertüren, was von oben nach unten geschieht, muß man zugleich die Klammern der oberen Abschlußleiste am Fensterrand einhängen und die Gummileiste nach unten drücken.
Weitere Arbeiten sind nur sinnvoll, wenn man die möglicherweise nötigen Ersatzteile zur Hand hat. Aber man kann sich über eventuelle Störungen durch Augenschein informieren und der Werkstatt einen gezielten Auftrag erteilen.

Fensterheber ausbauen

Vordertür: Sicherungsklammern vorn und hinten an den Hebelarmen abdrükken, Fenster hochkurbeln, mittels Keil festklemmen, Fensterhebelarm aus der Hebeschiene herausziehen, sechs Schrauben zur Befestigung des Fensterhebers am Innenblech herausdrehen und Fensterheber durch die Montageöffnung herausnehmen.
Fondtür: Zwei Schrauben an der Fensterhebeschiene herausdrehen, Fenster nach oben drücken und mit Keil arretieren, vier Schrauben des Fensterhebers herausdrehen und diesen aus dem Montageloch entnehmen. Diese neuen Zweiarm-Fensterheber gewährleisten eine einwandfreie Führung der Seitenscheiben, deshalb sind keine Störungen zu erwarten; allerdings muß die Werkstatt nach einer Demontage eine sorgfältige Einstellung vornehmen.
Wenn das Kurbelfenster an der Fahrertür – etwa nach einem Diebstahlversuch – ersetzt werden muß, ist zunächst der Fensterheber auszubauen. Die Schrauben an beiden Enden der Fensterschiene werden herausgedreht. Beide Abdichtschienen – innen und außen – sind auszubauen, dazu die Klammern nach oben herausdrücken. Das Kurbelfenster wird hinten angehoben, nach vorn gekippt und aus dem Türschacht herausgezogen. Beim Einbau wird das neue Fenster in die Laufschiene eingesetzt und die Fensterhebeschiene wird mit ihren Gleitbacken von unten in die Halteschiene eingeführt und festgeschraubt.
Die elektrischen Fensterheber kommen im Kapitel »Instrumente und Geräte« zur Sprache.

Die Zentralverriegelung

Für den Betrieb von Unterdruckanlagen kann beim Mercedes mit Benzinmotor der Unterdruck am Saugrohr abgenommen werden. Die Weiterführung des Unterdrucks geschieht über Leitungen aus Polyamid, ein formstabiles Material,

das sich nur geringfügig biegen läßt. Für enge Biegungen benutzt man Gummielemente, für Abzweigungen dienen T- oder Y-Stücke. Rückschlagventile halten den Unterdruck in dem System für eine Weile aufrecht; nachdem der Motor abgestellt wurde, läßt sich die Zentralverriegelung noch einige Mal betätigen bis der Vorratsbehälter geleert ist. Arbeitselemente setzen den Differenzdruck zwischen Druck- und Unterdruckseite in Bewegung um.
An der Tür wirkt sich dieses System wie folgt aus: Wenn Türsicherungsknopf von innen oder Türschloß von außen betätigt wurden, bewegt sich zugleich im Unterdruckschalter ein Steuerschieber entsprechend mit. Das löst in der betreffenden Kammer des Arbeitselementes die Unterdruckbeeinflussung aus, während die andere Kammer belüftet wird. Durch den entstehenden Differenzdruck erfolgt eine Umkehrung der Arbeitsrichtung, wobei sich dieser Druck über Leitungen zu den Verriegelungseinrichtungen der anderen Türen, des Kofferraumdeckels und der Klappe des Tankeinfüllstutzens fortpflanzt: Die Schaltstangen werden pneumatisch mitbetätigt (siehe Bilder der nächsten Seite).
Damit aber bei Nichtfunktionieren der Anlage die sonst übliche Bedienungsmöglichkeit erhalten bleibt, ist die mechanische Betätigung der Unterdruckbetätigung sozusagen übergeordnet. Das wird an der Schaltstange des Türsicherungsknopfes dadurch erreicht, daß dort ein Schnappfedermechanismus eingebaut ist, der die mechanische Entriegelung trotz eingeschalteter Zentralverriegelung zuläßt.
Beim nächsten zentralen Entriegeln (durch Unterdruck) rastet der Mechanismus durch die Schnappfeder selbsttätig zurück in seine Ausgangslage.
Undichtigkeit der Anlage, die sich durch raschen Unterdruckverlust bemerkbar macht, kann in der Werkstatt mit einem besonderen Prüfgerät ermittelt werden. Ohne Unterdruck-Vorratsbehälter ist eine Undichtigkeit der Anlage von 6 mbar/min bei 400 mbar Unterdruck zulässig. Die Verbindungsstücke müssen auf den Leitungen auf eine Länge von ca. 12 mm aufgesteckt sein. Wie bei elektrischen Leitungen bieten unterschiedliche Farben einen Hinweis auf den Charakter der Unterdruckleitungen: Saugleitungen zum Verteiler sind grau-gelb, Verriegelungsleitungen sind gelb-rot und Entriegelungsleitungen gelb-grün.
Funktionsunwillig gewordene Unterdruckschalter und -elemente müssen in der Mercedes-Werkstatt ausgewechselt werden.

Front- und Heckscheibe einsetzen?

Das Einsetzen einer neuen Windschutz- oder Heckscheibe erfordert viel Geschicklichkeit und eine zweite Hilfskraft. Lassen Sie die Hände davon, denn ohne entsprechende Übung gelingt diese Arbeit nicht. Die Scheiben sind teurer als die Montage in der Werkstatt, und wenn sie dem Mann in der Werkstatt zerbrechen, muß er dafür aufkommen. Nach dem Einbau einer Scheibe muß Dichtungsmasse (auch: »MB-Scheibendichtmittel«) mit einer besonderen Druckpresse zwischen Gummifassung und Karosserierand gedrückt werden.

Das Schiebedach

Das auf Wunsch vorhandene Schiebedach hat entweder manuelle oder eine elektrische Bedienung. Beide Arten sollen einmal im Jahr gewartet werden, (siehe Seite 76). Es kann auch vorkommen, daß der elektrische Antrieb gestört ist. In dem Fall öffnet man den Heckdeckel, unter dessen Spannfeder an der linken Innenwand ein Verbindungsstück zum Betätigen mittels Kerzenschlüssel eingehängt ist. Man setzt das Verbindungsstück auf die ebenfalls unter der Spannfeder herausragende Mitnehmerscheibe, die eine direkte Verbindung zum Antriebsmotor für das Schiebedach darstellt. Das aufgesetzte Verbindungsstück wird mittels passendem Steckschlüssel gedreht, wobei Drehen im Uhrzeigersinn Schließen des Daches bedeutet.

Das mechanische Dach

Zunächst aber einiges zum mechanischen Schiebedach. Wenn es ausgebaut werden soll, muß man es entriegeln und den Verschlußhebel sowie die Griffmulde ausbauen. Dach dreiviertel öffnen und den Schiebedachhimmel vorn aushängen und nach oben herausziehen. Wenn man dann das Dach völlig zurückschiebt und beide Gleitschienen abgeschraubt hat, läßt es sich nach oben herausnehmen. Vor dem Einbau müssen die Gleitbacken und die Gleitschienen (bis zum hinteren Ende, Pinsel mit Verlängerung benutzen) gereinigt und dann eingefettet werden.
Damit keine Windgeräusche oder Undichtigkeiten auftreten, muß dafür gesorgt sein, daß die Vorderkante des Schiebedaches bis zu 1 mm tiefer und die hintere Kante bis zu 1 mm höher als die Oberfläche des festen Daches liegt. Das läßt sich durch Einstellen der Gleitbacken erreichen. Bei ausgebautem Dachhimmel werden die Befestigungsschrauben an den Gleitwinkeln gelockert und die Winkel bis zum seitlichen Anliegen der Gleitbacken nach innen gedrückt. Das Schiebedach muß danach genau in Ausschnittmitte sitzen, aber sich auch leicht schieben lassen. Durch Lösen der Mutter am Halter der Bremsstange läßt sich das Schiebedach zum Anliegen an der Vorderkante bringen. Bei halb geöffnetem Dach kann man durch Einstellung der Schrauben an den Bremsstangen erreichen, daß sich das Dach in jeder Stellung arretieren läßt.
Hinter der ersten Befestigungsschraube der Gleitschiene befindet sich die Schraube zur Höheneinstellung vorn. Vor der Einstellung muß man alle Befestigungsschrauben beider Schienen lockerdrehen. Für die hintere Einstellung sind zu beiden Seiten die Schrauben vorgesehen, die bei zurückgeschobenem Dach – ebenfalls von oben – am Ende des seitlichen Dachausschnittes erreichbar sind.

Das elektrische Dach

Bei dem elektrisch betätigten Dach ist nur die Einstellung vorn mit der des mechanischen Daches identisch. Zur Einstellung hinten muß bei geschlossenem Dach die Unterlage unter dem Hubwinkel entsprechend gedreht werden, nachdem man die Befestigungsmutter der Platte gelockert hat, anschließend ist sie wieder anzuziehen.
Zwischen Antriebsmotor (im Kofferaum links hinter der Verkleidung) und dem Dach dient ein sogenannter Teleflexzug als Mittler, das ist eine Drahtspirale in einem Führungsrohr. Bei ausgebautem Schiebedach und Schalterstellung in Richtung »schließen« muß der Motor den Zug ganz nach vorn herauslaufen lassen. Tut er das nicht und läßt er sich auch mit der Notkurbel nicht bewegen, kann die Werkstatt versuchen, durch Drehen im Uhrzeigersinn des Zuges an der Führungsöffnung am Dach und durch gleichzeitiges Ziehen den Zug aus

Die Unterdruckschalter an Türen, Heckdeckel und Tankdeckel sind mit drei Unterdruckleitungen verbunden.
Links Coupé-Tür:
Am Unterdruckschalter (schwarzer Pfeil) in der Mitte die Saugleitung, oben und unten die Leitungen zur Ver- und Entriegelung.
Rechts: Tankdeckel-Verriegelung bei den T-Modellen.

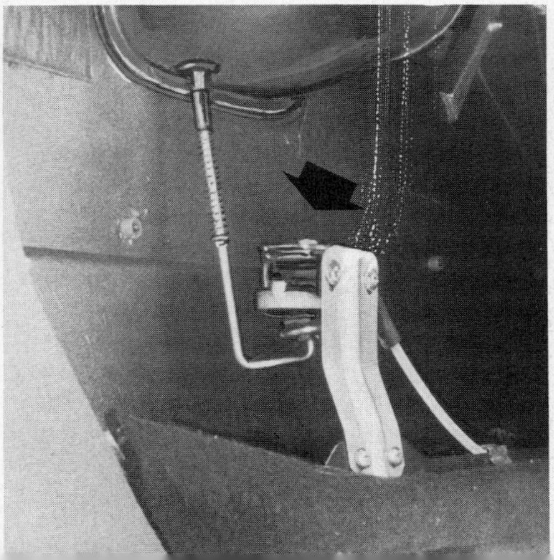

dem Rohr herauszubekommen. Es darf nicht weitergedreht werden, wenn der Kraftaufwand zu groß wird, da dies ein Anzeichen dafür ist, daß sich der Zug verspannt. Dann muß entweder das Getriebe des elektrischen Antriebs zerlegt oder das gesamte Teleflexrohr ausgebaut werden.
Bei Störungen ist grundsätzlich bei laufendem Fahrzeugmotor der elektrische Teil der Anlage zu prüfen: Schiebedachschalter in beiden Richtungen betätigen und an der Gummikupplung zwischen Antriebsmotor und Getriebe (im Kofferraum links hinter der Verkleidung) feststellen, ob sich der Motor nach links oder rechts drehen will. (Ein Überlastungsschutz – Thermoschalter – unterbricht bei Überlastung die Stromzufuhr. Daher sollte man auch nach mehrmaliger Betätigung des intakten Schiebedaches den Motor abkühlen lassen.) Wenn eine Verwindung zu spüren ist, muß der Fehler im mechanischen Bereich gesucht werden.
Sollte sich die Gummikupplung nicht bewegen und die zuständige Sicherung ist in Ordnung, kann der Betätigungsschalter defekt sein (austauschen). Ob der Motor defekt ist, muß eine Werkstatt feststellen. Es kann auch vorkommen, daß die Gummikupplung schnell durchdreht, dann ist die Rutschkupplung am Getriebe neu einzustellen. Führungsmutter an der Notkurbelbetätigung lösen, mittels Schraubenzieher die Achse anhalten und Kontermutter weiter anziehen.

Die Sitze

Alle Sitze lassen sich ausbauen. Das kann zu Reparaturen am Sitzbezug nötig werden, aber auch bei Grenzkontrollen ist es manchmal wichtig, zu wissen, wie man etwa hintere Sitzbank und Rücklehne aus dem Wagen nimmt.
Beim Vordersitz mit Sitzhöhenverstellung wird der Sitz in die obere Stellung gebracht und nach vorn geschoben. Zugfeder aushängen, dazu ein hakenförmiges Werkzeug benutzen. Seitliche Schraube an der Gleitschiene herausdrehen und Gleitschiene aus dem Sitzbeschlag ziehen. An beiden Sitzführungsschienen die beiden hinteren Schrauben herausdrehen. Bei Wagen ohne Höhenverstellung muß noch eine Schraube seitlich im Träger der Sitzschiene herausgeschraubt werden (Rohrschlüssel). Nach Absenken der Höhenverstellung den Sitz nach hinten schieben und die Schrauben vorn an der Sitzschiene herausdrehen. Danach kann man den Sitz herausheben. Zum Einbau muß man die Führungsschiene nach vorn schieben und die Zugfeder mit einem Gummiring provisorisch einhängen.
Die hintere Sitzbank läßt sich hochheben, wenn man die beiden roten Sicherungshaken an der unteren Sitzbankkante nach hinten drückt. Die Mittelarmlehne darf dabei nicht ausgeklappt sein. Beim Einsetzen wird die Bank einfach in die ihr bestimmte Position gedrückt.
Bei ausgebauter Sitzbank kann man auch die Rückenlehne demontieren. An beiden Seiten unterhalb der Lehne sowie unter der herausgezogenen Mittelarmlehne ist je eine Schraube SW 8 herauszudrehen. Danach wird die Fondlehne nach oben aus den Blechschlaufen an der hinteren Ablage gedrückt. Beim Einbau die Lehne in diesen drei Laschen wieder gut eingehängen.

Sauberkeit im Innenraum

Die Wohnlichkeit des fahrbahren Raumes wird durch Unachtsamkeit schnell verdorben. Verschmutzungen aber lassen sich oft nicht vermeiden, besonders wenn die Witterung entsprechend schlecht ist. Wenn dann wieder die Sonne lacht, kann man ein wenig »Hausputz« halten.
Zuerst werden alle Polster und dann die Teppichböden abgebürstet und, wenn möglich, abgesaugt. Für die Stoffbezüge der Sitze gibt es geeignete Schaumreiniger, womit man den grau gewordenen Farben oder auch vorhandenen Flecken zu Leibe rückt. Scharfe Reinigungsmittel sind zu vermeiden, es sei denn, sehr

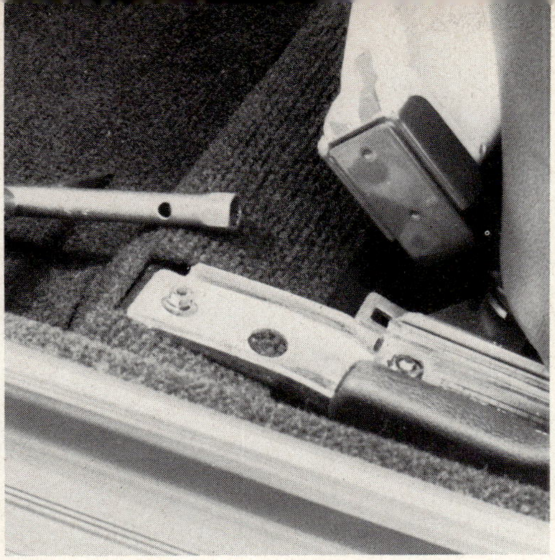

Links: Die Sitzschiene des Vordersitzes ist vorne mit einer Mutter SW 10 befestigt, die sich mittels Rohrschlüssel abschrauben läßt.
Rechts: Hinten ist die Sitzschiene des Vordersitzes mit einer Kreuzschlitzschraube befestigt. Unterhalb dieser befindet sich die Sitzbefestigung am Längsträger durch eine Mutter SW 10.

grobe Verschmutzungen sind zu entfernen. Sollte man bei dieser Gelegenheit die Sitze ausgebaut haben, kann man jetzt kontrollieren, ob die Nähte der Polsterung nicht beginnen aufzureißen. Eine helfende Frauenhand ist sicher zugegen, die sich derart ankündigenden Schäden annimmt und mit einigen Nadelstichen wieder Halt dorthin bringt.
Nach längerer Benutzung von Velourpolstern können bei feuchter Wärme Druckstellen auftreten. Man reibt diese Polster mit einer angefeuchteten Bürste vorsichtig auf oder behandelt sie mit Trockenschaum. Die feuchten Polster müssen vor der nächsten Benutzung völlig ausgetrocknet sein und sollten mit einer weichen Bürste nochmals leicht aufgerauht werden. Für die Behandlung der Velourpolster ist speziell eine Dampfbürste geeignet, z. B. »Dressfit« von Rowenta. Für Lederpolster gibt es geeignete Lederpflegemittel.
Im Innenraum verwendet man auf keinen Fall Benzin oder Fleckenwasser, denn damit lösen sich viele Kunststoffarten auf, so daß es nicht mehr reparierbare Flecken und Schäden gibt. Statt dessen versucht man es erst einmal mit einem feuchten Schwamm und etwas Seifenschaum oder mit einer erwärmten, schwachen Geschirrspülmittel-Lösung. Damit kann man auch das Lenkrad und den Schalthebel säubern. Sicherheitsgurte sind ebenfalls nur mit Wasser und Seife von Flecken zu befreien, starke Reinigungsmittel sind für das Gurtmaterial schädlich.

Die Sicherheitsgurte

Die ab Werk gelieferten Automatikgurte entsprechen der Europanorm. Derartige Gurte bieten etwa 10 Jahre lang Sicherheit. Ob ein Gurt nach einem Unfall ausgetauscht werden muß, richtet sich nach der Wucht des Aufpralls, wie stark er also gedehnt wurde, und man sollte sich dann von einer Werkstatt beraten lassen. Wenn danach der Fahrersitz klemmt und sich nicht mehr vor- oder zurückstellen läßt, muß der Gurt ersetzt werden. Die Gurte sind unten am Sitz befestigt, dadurch ergibt sich eine gleiche Gurtlage auch bei verstelltem Sitz. Sitz und Gurt sind sozusagen eine Einheit, die nach Aufprall ab einer gewissen Stärke nicht mehr funktionsfähig ist.
Wenn ein Automatikgurt sich nur schlecht oder überhaupt nicht aufrollt, ist folgendes zu prüfen: Gurtband verdreht? Umlenkbeschlag am Türholm verklemmt? Scheuert Gurtband an einer Führung oder an der Aufrollautomatik? Automat locker? Achswelle schwergängig? In keinem Fall darf der Automat geöffnet werden und natürlich soll man auch die Lagerstellen des Gurtbandes nicht ölen. Bei irgendwelchen Mängeln an der Automatik muß der Gurt ausgetauscht werden.

Oberwasser

Das Wetter mit seinen unterschiedlichen Temperaturen setzt dem Äußeren des Wagens weniger zu als etwa Auftausalze, Teerspritzer oder Industrieabgase. Wie man sein Auto allgemein vor derartigen Angriffen behütet, das ist im Kapitel »Lackpflege« sowie in einigen Abschnitten des Kapitels »Winterchutz« beschrieben. Vorbereitende Maßnahme dazu ist die Wagenwäsche, die aber ebenso der Werterhaltung dient. Sie ist die häufigste Beschäftigung beim Umgang mit dem eigenen Fahrzeug, doch bei dieser scheinbar einfachen Tätigkeit kann man viele Fehler machen.

Waschen zur rechten Zeit

Als schlimmster Fehler ist das Wagenwaschen im strahlenden Sonnenschein zu verurteilen. So schnell, wie das Wasser durch Sonnenstrahlen verdunstet, könnte man es gar nicht trockenwischen. Zurück bleiben Kalk- und Wasserflecken. Gleichzeitig kommt es zu Verfärbungen des Lackes, denn Wassertropfen wirken in der Sonne wie ein Brennglas. Solche Flecken im Lack lassen sich manchmal durch Polieren entfernen, aber dem Lack bekommt das auch nicht gut (siehe nächstes Kapitel).

Ähnlich verkehrt ist es, den Wagen draußen bei Temperaturen um Null Grad zu waschen, ohne ihn anschließend einstellen zu können. Das Wasser verkriecht sich hinter Zierleisten und Karosseriespalten, wo es nicht trocknet. Ist plötzlich der Gefrierpunkt unterschritten, gebärdet sich das zu Eis gewordene Wasser unheilvoll, denn Eis braucht mehr Platz als Wasser. Den so unterwanderten Karosserieteilen bekommt jene zerstörerische Kraft nicht gut. Das beginnt schon mit dem Angriff auf sonst harmlose Lackschäden, die sich unter der frostigen Einwirkung in ärgerliche Reparaturfälle verwandeln.

Niemand soll aber deshalb während der Winterzeit dauernd mit einem schmutzigen Auto durch die Lande ziehen. Gerade dann, wenn die Zeit der Auftausalze eingetreten ist, muß man dem Auto regelmäßig einen gründlichen Badetag gönnen. Jene Salze, die dem Verkehrsfluß bei Schnee und Eis dienen sollen, haben die Eigenschaft, an den Fahrzeugen anzutrocknen und Feuchtigkeit anzuziehen. Dabei greifen sie das Metall an und fördern die Rostbildung. Wenn man nach der Reinigung im Winter für einen geschützten Ort sorgt, wo der Wagen gut trocknen kann, so wird er kaum Schaden nehmen.

Viel Wasser

Zum Waschen braucht man sehr viel Wasser. Hat man nicht genügend Wasser zur Verfügung, unterläßt man besser die Prozedur.

Das Wasser muß Zeit haben, den Schmutz aufzuweichen. Je mehr Wasser nachfließt, desto besser können Straßenstaub, Schmutz und anhaftende Chemikalien aufgeweicht werden. Nur mit genügend Wasser ist man in der Lage, die gröbsten Verunreinigungen wegzuschwemmen, sonst entstehen durch die Schmutzpartikel Kratzer im Lack. Zum Waschen genügt durchaus klares Wasser ohne jegliche Zusätze.

Mit Schlauch oder Eimer

Aus dem eben Gesagten geht hervor, daß es eigentlich am vorteilhaftesten (und zugleich bequemsten) ist, die Wagenwäsche mittels Schlauch auszuführen. Nur so kann man die nötige Menge Wasser herbeischaffen. Aber Vorsicht, daß der Wasserstrahl nicht zu hart aus dem Schlauch geschossen kommt. Sonst würde der Lack ebenfalls strapaziert und von dem gleichzeitig angepreßten Schmutz zerkratzt werden.
Sollte kein Wasseranschluß vorhanden sein, der die Benutzung eines Schlauches gestattet, muß das Naß in Eimern herangeschafft werden. Zwei Eimer sind besser als einer, weil das Wasser sehr schnell verschmutzt und stets rechtzeitig gewechselt werden muß, wenn es trübe wird. Wasser läßt sich sparen, wenn man Schwamm und Leder nur in dem einen Eimer auswäscht und das Wasser des anderen Eimers lediglich für den Wagen gebraucht. Der Schwamm muß sich stets vollsaugen können und man darf damit nicht zu energisch auf der Karosserie herumwischen. Festsitzenden Dreck an Stoßfängern, Felgen und Radkästen kann man mit einer kräftigen Bürste entfernen.
Nicht allen Autofahrern steht ein Grundstück zur Wagenwäsche zur Verfügung. Wo es nicht generell verboten ist, darf man sein Auto auf der Straße sogar am Sonntag waschen, wenn das ohne besonderen Lärm geschieht. So urteilte das Oberlandesgericht Stuttgart (3 Ss 645/76).

Automatische Waschanlage

Während der Wäsche in einer automatischen Waschanlage ergießen sich etwa 250 Liter Wasser über das Auto. Die rotierenden Waschbürsten sind zwar ziemlich elastisch, doch der Automat behandelt das verschmutzte Kraftfahrzeug ohne Gefühl. Die Zeit ist zu kurz, um den Schmutz weichen zu lassen, besonders wenn am Wochenende viele Wagen auf Abfertigung warten. Das beigemischte »konservierende« Wachs verhilft dann eher zum schnelleren Trocknen nach der Wäsche. Deshalb sollte ein frisch lackierter Wagen von solchen Prozeduren verschont bleiben. Wenn der Lack nach zwei bis drei Monaten ausgehärtet ist, sind die genannten Bedenken bei einer modern eingerichteten Waschanlage nicht mehr am Platze.
Manchmal werden billige und scharfe Auto-Shampoos benutzt, da es schnell gehen soll und nicht viel kosten darf. Das bekommt dem Lack auf die Dauer nicht gut. Bei häufiger Benutzung von Schnellwaschstraßen empfiehlt sich eine konservierende Lackpflege.
Nach der Wäsche kontrolliere man die Antenne, wenn sie nicht eingezogen war. Möglicherweise angebrachte Zusatzscheinwerfer haben bisweilen ebenfalls ihre ursprüngliche Einstellung verloren. Die Vertiefungen in den Heckleuchten des Mercedes sind meistens nachzureinigen.

Motorwäsche mit Vorsicht

Der Motor ist nicht total von der Außenwelt abgeschlossen und somit bleibt auch er nicht von Staub und Straßenmatsch verschont. Mit Öl und Fett vermischt bilden sich mit der Zeit fest anhaftende Krusten. Die ölige Schicht läßt sich mit klarem Wasser nicht entfernen. Bedenken Sie: Unterwegs kann einmal ein kleiner Handgriff nötig werden und Sie müssen im weißen Hemd in der Schmiere hantieren.
Motorreiniger erhält man an Tankstellen und in Zubehörgeschäften sowie in Kaufhäusern. Diese »Kaltreiniger« gibt es in größeren Gebinden zum Auftragen mit dem Waschpinsel und auch in Sprühdosen. Nach einiger Zeit läßt sich der gelöste Schmutz mit einem schwachen Wasserstrahl abspülen. Wegen der Transistorzündung darf der Motor aber nicht bei eingeschalteter Zündung oder bei laufendem Motor gewaschen werden. Es besteht dann Elektrisierungsgefahr über den Wasserschlauch oder über das Dampfstrahlgerät.

Lackpflege

Kosmetikstunde

Falsche Pflegemittel können dem Lack mancherlei Unheil bereiten. Vor allem beim noch jungen Auto mit seinem noch weichen und widerstandsarmen Lack muß man zurückhaltend sein: Alle Pflegemittel wirken dann aggressiv und schädigend.
Wenn es aber im Laufe der Zeit nötig wird, dem auf natürliche Weise gealterten Lack neue Frische zu geben, dann muß man an die Mittel, die angewendet werden sollen, strenge Maßstäbe anlegen. Sonst hat man vielleicht im Augenblick ein »glänzendes« Ergebnis, doch auch die Ursache für einen frühzeitigen Verfall der Lacksubstanz geschaffen.

Den Lack behüten

Der Lack muß gewaltige Ansprüche aushalten. Temperaturwechsel, Schmutz und Hagelkörner, »gesalzener« Schneematsch und Sonnenglut sollen nicht die geringsten Spuren hinterlassen. Kein Lack macht solche Strapazen auf die Dauer mit.
Im Laufe des Autolebens verliert der Lack seine Elastizität, seine Poren erweitern sich, Feuchtigkeit und chemische Ablagerungen dringen in die Farbschicht und zermürben sie von innen. Auf diese Weise altert der Lack. Der in den heute üblichen Lacksorten enthaltene Weichmacher, der für die Elastizität zuständig ist, verflüchtigt sich allmählich und die einzelnen Farbkörnchen liegen nicht mehr eingebettet im Lack, sondern stehen – mikroskopisch sichtbar – spröde ab. Der Lack hat seinen Glanz verloren.
Erst dann, wenn die Lackoberfläche nach der Wäsche mit klarem Wasser stumpf bleibt, sollte die eigentliche Lackpflege einsetzen. Die Pflegemittel, die man jetzt braucht, müssen mit Überlegung ausgesucht und angewendet werden. Die dauernde Benutzung eines Poliermittels bedeutet, daß eines Tages die Lackschicht unweigerlich verschwunden ist.
Je sparsamer man mit Pflegemitteln umgeht, um so länger hat man an dem Lack seines Autos Freude. Nur das Mittel, das gerade noch die erstrebte Wirkung zeigt, bedeutet Schonung des Lackes und echte Bewahrung seines Glanzes. Die MB-Pflegemittel bieten hierfür zweifellos Gewähr.

Lackpflege stufenweise

Mit welchem Lackpflegemittel man das Auto behandeln soll, hat sich nach dem Zustand und dem Alter des Lackes zu richten. Die Güte eines solchen Mittels ist allein nicht von Ausschlag.

■ **Auto-Shampoo.** Nicht zu jeder Wagenwäsche benutzen, da fettlösend und Auslaugen des Lackes möglich.

■ **Waschkonservierer und Waschpolitur.** Zuerst mit klarem Wasser waschen, danach Konservierer anwenden und mit Watte nachpolieren. Häufige Anwendung führt zu einer schmierigen Wachsschicht, die mit mildem Lackreiniger entfernt werden kann.

■ **Spezialwaschmittel.** Dient zur Beseitigung von Flugrost und Zementstaub.

Soll nur verwendet werden, wenn sehr viel fließendes Wasser zur Verfügung steht. Nie in der Sonne benutzen! Anschließend den Lack konservieren.

■ **Lackkonservierungsmittel.** Schutz für gesunden Lack über geraume Zeit. Probe machen: Wenn beim Blankreiben an der Watte Farbe zurückbleibt, handelt es sich um Poliermittel mit lacklösenden Bestandteilen.

■ **Lackpolitur.** Soll bei mattem Lack mit noch gesunder Grundsubstanz neuen Glanz schaffen und die Farbe auffrischen. Der in der Politur enthaltene Konservierer bietet zugleich für eine gewisse Zeit Wetterschutz.

■ **Schleifpolitur.** Politur nur bei stark verwittertem Lack und sehr sparsam gebrauchen. Greift die Lackschicht an. Praktisch zum Wegpolieren von Schrammen nach Streifberührung mit fremdem Fahrzeug. Anschließend unbedingt mit Konservierer nachbehandeln.

■ **Poliermaschine.** Erlaubt keine »gefühlsmäßige« Behandlung des Lackes und kann Kratzer hinterlassen. Manuelle Bearbeitung ist vorzuziehen.

Haushaltspülmittel sind Gift für den Lack

Keinesfalls darf die Außenhaut des Wagens mit den bekannten (und im Haus sicher bewährten) Spülmitteln in Berührung kommen – auch nicht in verdünnter Form und wenn die Werbung Wunderwirkung verspricht. Den Lack des Autos laugen sie aus und zermürben ihn bis auf den Grund. Bei Gegenständen mit strukturell undurchlässigen Oberflächen, wie Gläser und Kacheln, können die alles reinigenden Flüssigkeiten keinen Schaden anrichten – der stets poröse Autolack wird von ihnen erbarmungslos angegriffen.

Lackfarbe ermitteln

Zum Lackieren wie auch zum Ausbessern kleinerer Lackschäden muß man den richtigen Lacktyp besorgen. Das ist nicht so einfach, denn nur durch Farbvergleich kann man den passenden Ton kaum herausfinden.

In der Serie werden die Wagen mit Kunstharz-Einbrennlack lackiert und in der Reparatur mit 2-K-Acryllack (Zweikomponentenlack). Grundsätzlich ist am Mercedes der Farbton auf einem Schild durch eine Lackierungsnummer bezeichnet. Dieses Schild ist auf der Traverse vor dem Kühler befestigt, und es trägt zugleich die Karosserienummer. Das Werk bezieht die Lacke von Glasurit (G) und Herberts (H). Von diesen und anderen Herstellern gibt es Lacke mit der jeweils gleichen Kennummer. Diese Nummern sind auf den Etiketten der Farbtöpfe und auch auf Farbsprühdosen und auf den Lackstiften von Daimler-Benz vermerkt und sie stimmen sogar bei Lacken unterschiedlicher Basis (Kunstharz, Nitro) überein. Dabei muß man wissen, daß eine Nitrolackierung mit Kunstharzlack ausgebessert werden kann, nicht aber umgekehrt.

Unter Angabe der Fahrgestellnummer kann man bei Daimler-Benz den Farbton erfragen, falls sich kein Hinweis dazu findet. Läßt sich die rechte Farbe überhaupt nicht ermitteln – etwa bei einem gebrauchten, nachlackierten Wagen –, muß man die Hilfe eines Fachmannes im Farbengeschäft in Anspruch nehmen. Am sichersten ist ein Sprühversuch oder Probeanstrich auf der Innenseite des Kofferraumes, um den Farbton zu vergleichen. Doch ist dabei zu berücksichtigen, daß frischer Lack im Laufe der Zeit nachdunkelt oder auch ausbleicht.

Sprühdosen mit Original-Farbton

Ausbesserungen der beschädigten Autolackierungen dienen dem Werterhalt des Wagens. Das hat in unserer Zeit der sachlicheren Einstellung den Dingen gegenüber nichts mit der Pflege eines Statussymbols zu tun. Deshalb ist es nicht verkehrt, wenn man Lackschäden fachmännisch ausbessert. Für die Endlackierung kleinerer Schäden eignen sich die bekannten Farbsprühdosen.

Als Heimwerker wird man gewöhnlich im Freien arbeiten müssen. Die Verarbeitung der Lacke hängt aber sehr von der Lufttemperatur ab. Nach unseren Erfah-

In der oberen Reihe dieses Bildes wird noch einmal gezeigt, welche Utensilien man zum Waschen des Autos braucht: Fensterleder, Wurzelbürste (für die Räder). Scheibenreiniger mit Wasserbehälter für unterwegs. Handschwamm, drei Viskoseschwämme, verschiedenartiger Struktur (gibt es bisweilen als Werbegeschenke beim Kauf anderer Waren im Autoladen), alte Zahnbürste zum Reinigen schlecht zugänglicher Stellen am Wagen. In der unteren Reihe steht links ein Scheibenkratzer für vereiste Scheiben, das Klarsichttuch nimmt man bei beschlagenen Innenscheiben. Zur Ausbesserung kleinerer Lackschäden dienen Schleifpapier, Rostradierer und der Inhalt von Lacksprühdosen. Handwaschpaste entfernt schließlich die Spuren der Arbeit von der Haut.

rungen empfiehlt sich bei Außentemperaturen zwischen 20° und 35° C der Lack von Ducolux, für Übergangstemperaturen von 15° bis 30° C der Belton- und Auto-K-Lack. Bei tieferen Temperaturen trocknen die Lacke zu langsam oder gar nicht, während der Trockenprozeß bei großer Wärme zu schnell vor sich geht und den Lack blind werden läßt, weil er keine Zeit hat zu verlaufen.
Bevor man mit einer Sprühdose auf die Außenseite des Wagens zielt, sollte man auf einem Stück Blech ein wenig üben, wie man Fließtropfen vermeidet. Zugleich stellt man fest, ob es sich um den richtigen Farbton handelt.

Teerspritzer und Insekten

Bei einer Fahrt über frisch asphaltierte Straßen hinterläßt der hochgeschleuderte Splitt auf dem Lack schwarze Teerflecken. Der Versuch, die Flecken mit einem harten Gegenstand abzuschaben, hinterläßt unzweifelhaft Kratzer. Teerflecken lassen sich schon mit Petroleum auflösen. Die Teerentferner sind zumeist auch nur ordinäres Petroleum doch dafür reichlich teuer. Aber es ist eine umständliche Nachbehandlung mit Auto-Shampoo und Lack-Konservierer notwendig, denn die Petroleumrückstände sind lackschädlich (vor allem bei nachfolgender starker Sonneneinstrahlung). Besser sind deshalb moderne spezielle Teerentferner wie z. B. jene von Caramba, Polifac oder Rex, wodurch sich nach der Behandlung die herunterlaufenden braunen Teertropfen mit klarem Wasser abspülen lassen und keine Nachbehandlung notwendig ist.
Insektenleichen können den Lack verätzen, wenn man sie nicht rechtzeitig entfernt. Lackpolitur ist dazu nicht das rechte Mittel, weil das hartgetrocknete Insekten-Eiweiß zuvor aufgeweicht werden muß. Das schafft man mit speziellem Insektenlöser-Spray (z. B. von Caramba oder »Holts Summer Screen«), der das Aufweichen chemisch beschleunigt. Mit warmem Wasser und Geduld oder über Nacht mit auf die Fläche aufgelegten nassen Zeitungsbogen geht es auch. Das Zeitungspapier ist patschnaß zu halten, sonst hat man am nächsten Morgen die Druckerschwärze auf dem Lack. Die aufgeweichten Insektenleichen werden mit viel Wasser und am besten mit einem grobporigen Viskoseschwamm (»Fliegenschwamm«) abgewaschen.

Fingerzeig: *Mehr über alle mit der Lackierung zusammenhängenden Fragen im Band 45 dieser Buchreihe (»Die Auto-Karosserie«).*

Nestwärme

Nach den ersten kalten Nächten beginnt mit üblicher Regelmäßigkeit die Zeit der zugefrorenen Türschlösser, der müden Batterien, der glatten Straßen mit salzigem Tauwasser. Schon etwas Umsicht genügt, um manchem Wintertag seinen Schrecken zu nehmen.

Frostbeständige Kühlflüssigkeit

Eine Werkstatt haftet für den Schaden, der dadurch entstand, daß vor der Wintersaison die Kühlflüssigkeit nicht auf Gefrierschutz untersucht wurde. Garantiert keinen Ärger gibt es, wenn man sich um den frostsicheren Zustand des Kühlwassers selbst kümmert, und zwar rechtzeitig vor dem ersten Nachtfrost. Bei Temperaturen unter dem Nullpunkt sprengt unvermischtes Wasser Kühler und Motorblock, denn Eis benötigt mehr Raum als Wasser, aus dem es sich bildet. Um das Freiwerden solcher Kräfte zu verhindern, braucht das Kühlwasser ein Gefrierschutzmittel.

Die Kühlwassersysteme der hier beschriebenen Motoren haben ein nahezu gleich großes Fassungsvermögen, nämlich rund 8,5 Liter. Wenn von dieser Menge 3,0 Liter aus Gefrierschutzmittel bestehen, so ist die Anlage bis –20° C geschützt. Um bis –30° C überstehen zu können, müssen 4,25 Liter Frostschutzmittel eingefüllt sein, und für –40° C müssen es 5,0 Liter sein.

Ab Werk ist ein bis – 30° C wirksames Mischungsverhältnis bereits vorhanden, doch durch Kühlmittelverluste und durch Nachfüllen von reinem Wasser verändert sich diese Zusammensetzung mit der Zeit. Das Kühlmittel kann etwa drei Jahre im Kühlsystem verbleiben, dann ist es zu wechseln (siehe Seite 96).

Wie bei anderen Betriebsstoffen, hat Daimler-Benz für die Gefrierschutzmittel eine Freigabeliste aufgestellt. Die meisten der im Handel bekannten Mittel sind in dieser Liste enthalten, doch man sollte sich im Zweifelsfalle beim Mercedes-Service davon unterrichten. Im wesentlichen soll nämlich erreicht werden, daß man Frostschutzmittel auch untereinander mischen kann, und das ist mit den freigegebenen Marken gesichert. Außerdem verhindert die Schutzfüllung eine schädliche Bildung von Rückständen und Oxidation. Deshalb ist reines Wasser allein möglichst nicht zu verwenden.

Zur Aufbereitung des Frostschutzes genügt es aber nicht, etwa die entsprechende Menge Wasser unten aus dem Kühler zu lassen und oben das Gefriermittel einzufüllen. Damit ist es nicht getan. Das kostbare Frostschutzmittel muß sich nämlich im Kühlsystem gleichmäßig verteilt haben, sonst friert das unvermischte restliche Wasser doch. Man muß den Motor also eine Weile laufen lassen – am besten ist es, das Mittel in einem Behälter mit Wasser zu vermischen und vor einer Fahrt einzufüllen. Danach hat die Wasserpumpe für eine gute Vermischung gesorgt.

Die frostsichere Eigenschaft ist dem Kühlmittel nicht ohne weiteres anzusehen. Um sich darüber zu informieren, kann man den Kühlerinhalt an einer Tankstelle »ausspindeln« lassen. Ähnlich wie ein Säureheber zum Batterieprüfen (siehe

Bild Seite 170) gestaltet, zeigt hier die Spindel an, bei welcher Temperatur das Kühlmittel gefrieren wird. Eventuell muß man Frostschutzmittel nachfüllen.
An einigen Tankstellen ist Frostschutzmittel literweise aus dem Faß zu bekommen. Das ist etwa halb so teuer wie andere, in Dosen erhältliche Markenfrostschutzmittel. Zur Not mischt man selbst aus einem Teil Glyzerin, einem Teil Spiritus und zwei Teilen Wasser eine bis zu – 20° C frostsichere Kühlflüssigkeit, die allerdings den Nachteil hat, daß der Spiritus darin schneller verdunstet.

Frostschutz für den Scheibenwascher

Pflegearbeit Nr. 5

Der Behälter für das Scheibenwaschwasser im Motorraum des Mercedes ist vorn links untergebracht. Wenn der Wagen über Nacht in der Kälte stand, dann ist darin das Wasser garantiert zu Eis gefroren. Auch während der Fahrt kann die Motorwärme den Wasserbehälter nicht auftauen.
Frostschutzmittel verhindern solche unliebsamen Überraschungen. An Tankstellen gibt es eine Fülle von Spezialmitteln, die man dem Scheibenwaschwasser auch an warmen Tagen beimischen kann. Einige von denen lösen sogar den Öldunst vorausgefahrener Qualmer auf der Windschutzscheibe auf.
Billiger, jedoch von seinem typischen Geruch begleitet, ist Brennspiritus. Er wird im Verhältnis 1 : 2 dem Wasser im Scheibenwaschbehälter durch Schütteln desselben beigemischt und hält noch bei klirrendem Frost (bis – 25° C) die Windschutzscheibe sauber. Spiritus greift die Scheibendichtung nicht an.

Dünneres Motoröl bei Frost

Im Kapitel »Schmieren – was und wie?« werden die Motoröle ausführlich besprochen. Von diesem Thema sei hier herausgezogen, daß allgemein für normalen Winterbetrieb ein mit SAE 10 W bzw. 15 W beginnendes Mehrbereichsöl und bei langanhaltenden Temperaturen unter –10° C ein Öl SAE 5 W –20 oder SAE 5 W – 30 empfohlen wird. Dünneres Öl – also solches mit einem niedrigen Zahlenwert in der Bezeichnung – erleichtert das Anlassen und hat bei Kälte eine sofort einsetzende, bessere Schmierwirkung. Im Winter wird das Motoröl stark beansprucht (Kurzstreckenbetrieb!). Im Frühjahr: rechtzeitig Öl wechseln.

Start bei strenger Kälte

Normalerweise springen die Mercedes-Motoren auch bei Kälte recht zuverlässig an. Wenn sich aber die Teile der Zündanlage in einem vernachlässigten Zustand befinden, kann es bei feuchter Kälte zu Schwierigkeiten kommen. Dann hilft im Augenblick sorgfältiges Trockenwischen der Zündleitungen und der Innenseite des Zündverteilerdeckels sowie Einsprühen der offen liegenden Teile der Zündanlage mit Kontakt-Spray.
Allgemein sind bei Kälte folgende Ratschläge zu befolgen:

- Falls Schaltgetriebe, bei kaltem Motor während des Anlassens das Kupplungspedal treten (steifes Getriebeöl bremst).
- Sprühflaschen (z. B. Startpilot) aus dem Zubehörhandel mit besonders leicht vergasbarem Anlaßstoff besorgen. Dieser wird – möglichst von zweiter Person – beim Anlassen in den Vergaserstutzen gespritzt (Luftfilterdeckel abnehmen). Auch Feuerzeugbenzin vergast sehr gut.
- Zündkerzen-Elektrodenabstand muß stimmen. Es kann helfen, die Kerzen herauszuschrauben und an Flamme oder Ofen zu erwärmen.
- Zündleitungen, Zündspule und Verteiler peinlich sauber halten. Weißliche Schicht von Streusalz ist elektrisch leitend. Abwaschen und gut trocknen.
- Batterie bei besonders tiefem Frost in beheiztem Raum aufbewahren.

Reifen im Winter

Winterliche Straßenverhältnisse verlangen Aufmerksamkeit und eine zurückhaltende Fahrweise. Die Verzögerung, die beim Bremsen auf verschneiter Fahrbahn erreicht werden kann, ist um rund das Doppelte geringer als auf nasser

Fahrbahn, und auf einer mit Eis bedeckten Straße bietet sich so gut wie keine Haftung. Im Gefälle leidet die Verzögerung unter einer zusätzlichen Verzugsdauer, hervorgerufen von dem kräftiger als in der Ebene schiebenden Wagengewicht. Den Sicherheitsabstand muß man noch ausreichender als sonst üblich einhalten. Bestimmt ist irgendwo ein großer freier Parkplatz, leer und ohne Verkehr, auf dem man die Eigenschaften des Autos auf Schnee erkunden kann.
Alle Mercedes haben Hinterradantrieb. Bei dieser Antriebsart werden die Seitenführungskräfte, die zum Schleudern führen können, nicht wie beim Frontantrieb abgebaut. Die allgemein sicheren Fahreigenschaften des Mercedes und die notwendige Richtungsstabilität lassen sich nicht nur bei Glätte durch folgende Faktoren fördern:

- Gleichartige Bereifung auf allen Rädern,
- richtiger Luftdruck,
- gutgängige Bremsen, richtige Qualität der Bremsbeläge,
- nicht scharf kuppeln oder voll beschleunigen,
- beim Bremsen auskuppeln.

Gürtelreifen besitzen beschränkte Wintereigenschaften

Gürtel- oder Radialreifen warten auf Schnee mit einer relativ günstigen Griffigkeit auf, die sich durch ihren stabilen Laufgürtel, der die Auflagefläche nicht auf der Fahrbahn walken läßt, erhalten. Freilich ist eine Mindestprofiltiefe von 4 mm für die Wintertauglichkeit wie auch bei den anschließend besprochenen Haftreifen erforderlich.
Schwierigkeiten an Steigungen lassen sich mildern, wenn man Unterlagmatten oder Sand zu Hilfe nimmt.
Fahrten vorwiegend im Stadtverkehr lassen im Winter den Wert einer speziellen Bereifung fraglich erscheinen. Recht gute Eigenschaften besitzen die vom Werk empfohlenen Sommer-Stahlgürtelreifen (siehe Seite 166), die bei besonnener Fahrweise sogar auf glattgefahrenem Schnee das Ziel erreichen lassen. Meist sind verschneite Straßen nach kurzer Zeit wieder geräumt.
Hoher lockerer Schnee und überhaupt ein Wohnsitz in schneereicher, gebirgiger Gegend stellen natürlich erhöhte Anforderungen. Dann kommt es oft nur auf die eigene Fahrkunst an, mit den Gegebenheiten fertig zu werden. Für extreme Fälle, zu denen auch das Bewältigen häufig auftretender »Schneepisten« zählen mag, hält die Reifenindustrie Alternativen bereit. Man muß sich jedoch darüber im klaren sein: Winterreifen können auch nicht alles.

M + S-Haftreifen

Früher besaßen die M + S-Reifen ein grobstolliges Profil wie für den Geländesport. Sie sind von der Entwicklung überholt worden. Mit jenen »Matsch- und Schnee-Reifen« konnte sich das Auto zwar in noch nicht hartgefahrenem Schnee vorarbeiten, aber auf nasser und vereister Straße war man mit ihnen noch schlechter bedient als mit normalen Reifen.
Eine merkliche Verbesserung bieten die sogenannten Haftreifen, die zugleich als Ersatz für die verbotenen Spikereifen – über die noch anschließend geschrieben wird – dienen müssen. Sie sind aber kein gleichwertiger Ersatz und verantwortungsvolle Reifenhersteller weisen darauf hin, daß diese M + S-Haftreifen auf Eisglätte nicht die Wirkung zeigen können wie die in Deutschland verbotenen Nagelreifen. Trotzdem ist es gelungen, durch hydrophile (wasserfreundliche) Laufflächenmischungen den Fahrbahnkontakt bei Glätte zu verbessern. In dem Temperaturbereich um 0° C allerdings befindet sich auf Eis ein dünner Wasserfilm, der ohne mechanische Hilfen (Sand, Spikes) die an sich schon unfreundliche Eigenart von Eis noch weitaus gefährlicher macht. Hier können auch die neuen Gummimischungen nur wenig ausrichten, sie

zeigen aber auf Eis bei Temperaturen unterhalb – 5° C Spurtreue und Haftvermögen. Allerdings verschlechtern manche Winterreifen auf trockener Straße und bei hoher Geschwindigkeit das Geradeauslaufverhalten.
Besseres Können als Sommerreifen beweisen diese Reifen im lockeren und auf festgefahrenem Schnee. Das verdanken sie ihrer Profilgestaltung, bei der eine grobe Verzahnung der Profilstollen mit relativ breiten Zwischenräumen ihre Eignung für hohen Schnee heraufsetzt und bei Regen die Wasserverdrängung fördert. Zahlreiche lamellenartige Einschnitte dienen auf glattgefahrenem Schnee der Griffigkeit.
Daimler-Benz unternimmt regelmäßig Versuche mit Reifen und empfiehlt für die hier beschriebenen Fahrzeuge folgende Winterreifen: Für die Reifengröße 175 R 14 88Q M+S = Continental TS 730 Contact oder Pirelli MS Winter 160; 195/70 R 14 90Q M+S = wie vorher, dazu auch Uniroyal Rallye M+S »Plus«; 185 R 15 93Q M+S = nur Continental TS 730 Contact. Diese Empfehlung soll individuelle Entscheidungen natürlich nicht beeinflussen.
Es wird nicht empfohlen, die für mittlere Geschwindigkeit bei den Mercedes-Modellen vorgeschriebenen Reifendrücke in Winterreifen zu erhöhen. Auch hier liegen entsprechende Untersuchungen zugrunde. Einige andere Hersteller dagegen raten bei ihren Autos zu einer Luftdruckerhöhung um 0,2–0,3 bar, wobei die besonderen Fahrwerkseigenschaften jener Wagen berücksichtigt und im speziellen Fall verbessert werden. Schließlich verhalten sich Haftreifen auf trockener Bahn kaum schlechter als übliche Reifen. Das konnte man den Reifen mit Spikes nicht bescheinigen. Aber man darf die Winterreifen nicht überfordern und die zulässige Höchstgeschwindigkeit für sie soll auf Autobahnen nicht über größere Strecken hinweg ausgenutzt werden. Längerer Schnellauf erschöpft ihre Sicherheitsreserven.

Spikereifen im Ausland

Wo die Benutzung von Spikereifen zulässig ist, etwa in Österreich und in der Schweiz, muß man sich vor deren Anschaffung einige Für und Wider überlegen. Mit ihren spitzen Stacheln krallen sich diese Reifen in eine eis- oder schneeglatte Oberfläche, verkürzen den Bremsweg und verbessern die Seitenführung in Kurven. Auch auf frischem Schnee und in Matsch sind sie brauchbar. Auf trockener und durch Salz aufgetauter Straße verlängern die Spikes den Bremsweg. Die durch ihre Einwirkung hervorgerufenen Straßenschäden und deren Folgen sind bekannt: Pfützenbildung und Aquaplaning (Wasserglätte).
Wenn schon, dann muß man vier gleichwertige Spikereifen montieren. Ihre Fahreigenschaften weichen beträchtlich von jenen der anderen Reifen ab. Bei nur zwei Reifen mit Spikes ergeben sich auf der Vorder- und Hinterachse völlig verschiedene Brems- und Führungseigenschaften, die in der Praxis kaum beherrschbar sind.

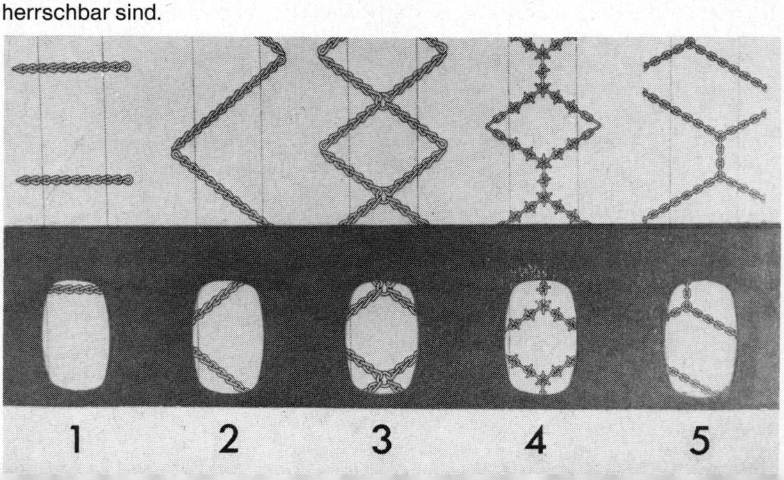

Die ovalen Ausschnitte geben die Aufstandsfläche eines Reifens an. Von diesen Ketten sind die Leiter- und Zickzack-Ketten (1 und 2) nicht zu empfehlen, dagegen sind die Kreuz-Kette (3) und die Spurkreuz-Ketten (4 und 5) wirkungsvoll genug, um im Schnee besonders gut zu greifen. Diese bieten auch bei Glatteis echte Sicherheit, während die beiden erstgenannten Ketten wegen ihrer unvollkommenen Auflage keine Sicherheit bieten.

Gleitschutzketten sollen stets nur auf den angetriebenen Rädern montiert werden. Hier handelt es sich um eine Spurkreuzkette.
Zu Gleitschutzketten gehört als unvermeidbares Hilfsmittel eine Kombizange und eine Rolle besonders zäher Draht. Denn unterwegs passiert es leicht, daß etwa losgerissene Kettenglieder wieder eingehängt oder ersetzt werden müssen. Allerdings gibt es beispielsweise von Erlau Kettenglieder, -haken und -ringe als Ersatzstücke.

Besondere Felgen im Winter

Wenn man die Anschaffung besonderer Winterreifen beabsichtigt, so ist auch gleich an den Kauf zusätzlicher Felgen zu denken. Damit erspart man sich das lästige Ummontieren der Reifen. Ohne Schwierigkeiten lassen sich während des Winters die vier Räder komplett austauschen, wenn es milde Witterungsperioden ohne Schnee und Eis gibt.
Dieses Auswechseln hat bei den Winterreifen seine Berechtigung, denn auf Straßen ohne typisch winterlicher Bedeckung verschleißen sie nur sinnlos.
Drei zusätzliche Felgen genügen, denn als vierte Winterreifen-Felge kann ohne weiteres die des Ersatzrades benutzt werden. Reifenpannen sind heutzutage sehr selten und als Ersatzreifen kann sich auch ein Winterreifen nützlich machen. Diesen läßt man bei Bedarf bis zur nächsten Tankstelle laufen, wo die ohnehin zu erledigende Reparatur dann allerdings ausgeführt werden sollte.

Gleitschutzketten

Am sichersten werden alle winterlichen Erscheinungen auf der Straße von »Schneeketten« gemeistert. Fachlich richtig heißen diese: »Gleitschutzketten«. Nicht nur im verschneiten Hochgebirge beweisen sie ihren größten Effekt, unübertroffen sind sie auch auf verharschtem Schnee und auf Glatteis.
Allerdings sind Gleitschutzketten nicht sehr beliebt, weil sie je nach Straßenzustand auf- und abmontiert werden müssen. Man sollte das im Sommer ruhig einmal üben! Auf trockener oder nur nasser Straße nutzen sich die Glieder normaler Ketten sehr schnell ab, und wenn man zu schnell fährt, fliegen bei einfachen Ketten rasch die Fetzen. In der Bundesrepublik gelten als höchstzulässige Geschwindigkeit 50 km/h. Die Ketten müssen so montiert werden, daß sie während der Fahrt nicht im Radkasten anschlagen. Andererseits sollten sie auf Reifen wandern können, weil sie sonst das Reifenprofil beschädigen – also auch nicht zu fest spannen.
Es dürfen nur die Antriebsräder mit Ketten bewehrt sein. Wer ältere, schwer zu montierende Ketten besitzt, kann die komplizierte Montage mit frostklammen Fingern umgehen, indem er zwei komplett »bekettete« Räder im Kofferraum mitführt und diese bei Bedarf montiert. neuere Kettenkonstruktionen lassen sich jedoch so leicht auflegen, daß man sich diesen Umstand ersparen kann.
Ähnlich wie die in unserer Abbildung gezeigten Spurkreuzketten sind die Kantenspurketten beschaffen. Solche Kettenarten, die auch die erforderliche Seitenführung bieten, sind verschleißfester. Bekannte Hersteller solcher feingliedrigen Kantenspurketten sind Erlau, Rieger & Dietz (RUD) und Thiele; RUD-Ketten werden auch von Daimler-Benz empfohlen.
Wenn man von einem früheren Wagen noch Gleitschutzketten besitzt, die nicht

auf die Reifen des gegenwärtigen Autos passen, so kann man sie kürzen oder verlängern lassen. Ebenso nehmen die Hersteller Reparaturen an gebrauchten Ketten vor. Die Lebensdauer der Ketten kann dadurch erhöht werden, daß man sie abwechselnd beidseitig benutzt.

Praktische Hilfen unterwegs

Im Winter braucht man unterwegs manchmal einige der hier genannten Utensilien, die kaum Geld kosten, aber gute Dienste leisten können.

■ Eis-Schaber, um vereiste Scheiben zu reinigen. Er muß aus Kunststoff sein, damit die Scheiben nicht zerkratzt werden. Man kann so ein Ding auch als »Teigschaber« – für die Kuchenteigschüssel – im Haushaltswarengeschäft kaufen.

■ Sandsäckchen, um an vereister Steigung eine Fahrbahn zum Anfahren streuen zu können. Am besten sind dichte Leinen- oder Kunststoffsäckchen mit möglichst scharfem Sand oder feinem Kies.

■ Schneeschaufel, um sich bei starkem Schneefall einen Weg bahnen zu können. Damit es ein auch wirklich brauchbares Gerät ist, möglichst eine breite Kohlenschaufel mit kurzem, abnehmbaren Stiel nehmen. Zur Not kann man Schnee auch mit einer Radkappe wegschaufeln.

■ Anti-Beschlagtuch, mit dem die von innen beschlagene Windschutzscheibe und Heckscheibe abgerieben werden können. Die Imprägnierung, die das Beschlagen etwa für eine Woche verhindert, reicht in dem Tuch für eine Saison. Dann wird es ausgewaschen und normal verwendet.

■ Zwei Streifen, jeweils einen halben Meter breit und mindestens 1,5 m lang, aus einem alten Teppich oder Kokosläufer. Diese Stücke kann man zum Anfahren unter die Hinterräder legen, wenn es auf Glatteis nicht mehr weitergeht. Wichtig ist, daß an beiden Stücken jeweils eine starke Schnur befestigt ist. Damit wird der Teppichstreifen an die hintere Stoßstange angehängt, bevor man ihn vor den antreibenden Hinterrädern ausbreitet.

■ Sprühdose mit Auftaumittel gegen vereiste Windschutz- und Seitenscheiben. Man braucht es nur auf die obere Hälfte der Scheibe zu sprühen, weil es abläuft und dann auch den unteren Teil der Scheibe vom Eis befreit. Noch billiger ist Brennspiritus, in kleiner Plastikflasche mitzuführen.

■ Warme Decken für die Wageninsassen für den Fall, daß bei einem längeren Stau der Wagen auskühlt.

Schutz für die Wagenunterseite

Streusalz auf den Straßen mindert die Gefahr durch Eis und Schnee. Diese vorteilhafte Wirkung der Auftaumittel erweist sich für den Bauch des Autos auf die Dauer recht unfreundlich: Natriumsalze, bei tieferen Temperaturen auch nötige Magnesiumflocken oder Kalzium, greifen ungeschütztes Blech an und beginnen ein höchst vernichtendes Werk. Auch angetrocknet schlummern ihre Kräfte nur, denn das nächste Spritzwasser mobilisiert die begonnene Korrosion erneut. Die Folge sind Durchrostungen, leider auch an den für die Verkehrssicherheit wichtigen Teilen.

Streusalzrückstände sind daher regelmäßig mit klarem Wasser abzuwaschen. Bei der Unterbodenwäsche sollte wegen möglicher Beschädigung des vorhandenen Dauerschutzes nicht mit zu hartem Strahl gespritzt werden. Ferner ist die Unterbringung in einer kalten, gut belüfteten Garage besser als in einer geheizten. Bei feuchter Wärme werden Rost und Korrosion mehr gefördert.

Gefährlich ist der Rost, der unentdeckt frißt, nämlich an unzugänglichen Stellen oder an Hohlräumen. Rechts am Wagen haben solche Rostnester die größere Chance zu entstehen, weil dort der Straßenrand etwas abfällt und das Kondenswasser im Wagen entsprechend zu dieser Stelle läuft. Manche Partien in modernen Autos lassen sich in der Herstellung nicht lackieren und nachträglich nur bedingt schützen. Bei dem Mercedes aber sind auch sonst sehr unzugängliche Stellen beschichtet, und wenn man den jungen Wagen baldmöglichst noch so behandelt, wie nachstehend beschrieben, kann man die Furcht vor einer späteren »Rostmumie« vergessen.

Der Korrosionsschutz

Als neues Lackierverfahren wird die kathodische Elektrotauchlackierung angewendet, auch Kataphorese genannt. Vor dem Grundiervorgang werden die Rohkarosserien gereinigt und spritzphosphatiert. Diese Vorbehandlung ist Grundlage für gute Lackhaftung und optimalen Korrosionsschutz an der Außenhaut sowie in Hohlkörpern. Der gegenüber früher bessere Langzeitkorrosionsschutz der anschließenden kathodischen Elektrotauchlackgrundierung wird besonders durch neue Kunstharze erzielt, die eine höhere Beständigkeit – z. B. gegenüber Streusalz – aufweisen. Die vorher für das erste Betriebsjahr empfohlene Wiederholungskonservierung kann nun entfallen.
Der Neuwagen wird mit einer PVC-Schutzschicht ausgeliefert, ein sogenannter Dauerunterbodenschutz, der aber nicht das ganze Autoleben über wirksam sein kann. Der schützende Auftrag kann z. B. durch Steinschlag reißen.
Desgleichen hat eine Erstkonservierung der Hohlräume stattgefunden. Sie ist – weil nicht so häufigen Angriffen ausgesetzt – anfangs weniger gefährdet, dennoch soll die Hohlraumversiegelung so bald wie möglich, wenn es geht, noch beim neuen Wagen, aufgefrischt werden. Nach einem Jahr hat die Arbeit kaum noch einen Sinn, wurde sie aber rechtzeitig richtig ausgeführt, braucht man sich später nicht mehr darum zu kümmern.
Nacharbeiten am Unterboden- und Hohlraumschutz werden erfahrungsgemäß in allgemeinen Werkstätten nicht gerade von erstklassigem Personal ausgeführt, denn es ist eine zweifellos unangenehme Aufgabe. Besser bedient ist man in einem Spezialbetrieb (Lackier- oder Karosserie-Werkstätte), wo man sich mit Rostschutz befaßt. Vor allem in Lackierereien ist man grundsätzlich sauberes und genaues Arbeiten gewohnt, denn Lackieren verzeiht keine Nachlässigkeit. Es lohnt sich, unter Werkstattleuten und Bekannten herumzuhören, welcher Betrieb für gute Arbeit bekannt ist. Dabei kommt es weniger darauf an, welche Rostschutzmittelmarken verarbeitet werden, sondern auf die Qualität der Arbeit.
In den Hohlräumen läßt sich nicht so ohne weiteres nachprüfen, ob »gepfuscht« wurde, aber es eignet sich dazu z. B. eine Zylinderausleuchtlampe, wie sie für Motorreparaturen verwendet wird. Gute Arbeit mit einem von der Stiftung Warentest weniger gut bepunkteten Produkt ist besser als schlampige Arbeit mit dem theoretisch allerbesten Unterbodenschutz und Hohlraumkonservierer.
Wenn übrigens eine Mercedes-Werkstatt gelegentlich mit einer Sonderpreis-Aktion für Unterbodenschutz und Hohlraumbehandlung wirbt, handelt es sich meist um Karosserie-Spezialisten »auf Tournee«, denen Sie Ihren Wagen unbesorgt auch anvertrauen können.

Unterbodenschutz ausbessern

Nacharbeiten sollen nur mit Konservierungsmitteln auf Wachsbasis (nicht Bitumen) vorgenommen werden. Daimler-Benz nennt u. a. folgende Produkte: Anorustol 276 (von Veedol), BP Unterbodenschutz, Caramba W 35/D, Esso-Rust-Ban-Unterschutz, Mobilarma 637 (von Mobil Oil) und speziell Tectyl S 280 (von Valvoline).
Wenn man für seine Auto-Heimwerkerei einen hellen und günstigen Arbeitsplatz hat, auf dem sich der Mercedes gut aufbocken läßt, kann man den Saison-Unterbodenschutz (Wachs) auch selbst nacharbeiten – zumindest bei den all-

jährlichen Nachkontrollen. Sie brauchen dazu eine helle Handlampe und ein Spachtelwerkzeug oder abgebrochenes Messer, mit dem Sie verdächtige Stellen ankratzen und damit prüfen können, ob der alte Dauerunterbodenschutz (PVC) nicht locker sitzt oder unterrostet ist. Um alle Ecken beobachten zu können, ist weiterhin ein Spiegel nützlich.
Nach einer gründlichen Unterwagenwäsche – am besten an einer Tankstelle mit einem Dampfstrahlgerät – werden alle schadhaften Stellen sorgsam mit Spachtelwerkzeug, Schaber und Drahtbürste ausgekratzt. Alle Rostansätze soweit wie möglich bis aufs blanke Metall abschleifen und den letzten Rost mit einem Roststopper behandeln. Bewährt hat sich dazu »Terotex Rostprimer« von Teroson, der zugleich die Haftfestigkeit des nachfolgenden Unterbodenschutzmaterials verbessert. Sogenannte »Rostumwandler« haben am Unterboden keinen Sinn, sie versprechen viel und halten wenig.
Zum Saison-Unterbodenschutz auf Wachsbasis ist zu sagen, daß sich für zugängliche Fugen und Ecken eine Sprühdose mit schräg nach oben strahlendem Sprühkopf eignet, was für diese Arbeit sehr praktisch ist.
Nach dem Einsprühen ist sofort die Wirkung der Bremsen zu überprüfen und festzustellen, ob Sprühdunst auf die Bremsscheiben geraten ist. Bei mangelhafter Bremswirkung kann man versuchen, die normale Bremskraft wieder zu erreichen, indem man mit betätigten Bremsen und wenig Gas eine Weile »schleicht«, andernfalls müssen die Bremsbeläge erneuert werden.
Zur Bearbeitung mit Konservierungswachs darf das Auto nicht eiskalt durchgefroren sein. Man bringt es am besten am Abend vor dem Auftragen in die beheizte Werkhalle, + 15° C Raumtemperatur sind bei der Arbeit zumindest anzuraten.
Zum eigentlichen Ausbessern des Dauerunterbodenschutzes benötigt man geeignetes Material einmal für größere Flächen und zum anderen für dort, wo man nur mit dem Pinsel hinkommt. Zweifellos ist es ratsam, das Material in einer – vielleicht befreundeten – Werkstatt spritzen zu lassen. Beim Auftragen jeglichen Dauerunterbodenschutzes müssen sämtliche Aggregate wie Bremsanlage (Leitungen, Radbremsen), Lenkungsteile, Motor, Getriebe, Hinterachse usw. abgedeckt werden.
Bei Daimler-Benz konserviert man nach jeder Motorwäsche auch den Motorraum und sprüht ihn mit Caramba V 66 I oder Pfinders VA 40 K aus. Vorher werden das Belüftungsloch in der Verschraubung des Bremsflüssigkeitsbehälters mit Klebeband verschlossen. Nach der Konservierung ist das Band wieder zu entfernen, außerdem müssen alle Lagerstellen des Reguliergestänges geschmiert werden.

Nachkur der Hohlraumversiegelung

Sicherheitshalber sollen die werksseitig versiegelten Hohlräume innerhalb eines Jahres erneut konserviert werden. Der beste Unterbodenschutz kann den von innen auftretenden Rostfraß nicht verhindern. Kondenswasser und in die Hohlräume der Karosserie eingedrungenes Spritzwasser sammeln sich mit Vorliebe in bereits vorhandenen Schmutzdeponien. Solche »Rostnester« zeigen sich als Durchrostungen, wenn sie genügend lange »tätig« waren.
Die Hohlraumkonservierung kann man als Heimwerker auf gar keinen Fall selber machen – derartige Behauptungen entsprechender Spraydosenanbieter treffen nicht zu. Nur die Fachwerkstatt verfügt über entsprechend lange Sprühsonden und den erforderlichen Arbeitsdruck. Dazu haben gut ausgestattete Fachbetriebe auch noch eine besondere Leucht- und Beobachtungssonde, mit der man in den Hohlräumen des Autos Roststellen auffinden kann. Außerdem muß nach einem für die Typen 123 gültigen Konservierungsplan vorgegangen werden.

Wegen der Zentralverriegelung am Mercedes sind bei der Behandlung der Türen die Unterdruckelemente zu beachten. Beim Bohren der Löcher an der Schloßseite dürfen sie nicht beschädigt werden. Außerdem ist das Wachs nur in den unteren Türbereich zu sprühen, um die Funktion des Schlosses zu wahren.

Pflege der Blankteile

Glänzende Chrom- und Eloxalteile leiden Schaden, wenn man sie nicht pflegt. Das übliche Anlaufen von Chrom ist durch Polieren zu entfernen. Dazu bietet Mercedes-Benz die »MB Chrompflege« und die »MB Chromreinigungspaste« an. Als preiswürdig und ergiebig hat sich der Universal-Metallputz »Pol blau« – z. B. auf Jahrmärkten erhältlich – erwiesen. Gegen das angriffswütige Streusalz schützt im Winter am einfachsten reine, säurefreie Vaseline. Allerdings bleibt der Schmutz gern daran kleben und hart anprallendes Spritzwasser verdrängt mit der Zeit die fette Schicht. Besser ist dann ein wachsartiges Unterbodenschutzmittel, doch möchte man es lieber glänzen lassen, nimmt man Sprühdosen mit glasklarem Chromschutzspray von Polifac oder von BP, Aral, Shell und Teroson.

Fingerzeige: *Das eingefrorene Türschloß öffnet man mit dem erhitzten Schlüssel, dessen Spitze über die Flamme des Feuerzeugs gehalten wurde.*
Bei der winterlichen Wagenwäsche überdeckt man das Schloß mit einem Streifen Tesa-Film.

Maßnahmen bei der Stillegung

Auf nachstehende Weise bewahrt man die Betriebsbereitschaft und den Zustand des Wagens, wenn er für längere Zeit stillgelegt werden soll (ausführlichere Hinweise erteilt der Mercedes-Service):

- Öl wechseln, Tank und Kühler ganz füllen, Heizung öffnen.
- Motor warmlaufen lassen.
- Zündkerzen herausschrauben und in die Kerzenlöcher Korrosionsschutz oder Petroleum sprühen, Zündkerzen wieder eindrehen.
- Feststellbremse nicht betätigen.
- Kappe des Bremsflüssigkeitsbehälters mit Klebeband abdichten, da Bremsflüssigkeit wasseranziehend ist.
- Batterie ausbauen. Möglichst alle 4 Wochen aufladen lassen oder dorthin verleihen, wo sie benutzt wird.
- Scheibenwischerblätter aushängen.
- Blanke Teile mit Vaseline oder anderem säurefreiem Fett einreiben.
- Reifendruck regelmäßig kontrollieren (lassen).
- Alle 2 Monate bei eingelegtem großen Gang wenigstens 50 cm vom alten Platz wegschieben, um einseitige Reifenbelastung und Dauerbelastung einzelner Ventilfedern zu vermeiden.
- Bei Stillstand über 6 Monate Wagen hochbocken. Frei hängende Antriebsräder bei eingelegtem Gang gelegentlich gleichzeitig etwas drehen, damit einzelne Ventilfedern regelmäßig entlastet werden.
- Abstellplatz soll trocken sein und muß gelegentlich gelüftet werden. Heizung ist nicht erforderlich. Wagenfenster handbreit geöffnet lassen.

Sollte der Wagen im Freien abgestellt werden müssen, ist er von oben und von unten gründlichst zu reinigen, der Chrom ist zu behandeln, und dann sprüht man die gesamte Außenhaut einschließlich der Chromteile mit Konservierungswachs ein, vorher sind die Scheiben abzudecken.

Terminpflege

Trotz ihres hohen Reifegrades muß man auch moderne Autos pflegen, warten und ihre Funktionen kontrollieren. Solche Überprüfungen sind Beiträge zur Fahrsicherheit, außerdem dienen sie dem Werterhalt des Wagens. Wenn man den einzelnen Anweisungen folgt, braucht man sich um den verkehrssicheren Zustand seines Autos keine Sorgen zu machen. Das Befolgen der vom Werk festgelegten Intervalle sichert Garantieansprüche.

Der Wartungsplan

Der technische Fortschritt bringt es mit sich, daß einzelne Wartungsarbeiten weniger häufig als früher ausgeführt werden müssen oder daß manche, die einmal zur regelmäßigen Inspektion gehörten – etwa das Abschmieren der Fahrwerkgelenke –, ganz fortgefallen sind. Doch die Erfordernisse wachsen, und es werden neue Geräte entwickelt, die nun ihrerseits nach Pflege verlangen. So ist auch die Anzahl der Wartungspunkte bei den hier beschriebenen Typen gegenüber vorangegangenen Mercedes-Modellen nur unwesentlich geringer.
Daimler-Benz hat einen Wartungsplan aufgestellt, der zunächst einmal in »Pflegedienst« und »Wartungsdienst« unterteilt ist. Dazu gibt es im Wartungsheft zu dem Auto besondere Hinweismarken, die in ihrer Folge jeweils im linken Türrahmen befestigt werden sollen, um an den nächstfälligen Inspektionstermin zu erinnern. Dieser wird mit dem entsprechenden km-Stand angezeigt. Motoröl- und Filterwechsel sind alle 10 000 km vorzunehmen, die Wartungsdienste fallen mit den Schmierdiensten immer wieder zusammen und das Programm ist dann entsprechend umfangreicher. Daneben fallen noch einige Zusatzarbeiten nach 60 000 km oder in Jahresabständen an.

Die Garantie-Durchsicht

Bei neuen Mercedes-Modellen ist nach 1000–1500 km die »1. Durchsicht« fällig. Hierbei handelt es sich um Kontrollen, Einstellungen und Pflegearbeiten, die für das weitere Wohlergehen des noch jungen Autos von besonderer Wichtigkeit sind. Hinzu kommen einige Arbeiten, die nur einmal – zu diesem Termin – vorgesehen sind. Es ist selbstverständlich, daß man diese Inspektion komplett der Werkstatt überläßt, und zwar am besten jener, die den Wagen ausgeliefert hat. Zugleich erhält man sich dadurch alle Garantieansprüche. Eine bis März 1981 vorgenommene »2. Durchsicht« ist entfallen.
In unserem noch folgenden Wartungsplan (»Pflegearbeiten«) ist diese erste Inspektion nicht aufgeführt. Für den interessierten Autobesitzer sollen die Arbeiten aber an dieser Stelle erwähnt werden:

- Keilriemen nachspannen,
- Kühl- und Heizungsanlage auf Dichtheit prüfen,
- Kühlmittelstand kontrollieren,
- Motoranschlag entspannen und Schrauben nachziehen,
- Motoröl- und Filterwechsel,
- Schlauchschellen auf festen Sitz prüfen,

- Steckverbindungen der Auspuffanlage nachziehen,
- Befestigungsschrauben von Saugrohr, Auspuffkrümmer und -flansch nachziehen,
- Kraftstoffanlage auf Dichtheit und Zustand prüfen,
- Zündzeitpunkt prüfen und einstellen,
- Leerlauf in Verbindung mit CO-Meßgeräten prüfen und einstellen,
- Flüssigkeitsstand der Kupplungsbetätigung prüfen,
- Kupplungsbetätigung auf Dichtheit und Zustand prüfen,
- Ölstand im automatischen Getriebe kontrollieren,
- Niveau-Regulierung auf Dichtheit und Zustand prüfen,
- Ölstand im Lenkgehäuse kontrollieren,
- Befestigungsschrauben des Lenkgehäuses nachziehen,
- Flüssigkeitsstand in der Servo-Lenkung kontrollieren,
- Axialspiel der Radlager einstellen,
- Anschlagbegrenzung des Hinterachsträgers einstellen,
- Stand der Bremsflüssigkeit kontrollieren,
- Radschrauben nachziehen,
- Reifendruck korrigieren,
- Flüssigkeitsstand der Scheibenwaschanlage kontrollieren,
- Flüssigkeitsstand der Klimaanlage kontrollieren,
- Befestigungsschrauben des Kältekompressors nachziehen.

Bei km-Stand 10 000 des neuen Wagens sind dazu noch folgende, einmalige Arbeiten zu erledigen, die früher bei der (entfallenen) 2. Durchsicht ausgeführt wurden. Da die 10 000-km-Inspektion ohnehin in die Garantiezeit fällt und diese der Werkstatt überlassen bleiben sollte, gehören die Arbeiten auch dem Mercedes-Service:

- Motoranschlag entspannen,
- Öl des mechanischen Getriebes wechseln,
- Öl des Hinterachsgetriebes wechseln.

Weil die meisten der genannten Wartungspunkte bei späteren Inspektionen wieder auftauchen, sind sie in diesem Buch auch beschrieben. Die einmal auszuführenden Maßnahmen sind ebenfalls in den entsprechenden Kapiteln erwähnt.

Regelmäßige Pflegearbeiten

Wir haben hier einen Pflegeplan entworfen, der sich eng an die von Daimler-Benz aufgestellten Richtlinien hält. Dabei handelt es sich einmal um Pflegedienste, die alle 10 000 km auszuführen sind und im wesentlichen den Ölwechsel und Schmierarbeiten beinhalten. Deshalb zeigt die entsprechende Hinweismarke, die vom Mercedes-Service im Rahmen der Fahrertür angebracht wird, als Symbol eine Schmierkanne.
Zum anderen müssen alle 20 000 km verschiedene Wartungsdienste erledigt werden. Sie fallen natürlich mit den eben erwähnten Pflegediensten zusammen. Die Hinweismarke für den Wartungsdienst zeigt einen Schraubenschlüssel. Diese Hinweismarken sollen daran erinnern, bei welchem Kilometerstand der nächste Pflege- bzw. Wartungsdienst vorgenommen werden soll.
Schließlich sind noch Zusatzarbeiten vorgeschrieben, die nach 40 000 oder nach 60 000 km Laufzeit erledigt werden müssen.
Die Entscheidung, welche Arbeiten man selbst auszuführen gedenkt, sollte man rechtzeitig treffen. Ein Blick auf den Pflegeplan hilft bei diesem Entschluß.
Ohne das Auto zu vernachlässigen, läßt sich so manche Mark sparen. Viele gewissenhafte Autobesitzer haben Wartungsarbeiten, die sie sich selbst zutrauen, zu ihrem Hobby gewählt. Sie suchen die Werkstatt nur auf, um wichtige Arbeiten

in Auftrag zu geben, für die entsprechendes Wissen und besondere Hilfsmittel gefordert werden und darüber hinaus, wenn wirklich einmal Störungen oder Schäden nach fachmännischer Hilfe verlangen.
Bei näherem Blick auf die nachstehende Pflegeliste werden Sie feststellen, daß viele Dinge mit wenigen Handgriffen zu erledigen sind. Bei etwas routinierter Beziehung zwischen Ihnen und dem Wagen können manche Punkte sogar während des Fahrens ausgeführt werden. In den einzelnen Kapiteln wird daneben noch verständlich erklärt, was über die Pflegearbeiten hinaus an dem Mercedes getan werden soll. Besondere Anforderungen ergeben sich dabei im Winter, unter dem die Autos am meisten leiden. Bei allen Wartungen gilt es den Zweck der Vorsorge zu erfüllen.
Eine derartige Vorsorge wird auch mit den an den Beginn der Pflegeliste gestellten sieben Wartungen ausgedrückt. Wir haben sie hier zum »ABC« des Umgangs mit dem Wagen erhoben, weil ihre Einhaltung ganz erhebliche Sicherheitsreserven bietet. Als richtige »Arbeit« kann man diese Punkte überhaupt nicht bezeichnen, denn den Ölpeilstab herausziehen, einen Blick auf die Batterie werfen oder beim Tanken einmal mit dem Druckluftprüfer um den Wagen herumgehen – das ist kinderleicht, beruhigt aber das Gewissen.

Was muß wann und wo gemacht werden?

Pflegearbeiten

Alle 1000 km oder wöchentlich

					Seite
1.	S			Motorölstand kontrollieren	65
2.	S			Kühlmittelstand kontrollieren	95
3.	S			Säurestand in der Batterie kontrollieren	170
4. A.	S			Stand der Bremsflüssigkeit kontrollieren	145
4. B.	S			Flüssigkeitsstand der Kupplungsbetätigung kontrollieren	126
5.	S			Flüssigkeitsstand der Scheibenwaschanlage kontrollieren	52
6.	S			Reifendruck messen	157
7.	S			Ölstand im automatischen Getriebe kontrollieren	72

Einmalig bei km-Stand 10 000

8.			W	Motoranschlag entspannen	93
9.		T	W	Öl der Hinterachse wechseln	75
10.		T	W	Öl im mechanischen Viergang-Getriebe wechseln	73

Alle 10 000 km

11.	S	T	W	Motoröl wechseln	69
12.	S	T	W	Ölfilter erneuern	70
13.	S			Ölstand im Vergaser kontrollieren (Modelle 200)	113
14.	S			Motor-Reguliergestänge prüfen und schmieren und auf Leichtgängigkeit prüfen	71

Alle 20 000 km

15.	S			Keilriemenspannung prüfen	180
16.			W	Ventilspiel einstellen	87
17.	S			Luftfiltereinsatz reinigen	112, 122
18.	S			Zündkerzen erneuern	189
19.			W	Kompressionsdruck prüfen	89
20.			W	Zündzeitpunkt prüfen, einstellen	193
21.	S		W	Leerlauf prüfen, nachregulieren (Modelle 200)	113
22.			W	Leerlauf prüfen, nachregulieren (Modelle 230)	122
23.	S		W	Kühl- und Heizungsanlage auf Dichtheit prüfen	97
24.	S			Kraftstoffanlage auf Dichtheit prüfen	106
25.	S		W	Niveau-Regulierung auf Dichtheit prüfen	143
26.	S		W	Flüssigkeitsstand der Niveau-Regulierung kontrollieren	75
27.	S		W	Flüssigkeitsstand im Lenkgehäuse kontrollieren	74
28.	S		W	Flüssigkeitsstand der Servo-Lenkung kontrollieren	74
29.	S			Flüssigkeitsstand der Klimaanlage kontrollieren	102
30.	S			Kupplungsbetätigung auf Dichtheit prüfen	126
31.		T	W	Ölstand im mechanischen Getriebe kontrollieren	72
32.	S		W	Gummimanschetten der Radaufhängungsgelenke kontrollieren	137
33.	S		W	Gummimanschetten und Kunststoffabdeckungen des Lenkgestänges prüfen	137
34.	S		W	Befestigung des Lenkgehäuses prüfen	138
35.	S		W	Spiel in der Lenkung prüfen	138
36.		T	W	Ölstand in der Hinterachse kontrollieren	74
37.			W	Belagstärke der Bremsklötze prüfen	150
38.			W	Zustand der Bremsscheiben prüfen	153

39.		W	Zustand der Bremsleitungen, Bremskolben und Staubkappen prüfen	153
40.		W	Feststellbremse nachstellen	155
41.	S	T	Scheibenräder abmontieren und prüfen, eventuell austauschen	160, 161
42.	S		Zustand der Reifen prüfen	160
43.	S		Elektrische Anlage prüfen	200, 213, 215
44.	S		Klappbaren Außenspiegel schmieren	76
45.	S		Motorhaube, Türscharniere und Türschlösser schmieren	76
46.	S	W	Probefahrt; dabei besonders Kupplung, Getriebe, Bremsen, Klimaanlage, Heizung und Lüftung prüfen	10

Alle 40 000 km

47	S	W	Kraftstoffilter erneuern (Modelle 230)	106

Alle 60 000 km

48.	T	W	Öl des Fünfgang-Getriebes wechseln	73
49.		W	Öl des automatischen Getriebes wechseln	73
50.	S		Luftfiltereinsatz erneuern	113, 122
51.		W	Belagstärke der Kupplung prüfen	128
52.		W	Bremsseile auf Gängigkeit prüfen	155
53.	S	W	Gelenkscheiben der Gelenkwelle prüfen	133

Einmal jährlich

54.		W	Bremsflüssigkeit erneuern	146
55.	S		Schiebedach-Gleitschienen reinigen und einfetten	76

Alle drei Jahre

56.	S	T	Kühlmittel mit Gefrierschutz erneuern	96

Was kann man selber machen?

Jeder einzelnen Wartungsarbeit der Liste haben wir einen oder mehrere Kennbuchstaben (S, T oder W) vorausgestellt, durch die angedeutet ist, was man selbst machen kann, was besser die Tankstelle erledigt oder was der Werkstatt überlassen bleiben soll. Dazu einige Erläuterungen:

S = Selbstmachen. Das sind Arbeiten, die man ohne Fachkenntnisse und besonderes Werkzeug selbst ausführen kann, nachdem man den entsprechenden Abschnitt auf der betreffenden Seite dieses Buches gelesen hat.

S/T = Selbstmachen oder Tankstelle. Auch hier sind keine besonderen Fachkenntnisse notwendig, aber vielleicht fehlt Ihnen das entsprechende Gerät für diese Arbeit. Die Tankstelle besitzt es.

S/W = Selbstmachen oder Werkstatt. In diesen Fällen sind neben einfachen Fachkenntnissen etwas Geschick, Einfühlungsvermögen und zusätzliches, aber kein aufwendiges Werkzeug Voraussetzung.

T/W = Tankstelle oder Werkstatt. Der sparsame Mann überläßt diese Arbeiten am besten der Tankstelle bzw. der Werkstatt, obgleich er sie auch selbst ausführen könnte. Er spart dabei Zeit und Mühe, denn der Warenpreis, der bei dieser Arbeit entsteht, ist gleich, einerlei ob man die Ware – in der Regel das Öl – selbst verarbeitet oder von der Tankstelle bzw. Werkstatt verarbeiten läßt.

W = Werkstatt. Diese Arbeit erfordert spezielle Fachkenntnisse sowie teure Meß- und Arbeitsgeräte, die nur die qualifizierte Werkstatt hat.

Selbstverständlich ist jeder Mercedes-Service mit allen aufgeführten Arbeiten vertraut. Einzelne Arbeiten, die man nicht selber machen will, werden jedoch an einer guten Tankstelle oft schneller (auch samstags) ausgeführt, als dies in Werkstätten manchmal möglich ist. Es gibt allerdings auch einige Pflege- und Inspektionsdienste, die nur mit »W« gekennzeichnet sind. Sie bleiben »übrig« wenn man selber pflegt oder die Tankstelle einige Wartungen übernehmen läßt, und man braucht sich keineswegs zu scheuen, seiner Werkstatt nur solche Arbeiten gesondert in Auftrag zu geben. Das ist immer noch billiger als ein kompletter Inspektionsdienst.

Zu solchen Wartungsarbeiten, die in der Mercedes-Werkstatt rasch und präzise vorgenommen werden können, gehört z. B. die Überprüfung der Einstellung des Zündzeitpunkts. Eigens zur Erstellung dieser Diagnose besitzen die Wagen der Modellreihe 123 mit Ottomotor eine Prüfsteckdose (untergebracht im Motorraum links). Auf den Seiten 193 bis 194 sind die diesbezüglichen Pflegearbeiten trotzdem ausführlich beschrieben, um Hilfestellung zu geben, wenn einmal Daimler-Benz-Personal nicht in erreichbarer Nähe sein sollte.

Der Pflegeplatz

Wenn man den Entschluß faßt, die Pflege soweit wie möglich selbst in die Hand zu nehmen, setzt dieses Vorhaben einen entsprechenden Stellplatz voraus. Die Einzelgarage bietet sich wegen der darin meist ungenügenden Raumverhältnisse nicht oder nur bei ungünstiger Witterung als Arbeitsplatz an. In einer Sammelgarage sind selten Wartungsarbeiten erlaubt. Wegen des besseren Lichts ist der Arbeitsplatz im Freien vorzuziehen, doch nicht jeder Fleck unter dem blauen Himmel erweist sich als brauchbar.

Auf dem Rasen hat man wenig Freude: Die versehentlich herabgefallene Schraube bleibt verschwunden. Gekiester Boden auf festem Untergrund ist schon eher in die Wahl zu ziehen, wenn vorher der Kies mit einem Drahtbesen geglättet wurde. Am geeignetsten ist natürlich ein ebener Zement- oder Asphaltboden. Alte Teppiche als Unterlage schützen vor Erkältung an kühlen Tagen und überhaupt die Kleidung vor Schmutz, wenn man einmal unter das Auto kriechen muß.

Absolut festen Boden unter den Füßen zu haben ist besonders dann wichtig, wenn Sie an die Unterseite Ihres Mercedes heranwollen. Dann müssen Sie das Auto hochwinden und möglicherweise unterbauen. Hüten Sie sich davor, unter ein Auto zu kriechen, das nur vom Wagenheber hochgehalten wird! Der Wagenheber kann abgleiten oder umknicken. Das ist lebensgefährlich für den, der unter dem Auto liegt. Es ist also erforderlich, Böcke als Fangstützen unter dem Wagen zu placieren. Es ist auch vertretbar, wenn man statt solcher Stützen Hohlblocksteine verwendet, auf die man aber unbedingt noch ein Holzbrett legen muß. Auf einen solchen Unterbau kann man das angehobene Auto ablassen.

Sollten Sie sogar einen hydraulischen Garagenwagenheber zur Verfügung haben, so ist das Auto vorne am Rahmen-Querträger zwischen den Vorderrädern und hinten nur unter dem Differentialgehäuse anzuheben. Zum Schutz gegen Beschädigungen muß man noch ein Holzbrett zwischen Stütze und Querträger bzw. Hinterachse unterlegen. Da auch ein solcher Wagenheber keine absolute Sicherheit gewährt, muß das angehobene Vorder- oder Hinterteil ebenfalls unterbaut werden. Solche Unterbauten sind in Höhe der Einsteckrohre an den äußeren Rahmen-Längsträgern anzubringen, wo man auch die Arme von Kreuz-Hebebühnen zum Ansatz bringt.

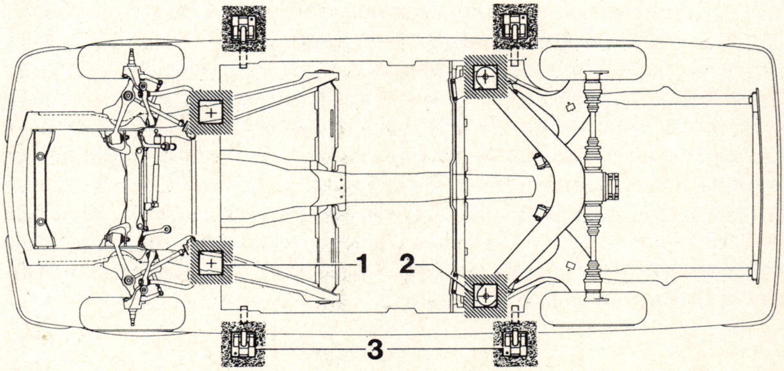

Es sind mehrere Möglichkeiten gegeben, ein Auto anzuheben, und entsprechend sind auch am Mercedes genau bestimmte Stellen vorgesehen, an denen er angehoben werden darf. Für die Aufnahme des Bordwagenhebers sind an den äußeren Rahmenlängsträgern zu beiden Seiten vorn und hinten Einsteckrohre (3) vorhanden. Soll der Wagen auf Böcke gestellt werden, so sind diese vorn an den inneren Rahmenlängsträgern (1) und hinten an den vorderen Lagerungen des Hinterachsträgers (2) anzusetzen.

Reibungslos

Wenn sich Metall gegen Metall bewegt, entsteht Reibung, also Widerstand und Wärme. Zur Minderung dieser Erscheinungen braucht man mineralische Schmierstoffe, nämlich besonders verarbeitete Produkte aus Erdöl. Neuerdings gibt es auch – meistens teuere – synthetische Öle, die künstlich chemisch geschaffen wurden.
Öl und Fett – letzteres ist in feste Form gebrachtes Öl – haben am Auto noch andere Aufgaben zu erfüllen. Sie müssen gegen Staub, Feuchtigkeit oder Gas abdichten, Reibungswärme abführen oder Ablagerungen auflösen. Je nach den erforderlichen Eigenschaften werden ganz bestimmte Öle und Fette nötig und empfohlen. Dieses Kapitel soll dazu beitragen, Licht in ein vielfach noch vorhandenes Dunkel zu bringen.

Motorölstand kontrollieren

Pflegearbeit Nr. 1

In Abständen von 1000 km sollte man kontrollieren, ob noch genügend Öl im Motor ist. Das mag manchen Leuten unnötig erscheinen, zumal wenn sie noch vom letzten Mal zu wissen glauben, daß am Ölpeilstab »voll« abzulesen war.
Tun Sie es trotzdem. Irgendwo kann inzwischen eine undichte Stelle am Motor entstanden sein (z. B. durch nachlässig eingedrehte Ölablaßschraube), die den lebenswichtigen Saft langsam entweichen läßt. Ein ernster Motordefekt wäre das Resultat. Natürlich ist ein solcher Fall die Ausnahme, aber der Spruch »Vertrauen ist gut – Kontrolle ist besser« hat hier seine ganz besondere Berechtigung.
Das Vorhandensein der Öldruckanzeige ist dann nämlich auch keine Versicherung, weil der Öldruck in kurzer Zeit sinken kann, noch bevor man das Fallen des Zeigers registriert.
Der Ölstand läßt sich nicht wie bei anderen Autos messen, wenn der Motor noch kalt ist, also vor dem Anlassen. Dann erscheint es eigentlich am praktischsten, weil in diesem Fall der Peilstab nicht abgeputzt werden müßte. Vielmehr soll man messen, wenn der Motor betriebswarm ist. Das hat den Zweck, um unterwegs bei einer Ölkontrolle nicht das Ablaufen des Öls in die Ölwanne abwarten zu müssen. Und auch der fremde Tankwart, der vielleicht voreilig den Ölpeilstab zieht, liest bei warmem Mercedes-Motor die tatsächlich vorhandene Ölmenge ab, weil die Markierungen am Ölpeilstab für diesen beschriebenen Zustand angebracht sind.
Zwei Minuten nach Abstellen des warmen Motors bietet sich am vorher herausgezogenen und gereinigten Ölmeßstab das genaueste Bild über die effektive Ölmenge. Daher ist es sinnvoll, unterwegs an einer Tankstelle zuerst zu tanken und dann die Ölstandskontrolle vorzunehmen.
Für die Kontrolle unterwegs braucht man ein sauberes Stück Tuch. Das klemmt man am besten rechts im Motorraum unter einem Kabel fest. Dort ist es dann bei Bedarf zur Hand. Mit ihm wischt man das vom Öl benetzte Ende des Ölpeilstabes ab, drückt den Stab wieder bis zum Anschlag in den Motor und zieht ihn

erneut heraus. Bei warmem Motor ist dann zu erkennen, wie hoch das Öl im Kurbelgehäuse steht.
Am unteren Ende besitzt der Ölstab zwei Einschnürungen: Die untere Kerbe bedeutet »Nachfüllen« und die obere zeigt »Voll« an. Wenn das Öl den Stab dazwischen benetzt, stimmt der Ölstand. Erst dann, wenn der Ölpegel bis zur unteren Marke abgesunken ist, muß man Öl nachfüllen. Es darf auch nicht über die obere Markierung hinaus nachgefüllt werden.
Die Ölkontrolle ist bei waagerecht stehendem Fahrzeug vorzunehmen. Nur wenig abschüssiger Untergrund genügt (auch an manchen Tankstellen anzutreffen!), das Meßergebnis zu verfälschen.
Wer auch bei kaltem Motor Gewißheit über die vorhandene Ölmenge haben möchte, muß am Peilstab zusätzliche Markierungen (Kerben mittels Feile) anbringen. Dazu bei warmem Motor Öl bis zur oberen originalen Markierung am Peilstab einfüllen, Motor abkühlen lassen, erneut messen, jetzigen Ölstand mit Kerbe markieren. Ebenso den Minimalstand ermitteln, wozu man so lange fahren muß, bis bei warmem Motor der Ölstand gerade an die untere originale Markierung reicht, und bei kaltem Motor entsprechende Kerbe anbringen.

Verwendbare Ölsorten

Daimler-Benz unterhält eine qualifizierte Schmierstoff-Versuchsabteilung, die laufend die jeweils geeignetsten Öle und Fette ermittelt. Solche Untersuchungen beziehen sich besonders auf die Motoröle. Mittlerweile liegen die Freigabelisten nur noch den Werkstätten vor, die auch laufend durch entsprechend neue Nachträge auf dem aktuellen Stand gehalten werden. Sollte also einmal ein Zweifel über die Verwendbarkeit eines Motoröls in Ihrem Wagen aufkommen, so können Sie sich vertrauensvoll an Ihre Werkstatt wenden, die Ihnen dann freundlicherweise Einblick in die Liste gewähren kann.
Im übrigen können Sie sich beim Ölkauf an die auf der Öldose oder -kanister aufgedruckten Spezifikationen halten. Da muß folgendes daraufstehen, wenn das Öl für den Mercedes genügen soll:
- MIL-L-46152,
- MIL-L-2104 C,

oder die hauseigene Daimler-Spezifikation
- OM 616-Kombitest nach CEC-L-17-A-78.

Diese MIL-Spezifikationen sind die einzigen fremden Prüfnormen, die Daimler-Benz anerkennt. Sie wurden nach den Normen des US-Militärs erstellt. Spezifikationen mit anderen Zahlen oder Buchstabenkombinationen und auch die »API«-Spezifikationen reichen für den Mercedes-Motor nicht aus. Das Öl, das Sie für Ihren Mercedes kaufen, sollte nicht nur mit »HD« gekennzeichnet sein.

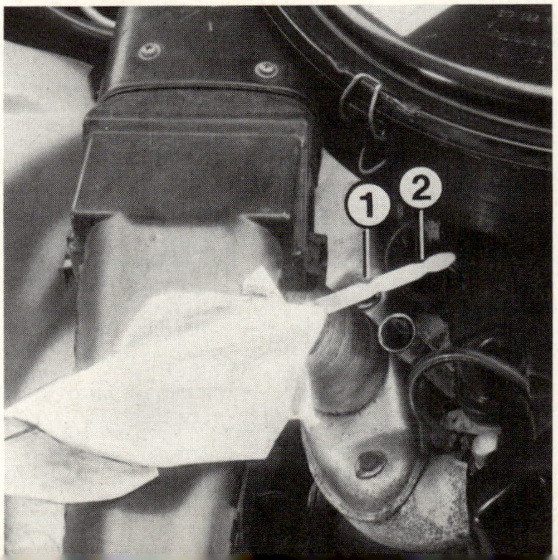

Wenn der Ölstand bis zur Minimum-Marke abgesunken ist, soll Motoröl nachgefüllt werden. Die Füllmenge zwischen Minimum- und Maximum-Markierung beträgt 1,5 Liter. Über die Markierung hinaus zugefülltes Öl ist unnütz: Im Kurbelgehäuse kommt es zu Schaumbildung, das Öl wird sinnlos verbraucht. Ebenso erhöht ständiges Nachfüllen bis zur Maximalmarke den Ölverbrauch, hat also keinen Sinn und schadet nur dem Geldbeutel. Weil sich altes Öl schneller verbraucht, kann erhöhter Ölkonsum auch daran liegen, daß man schon häufig neues Öl zum alten hinzugeschüttet hat. Ein Ölwechsel kann den Verbrauch wieder sinken lassen, wenn der Motor sonst in Ordnung ist. 1 – Maximum-Markierung, 2 – Minimum-Markierung.

Denn diese veraltete, international nicht mehr anerkannte Klassifikation »HD« (Heavy Duty = schwere Beanspruchung) bietet heute keine echte Garantie mehr dafür, daß das Öl auch wirklich den Bedürfnissen des Motors und der Fahrweise des Besitzers gerecht wird.
Auch Hinweise wie »Erfüllt alle Anforderungen der Motorenhersteller« oder »Von allen großen Autofirmen anerkannt« sind für sich allein kein Qualitätsbeweis.

Temperaturbereiche

Die in der Ölbezeichnung angegebenen Zahlen deuten auf ihre Eignung bei bestimmten Außentemperaturen hin. Mit den Zahlenwerten wird die Viskosität – die Zähflüssigkeit des Öls – benannt. Sie resultiert aus der Fähigkeit des Öls, schneller oder langsamer aus einem Röhrchen gleichen Durchmessers zu fließen und wurde von der amerikanischen **S**ociety of **A**utomotive **E**ngineers genormt. Die Bezeichnung der Zähflüssigkeitsklassen erfolgt deswegen mit »SAE« und einer vereinbarten Zahl. Je kleiner diese Zahl, desto dünnflüssiger ist das Öl.
Das »W« bedeutet zusätzlich »Winter«. Es ist gleichfalls dünnflüssiges Öl, das für die kalte Jahreszeit vorgesehen ist. SAE 30 und SAE 40 (ohne »W«) sind Sommeröle. Ihre Dickflüssigkeit macht sie für Winteröle ungeeignet, da u. a. dickes Öl im kalten Motor den Anlaßvorgang erschwert. Natürlich können solche Einbereichsöle in den Temperaturbereichen, die für sie vorgesehen sind, die entsprechenden Bedingungen erfüllen, für den strengen Winter eignen sie sich aber nur bedingt.
Sollte kein Ganzjahresöl (siehe nächster Abschnitt) eingefüllt sein, muß man natürlich auch nicht bei jedem Witterungswechsel zugleich einen Ölwechsel vornehmen. Es genügt, wenn man sich grob nach den Jahreszeiten richtet und es schadet keinesfalls, wenn man bei der ersten Frühlingssonne noch das Winteröl im Motor hat. Welche SAE-Klassen den Mercedes-Motoren bei bestimmten Außentemperaturen am zuträglichsten sind, zeigt diese Aufstellung:

Viskosität	Eignungsbereich
SAE 5 W - 20 SAE 5 W - 30	Winter unter - 10° C
SAE 10 W - 30	Winter zwischen - 20° C und + 10° C
SAE 10 W - 40 SAE 10 W - 50	Ganzes Jahr zwischen - 20° C und hochsommerlichen Temperaturen
SAE 15 W - 40 SAE 15 W - 50	Ganzes Jahr zwischen - 15° C und hochsommerlichen Temperaturen
SAE 20 W - 40 SAE 20 W - 50 SAE 30	Sommer und Übergangszeit über 0° C

In unseren Breiten treten anhaltende, extreme Temperaturen, wie sie in der Tabelle zuerst und an letzter Stelle erwähnt sind, praktisch nicht auf. Die an diesen Stellen genannten Öle sind daher nur bei Fahrten in nordische oder südliche Länder von Interesse.
Aus der Liste ist weiter ersichtlich, daß man ein preiswerteres Einbereichsöl getrost in der wärmeren Jahreszeit anstelle von Mehrbereichsöl verwenden kann.

Mehrbereichsöle

Dagegen bieten Motoröle mit Bezeichnungen wie z. B. SAE 15 W-40, also mit der Angabe von zwei Zahlen, den Vorteil, eine Temperaturspanne von über

30 Grad zu umfassen. Ihre guten Eigenschaften bleiben auch am oberen oder unteren Rand der sie betreffenden Temperaturskala voll erhalten.
Genaugenommen handelt es sich bei Mehrbereichsölen um dünnflüssige Öle, denen spezielle chemische Zusätze beigegeben sind. Diese »quellen« bei höheren Temperaturen, verhindern also, daß das Öl bei höheren Temperaturen zu dünnflüssig wird, wodurch es seine Schmierfähigkeit verlieren könnte. Man sollte es sich gut überlegen, ob das Mehrbereichsöl in jedem Fall rentabel ist. Man darf auch nicht immer auf den Mann an der Tankstelle hören, der natürlich lieber das Öl verkauft, bei dem die Verdienstspanne höher ist.
Eine bindende Preisangabe kann hier nicht gemacht werden. Innerhalb der Vielzahl von Motorölen, die von Daimler-Benz freigegeben wurden, gibt es unbekannte und sehr preiswerte Marken als auch solche der allerorts wohlbekannten Mineralölfirmen, die aber auch zumeist an der oberen Preisgrenze liegen. Für ein Einbereichsöl brauchen Sie weniger Geld als für Mehrbereichsöl. Am allerteuersten sind synthetische Öle.

Unterwegs Öl nachfüllen

Zu diesem Abschnitt ist der auf Seite 65 beschriebene Handgriff »Motorölstand kontrollieren« zu vergleichen. Was dort geschrieben steht, müßte hier eigentlich wiederholt werden, denn den Ölstand sollten Sie gewissenhaft prüfen.
Muß man wegen Ölverbrauch Motoröl nachfüllen, ist es im Grund egal, welche Öl-Marke gewählt wird, wenn es sich nur um eines der freigegebenen Öle handelt. Alle qualifizierten Ölsorten und -marken lassen sich (bis auf einige sehr teure Spezial- und Rennöle) untereinander mischen. Diese Mischbarkeit ohne schädliche chemische oder sonstige Folgen enthalten die internationalen Öl-Normen als Grundforderung. An Tankstellen erzählt man es manchmal anders. Skeptiker beruhigen ihr Gefühl, wenn sie zum Nachfüllen die gleiche Marke nehmen, die zum Ölwechsel gewählt wurde. Unter Vorlage der Quittungen kann man dann bei einem überraschenden Motorschaden bei der treu beanspruchten Ölfirma reklamieren und feststellen lassen, ob vielleicht mit dem Öl etwas nicht stimmte. Das ist zwar äußerst selten der Fall, aber bei solchen Ausnahmen zeigen die Mineralölfirmen auch zweifellos Kulanz.
Nachfüllen von Öl ist tatsächlich erst dann notwendig, wenn der Ölstand bis zur Minimum-Marke abgesunken ist. Zu hoher Ölstand ist unnütz. Im Kurbelgehäuse kommt es zu Schaumbildung, die Leistung fällt ab, das Öl wird sinnlos verbraucht. Zuviel eingefülltes Öl wird außerdem über die Entlüftungsleitung vom Motor angesaugt und verklebt dabei die Bohrungen im Vergaser.

Fingerzeige: *Ein Ölverbrauch von 1 Liter auf 1000 km ist noch als normal anzusehen. Nähert sich der Öldurst des Motors jedoch 2 Litern bei 1000 km Laufstrekke, müssen Sie mit einer baldigen Motorüberholung rechnen.*
Hochwertiges Öl wird schon nach kurzer Laufzeit dunkel. Das beweist, daß es richtig »arbeitet« und allen anfallenden Schmutz in der Schwebe hält. Es ist jedoch noch kein Zeichen zum Ölwechsel und soll Sie nicht besorgt machen.
Zusatzmittel zum Motoröl kosten Geld und bringen nichts. Die heutigen Öle namhafter Mineralölhersteller sind so »konstruiert«, daß sie die Ansprüche der Motorenhersteller erfüllen. Behauptungen, daß Zusatzmittel zu diesen Ölen die Spitzengeschwindigkeiten erhöhen, den Kraftstoffverbrauch herabsetzen oder Reparaturkosten sparen, hat uns noch niemand beweisen können.

Motoröl- und Filterwechsel

Gemäß dem Mercedes-Pflegeplan sollen Motoröl und Ölfilter alle 10 000 km gewechselt werden. Wenn der Wagen wenig gefahren wird, ist in jedem Fall für einen Wechsel von Öl und Filter im Frühjahr und im Herbst zu sorgen.

Daimler-Benz empfiehlt darüber hinaus, diesen Wechsel bei »schweren« Betriebsbedingungen, also bei überwiegenden Fahrten in der Stadt oder in staubigen Gegenden, in kürzeren Abständen vorzunehmen. Allerdings zwingen nur sehr krasse Bedingungen zu solchem Verhalten, etwa dann, wenn der Mercedes vorwiegend auf Baustellen benutzt wird. An warmen Sommertagen mag das noch angehen, aber winterliche Temperaturen verschlechtern solche Bedingungen für den Motor erheblich.
Heutige Qualitätsöle besitzen andererseits derartige Eigenschaften, daß ihre volle Schmierkraft auch über die gestellte 10 000-km-Grenze erhalten bleiben kann. Das setzt voraus, daß der Wagen nicht mit zu kaltem Motor gequält wird. Aus Sicherheitsgründen steht man bei Daimler-Benz aber auf dem Standpunkt, daß nach 10 000 km das Öl doch strapaziert ist und seine Funktion nur noch unvollkommen erfüllt. Häufige Kurzstreckenfahrten fördern Verunreinigungen, versetzt mit Kraftstoffkondensaten, die der schmierenden Eigenschaft des Öls abträglich sind. Altes Öl verbraucht sich außerdem schneller.
Jeden Öl- und Filterwechsel soll man im Wartungsheft bestätigen lassen. Damit erhält man sich eventuelle Ansprüche. Motorschäden, die trotz der fristgerecht vorgenommenen Wechsel möglicherweise eintreten, können dann vom Werk dem Autobesitzer nicht als Folge eines Verstoßes gegen die Wartungsvorschriften ausgelegt werden.
Beide Arbeiten, Ölwechsel und Filterwechsel, gehören zusammen. In den beiden folgenden Abschnitten haben wir diese Pflegepunkte auseinandergezogen, weil es unter ganz besonderen Umständen einmal vorkommen kann, daß ein Ölwechsel vorgenommen werden muß, ohne daß gleich ein passender Filtereinsatz zur Hand ist.

Motoröl wechseln

Pflegearbeit Nr. 11

Der erste Ölwechsel im neuen Motor muß nach den ersten 1000–1500 km vorgenommen werden. Auch wenn dieses Öl noch sehr klar erscheint, hat es doch seine Aufgabe erfüllt, die bei neuen Motoren zwangsläufig vorkommenden Abriebsteilchen wegzuschwemmen. Diesen Ölwechsel, wie auch den bei km-Stand 10 000, nimmt jeder Mercedes-Service bei jenen unbedingt einzuhaltenden ersten Inspektionen vor.
Ölwechsel kann beim Mercedes auf zweierlei Weise erfolgen: Entweder man läßt das Öl aus der Ölwanne ablaufen, oder es wird abgesaugt. Beim Mercedes-Service wählt man zumeist die letztere Methode, zumal das Führungsrohr für den Ölmeßstab eigens dafür gestaltet wurde. Zu diesem Zweck wird bei betriebswarmem Motor der Stutzen des Sauggerätes auf dem Ölmeßstab-Führungsrohr angesetzt, nachdem der Meßstab herausgezogen ist. Das Mundstück des Sauggerätes paßt abdichtend in das Führungsrohr, so daß keine Nebenluft mitgesaugt werden kann. Wenn das ganze Öl im Motor abgesaugt ist, wird über das vorher geöffnete Ölfiltergehäuse nur noch Luft angesaugt, und das Gerät schaltet sich automatisch ab.
Zum Absaugen sollte nur das in der Mercedes-Werkstatt vorhandene Absauggerät eingesetzt werden, weil es die Gewähr bietet, daß die gesamte Ölmenge entfernt wird. Auch die an den Tankstellen gebräuchlichen Absauggeräte besitzen Sonden, die in das Ölmeßstab-Führungsrohr bis in die Ölwanne eingeführt werden. Nicht bei allen diesen Geräten ist aber die Gewißheit gegeben, daß auch der letzte Ölrest abgesaugt wird.
Die althergebrachte Methode, das alte Öl auslaufen zu lassen, kann man beim Mercedes-Service oder an einer Tankstelle vornehmen lassen oder daheim machen. Im allgemeinen ist die Tankstelle aus folgenden Gründen vorzuziehen:
1. Das Motoröl muß warm gewechselt werden, damit es restlos mit allem

Schmutz gut abläuft. In Werkstätten muß der Wagen oft lange warten, und inzwischen wird der Motor wieder kalt. An Tankstellen hat man für diese Arbeit oft schon nach wenigen Minuten Zeit.

2. Beim Ölwechsel fällt Altöl an, das Sie nicht in der Wiese versickern lassen oder in die Kanalisation schütten dürfen; das Grundwasser würde zu Tausenden von Litern verseucht. Bei einer Tankstelle ist das Altöl besser aufgehoben, doch sie ist nicht zur Annahme von fremdem Öl verpflichtet. Dann können Sie das verbrauchte Öl aber auch noch kostenlos bei einer Altölsammelstelle abgeben. Deren Adresse erfahren Sie von der Gemeindeverwaltung, der örtlichen Polizei oder von der nächsten Autoclub-Geschäftsstelle. Hat man jedoch den Ehrgeiz und die Möglichkeit, es selber zu machen, dann werden benötigt:

- Ein neuer Ölfiltereinsatz (siehe nächsten Abschnitt).
- Bei allen Motoren 4,5 Liter Motoröl. Die verwendbaren Ölsorten sind in der Tabelle auf Seite 67 zu finden.
- Ringschlüssel SW 13 zum Öffnen und Schließen der Ablaßschraube sowie des Filterdeckels.
- Gefäß zum Auffangen des Altöls.

Die Arbeit verläuft folgendermaßen: Hat man keine Grube, muß der Wagen allseitig gleich hoch aufgebockt werden, damit der Motor sich in waagerechter Stellung befindet und das Öl vollkommen auslaufen kann. Wanne oder sonstiges Gefäß zum Auffangen des Altöls unterschieben. Ablaßschraube öffnen (Vorsicht bei heißem Öl) und Öl auslaufen lassen. Danach Ablaßschraube mit neuem Dichtring wieder festdrehen, aber nicht »anknallen«. Im gleichen Arbeitsgang wird der Ölfiltereinsatz erneuert, wie nachfolgend beschrieben.

Nun wird das frische Motoröl oben in den Einfüllstutzen auf dem Zylinderkopfdeckel eingefüllt. Ganz zum Schluß wird nach einigen Minuten noch einmal der Ölmeßstab gezogen, denn sicher ist sicher. Es soll nämlich schon vorgekommen sein, daß oben das Öl eingefüllt wurde und unten die Ablaßschraube noch gar nicht drin war. In diesem Zusammenhang ist es interessant zu wissen, wieviel Einfüllmenge die Differenz zwischen oberer und unterer Meßmarke am Ölpeilstab ausmacht: Es sind bei allen Motoren 1,5 Liter.

Ölfilter erneuern

Pflegearbeit Nr. 12

Das Ölfiltergehäuse ist am Kurbelgehäuse des Motors links – in Fahrtrichtung gesehen – angebracht. Die Erneuerung des Ölfilters erfolgt im Motorraum von oben.

Ölwechsel und Filterwechsel gehen Hand in Hand. Nachdem das alte Motoröl aus der Ölwanne abgelaufen ist, dreht man die Befestigungsschraube für den Ölfilterdeckel heraus. Der auf dem Schaft dieser Zentralschraube sitzende

Hat man keine Grube zur Verfügung, sollte der Wagen zum Ablassen des Motoröls möglichst allseitig gleichmäßig hochgebockt sein. Wagen zur Sicherung abstützen! Die Ölablaßschraube befindet sich an der Unterseite der Ölwanne, sie kann nur mit einem Ring- (oder Gabel-)schlüssel SW 13 herausgedreht werden. Beim Hineindrehen der Schraube darf keine Gewalt angewendet werden, damit man das Gewinde nicht beschädigt.

Zum Wechseln des Ölfilters die Zentralschraube (1) herausdrehen, Deckel (2) abnehmen und den Filtereinsatz (3) herausnehmen.
Den neuen Filtereinsatz einbauen, wie auf dieser Seite beschrieben.

Dichtring darf nicht beschädigt sein, andernfalls muß er ersetzt werden. Der Gehäusdeeckel wird abgenommen, an seiner Auflage befindet sich ein Gummidichtring. Der Filtereinsatz besitzt einen Bügel als Griff, an dem man den Einsatz aus dem Gehäuse herauszieht. Der Filtereinsatz kann nicht gereinigt werden, er wird weggeworfen.
Einen neuen Filtereinsatz mit neuem Dichtring (letzterer gehört zwischen Dekkel und Gehäuse) erhält man beim Mercedes-Service oder beim Zubehörhandel. Der Dichtring muß in jedem Fall erneuert werden, weil er beim Anziehen der Befestigungsschraube zusammengedrückt wurde und erneut nicht mehr die Elastizität aufweist, um gegen Ölverlust mit Sicherheit abdichten zu können.
Der Einbau des neuen Filtereinsatzes geschieht in umgekehrter Reihenfolge der beim Ausbau vorgenommenen Handgriffe. Die Befestigungsschraube für den Gehäusedeckel darf nur mit mittlerer Kraft angezogen werden, um den Gummidichtring nicht zu zerquetschen. Das genaue Anzugsdrehmoment lautet: 25–30 Nm (2,5–3 kpm).

Motor-Reguliergestänge prüfen und schmieren

Pflegearbeit Nr. 14

Zwischen Gaspedal (Daimler-Benz spricht vom »Fahrpedal«) und Vergaser bzw. Einspritzanlage sorgt das beim Niedertreten und Zurücklassen des Pedals bewegte Reguliergestänge für die entsprechende Übertragung. Alle Lagerstellen und Gelenke müssen ohne Hemmung beweglich sein. Damit diese Beweglichkeit dauernd erhalten bleibt, muß regelmäßige geschmiert werden.

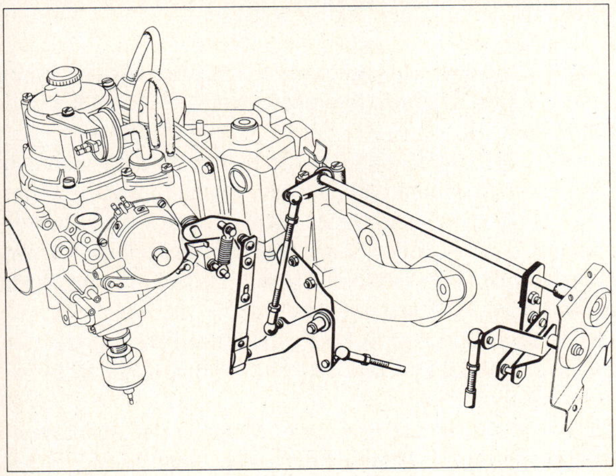

Reguliergestänge am Motor 102.920 (2-Liter).

Reguliergestänge am Motor 102.980 (2,3-Liter).

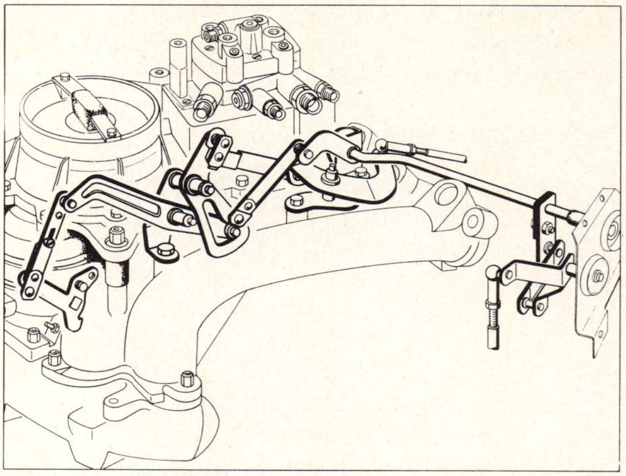

Gut geeignet sind handelsübliche Ölkännchen, deren Inhalt auch zum Schmieren von Türscharnieren usw. bestimmt ist. Das Ölen der miteinander verbundenen Teile bereitet keine Schwierigkeiten. Die Kugelgelenke lassen sich durch hebelnde Bewegung mit einem breiten Schraubenzieher trennen, denn sie sind nur aufeinandergedrückt: Eine Feder in der Kugelpfanne hält die Kugel fest. Mit kräftigem Fingerdruck kann man die gelöste Kugel wieder in ihren Sitz bringen.

Getriebeölstand kontrollieren

Mechanisches Getriebe

Pflegearbeit Nr. 31

Oben an der rechten Seite des Getriebegehäuses sitzt eine Schraube mit Innensechskant, die nach Herausschrauben eine Kontrollöffnung für den Getriebeölstand bietet. Natürlich darf der Wagen bei dieser Kontrolle nicht schräg stehen. Reicht bei waagerecht aufgebocktem Auto der Ölstand bis zur Unterkante der Einfüllöffnung – man kann das mit einem Finger fühlen –, ist alles in Ordnung. Damit das Gewinde nicht leidet, darf man danach die Kontrollschraube nicht zu fest eindrehen.

Wenn man Ölmangel vermutet, ist von eigenhändigem Nachfüllen abzuraten. In der Regel fehlt nur eine geringe Menge oder gar nichts. Fehlt eine größere Menge, dann dürfte irgendwo das Gehäuse undicht sein, was schon äußerlich an Ölschmutzkrusten erkennbar ist. Zum Abdichten ist aber die Werkstatt zuständig, und Nachfüllen besorgt auch besser eine Tankstelle. Diese Sicherheitskontrolle sollte alle 20 000 km stattfinden. Die erforderliche Ölsorte ist dem übernächsten Abschnitt zu entnehmen.

Getriebeölstand kontrollieren

Automatisches Getriebe

Pflegearbeit Nr. 7

Wenn Sie einen Mercedes mit dieser Bedienungserleichterung besitzen, dann ist zugleich der Abschnitt auf Seite 132 von Interesse, wo die Getriebeautomatik ausführlicher beschrieben ist.

Hier sei darauf hingewiesen, daß der richtige Ölstand am Peilstab bei warmem Motor zwischen den beiden Markierungen abzulesen sein muß, was aber nur zutreffend ist, wenn man unterwegs mißt. Wenn das Getriebe nicht betriebswarm ist, soll der Motor 1–2 Minuten laufen, damit das Öl eine Temperatur von etwa 20–30° C erhält. Dann muß der maximale Ölstand rund 30 mm unterhalb der unteren Marke am Ölpeilstab abgezeichnet sein.

Bei gleicher Füllmenge ergeben sich also in Abhängigkeit von der Temperatur unterschiedliche Anzeigen am Ölmeßstab. Das liegt einfach daran, daß sich diese Flüssigkeit bei Wärme ausdehnt.

Die Kontrolle erfolgt in beiden Fällen bei laufendem Motor in der Wahlhebelstellung »P« (Feststellbremse treten). Man sollte sie aus Sicherheitsgründen immer nach der Kontrolle des Motorölstandes vornehmen, auch wenn die Bedienungsanleitung zu dem Wagen größere Intervalle offen läßt. Zum Abwischen des Ölmeßstabes ist ein völlig fuselfreies Tuch zu benutzen.

Vorgeschriebene Ölsorten

Ob Schalt- oder Automatikgetriebe – im Bedarfsfall muß das genau richtige Getriebeöl eingefüllt werden.
Zum Nachfüllen im mechanischen Getriebe dient beim Mercedes eine besondere Flüssigkeit, die bei anderen Kraftfahrzeugherstellern zumeist nur für automatische Getriebe verwendet wird. Sie trägt die Bezeichnung ATF (»Automatic Transmission Fluid« = Automatik-Getriebe-Flüssigkeit), Type A Suffix A. Diese Besonderheit ist streng zu beachten, denn die Vorteile dieser Flüssigkeit – nahezu gleichbleibende Viskosität bei allen Temperaturen – dürfen durch Hinzufügen eines gewöhnlichen oder sonst auch üblichen Hypoidgetriebeöls nicht geschmälert werden. Die von Daimler-Benz freigegebenen Flüssigkeitsgetriebeöle sind in einer Liste, über die jeder Mercedes-Service verfügt, enthalten.
Für das automatische Getriebe ist ein Flüssigkeitsgetriebeöl (ATF) für Mercedes-Benz-Getriebe mit 3 Planeten-Radsätzen und Wandler-Getriebe zu benutzen. So ist es in den Betriebsstoff-Vorschriften von Daimler-Benz festgelegt. Auch diese Liste enthält eine ganze Reihe von Ölarten, zu erfragen beim Werkstatt-Service, wobei die Öltypen-Bezeichnungen in aller Regel noch das Wort »Dexron« enthalten.

Ölwechsel im mechanischen Viergang-Getriebe

Pflegearbeit Nr. 10

Diese Arbeit ist Bestandteil der ersten Durchsicht bei km-Stand 1000–1500, und sie wird dann von der Werkstatt vorgenommen. Außerdem wird das Öl noch einmal anläßlich des ersten 10 000-km-Pflegedienstes erneuert, ein weiterer Ölwechsel ist nicht vorgesehen.
Das mechanische Viergang-Getriebe ist mit 1,3 Liter befüllt (Ölsorte siehe vorstehenden Abschnitt). Zum Ölwechsel ist der Wagen anzuheben oder über eine Arbeitsgrube zu fahren, das Öl soll betriebswarm sein. Zum Ablassen des alten Öls wird die an der Unterseite des Getriebegehäuses sitzende Verschlußschraube herausgedreht, zum Einfüllen des neuen Öls dient die Bohrung, die von der seitlich sitzenden Verschlußschraube verschlossen ist. Beide Schrauben sind mit einem Sechskant-Steckschlüssel SW 14 für Inbusschrauben zu bedienen. Das zähflüssige Öl muß in das Getriebe eingepumpt werden, notfalls eignet sich dazu auch eine elastische Plastikflasche mit gebogenem Mundstück. Die Verschlußschrauben sollen mit 60 Nm festgeschraubt werden.

Ölwechsel im mechanischen Fünfgang-Getriebe

Pflegearbeit Nr. 48

Wie beim Viergang-Getriebe wird auch im Getriebe mit fünf Gängen nach den ersten 1000 bis 1500 km ein Ölwechsel vorgenommen. Ein nächster Ölwechsel ist beim km-Stand 60 000 fällig.
Die Füllmenge beträgt 1,6 Liter, und die Arbeit ist die gleiche wie beim Viergang-Getriebe.

Ölwechsel im automatischen Getriebe

Pflegearbeit Nr. 49

Zum Ölwechsel im automatischen Getriebe, den die Betriebsanleitung alle 60 000 km vorschreibt, sind 4,8 Liter des schon erwähnten Spezialöls erforderlich. Wenn das Auto unter erschwerten Bedingungen läuft, etwa als Taxi oder als Zugwagen mit Anhänger, so sollte die vorgegebene Wegstrecke zum Ölwechsel nur zur Hälfte ausgenutzt werden.
Dieser Wartungsdienst muß der Werkstatt vorbehalten bleiben, weil dabei bestimmte Arbeitsabläufe einzuhalten sind und auch das Ölfilter erneuert werden soll. Der Wagen muß fahrbereit auf ebenem Boden stehen, das Getriebe soll betriebswarm sein, der Motor ist abgestellt.

Das an der Getriebeölwanne befindliche Öleinfüllrohr wird abgeschraubt, wonach das Öl abläuft. Die Kurbelwelle ist so zu drehen, daß die Ölablaßschraube des Drehmomentwandlers in der runden Öffnung der gerippten Abdeckung sichtbar wird. Auch diese Schraube wird herausgedreht und nach Ablaufen des Öls mit neuem Dichtring wieder eingeschraubt, ebenso das Öleinfüllrohr angeschraubt. Mittels Trichter füllt man bei stehendem Motor zunächst ca. 4 Liter Getriebeflüssigkeit ein, dann läßt man den Motor in Wählhebelstellung »P« laufen. Die restliche Ölmenge wird eingefüllt. Nachdem der Wählhebel jeweils für einige Sekunden in die Stellungen »R – N – D – N – R« und schließlich wieder in »P« gerückt wurde, ist nochmals der Ölstand zu kontrollieren.

Ölstand im Lenkgehäuse kontrollieren

Pflegearbeit Nr. 27

Alle 20 000 km soll im Getriebegehäuse (es sitzt im Motorraum hinten links unten) der Lenkung der Ölstand überprüft werden. Dazu ist die oben auf dem Gehäusedeckel sitzende Kontroll- und Einfüllschraube herauszudrehen. In Mittelstellung der Lenkung soll der Ölstand bis zur Unterkante des Gewindes in der Öffnung reichen.
Eine fehlende geringfügige Menge kann man selbst nachfüllen. Sollte ungewöhnlich viel Öl fehlen, muß die Werkstatt konsultiert werden, da dann das Getriebegehäuse irgendwo undicht sein dürfte. Als Schmiermittel dient Hypoid-Öl SAE 90 – die gleiche Sorte wie für die Hinterachse.

Ölstand in der Servo-Lenkung kontrollieren

Pflegearbeit Nr. 28

Der Flüssigkeitsstand im Ölbehälter zur Servo-Lenkung, der neben dem Motor vorne links sitzt, ist nach jeweils 20 000 km zu überprüfen. Eine richtige Kontrolle ist nur bei warmem Motor möglich. Zu diesem Zweck ist die Flügelmutter auf dem Deckel loszudrehen und der Deckel wird abgehoben. Das Niveau der Ölfüllung muß bis zur Markierung im Vorratsbehälter reichen.
Wenn ein schon lange gelaufener Keilriemen sehr gelängt ist und sich die Lenkhelfpumpe in einer dieser Ausdehnung entsprechenden Stellung befindet, kann der seltene Fall eintreten, daß man den Deckel nicht abnehmen kann, weil der Zündverteiler im Weg ist. Dann muß man die Befestigung der Pumpe lockern und sie etwas nach unten drücken, und nach der Kontrolle ist die Pumpe in der alten Position zu befestigen.
Sollte es an Öl fehlen, kann man den Bedarf in der nächsten Mercedes-Werkstatt ergänzen lassen. Dort wird Flüssigkeitsgetriebeöl, wie es auch im mechanischen Getriebe vorhanden ist, nachgefüllt. Ist die Fehlmenge jedoch erheblich, muß die Werkstatt die Ursache des Ölverlustes ergründen.

Hinterachsölstand kontrollieren

Pflegearbeit Nr. 36

Jeweils nach 20 000 km Laufstrecke soll der Ölstand in der Hinterachse geprüft werden. Dazu steht der Wagen am besten über einer Grube. Für Tankstelle oder Werkstatt ist die Kontrolle eine kurze Arbeit. Wer es selbst machen will, braucht dazu einen Inbusschlüssel SW 14 für die Kontrollschraube. Diese befindet sich, wie das Bild zeigt, am hinteren Gehäusedeckel des Differentials. Wie beim Schaltgetriebe ist alles in Ordnung, wenn das Öl bis zur Einfüllöffnung steht. Bei größerem Ölverlust muß die Werkstatt die Ursache beseitigen.
Wenn der Wagen auf seinem Standplatz Öltropfen hinterläßt, sollte man der Ursache nachgehen. Aber z. B. nach scharfer Fahrt kann sich Öldunst oben am Achsgehäuse in der Nähe des Belüftungsventils niederschlagen, was ohne Bedeutung ist.
Das Hinterachsgehäuse ist mit Hypoid-Getriebeöl SAE 90 befüllt. »Normales« Getriebeöl darf ebenso wie sogenanntes Mehrzweck-Getriebeöl nicht verwendet werden. In dem schrägverzahnten Hinterachsgetriebe des Mercedes wird das Schmieröl außergewöhnlich hohen Drücken ausgesetzt. Dieses Bedürfnis

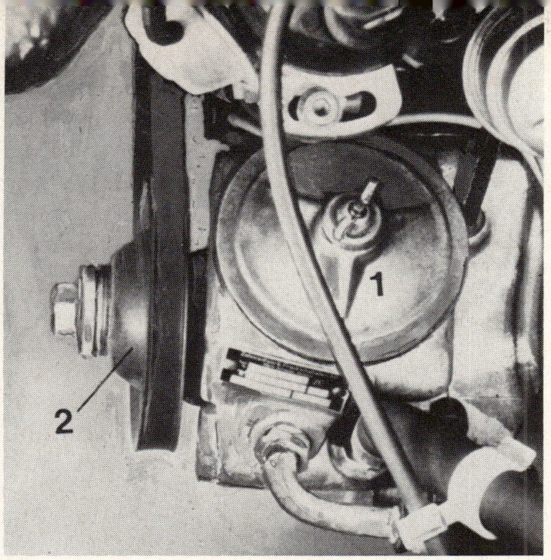

Bei eingebauter Servo-Lenkung muß der Flüssigkeitsstand im Ölbehälter regelmäßig überprüft werden. Dazu ist die Flügelmutter abzuschrauben und der Deckel (1) kann abgehoben werden. Das Antriebsrad (2) der Pumpe wird von der Kurbelwelle über einen besonderen Keilriemen angetrieben.

kommt jedoch bei den Bezeichnungen der dafür geeigneten Hypoid-Getriebeöle nicht immer klar zum Ausdruck. Im Zweifelsfall muß in den Betriebsstoff-Vorschriften auf die Freigabe eines ausgesuchten Öls geachtet werden.

Hinterachsöl wechseln

Pflegearbeit Nr. 9

Ein regelmäßiger Ölwechsel wird nicht vorgenommen. Allerdings findet ein einmaliger Ölwechsel anläßlich des ersten Pflegedienstes bei km-Stand 10 000 statt, doch innerhalb der Garantiezeit kümmert sich darum die Werkstatt. Selbstverständlich wird das Öl auch bei einer Reparatur der Hinterachse gewechselt.
Die Einfüllmenge beträgt 1 Liter des eben näher bezeichneten Öls. Die Arbeit ist mit dem Ölwechsel im mechanischen Getriebe vergleichbar. Zum Ablassen des alten Öls dient die seitlich rechts unten am Hinterachsgehäuse sitzende Verschlußschraube, zum Einfüllen des neuen Öls die Bohrung für die an der Rückseite des Gehäuses eingedrehte Verschlußschraube. Beide Schrauben sind für die Aufnahme eines Sechskant-Steckschlüssels SW 14 eingerichtet.
Bei Ölverlust muß das Hinterachsgehäuse in der Werkstatt demontiert und abgedichtet werden.

Ölstand der Niveau-Regulierung kontrollieren

Pflegearbeit Nr. 26

Der Vorratsbehälter aus Kunststoff der Anlage – sofern sie vorhanden ist – befindet sich im Motorraum (siehe Seite 143). Er soll maximal mit 1,8 l und minimal mit 1,2 l befüllt sein. Insgesamt befinden sich in der Anlage rund 3,5 l Hydrauliköl, z. B. der gebräuchlichen Marke Aral 1010 (Freigabe beachten!).
Der Behälter verfügt über einen Verschluß mit Meßstab, an dem sich nach Her-

Das Gehäuse des Hinterachsgetriebes, von rechts gesehen.
1 – Kontroll- und Einfüllschraube,
2 – Ablaßschraube.
Auf beide paßt ein Inbusschlüssel für Innensechskantschrauben SW 14.
Das Öl soll bis zur Unterkante der Öffnung für die Einfüllschraube stehen.

ausziehen die Menge des Inhaltes ablesen läßt. Auch außen am Behälter sind entsprechende Markierungen angebracht. Die Kontrolle des Flüssigkeitsstandes muß bei stehendem Motor und in fahrfertigem Zustand des Wagens vorgenommen werden.
Das Hydrauliköl wird über einen Trichter eingefüllt. Um Verunreinigungen fernzuhalten, benutzt die Werkstatt einen Trichter mit Filter.
Als maximal zulässiger Ölverbrauch auf 10 000 km werden 0,3 l angesehen, das sind am Ölmeßstab 20 mm unter der oberen Marke.

Klappbaren Außenspiegel schmieren
Pflegearbeit Nr. 44

Der Außenspiegel ist vom Innenraum aus verstellbar, ohne daß man nur zu seiner Einstellung das Fenster öffnen muß. Der dazu notwendige Mechanismus muß natürlich beweglich bleiben. Obwohl er gegen Witterungseinflüsse weitgehend geschützt ist, soll man alle 20 000 km für eine neue Schmierung sorgen.
Um an die Innereien des Spiegels zu gelangen, gibt man ihm mit dem Handballen einen leichten Stoß von hinten nach vorn. Dabei werden an seiner zum Fenster gerichteten Seite von oben und unten die Rastbügel aus den Rastbolzen gedrückt: Das Spiegelgehäuse klappt nach außen auf. Zu schmieren sind die Lagerstellen der eben erwähnten Bügel und Bolzen sowie die Lager der beiden Radbolzen, wobei man den Spiegel mehrmals hin- und herbewegt. Als Schmiermittel kann jedes übliche Mehrzweckfett verwendet werden. Abschließend wird der Spiegel wieder in seine Lagerung eingerastet.

Motorhaube, Türscharniere und Türschlösser schmieren
Pflegearbeit Nr. 45

Scharniere und Schlösser sollen nicht quietschen oder klemmen, deshalb brauchen sie nach 20 000 km oder etwa nach einem Jahr ein wenig Fett. Bei den Lagerstellen der beweglichen Haubenteile muß es Öl sein, nur sollte man beachten, daß man später nicht die Kleidung an der Schmierstelle beschmutzt.
Die acht Türscharniere müssen mit Fett (Mehrzweckfett) versorgt werden, und dazu verfügen sie über besondere Hohlnippel. Man kann das Fett also nicht einfach an das Scharnier anbringen, sondern man benötigt dazu eine Fettpresse mit Spitzmundstück. Eine solche besitzt der Heimwerker gewöhnlich nicht, daher überläßt man diese Arbeit der Tankstelle oder der Werkstatt.
Anders ist es bei den Türschlössern. Hier wird einfach an den Schließzapfen und Schließösen etwas Abschmierfett aufgetragen, ebenso an der Falle unterhalb des Schließzapfens. Es sollte aber nicht irgendein Fett sein, sondern Retinax G von Shell, das zäh genug ist, für lange Zeit an der aufgebrachten Stelle auch zu bleiben und zu schmieren. Alte Fettreste werden zuvor entfernt, und nach der Versorgung mit neuem Fett wischt man die eventuell überschüssigen Anteile wieder ab, weil diese beim Schließen der Tür ohnehin dorthin gequetscht werden, wo das Fett nichts nützt. In die Schlüssellöcher darf keinerlei Schmiermittel eingeführt werden.
Für die Lagerstellen der Stützen und Scharniere der Motorhaube nimmt man Öl. Bei dieser Schmierung mit Öl darf man auch nicht den Sicherungshaken hinter der Kühlerverkleidung vergessen, der nach Entriegeln der Motorhaube als Sicherungsanschlag dient und den Griff zur vollständigen Entriegelung durch das Kühlergitter schiebt. Für das Schloß der Motorhaube eignet sich wieder das schon erwähnte Fett Retinax G.

Schiebedach-Gleitschienen reinigen und einfetten
Pflegearbeit Nr. 55

Diese Arbeit wird vom Mercedes-Service jährlich einmal innerhalb einer sogenannten »Sonderdurchsicht« erledigt, und sie bezieht sich sowohl auf das mechanische wie auch auf das elektrische Schiebedach. Zum Einfetten der Gleitschienen nimmt man bei Daimler-Benz »Anticorit PRC II«. Es eignen sich jedoch auch Schmierstoff-Suspensionen, wie auf Seite 31 erwähnt.

In Ergänzung zu der Beschreibung des Schiebedaches auf Seite 42 folgen hier die zur Wartung notwendigen Handgriffe in Stichworten.
Mechanisches Schiebedach: Schiebedach entriegeln, Verschlußgriff und Griffmulde ausbauen. Bei dreiviertel geöffnetem Dach den Schiebedachhimmel vorn ausclipsen und nach oben herausziehen. Schiebedach ganz öffnen, Gleitschiene links und rechts ausbauen. Schiebedach nach oben herausnehmen. Wasserablauf vorn links und rechts von oben mit Preßluft durchblasen. Beschädigte Gleitbacken erneuern. Gummi- und Kunststoffgleitbacken reinigen und gründlich einfetten. Gleitschienen reinigen und deren Lauffläche ebenfalls einfetten. Einbau in umgekehrter Reihenfolge vornehmen.
Elektrisches Schiebedach: Bei dreiviertel geöffnetem Schiebedach dessen Himmel vorn ausclipsen und nach oben herausziehen. Schiebedach ganz öffnen, Gleitschiene links und rechts ausbauen. Wasserabläufe von oben mit Preßluft durchblasen. Schiebedach schließen, Sechskant-Sicherungsschraube links und rechts herausdrehen. Führungsplatte am Dachrahmen vorn abschrauben, Verbindungsschelle am Zug herausdrücken. Teleflexzug zurücklaufen lassen. Schiebedachdeckel nach oben herausnehmen. Beschädigte Gleitbacken erneuern. Gummi- und Kunststoffgleitbacken reinigen und einfetten, Gleitschienen reinigen und im Bereich der Laufflächen einfetten. Schiebedach in umgekehrter Reihenfolge einbauen.

Unter die Haube geblickt

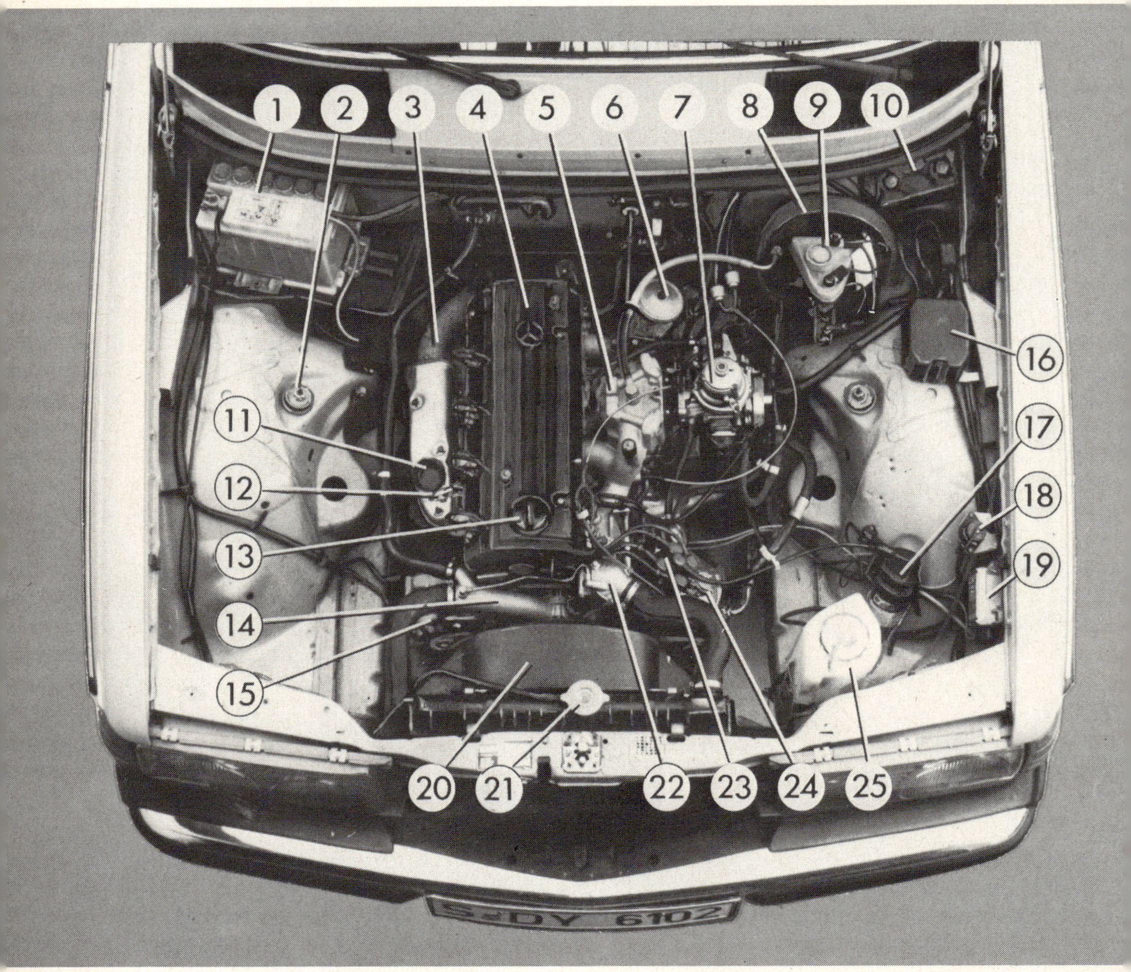

Bei vollkommen zurückgestellter Motorhaube gewinnt man diesen Einblick in den Motorraum des Mercedes-Benz 200.
Im einzelnen sind folgende Teile bezeichnet: 1 – Batterie, 2 – obere Stoßdämpferbefestigung, 3 – Auspuffkrümmer, 4 – Zylinderkopfhaube, 5 – Ansaugkrümmer, 6 – Ölfilter, 7 – Vergaser (Luftfiltergehäuse abgebaut), 8 – Bremskraftverstärker, 9 – Bremsflüssigkeitsbehälter, 10 – Sicherungskasten, 11 – Stutzen für erwärmte Ansaugluft, 12 – Ölpeilstab, 13 – Öleinfüllstutzen, 14 – Wasserpumpengehäuse, 15 – Drehstrom-Lichtmaschine, 16 – Relaisträger, 17 – Zündspule, 18 – Prüfsteckdose, 19 – Schaltgerät der kontaktlosen Zündanlage, 20 – Luftfangtrichter über dem Lüfter, 21 – Einfüllstutzen für Kühlmittel, 22 – Thermostat, 23 – Zündverteiler, 24 – Lenkhelfpumpe, 25 – Behälter für Scheibenwaschwasser.

Treibsatz

Mit der hier behandelten Motorengeneration, die Daimler-Benz 1980 bei den Vierzylinder-Personenwagen einführte, wurde eine 13 Jahre lang produzierte Triebwerkbaureihe abgelöst. Langjährige Entwicklungsarbeit und die gewohnte Qualität sind auch für die Zuverlässigkeit des neuen Motors eine beruhigende Garantie. Hinzu kommt, daß eine weitere Vereinfachung der Wartungsarbeiten den Umgang mit dem Motor noch mehr erleichtert.

Bezeichnungen für Modelle und Motoren

In der seit 1976 gefertigten Baureihe 123 sind die erwähnten neuen Vierzylindermotoren in zweierlei Ausführung anzutreffen: Im Modell 200 mit 80 kW (109 PS) und im Modell 230 E mit 100 kW (136 PS). Entsprechend sind auch die Modellvarianten ausgerüstet, z. B. der 200 T und die 230 CE sowie 230 TE. Wie bei Daimler-Benz üblich, trägt jedes dieser Modelle eine besondere Typ-Nummer, deren erste drei Ziffern auf die Baureihe hinweisen (siehe Kapitel »Technische Daten«, Seite 220).
Mit den Modell-Bezeichnungen – bei Daimler-Benz auch als »Verkaufsbezeichnungen« angegeben – wird auf die Hubraumgröße der Reihenmotoren hingewiesen: 200 = 2-Liter-Motor, 230 E = 2,3-Liter-Motor. Der anhängende Buchstabe E besagt, daß das Triebwerk eine Einspritzanlage (anstelle Vergaser) besitzt. Der Buchstabe T steht für »Touristik und Transport« und kennzeichnet die Kombiwagen, C bedeutet »Coupé« – beides sind also Hinweise auf eine Version des Aufbaus.
Auch die Motoren tragen Bezeichnungen in Form eine Nummer: 2-Liter-Vergasermotor = 102.920, 2,3-Liter-Einspritzmotor = 102.980. Die ersten drei Ziffern machen deutlich, daß es sich um die gleiche Konstruktion handelt, und allgemein verwendet man einfach die Kennzeichnung »102« dafür. Die bis zum Produktionsbeginn dieser 102-Serie in der Baureihe 123 eingebauten Vierzylindermotoren besaßen die Kennzeichnung 115. Jeder Motor hat natürlich auch eine laufende Herstellungsnummer. Sie ist vorne links im Zylinderkurbelgehäuse unterhalb des Saugrohrs eingeschlagen.
Zu der Baureihe 123 gehören aber auch die Limousinen 250, 280 und 280 E, dazu jeweils Modelle mit verschiedenen Aufbauvarianten. Das sind Wagen mit verschiedenen Sechszylinder-Benzinmotoren. Außerdem sind noch die Modelle mit Dieselmotor Bestandteil dieser Baureihe, nämlich die Typen 200 D, 220 D (seit 1979 entfallen), 240 D und 300 D bzw. 300 TD.

Steckbrief des Motors 102

Die Vierzylindermotoren der Typen 200 und 230 E unterscheiden sich zunächst durch das Maß ihrer Zylinderbohrung, einmal 89 mm und zum anderen 95,5 mm. Gemeinsam haben sie einen Kolbenhub von 80,25 mm. Weil der Kolbenhub wesentlich kleiner als die Zylinderbohrung ist, besitzen diese Motoren einen sogenannten Kurzhubcharakter. Eine solche Eigenart ermöglicht höhere Drehzahlen als bei Langhubern und sichert einen geringeren Grad der Abnutzung.

Motor 102.920 (2-Liter),
Ansicht von vorn.

Kolben und Kurbeltrieb

Die in den Zylindern sich auf und ab bewegenden Kolben sind über geschmiedete Pleuelstangen mit der Kurbelwelle verbunden. Aus der senkrechten Bewegung der Kolben wird somit eine Drehbewegung. Eine Langbohrung im Pleuel fördert Öl zum Kolbenbolzen und kühlt gleichzeitig die Innenfläche des Kolbenbodens. Mit einem oder zwei Körnerschlägen werden die Pleuel ihren beiden Gewichtsgruppen zugeteilt, wobei selbstverständlich in einem Motor nur Pleuel der gleichen Gruppe eingebaut werden dürfen. Links und rechts am Pleuellagerdeckel befinden sich zudem Materialflächen zum Gewichtsausgleich.
Die Pleuel sind mit dem Kolben über einem Kolbenbolzen verbunden, die Pleuelbüchse ist eingepreßt. Jede Pleuelstange ist am Kolben so montiert, daß ihre schräge Spritzbohrung und der Pfeil im Kolbenboden in Fahrtrichtung zeigen. Für die Lager der Pleuel werden Stahlstützschalen mit Bleibronze verwendet. Eine Kennzahl (1 oder 2) am Pleuellagerdeckel gibt die mögliche Toleranz des vorhandenen Pleuellagerdurchmessers an, der auch die Lagerschale zugeordnet ist.
Die Leichtmetall-Kolben weisen in ihrem flachen Boden in Ergänzung der Brennraumgestaltung eine exzentrische Mulde auf, außerdem zwei segmentförmige Vertiefungen für die in V-Form angeordneten Ventile, um nicht mit diesen in Berührung zu kommen.

Motor 102.980 (2,3-Liter)
mit Schaltgetriebe.

Kolben und Zylinderbohrung sind innerhalb bestimmter Toleranzen in drei Gruppen eingeteilt. Ihre Gruppennummer ist im Kolbenboden wie auch am Kurbelgehäuse eingeschlagen. Diese Kennzeichnung hat ihre Bedeutung bei Reparaturen.
Zur guten Abdichtung zwischen Kolben und Zylinder verfügt der erste Kolbenring über ein Rechteckprofil. Seine Lauffläche ist beim 2-Liter-Motor verchromt, beim 2,3-Liter molybdänbeschichtet. Der zweite Kolbenring ist feingedreht, und der dritte, der Ölabstreifring, besitzt als sogenannter Dachphasenring mit Schlauchfeder eine verchromte Lauffläche bei beiden Hubraumgrößen.
Die Kurbelwelle – bei Mercedes-Benz grundsätzlich geschmiedet – ist fünffach gelagert. Jedes Pleuel mit Kolben stützt sich also links und rechts auf einem Hauptlager ab. Ein derart auf Sicherheit ausgelegter Kurbeltrieb könnte theoretisch höhere Drehzahlen als vorgeschrieben verkraften, doch die so geschaffene Reserve kommt der Lebensdauer zugute. Andererseits sind dem Ventiltrieb, wie noch besprochen wird, in seinem Arbeitstempo Grenzen gesetzt.
Gegenüber jedem Pleuellager sorgen acht Gegengewichte an der Kurbelwelle für ausgeglichenes Schwingungsverhalten und für eine Entlastung der Kurbelwellenlager. Letztere sind Mehrstoffgleitlager. Die Laufflächen aller Lagerzapfen haben eine induktive Härtung erhalten. Weil die Kurbelwellen- und Pleuellagerzapfen kleinere Durchmesser als beim Vorläufermodell haben, konnte die Reibleistung verringert werden. Die Hauptlagerschalen sind für Reparaturzwecke in drei Stufen eingeteilt.
Vorn auf der Kurbelwelle ist zur Dämpfung ihrer Drehschwingungen ein Schwingungsdämpfer montiert. Auf ihm sind Gradmarkierungen für den Bereich des oberen Totpunktes und ein Stahlstift für den OT-Geber eingeschlagen. Vor dem vorderen Hauptlager befindet sich auch die Antriebshülse für die Ölpumpe. Außerdem sitzt hier das Kettenrad zum Antrieb der einfachen Rollenkette, die eine Nebenwelle für den Zündverteiler und (beim 2-Liter-Motor) für die Kraftstoffpumpe sowie das Steuerrad für den Ventiltrieb bewegt. Am anderen Ende der Kurbelwelle sitzt entweder ein Schwungrad für das mechanische Getriebe oder eine Mitnehmerscheibe für die Getriebeautomatik.

Zylinderblock und Zylinderkopf

In dem dünnwandigen, verrippten Grauguß-Kurbelgehäuse sind beim 2-Liter-Motor die Zylinder durch Spalte für das Kühlmittel getrennt, während das 2,3-Liter-Aggregat wegen der größeren Zylinderbohrung ohne diese auskommt, aber im oberen Bereich der Zylinderwände über eingefräste Schlitze verfügt. Weitere Kühlmittelkanäle und Ölbohrungen sind im Kurbelgehäuse eingegossen.
Vorn am Zylinderkurbelgehäuse sitzt der angeschraubte Steuergehäusedeckel. Hinter ihm läuft die Steuerkette. Der Deckel dient zugleich als Gehäuse für den Wasserpumpenraum.
Der Zylinderkopf – er wird auf Seite 90 noch ausführlicher besprochen – besteht aus Leichtmetall. Er ist nach dem Querstrom-Prinzip ausgelegt: Auf der linken Seite wird das Gemisch angesaugt und rechts werden die verbrannten Gase ausgestoßen. Der Durchmesser der Ansaugkanäle beträgt entweder 38 mm (2,0 l) oder 42 mm (2,3 l).

Der Ventiltrieb

Die Ventile werden durch eine im Zylinderkopf gelagerte Nockenwelle betätigt (»gesteuert«). Es handelt sich daher um eine »ohc«-Steuerung (englisch "overhead camshaft").
Die in der Längsachse des Zylinderkopfes angeordnete, aus Temperguß gefertigte Nockenwelle läuft in fünf Lagern. Die Lagerbohrungen befinden sich je zur

Schnitt durch den 2-Litermotor, von vorn gesehen.
1 – Luftansaugstutzen,
2 – Ölpeilstab,
3 – Luftfiltergehäuse,
4 – Zylinderkopf,
5 – Ansaugkrümmer,
6 – Vergaser,
7 – Auspuffkrümmer,
8 – Motoraufhängung,
9 – Ölpumpe,
10 – Zündverteiler,
11 – Nebenwelle,
12 – Anlasser,
13 – Ölwanne,
14 – Ölpumpensieb,
15 – Ablaßschraube der Ölwanne,
16 – Überdruckventil.

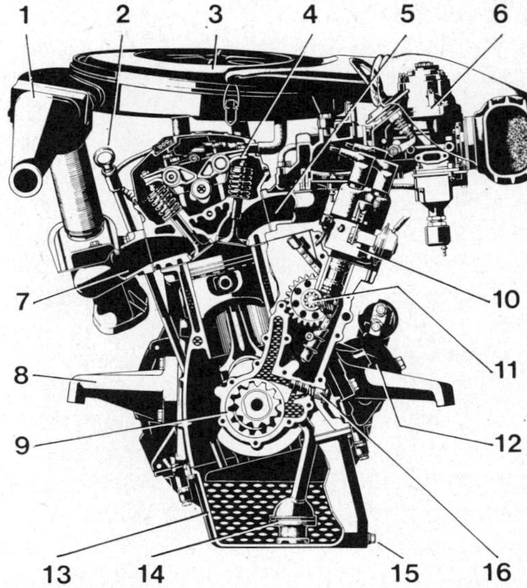

Hälfte im Zylinderkopf und in den vier aufgesetzten Lagerböcken, wobei der vordere Lagerbock zwei halbe Bohrungen aufweist.

Der Antrieb der Nockenwelle erfolgt durch eine endlose Rollenkette ohne Kettenschloß. Sie wird von zwei U-förmig ausgebildeten Gleitschienen geführt. Ihre Spannung erhält sie von einem im Kurbelgehäuse eingeschraubten ventillosen, hydraulischen Kettenspanner, der mit Federkraft und abhängig vom Öldruck arbeitet. Er drückt gegen eine Leichtmetallschiene mit Kunststoffauflage und damit gegen die anliegende Kette. Zum Ausbau der Spannschiene muß der Steuergehäusedeckel abgebaut werden.

Durch die Drehbewegung der Nockenwelle betätigen ihre Nocken einzeln die Kipphebel, die ihrerseits auf die im Winkel von 45° hängenden Ventile drücken. Diese Kipphebel bestehen aus Schmiedestahl, ihre Laufflächen sind gehärtet und verchromt. Sie sind einzeln auf einer beidseitig im Lagerbock eingesetzten Kipphebelachse gelagert. Wenn die Nockenwelle erneuert werden muß, sind grundsätzlich auch die Kipphebel und Kipphebelachsen zu ersetzen. In jedem Kipphebel ist gegenüber der Lauffläche zur Nockenwelle eine Ventileinstellschraube eingeschraubt. Die an dieser Schraube um 15° schwenkbar gelagerte Kugelpfanne sitzt auf dem Ventilschaftende.

Wie schon angedeutet, hängen die Einlaßventile links und die Auslaßventile rechts im Zylinderkopf. Durch ihre V-förmige Anordnung lassen sich halbkugelförmige Brennräume und damit eine starke Verwirbelung des eingeströmten Benzin-Luft-Gemischs realisieren. Den für eine optimale Verbrennung zügigen Gasdurchsatz gewinnt man sonst nur durch eine aufwendigere Konstruktion mit zwei Nockenwellen.

Die Ventile haben einen hartverchromten Schaft und gepanzerte Sitze, außerdem sind ihre Schaftenden gehärtet. Zur besseren Kühlung der thermisch höher beanspruchten Auslaßventile besitzen diese eine Natriumfüllung im Schaft. Die Ventilteller der Einlaßventile haben einen größeren Durchmesser als bei den Auslaßventilen.

Die Ventilführungen bestehen entsprechend ihrer Zuordnung zu Einlaß- oder Auslaßventilen aus verschiedenen Werkstoffen, erstere sind kupferfarben, die anderen messingfarben. Zum Einsetzen in den Zylinderkopf werden sie in flüssigem Stickstoff gekühlt. Die Führungen haben den gleichen Außendurchmes-

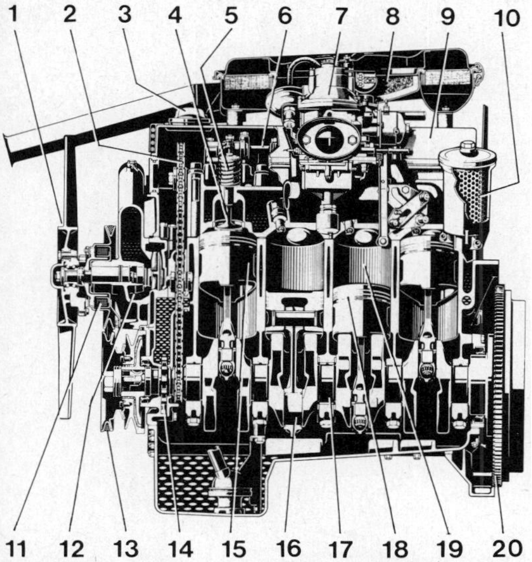

Seitenschnitt des links gezeigten Motors.
1 – Lüfter,
2 – Steuerkette,
3 – Öleinfüllstutzen,
4 – Ventil,
5 – Ventilfeder,
6 – Nockenwelle,
7 – Vergaser,
8 – Luftfilter,
9 – Zylinderkopfhaube,
10 – Ölfilter,
11 – Lüfterkupplung,
12 – Kühlmittelpumpe,
13 – Riemenscheibe,
14 – Ölpumpe,
15 – Kolben,
16 – Pleuellager,
17 – Kurbelwellenlager,
18 – Kolbenringe,
19 – Zylinder,
20 – Schwungrad.

ser, aber die Einlaßventilführungen sind kürzer und ihr Innendurchmesser ist kleiner.
Das Schließen der Ventile wird von Ventilfedern bewirkt, die den Ventilteller fest in den Sitz drücken und ein Entweichen der Verbrennungsgase verhindern. Sie können beliebig herum eingebaut werden. Unter den Ventilfedern ist ein Druckring mit Sicherungsnoppen gegen Verdrehen eingesetzt. Für Dichtheit gegen Austritt von Gasen und Eintritt von Öl sorgen Ventilschaftabdichtungen. Sie bestehen bei Einlaß- und Auslaßventilen aus unterschiedlichen Werkstoffen.

Die Steuerung

Unter dem Begriff »Steuerung« versteht man die Regelung für den Gemischeinlaß in die Verbrennungsräume und für den Auslaß der verbrannten Gase. Diese von den Ventilen übernommene Arbeit, von der Nockenwelle bewirkt, muß in genau bestimmten Abläufen geschehen und zugleich mit der Zündung Hand in Hand gehen, was durch den direkten Antrieb des Zündverteilers von der Kurbelwelle über die Nebenwelle gegeben ist. Wenn die dabei mitwirkenden Teile ausgebaut, ersetzt oder während einer Reparatur in ihrer Stellung verändert werden, müssen sie wieder in die richtige Position gebracht werden. Schon geringe Abweichungen in der Steuerung verursachen Leitungsabfall und möglicherweise Schäden im Motor.
Der Eigenpfleger kommt kaum in die Verlegenheit, sich mit dieser Mechanik auseinandersetzen zu müssen. Aber beispielsweise in Ostblock-Ländern ist der Mercedes-Service dünn verteilt. Der Mechaniker eines markenfremden Betriebes weiß im Ernstfall mit den auf Seite 220 gemachten Angaben so viel anzufangen, daß er dem Motor wieder einen anstandslosen Lauf beibringt. Braucht tatsächlich nur die Steuerung korrigiert oder kontrolliert zu werden (die Montage der einzelnen Bauteile bedarf spezieller Kenntnisse und Werkzeuge), dann genügen diese Angaben der Steuerzeiten. Anschließend müssen die Ventile eingestellt werden, wie noch beschrieben wird.

Das Schmiersystem

Eine Ölpumpe fördert Öl unter Druck zu den einzelnen Schmierstellen. Erstmals bei Mercedes-Benz handelt es sich um eine Sichelpumpe. In ihr läuft ein exzentrisch angeordnetes Zahnrad in einem etwas größeren Kranz mit Innenverzahnung ab, wobei dauernd ein – ebenfalls umlaufender – sichelförmiger Frei-

Schema Ölkreislauf, Seitenansicht.
1 – Nebenradwelle,
2 – Nockenwelle,
3 – Ölrohr,
4 – Ölfilter,
5 – Öldruckmanometer,
6 – Ölpumpe.

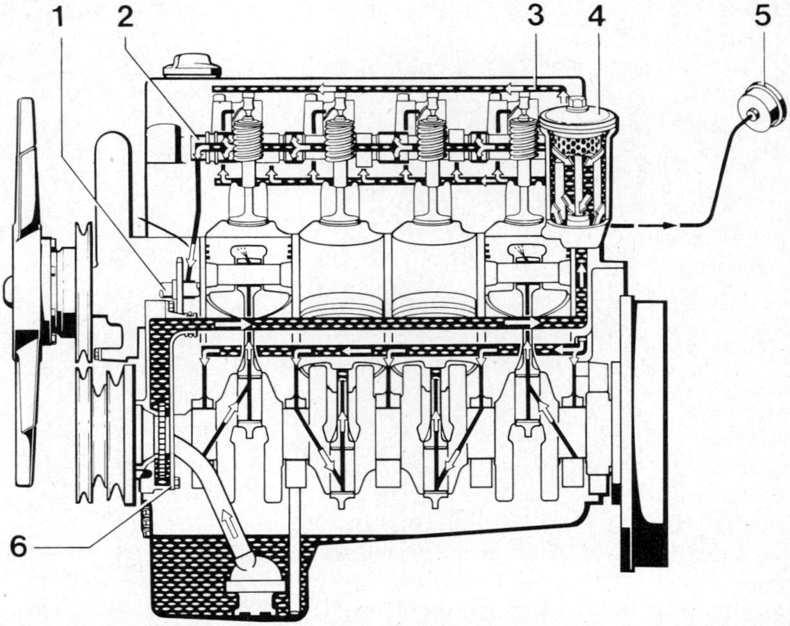

raum besteht. Im Vergleich zu der sonst auch gebräuchlichen Zahnradpumpe mit gegenläufigen Zahnrädern bietet die Sichelpumpe eine größere Förderleistung bei niedriger Drehzahl und dadurch höheren Druck auch bei Heißleerlauf. Die Ölpumpe schmiert sich selbst und ist wartungsfrei. Es kann aber vorkommen, daß ihr Zahnflankenspiel nicht mehr stimmt. Ausbau und Kontrolle muß die Werkstatt vornehmen. Ein Überdruckventil, seitlich am Steuergehäuse mit 30 Nm eingeschraubt, ermöglicht den Rückfluß durch die Öffnung zum Saugraum vor der Pumpe ab einem Ölüberdruck von 4 bar.
Die Leichtmetall-Ölwanne ist mit 29 Schrauben befestigt und mit einer Dichtung an der Auflagefläche zum Kurbelgehäuse abgedichtet. Schwallbleche in der Ölwanne verhindern besonders bei Kurvenfahrt das Absinken des Ölstands durch Fliehkraft im Bereich des Ansaugrohrs der Ölpumpe. Links unten sitzt die Ölablaßschraube in einer Gewindebüchse. Die Büchse ist mit einem Dichtring eingesetzt und durch eine Verzahnung gegen Verdrehen gesichert.
Den Weg des Öls im Motor zeigt das Bild oben. Der Öldruck soll bei betriebswarmem Motor im Leerlauf nicht unter 0,5 bar abfallen und bei ca. 3000/min rund 3,0 bar betragen.

Die Kurbelgehäuse-Entlüftung

Die geschlossene Motorentlüftung ist wartungsfrei, funktioniert bei den beiden Motorvarianten aber unterschiedlich:
Beim 2-Liter-Motor strömen die Gase durch einen Ölabscheider an der Zylinderkopfhaube und eine Rohrleitung zum Wasserabscheider im Luftfiltergehäuse. Das in dem Ölabscheider aufgefangene Öl läuft über eine Bohrung zurück zum Zylinderkopf. Vom Wasserabscheider werden die Gase je nach Saugrohrunterdruck über eine Bohrung im Saugrohr abgesaugt und gelangen in die Brennräume.
Statt dessen strömen die Gase beim 2,3-Liter-Motor vom Ölabscheider zum Leerlauf-Luftverteiler bzw. zum Luftfilter, und das Öl läuft ebenfalls zum Zylinderkopf zurück. Über die Bohrung im Leerlauf-Luftverteiler und durch den Leerlaufluftkanal im Saugrohr werden die Gase bei hohem Unterdruck zu den Brenn-

räumen abgesaugt. Gleichzeitig wird etwas Reinluft vom Luftfilter mit angesaugt. Bei geringem oder keinem Unterdruck strömen die Gase zum Luftfilter, von wo sie zusammen mit der Ansaugluft zu den Brennräumen gelangen.

Richtig einfahren

Eigentlich müßte ein neuer Motor oder ein Tauschmotor gar nicht mehr eingefahren werden, denn die Gleit- und Wälzlager, Kolbenbolzen, Nocken und Ventilschäfte lassen sich mit solch hochwertigen Oberflächen herstellen, daß eine zusätzliche Glättung kaum mehr möglich ist.
Anders ist es jedoch mit den Zylinderwänden, Kolben und den dazugehörigen Kolbenringen. Deren Oberflächen weisen immer noch eine mikroskopische Rauhigkeit auf. Erst der Einlaufprozeß kann diese kleinen Unebenheiten beseitigen, so daß die Teile gut gegeneinander abdichten können (ein ganz neuer Motor braucht deshalb mehr Öl als ein eingelaufener). Zu flotte Gangart in der Einlaufzeit kann zu winzigen Freßstellen führen, die unter Umständen in einen fatalen Kolbenfresser ausarten.
Der neue Motor dankt es später mit voller Leistung und mit erhöhter Lebensdauer, wenn er anfangs richtig behandelt wird. Wie auch die Betriebsanleitung sagt, soll man zunächst nur 75 % der Höchstgeschwindigkeit ausschöpfen. Als Besitzer eines Wagens mit Drehzahlmesser hat man einen weiteren Hinweis: Sein Zeiger soll sich während der ersten 1500 Kilometer möglichst nur im Bereich zwischen 1500/min und 4000/min bewegen. Erst nach mehr als 1500 zurückgelegten Kilometer kann man der Höchstgeschwindigkeit näher kommen.
Nach dem Start ist der Motor verhalten warm zu fahren (bis die Thermometernadel die Hälfte der Anzeige erreicht hat). Danach kann flotter beschleunigt werden, denn das Auto soll nicht mit viel Gas bei wenig Drehzahl gequält werden. Das heißt ganz einfach: Nicht schaltfaul fahren. Wenn der Motor richtig dreht, ohne daß der Wagen als Verkehrshindernis wirkt, lernt er gut laufen.
Am besten eignen sich dazu längere Fahrten auf Landstraßen. Benutzt man jedoch die Autobahn, dann ist die Fahrweise so einzurichten, wie sie über Land mit Kreuzungen und Ortsdurchfahrten ausfallen würde. Also mit wechselnden Geschwindigkeiten fahren und Höchstdrehzahlen vermeiden, dazwischen auskuppeln und dem Motor für einige hundert Meter Leerlauf gönnen, was bergab gelegentlich möglich ist.
Bei Wagen mit Getriebeautomatik beachte man, daß die Vollgas- und Kick-Down-Stellung des Gaspedals während der ersten 1500 km vermieden wird. Die Wählhebelstellungen »S« und »L« sind vorerst nur bei Paßfahrt einzulegen, und das Zurückschalten von Hand zum Bremsen muß unterbleiben.
Diese Einfahrregeln gelten nicht nur für den neuen Mercedes. Sie treffen auch für Austauschmotoren und für überholte Triebwerke zu, die noch empfindlicher als neue Motoren sind.

Lebensdauer des Motors verlängern

Nachstehende kleine Regeln können dazu beitragen, die Lebensdauer des Motors zu verlängern:

- Erst voll Gas geben, wenn die richtige Betriebstemperatur erreicht ist.
- Nach Kurzstreckenbetrieb (Stadtverkehr) auf langer Strecke nicht gleich Vollgas geben.
- Nach Fahrt auf Autobahn oder über Gebirgspaß Motor nicht sofort abstellen, sondern eine Weile leerlaufen lassen.
- Ventilspiel regelmäßig prüfen und einstellen.
- Ölfilter und Luftfilter regelmäßig wechseln.
- Frostschutz als Kühlmittel laufend verwenden, reines Wasser im Kühlkreislauf bewirkt Korrosion und Rückstandsbildung.

Etwas über Drehzahlen

Zu jedem Motor gehört eine bestimmte Drehzahl, die Nenndrehzahl, bei der er seine höchste Leistung erreicht. Auf ebener Straße kann der Motor weder im vierten noch im fünften Gang überdreht werden. Das ist beim Vergasermotor in den kleineren Gängen (beim Beschleunigen) und im Gefälle aber ohne weiteres möglich. Der Motor mit Einspritzanlage dagegen verfügt über ein Kraftstoffpumpenrelais mit elektronischer Drehzahlbegrenzung, befestigt am linken Radlauf neben dem Sicherungskasten. Ab einer Höchstdrehzahl von etwa 6100/min gibt es den Befehl zum Abschalten der Kraftstoffversorgung (siehe Seite 105).
Das Drehmoment (Durchzugsvermögen) eines Motors ist über den gesamten Drehzahlbereich unterschiedlich groß. Es hängt ab vom Füllungsgrad im Zylinder und von der Güte der Verbrennung. Die hier beschriebenen Motoren entwickeln ihr bestes Drehmoment bei 3000/min bzw. 3500/min. Die Nenndrehzahl – das ist die zur höchsten Motorleistung gehörende Drehzahl – beträgt 5200/min bzw. 5100/min.
Als zulässige Höchstdrehzahl sind für beide Motoren 6000/min festgelegt. Das Modell 200, in diesem Zusammenhang von Interesse, erreicht seine Höchstgeschwindigkeit aber schon bei etwa 5450/min (im 4. Gang), so daß zu hohe Drehzahlen auch mit diesem Motor in der Praxis kaum erreicht werden.
Überdrehzahlen machen sich mit einem unüberhörbaren Brummen des Motors bemerkbar. Solche Geräusche stammen von den in Schwingungen geratenen Teilen der Ventilsteuerung, vor allem von den Ventilfedern. Besonders ihnen ist eine Drehzahlgrenze gesetzt, denn Überdrehzahlen können zu Federbrüchen führen. Aber auch der Ölfilm zwischen Kolben und Zylinderlaufbahn kann abreißen und die Folgen wären Kolbenklemmer, Pleuelbruch und damit verbundene weitere Schäden am Motor.

Lagerschäden

Schäden an den Lagern von Kurbelwelle und Pleueln sind häufig die Folge von Ölmangel, Überbeanspruchung und hohem Motoralter. Dauerndes Ausdrehen des Motors, hauptsächlich in den unteren Gängen kann ebenfalls Ursache für einen Lagerschaden sein. Ein weiterer, sogar häufiger Grund: Durch eine defekte Zylinderkopfdichtung kann unter Umständen Kühlwasser in den Ölkreislauf geraten. Das so vedünnte Öl hat dann natürlich keine ausreichende Schmierwirkung mehr, und so kann es leicht vorkommen, daß sich ein Lager festfrißt.
Rechtzeitiges Erkennen des Defekts spart manche Mark. Meistens geht es dann mit einer Teilüberholung des Motors noch glimpflich ab. Hat jedoch auch die Kurbelwelle Schaden genommen, ist eine Totalrevision der Maschine unumgänglich, zumal wenn sie schon mehr als 100 000 km gelaufen ist. Ob man dann lieber gleich einen Austauschmotor einbauen läßt, muß ein Preisvergleich entscheiden. Am besten erkundigt man sich in solchem Fall bei mehreren Werkstätten und Motor-Überholungsfirmen.
Um derartigen Ärger grundsätzlich zu vermeiden, muß man den Öldruckmesser im Auge behalten. Dieses Anzeigegerät für den von der Ölpumpe erzeugten Öldruck reicht von 0 bis 3 bar und beginnt anzuzeigen, sobald der Motor angesprungen ist. Wichtig ist es, daß bei laufendem Motor ständig überhaupt Öldruck vorhanden ist; im Leerlauf kann der Druck durchaus um 0,5 bar pendeln, sollte aber bei normalen Fahrdrehzahlen bei 3 bar liegen.
Um einem gelegentlichen Irrtum vorzubeugen: das Ölmanometer zeigt den korrekten Druck auch noch an, wenn die Ölmenge bedenklich knapp geworden ist. Eine Mengenkontrolle hat man demnach nicht damit. Hierfür ist allein der Ölpeilstab zuständig.
Ein Lagerschaden kündigt sich mit wärmer werdendem Motor – wobei das Öl dünnflüssiger wird – durch Klopfgeräusche an, die immer lauter werden. Beim

Gasgeben wird das Klopfen lauter, ohne Gas geringer oder fast unhörbar. Ob überhaupt ein Lager defekt ist (meist ein Pleuellager) und um welches es sich handelt, läßt sich unter Einhaltung der Vorsichtsmaßnahmen, die beim Umgang mit der Transistorzündung zu befolgen sind, folgendermaßen feststellen:
Bei stehendem Motor den ersten Kerzenstecker abziehen und mit Masse verbinden, Motor starten und etwas Gas geben, Motor abstellen und den Kerzenstecker wieder aufstecken. Mit den anderen Kerzensteckern der Reihe nach ebenso verfahren. Läßt das Klopfgeräusch bei einem der abgezogenen Stecker nach, ist bei diesem Zylinder das Lager defekt.
Mit einer sehr verhaltenen Fahrweise kann man trotz »ausgelaufenen« Lagers noch die rettende Werkstatt, ja sogar den Heimatort über Hunderte von Kilometern anlaufen. Dazu die Zündkerze des betreffenden Zylinders ausschrauben, damit Arbeit und weitere Beanspruchung durch Kompression bei diesem Zylinder fortfallen. Falls sich Wasser im Motoröl befindet (milchiges Aussehen): Öl wechseln. Denn der Lagerschaden kann auch durch Ölverdünnung eingetreten sein, wenn bei undichter Zylinderkopfdichtung das Kühlmittel in den Ölkreislauf gelangte. Die Leistung der drei noch arbeitenden Zylinder darf nicht ausgeschöpft werden, deshalb auch nur langsam beschleunigen. Im 4. Gang kann das Tempo etwa 80 km/h betragen. Aus dem offenen Kerzenloch entweicht dabei ein pfeifendes Knallen, das von den Kompressionsbemühungen des mitlaufenden Kolbens herrührt. Diese Geräusche sind unerheblich. Stand und Temperatur von Kühlwasser und Motoröl müssen allerdings laufend überwacht werden.

Das Ventilspiel

Der Begriff »Ventilspiel« taucht bei allen technischen Daten und Anweisungen auf. Wie wichtig ist es eigentlich? Es ist von lebenswichtiger Bedeutung für die Lebensdauer der Ventile und damit für die gleichbleibende Motorleistung. Zwischen den Teilen der Ventilbetätigung – also Nocken, Kipphebel und Ventilschaftende – muß etwas Luft oder »Spiel« vorhanden sein, damit die unterschiedlichen Wärmedehnungen ausgeglichen werden können.
Man sollte sich bei der Kontrolle des Ventilspiels nicht auf sein Ohr verlassen, um etwa das Klappern bei zu großem Ventilspiel zu erkennen. Was man nicht hört und was wesentlich kritischer ist: zu kleines Ventilspiel. Es bedeuten:
Zu kleines Ventilspiel: Gefahr, daß Ventile und Ventilsitze verbrennen (Ventile liegen nicht satt auf Ventil-Sitzung auf, wodurch Kühlung ungenügend), Verziehen der Ventile, schlechte Leistung durch verringerte Kompression, veränderte Steuerzeiten.
Zu großes Ventilspiel: Schlechtere Zylinderfüllung, also geringere Leistung, Veränderung der Steuerzeiten, ungleichmäßiger Lauf, höherer Verschleiß, größeres Geräusch.

Ventilspiel einstellen

Pflegearbeit Nr. 16

Das Ventilspiel muß für Einlaß und Auslaß verschieden sein, weil das Einlaßventil ständig von frischem Gemisch gekühlt wird, das an ihm vorbei in den Zylinder gesaugt wird, während das Auslaßventil dauernd der Verbrennungshitze ausgesetzt ist und sich deswegen mehr ausdehnt. Das Ventilspiel ist daher für die Einlaßventile 0,15 mm und für die Auslaßventile 0,30 mm. Diese Angaben beziehen sich auf einen kalten Motor (bis ca. 50° C). Wird bei warmem Motor eingestellt (60–80° C), muß jeweils eine Zugabe von 0,05 mm gemacht werden.
Will man die Arbeit selbst ausführen, werden dazu benötigt: Steckschlüssel SW 13 für Muttern der Zylinderkopfhaube und für Kontermuttern der Ventil-Einstellschrauben, für letztere auch einen Kreuzschlitz-Schraubendreher, Fühlerblattlehre zum Messen des Ventilspiels, Steckschlüsseleinsatz mit Hebel zum Drehen der Kurbelwelle.

Die Führung für die Zündkerzenkabel läßt sich an drei Stellen mittels Schraubenzieher von der Zylinderkopfhaube abdrücken (schwarze Pfeile) und vorn hochziehen (weiße Pfeile). Auf dem Meßfühlerkasten am Motor vorn links sitzen: 1 – Thermoventil (nur 230 E, sonst Verschlußschraube), 2 – Temperaturschalter für Vergaser (200) oder Thermozeitschalter für Startventil (230 E), 3 – Temperaturschalter für Lüfterkupplung und Zusatzlüfter bei Klimaanlage.

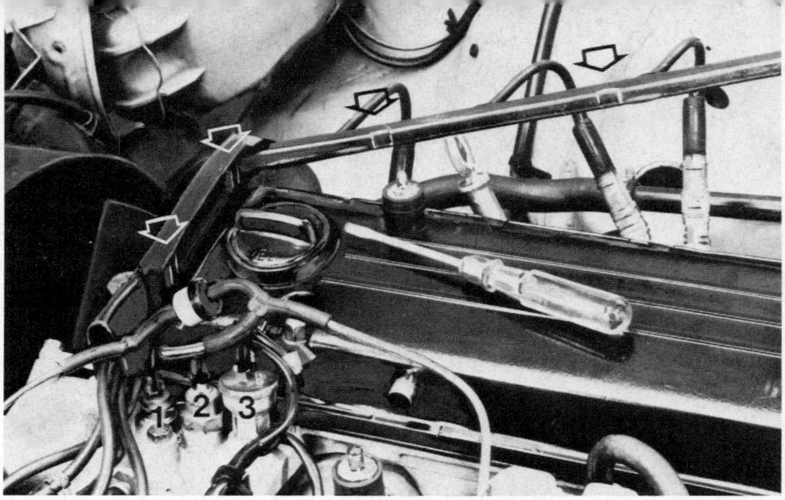

Während der Arbeit muß die Zündung ausgeschaltet sein, sicherheitshalber noch den oberen Stecker (grünes Kabel) am Schaltgerät (im Motorraum links) abziehen. Dann das Luftfiltergehäuse abbauen, wie auf den Seiten 113 bzw. 122 beschrieben. Alle Zündkerzenstecker abziehen, Halter für die Zündkabel nicht aus der Zylinderkopfhaube herausnehmen, Zündverteilerkappe abnehmen. Die fünf Hutmuttern für die Zylinderkopfhaube abschrauben und die Haube abnehmen. Falls sie festsitzt, nicht mit dem Hammer auf sie schlagen, denn sie besteht aus Magnesiumguß (außen mit Kunststoff beschichtet): Durch seitliches Drücken mit der Hand zu lösen versuchen, notfalls mit Gummihammer vorsichtig gegen die Ecken schlagen.

Die Reihe der Einlaßventile befindet sich in Fahrtrichtung auf der linken Motorseite, die Auslaßventile bilden die rechte Reihe.

Das Ventilspiel kann nur kontrolliert werden, wenn das betreffende Ventil entlastet, also geschlossen ist. Dabei muß der Nocken der Nockenwelle vom Kipphebel wegzeigen. Um das zu erreichen, ist die Kurbelwelle an der Befestigung des Schwingungsdämpfers zu drehen, wobei dann der Kolben des betreffenden Zylinders etwa im oberen (Zünd-)Totpunkt steht. Die Kurbelwelle darf nicht rückwärts gedreht werden, auch darf man niemals an der Befestigungsschraube des Nockenwellenrades drehen.

Jetzt mit der Fühlerblattlehre das Spiel zwischen Ventil-Einstellschraube im Kipphebel und Ventilschaftende kontrollieren. Das Blatt der Lehre muß sich stramm gleitend einführen und »saugend« wieder herausziehen lassen. Wenn das Spiel nicht stimmt, ist folgendes zu tun:

Ansicht des Motors von der rechten Seite bei abgebauter Zylinderkopfhaube. Die Einlaßventile (E) befinden sich auf der linken Motorseite, die Auslaßventile (A) auf der rechten Motorseite.

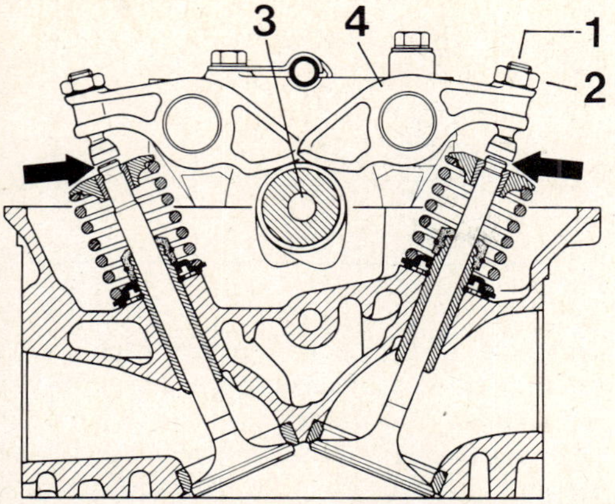

Schnitt durch den Zylinderkopf.
1 – Ventil-Einstellschraube,
2 – Kontermutter,
3 – Nockenwelle,
4 – Kipphebel.
Pfeile: Das Ventilspiel wird zwischen Ventil-Einstellschraube und Ventilschaftende gemessen.

Kontermutter der Ventil-Einstellschraube lockern und die Schraube entsprechend drehen. Kontermutter wieder anziehen, dabei die Schraube mit dem Schraubendreher festhalten. Danach das Spiel nochmals prüfen. Auf diese Weise werden auch alle übrigen Ventile eingestellt, nachdem die Nockenwelle jeweils in die richtige Stellung gebracht wurde.
Vor dem Aufsetzen der Zylinderkopfhaube ihre Dichtung auf Beschädigungen untersuchen, beschädigte Dichtung erneuern. Die Dichtung zuerst vorne und hinten, dann an den Längsseiten in die Nut der Haube einlegen. Befestigungsmuttern für die Zylinderkopfhaube nicht zu fest anziehen (15 Nm).

Kompressionsdruck prüfen

Pflegearbeit Nr. 19

Der Motor kommt auf seine höchste Leistung und verbraucht verhältnismäßig wenig Benzin, wenn seine Ventile und Kolbenringe gut abdichten, bei der Verdichtung also kaum Gas entweichen kann. Deshalb wird regelmäßig die Kompression gemessen, wozu man vorher das Ventilspiel kontrollieren sollte. Vor der Messung wird der Motor warmgefahren – die Kolbenringe dichten dann besser ab.
Die Arbeit sollte man in der Werkstatt vornehmen lassen. Zur Messung verwendet man einen Druckmesser, dessen Gummikonus nacheinander auf jedes Zündkerzenloch gedrückt wird, nachdem man zuvor die Zündkerzen herausgedreht hat. Wegen der Transistorzündanlage darf man den Motor nicht einfach mit dem Anlasser durch Drehen des Zündschlüssels betätigen. Vielmehr geschieht die Kontrolle bei ausgeschalteter Zündung, außerdem ist der Stecker de grünen Kabels am Schaltgerät abzuziehen. Der Anlasser wird mit einem besonderen Kontaktgriff mit zwei angeschlossenen Kabeln betätigt. Dieser mit dem Druckmesser verbundene Kontaktgriff wird an der Plus-Klemme der Batterie (Klemme 30) und an der Kupplung des Kabels Klemme 50, die sich im Motorraum hinten an der Spritzwand direkt oberhalb des Kunststoffgelenks für die Regulierwelle befindet, angeschlossen. Während man so den Anlasser drehen läßt, tritt ein Helfer das Gaspedal völlig durch, damit die Zylinder die größte Füllung erhalten.
Der Kompressionsdruckschreiber zeichnet für jeden Zylinder eine flache Kurve auf ein Meßkärtchen. Der Endpunkt zeigt den Kompressionsdruck der jeweiligen Zylinders. Für einen gesunden Motor ist nicht nur die absolute Höhe des Drucks wichtig, sondern auch die Gleichmäßigkeit bei allen Zylindern. Mehr als 1,5 bar sollen die Werte der vier Zylinder nicht auseinanderliegen. Bei den Meßwerten stehen 12 bar für einen sehr guten Motor, 10 bis 11 bar sind normal, während Werte unter 8,5 bar auf schlechten Motorzustand schließen lassen.

Die Zylinderkopfschrauben müssen in der numerierten Reihenfolge, beginnend mit 1, angezogen werden. Dabei ist folgende Anziehvorschrift einzuhalten:

Anziehstufe	
1	40 Nm
2	70 Nm
Setzpause	10 Minuten
3	90° Drehwinkel
4	90° Drehwinkel

Die Schrauben M8 (a) sind auf 25 Nm anzuziehen.

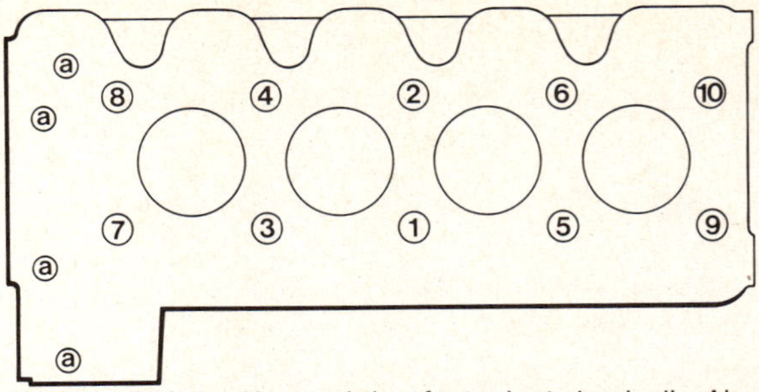

Das Verdichtungsverhältnis ist bei der Konstruktion festgelegt durch die Abmessungen der Zylinder und der Verbrennungsräume, während sich der vom Konstrukteur berechnete Kompressions- oder Verdichtungsdruck nur bei einwandfreiem Motorzustand einstellen kann. Deshalb ist der Kompressionsdruck nicht mit dem Verdichtungsverhältnis gleichzusetzen, das beim Mercedes 200 und 230 E rund 9:1 beträgt.
Zu niedriger Druck kann bedeuten: Motor war zur Messung nicht warmgefahren, Kolben- und Kolbenringverschleiß oder festsitzende Kolbenringe durch Rückstandsbildung, unrunde Zylinder als Folgeerscheinung von Kolbenklemmern, Ablagerungen an den Ventilschäften oder -sitzen durch Verbrennungs- oder Schmierölrückstände, ausgeschlagene Ventilführungen, eingeschlagene Ventile oder verbrannte Auslaßventile durch zu knappes Ventilspiel. In den meisten Fällen sind undichte Ventile die Ursache für mangelnden Kompressionsdruck und damit auch geringere Motorleistung. Abhilfe bringt entweder Einschleifen der Ventile oder die Überholung des Zylinderkopfes.
Folgendes kann man noch kontrollieren: Öl ins Kerzenloch einträufeln und den Kompressionsdruck nochmals messen. Sind die Werte weiterhin schlecht, liegt es an den Ventilen; ergeben sich jedoch höhere Druckwerte, liegt es an den Kolbenringen oder vielleicht auch an den Zylindern. Das Öl dichtet kurzfristig Kolben und Zylinderwände besser ab, das komprimierte Gas sucht sich entweder einen Weg an den undichten Ventilen vorbei oder es kann nicht mehr entweichen.

Der Zylinderkopf

Der Ausbau des Zylinderkopfes ist Werkstattsache, weil vor allem beim späteren Wiederaufbau dem Amateurmechaniker trotz aller Routine manche Fehler unterlaufen können.
Die Zylinderkopfdichtung muß in jedem Fall erneuert werden. Die Zylinderkopfschrauben besitzen einen Innenzwölfkant-Schraubenkopf und sind im Neuzustand 119 mm lang. Bei jedem Anziehen unterliegen sie einer Längung und dürfen nach Überschreiten der Länge von 122 mm nicht mehr verwendet werden. Diese Schrauben müssen in vier Stufen nach dem oben gezeigten Schema angezogen werden. Bei nicht richtig angezogenen Zylinderkopfschrauben verzieht sich der Zylinderkopf.
Auch die Steuerkette muß bei richtiger Stellung der Nockenwelle wieder aufgelegt werden und der Kettenspanner ist einzubauen. Bei unsachgemäßer Montage treten erhebliche Schäden auf.

Die Zylinderkopfdichtung

Die Dichtung zwischen dem Motorblock und dem Zylinderkopf sorgt dafür, daß die Verbrennungsräume und die Kanäle für Kühlmittel und Schmieröl voneinander getrennt bleiben. Dabei muß sie enormen Temperatur- und Druckschwankungen widerstehen. Falls die Zylinderkopfdichtung ausfällt, kommen folgende Ursachen in Betracht:

■ Montagefehler: Neue Dichtung durch unsachgemäße Lagerung beschädigt, Dichtflächen am Motorblock und Zylinderkopf nicht sauber, Zylinderkopf verzogen, falsche Dichtung verwendet, stufenweise Anzugsreihenfolge und Drehmomente nicht eingehalten.
■ Überhitzung: Kühlanlage undicht, defekter Thermostat oder Kühlerverschlußdeckel, Keilriemen gerissen oder (selten) Kühler verkalkt oder verstopft, Motorüberhitzung durch klopfende Verbrennung.

Zylinderkopfdichtung durchgebrannt?

Eine durchgebrannte Zylinderkopfdichtung kann man an folgenden Erscheinungen erkennen: Bei geöffnetem Kühlerverschlußdeckel steigen bei laufendem warmem Motor Luftblasen im Kühler hoch, aus dem Einfüllstutzen riecht es nach Abgasen. Oder der Flüssigkeitsstand im Kühler sinkt und der warmgefahrene Motor zieht einen weißen Auspuffgasschleier hinter sich her. Dann ist die Kopfdichtung zwischen dem Verbrennungsraum und Kühlwasserkanälen durchgebrannt, Verbrennungsgase werden in die Kühlwasserkanäle gedrückt und bilden Blasen im Kühler oder Kühlflüssigkeit dringt in den Verbrennungsraum ein, verdampft dort und entweicht als weiße Fahne zum Auspuff hinaus. Gefährlich für den Motor wird es, wenn das Kühlmittel bei abgestelltem Motor in einen Zylinder läuft, dessen Kolben in Ansaugstellung im oder in Nähe des unteren Totpunktes steht. Dann erhält der Motor beim nächsten Start den gefürchteten Wasserschlag: Zündet bei der ersten Umdrehung nur ein einziger Zylinder, wird die Aufwärtsbewegung des betreffenden Kolbens vom darüberstehenden Wasser abrupt gestoppt und (da sich Wasser nicht wie Luft zusammenpressen läßt) Kolben, Pleuel und Kurbelwelle ein gewaltiger Schlag versetzt, wobei das Pleuel gehörig verbogen wird. Falls Sie den Verdacht haben, daß Kühlmittel in einen Zylinder eingedrungen sei, die Zündkerzen herausschrauben und den Motor mit einem am Schwingungsdämpfer angesetzten Schlüssel durchdrehen, damit das Wasser herausgepumpt wird. Zündkerzen wieder einschrauben, Motor starten und bei der Fahrt zur Werkstatt nicht mehr abstellen, Kühlwasser bei laufendem Motor auffüllen.
Ebenfalls ein sicheres Zeichen für eine schadhafte Zylinderkopfdichtung ist Öl im Kühlmittel und (oder) Wasser im Schmieröl. Ist der Schmiersaft am herausgezogenen Ölpeilstab hellgrau oder gar mit Wasserbläschen durchsetzt, entweder den Mercedes abschleppen lassen oder, falls es sich nicht umgehen läßt, daß man selbst fährt, Öl wechseln – nach Möglichkeit auch das Ölfilter –, Kühlmittel auffüllen und auf dem schnellsten Weg zur Werkstatt.
Entdecken Sie am Außenrand der Zylinderkopfdichtung verdächtige Spuren von Öl oder Kühlmittel, die Maschine mit Motorreiniger abwaschen und nach einer Probefahrt kontrollieren, ob die Flüssigkeit an der Zylinderkopfdichtung oder (im Reparaturfall billiger) an der Zylinderkopfhaube, der Kurbelgehäuse-Entlüftung oder einem Kühlmittelschlauch austritt.

Ventile einschleifen

Wenn die Ventile nicht mehr genügend abdichten, kann man sie einschleifen. Daimler-Benz hält von der alten Methode, die Ventile mit Schleifpaste und mit einem Drehwerkzeug einzuschleifen, recht wenig. Die Werkstätten verfügen statt dessen über Spezialmaschinen, in denen die Ventile und ihre Sitze genau eingeschliffen werden. Für den Heimwerker wären die notwendigen Montagen am Motor (Abnehmen des Zylinderkopfes usw.) auch kaum durchführbar, weil ihm die Spezialwerkzeuge dazu fehlen.
Da Ventile und Ventilsitze aus vergütetem Material bestehen, ist das Einschleifen relativ selten nötig. Man kann immerhin mit 100 000 bis 150 000 zurückgelegten Kilometern rechnen, ehe diese Arbeit eventuell erforderlich wird. Sehr

Die elastischen Aufhängungen des Auspuffs sind gelegentlich zu untersuchen. Brüchige oder angerissene Ringe sollen ersetzt werden. Im Notfall kann man den hinteren Auspufftopf in Drahtschlingen einhängen, doch für einen vollwertigen Ersatz ist dann baldigst zu sorgen. Eine starre Aufhängung könnte keine Vibrationen aufnehmen und die gesamte Auspuffanlage würde Schaden nehmen.

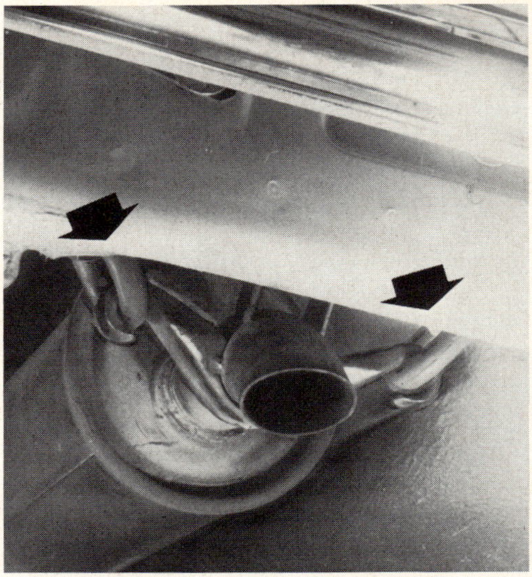

wesentlich wird der Zustand der Ventile von der Behandlung des Motors, von der Kraftstoffqualität und vom Ventilspiel beeinflußt.

Saugrohr und Auspuffkrümmer

Das Saugrohr enthält die Zuführungsleitung für das Benzin-Luft-Gemisch und hat beim 2-Liter-Motor gleichlange Einzelrohre zu den Zylindern. Es besteht aus Leichtmetall. Im Bereich des Gemischeintritts wird es beheizt und ist zu diesem Zweck mit Anschlüssen für den Kühlmittelkreislauf versehen. An der Unterseite befinden sich Unterdruckanschlüsse für Bremsgerät, automatisches Getriebe, Zentralverriegelung und Stutzen für die Motorentlüftung mit By-pass-Bohrung. Außerdem ist am Gemischeintritt ein elektrisch beheizter Vorwärmdeckel eingebaut. Diese zusätzliche Heizung dient der Gemischvorwärmung bei Kühlmitteltemperaturen unter +40° C. Sie ist mit einem Relais und daran angeschlossenem Temperaturschalter sowie mit dem Pulldown-Ventil am Vergaser verbunden, außerdem erfolgt eine Absicherung über zwei Sicherungen in einer Zusatzsicherungsdose am linken Radlauf.
Beim 2,3-Liter-Motor ist das Saugrohr zweiteilig und entsprechend der Beschreibung im Kapitel »Die Einspritzanlage« gestaltet. Eine besondere Beheizung existiert nicht.
Beide Motoren haben einen gleichartigen, sogenannten »zweiflutigen« Auspuffkrümmer mit einem Doppelrohrflansch.
Anläßlich der 1. Durchsicht (km-Stand 1000–1500) werden sämtliche Schrauben und Muttern des Saugrohrs und des Auspuffkrümmers auf festen Sitz geprüft und eventuell nachgezogen. Auch der Auspuffflansch wird in diese Kontrolle einbezogen. Eine spätere Prüfung ist nicht mehr notwendig.

Die Auspuffanlage

Wegen des Motors 102 mußte die vorher in der Baureihe 123 verwendete Auspuffanlage geändert werden. Sie erhielt zusätzlich einen Vorschalldämpfer. Beide vorderen Auspuffrohre sind über einen mit Dichtbeilage versehenen Flansch mit dem Auspuffkrümmer verbunden und besitzen eine seitliche Abstützung am Getriebe. Die Rohre laufen bis zum Vorschalldämpfer, ab diesem ist ein Rohr zum Nachschalldämpfer geführt. Das Endrohr ist im Winkel von 30° nach unten geneigt, wodurch die Abgase weniger das Heck verschmutzen.
Für die Flanschverbindung der Rohre werden gesinterte Dichtringe verwendet,

zu den Befestigungsschrauben gehören selbstsichernde Muttern. Bei Reparaturen ersatzweise genommene nicht korrosionsbeständige Auspuffschrauben rosten und lassen sich später einmal nur schwer lösen. Wenn man ihre Gewinde aber mit HSC-Paste von Molykote oder ASC-Paste von Liquy-Moly bestreicht, hat man dann keinen Kummer damit.
Oberflächengeschützte Bleche, doppelwandige Außenschale des Nachschalldämpfers mit einer Innenseite aus rostfreiem Stahl und die Verwendung korrosionsbeständigerer Materialien können erwarten lassen, daß man nicht so bald den üblichen Ärger wegen Durchrostung hat.
Schweißarbeiten am Auspuff lohnen sich gewöhnlich nicht, und Abdichtmasse zum Verschließen von Rostlöchern hält auch nicht auf die Dauer. Deshalb hält auch der TÜV von solchen Flickarbeiten nichts. Ob die Auspuffanlage dicht ist, läßt sich leicht prüfen: Mit einem Lappen bei laufendem Motor das Auspuffendrohr zuhalten – der Motor muß nach kurzer Zeit stehenbleiben. Läuft er jedoch weiter, läßt sich die undichte Stelle an zischenden Geräuschen ermitteln.

Motoranschlag entspannen

Pflegearbeit Nr. 8

Zur günstigeren Auslegung des Ansaugrohrs ist der Motor um 15° nach rechts geneigt eingebaut. Außerdem ist er im Auto nicht starr befestigt, sondern so aufgehängt, daß er schwingen kann. Dadurch werden Vibrationen und Geräusche vom Wageninneren ferngehalten und verschiedene Verbindungen nicht gefährdet.
Vierzylindermotoren sind nicht so laufruhig wie etwa Sechszylinder-Triebwerke. Bei Daimler-Benz gab man sich mit dieser Eigenschaft nicht zufrieden, sondern man traf die gleichen Vorkehrungen wie bei den vorangegangenen Vierzylinder-Modellen. So sind groß dimensionierte Gummilager für die Motoraufhängung vorhanden. Im Leerlauf sowie beim Gasgeben und -wegnehmen kann nun der Motor stärker schütteln, bei scharfem Beschleunigen kann er sich etwas nach hinten, bei scharfen Bremsen etwas nach vorn bewegen – wobei ein Motoranschlag an der Stirnseite des Motors im Bereich zwischen Ölwanne und Rahmenquerträger zu starke Ausschläge verhütet.
Dieser Motoranschlag muß sich beim Neuwagen gewissermaßen erst an sein hartes Dasein gewöhnen. Deshalb wird er bei der 1. (Garantie-)Durchsicht entspannt und die Schrauben werden nachgezogen. Einmalig beim ersten 10 000-km-Pflegedienst muß der Motoranschlag noch einmal entspannt (und wieder angezogen) werden. Da zu dieser Arbeit eine Lehre benötigt wird und sie dazu noch in die Garantiezeit fällt, überläßt sie der Eigenpfleger auch der Werkstatt.
Wagen mit automatischem Getriebe haben noch einen Motorstoßdämpfer links hinter dem Motorträger. Unten ist er mit dem Rahmenquerträger verbunden und durch einen Gummipuffer elastisch gelagert.

Klimakunde

Bei ihrer Arbeit erzeugen Verbrennungsmotoren Wärme. Sie darf sich nicht aufstauen, sonst würden die Kolben im Zylinder wegen Materialausdehnung festklemmen. Die Wärme muß also weggeschafft werden, und das geschieht üblicherweise durch Wasser. Wassergekühlte Motoren sind leiser und konstruktiv weniger problematisch als luftgekühlte Triebwerke. Dazu läßt sich noch die aufgenommene Wärme für die Heizung des Innenraums verwerten.
Wenn man der Kühlanlage gelegentlich etwas Aufmerksamkeit widmet, dann macht sie auch keinen Kummer.

Die Kühlanlage

Das Kühlsystem eines modernen wassergekühlten Motors ist dicht verschlossen und deshalb herrscht bei Betriebstemperatur ein auch beabsichtigter Überdruck. Dieser reicht beim Mercedes-Motor bis ca. 1,0 bar (atü), wodurch der Siedepunkt eines Kühlmittels auf etwa 120° C angehoben ist. (Der Ausdruck »Kühlmittel« wird verwendet, weil sich im Kühlkreislauf kein reines Wasser, sondern eine Mischung aus Korrosions- und Frostschutzmittel und Wasser befindet.) Der Kraftstoff verbrennt bei dieser höheren Temperatur wirtschaftlicher. Niedrigere Temperaturen (Kühlwasser unter 80° C) fördern den Verschleiß im Motor.
Die Kühlmittelfüllung ab Werk besteht aus einem Volumen von ca. 55 % Wasser und 45 % Gefrierschutzmittel und gewährleistet einen Frostschutz bis – 30° C.

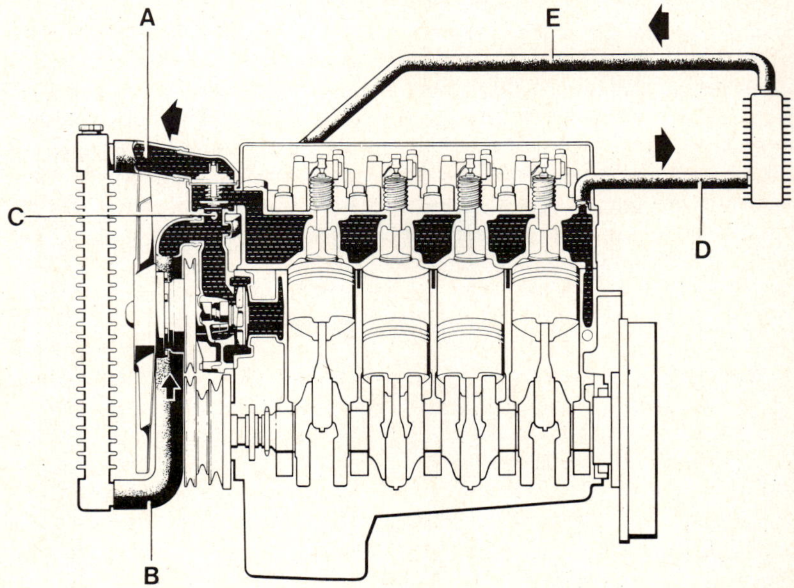

Schema Kühlmittelkreislauf, dargestellt am Motor 102.980 (2,3 Liter):
A – Vom Thermostatgehäuse zum Kühler,
B – Vom Kühler zur Kühlmittelpumpe,
C – Kurzschlußleitung vom Thermostatgehäuse zur Kühlmittelpumpe,
D – Zulauf zur Heizung (Wärmetauscher),
E – Rücklauf von der Heizung (Wärmetauscher).

Der Siedepunkt dieser Mischung liegt bei rund 125° C. Das Gefrierschutzmittel enthält korrosionshemmende Zusätze. Es ist nicht erforderlich, irgendwelche Veredelungsmittel dem Kühlmittel beizufügen, es sei denn, man hat reines Wasser eingefüllt. Veredelungsmittel hatten bei den Vorgängermodellen den Sinn, besonders für die Schmierung der Heizungshähne zu sorgen, diese sind jedoch in der 123-Baureihe aus nicht korrosionsanfälligem Material.
Damit das für den Motor angenehme »Betriebsklima« möglichst dauernd erhalten bleibt, haben drei wichtige Teile des Kühlsystems ihre Aufgabe zu erfüllen: Der Kühlerverschluß reguliert den Druck, der Thermostat sorgt nach dem Start rasch für angemessen gleichbleibend hohe Betriebstemperatur und der Ventilator sorgt für gute Wärmeableitung an Kühlerblock und Motor.
Die Wasserpumpe, über den Keilriemen angetrieben, zwingt das Kühlmittel in einen ständigen Kreislauf. Hat es sich im Wassermantel des Motors, der um die Zylinder gelegt ist, erwärmt, fließt es zum Kühler. Zusätzlich zum Fahrtwind zieht noch der Ventilator Luft durch den Kühler an, so daß gekühltes und dadurch schwereres Wasser von unten wieder zum Motor geschickt wird. Vom Zylinderblock gelangt das Kühlmittel in Kanäle des Zylinderkopfes, wo vordringlich die Ventilsitze gekühlt werden müssen. Wie noch beschrieben wird, kann der Thermostat dafür sorgen, daß das Kühlmittel auf einem kürzeren Weg gleich wieder zum Motor zurückfließt, ohne durch den Kühler zu gelangen. Zusätzliche Schlauchleitungen verbinden das Kühlsystem mit der Heizanlage. Diese Einrichtung wird ebenso bei geschlossenem Thermostat gespeist, also während der Anwärmeperiode, wenn der Kreislauf noch kurzgeschlossen ist.

Kühlmittelstand kontrollieren

Pflegearbeit Nr. 2

Der Wasserkreislauf ist durch Ventilverschluß auf dem Kühler dicht verschlossen. Weder kochendes Wasser noch Dampf können unter normalen Betriebsbedingungen entweichen. Es handelt sich um ein Überdrucksystem, in dem Wassertemperaturen von über 100° C entstehen können. Bei Erwärmung dehnt sich das Kühlmittel aus und steigt höher; die dabei zusammengedrückte Luft entweicht durch ein Ventilsystem im Kühlerverschluß, wie auf Seite 97 näher beschrieben wird. Ein verschlossenes Kühlsystem bietet auch den Vorteil, Korrosionseinflüsse zu verringern.
Als Maßstab für den Kühlmittelstand dient eine Markierung im Einfüllstutzen des Kühlers: Er wird nach Lösen des Verschlußdeckels sichtbar. Bei kaltem Motor soll das Kühlmittel bis zur unteren Markierung reichen, während es erwärmt die obere Marke benetzen kann.
Die Prüfung des Kühlwasserstandes soll alle 1000 km oder wenigstens einmal wöchentlich geschehen, also immer dann, wenn man auch den Ölstand im Motor kontrolliert. Dabei bewährt sich die auch bei der Ölstandkontrolle praktizierte Methode, die Prüfung vor Antritt der Fahrt vorzunehmen, wenn der Motor noch kalt ist. Bei heißem Kühler darf man wegen der Gefahr einer Verbrühung durch herausgepreßtes Wasser den Kühlerverschluß nicht sogleich lösen. Vielmehr muß eine entsprechende Abkühlung abgewartet werden. Besteht unterwegs Verdacht auf Kühlmittelverlust (höhere Temperaturanzeige) und man hat es eilig, kann man den Verschluß mit einem Lappen bis zur ersten Raste öffnen, wonach der Dampf entweicht. Sicherheitshalber sollte aber stets ein Absinken der Temperaturanzeige unter 90° C abgewartet werden.
Wichtig: Kaltes Wasser in den Kühler nur bei abgekühltem Motor nachgießen. Bei warmem Motor darf nur nachgefüllt werden, wenn der Motor läuft (Wasserpumpe wälzt das Kühlmittel um), sonst können Wärmespannungen Zylinderblock und Zylinderkopf verziehen. Ein heißer Motor kann durch kaltes Wasser buchstäblich zerspringen. Warmes Wasser darf man jederzeit nachfüllen.

Das Kühlmittel

Die Kühlanlage sollte eine Dauerfüllung enthalten, die nur zum Teil aus reinem Wasser besteht. Wichtige Bestandteile dieser Flüssigkeit sind korrosionsverhütende und vor Frost schützende Mittel. So wird vor allem der Kühler vor chemischen Anfressungen und Rost behütet. Ferner verhindert ein kalkbindendes Mittel die Bildung von Kesselstein, der die Kühlwirkung herabsetzen würde. Das beigefügte Frostschutzmittel (allgemein Äthylenglykol, auf Alkoholbasis) kann schließlich noch als Schmiermittel für die Wasserpumpe wirken. Ohne Gefrierschutz beträgt der Siedepunkt des Kühlmittels etwa 118° C. Veredelungsmittel (Korrosionsschutzöl) braucht dem Kühlmittel nicht beigefügt zu werden.
Der schon werkseitig eingefüllte Dauerschutz hält das Kühlmittel bis etwa – 30° C flüssig. Näheres über Frostschutzmittel im Kühlsystem ist auf Seite 51 gesagt. Dort wird auch erwähnt, daß eine konservierende Dauerfüllung möglichst nicht durch reines Wasser ersetzt werden soll. Mußte unterwegs einmal Wasser nachgegossen werden, ist spätestens vor Einsetzen der kalten Jahreszeit die Kühlerfüllung auszuspindeln, um die eventuell notwendige Menge Frostschutzmittel zu ermitteln. Das macht jede Tankstelle.

Kühlflüssigkeit wechseln

Pflegearbeit Nr. 56

Bei Arbeiten an der Kühl- und Heizungsanlage muß das Kühlmittel abgelassen werden. Um es später wieder verwenden zu können, fängt man es in einem Behälter auf, den man unter die Ablaßschraube am Kühler aufstellt. Zum vollständigen Ablassen des Kühlwassers aus dem Motor ist die Ablaßschraube, die rechts am Motor unterhalb des Auspuffkrümmers sitzt, herauszudrehen (anschließend wieder gut einschrauben).
Ganz allgemein sollte aber das Kühlmittel alle drei Jahre gewechselt werden. Das ist erforderlich, weil die schützenden Eigenschaften des beigemischten Gefrierschutzes nach dieser Zeit nachgelassen haben oder buchstäblich »verwässert« worden sind. Auch sei auf die zu beachtenden Einzelheiten bezüglich der Frostschutzfüllung auf Seite 51 hingewiesen.

Der Kühler

Zahlreiche, senkrecht angeordnete dünnwandige Rohre verbinden den oberen und unteren Kunststoff-Wasserkasten des Kühlers. Zur Vergrößerung der Kühlflächen dienen zwischen diesen Röhrchen vorhandene dünne Bleche. Rohre und Bleche bestehen aus Leichtmetall und können nicht rosten. Zwei Gummipuffer stellen die untere Lagerung des Kühlers dar und oben ist er am Vorbau mit zwei Klammern befestigt. Links unten sitzt die Ablaßschraube (Schlitzschraube), die zum Schutz gegen Verlust am Schaft mit einem Sicherungshaken versehen ist. Die Wagen mit automatischem Getriebe haben einen anderen Wasserkühler, an den die Schläuche für die Ölkühlung unten angeschlossen sind.
Anstelle des Einrohr-Kühlers beim 2-Liter-Motor sind die 230-E-Versionen mit einem Zweirohr-Kühler ausgestattet. Bei diesen sorgen jeweils zwei nebeneinander angeordnete Rohre statt einem für eine höhere Kühlleistung.
Undichtigheiten des Kühlers kann die Werkstatt (es gibt auch spezielle Kühlerbau-Firmen) mit einem Kühlerprüfgerät ermitteln. Dazu kann der Motor im Leerlauf drehen, muß aber in jedem Fall betriebswarm sein, und die Temperaturschalter auf der Mittelkonsole sollen eingeschaltet sein. Das Gerät wird statt des Verschlußdeckels auf den Einfüllstutzen gesetzt und bringt in das Kühlsystem einen Druck bis zu 1,3 bar (Drücke darüber gefährden die Lötstellen). Undichte Stellen zeigen sich an ausfließendem Kühlmittel. Fällt dagegen der von der Meßuhr angezeigte Druck ohne Austritt von Kühlmittel ab, deutet dies auf einen Defekt im Motor (beschädigte Zylinderkopfdichtung, Gehäuseriß).
Abdichtende Reparaturen sind in Eigenarbeit nicht möglich; im Handel erhältli-

che Kühlerdichtungsmittel sorgen nur für vorübergehende Abdichtung. Unterwegs tut es zur Not auch Kaugummi, sofern der Motor nicht zu heiß gefahren wird und das Loch nicht zu groß ist. Der schadhafte Kühler muß ausgebaut und in einer Fachwerkstatt repariert werden. Größere Reparaturen lohnen sich meistens finanziell nicht – ein neuer Kühler ist dann billiger.

Kühl- und Heizungsanlage auf Dichtheit prüfen

Pflegearbeit Nr. 23

Auf die eben beschriebene Weise kann die Dichtheit des gesamten vom Kühlmittel durchflossenen Systems geprüft werden.
Für den Autobesitzer bestehen aber auch Möglichkeiten zur selbst vorgenommenen Überprüfung des Zustandes der Kühlanlage. Solche Untersuchungen haben vorbeugenden Charakter. Dabei untersucht man vor allem an den Schlauchanschlüssen, ob dort Kühlmittel ausgetreten ist. Durch Augenschein kann man sich ferner davon überzeugen, ob der Kühler dicht ist. Bei heißem Motor, wenn im Kühlsystem Überdruck herrscht, ist diese Prüfung aufschlußreicher, weil dann eine undichte Stelle eher die Kühlflüssigkeit freiläßt.
Undichtigkeiten können auch an dem angeschlossenen Heizsystem auftreten. Ähnlich wie ein Defekt am Kühler möglich ist, kann der Heizkörper (Wärmetauscher) die Ursache von Wasserverlust sein. Dieses Gerät muß dann ausgewechselt werden.
Durch Alterung porös gewordene Schläuche können ebenfalls wasserdurchlässig werden und sogar (durch den bestehenden Druck im geschlossenen Kühlsystem) platzen. Damit man nicht von solchen Pannen überrascht wird, prüft man durch Kneten der Schläuche, ob sie verhärtet sind. Wird kein Dauerfrostschutz verwendet, quellen die Wasserschläuche im Laufe der Jahre auf. Neue Formschläuche sind als Ersatzteile beim Mercedes-Service vorrätig. Schlauchschellen sind daneben im Zubehörhandel erhältlich. Man darf diese Schlauchschellen im Motorraum aber nicht bei jeder Prüfung fester anziehen, vielmehr sind sie nur nachzuziehen, wenn es wirklich erforderlich sein sollte.

Der Kühlerverschluß

Die Einfüllöffnung des Kühlers ist mit einem Deckel verschlossen. Er besitzt einen »Renkverschluß« mit Dichtung und schließt den Kühler nach außen vollkommen ab. Die tellerförmige Druckplatte am Fuß des Deckels preßt sich durch Federdruck auf den Innenrand des Stutzens. Diese Druckplatte sorgt als Sicherheitsventil für Druckausgleich, wenn die Temperatur etwa 120° C überschreitet und wenn der Innendruck des Kühlsystems höher als die Federkraft ist. Dieser Druck liegt bei 1,0 bar was auch die auf dem Deckel eingeprägte Zahl »1000« aussagt. Nach Öffnung des Ventils kann die Flüssigkeit oder deren Dampf durch die seitlich am Stutzen abzweigende Leitung ins Freie entweichen.

Der Kühlerverschluß trägt die Kennzahl 1000. Sie besagt, daß das Druckventil des Kühlerverschlußdeckels erst bei 1,0 bar Überdruck öffnet. Durch diesen Überdruck wird im heißen Kühlsystem der Siedepunkt auf knapp 120° C erhöht. Die große Feder im Kühlerverschlußdeckel drückt die Verschlußplatte auf den Stutzen, so daß sich im Kühlsystem Überdruck bilden kann. Die Dichtplatte sorgt als Sicherheitsventil für Druckausgleich, und über das Ausgleichsrohr kann bei Überdruck Dampf oder überschüssiges Wasser austreten. Umgekehrt kann bei Abkühlung Luft nachströmen, wenn der Außendruck um etwa 0,05 bar höher liegt.

Zwischen dem Thermostatgehäuse (1) und dem Kühlmittelpumpengehäuse (2) ist eine Entlüftungsleitung (3) angeordnet. Sie sorgt für das Entweichen eventuell vorhandener Lufteinschlüsse im Kühlsytem in Richtung Kühler.

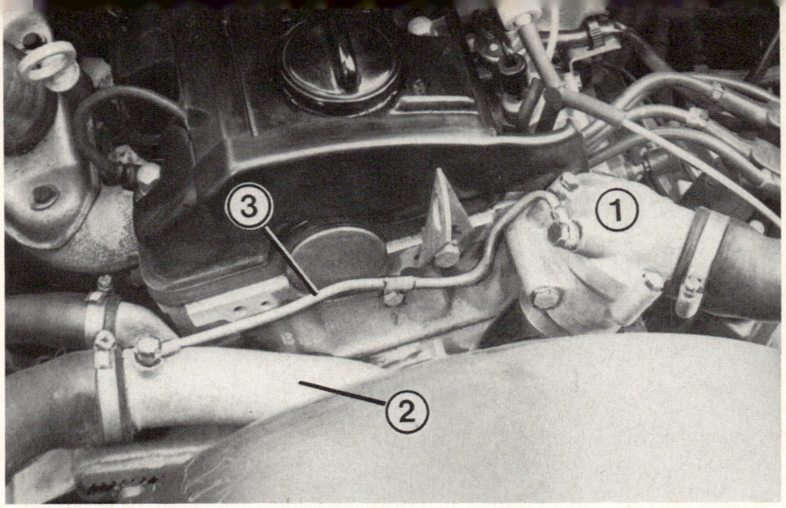

Umgekehrt kann der durch Abkühlung entstehende Unterdruck Luft in den Kühler einströmen lassen, da sich dann das in der Mitte befindliche Unterdruckventil öffnet. Es handelt sich also um einen speziellen Verschluß, daher darf ein zufällig passender Verschlußdeckel eines anderen Fabrikats auf keinen Fall verwendet werden, weil die Federspannung auf die Druckverhältnisse abgestellt wurde.
Gelegentlich reinigt man das Innere der Kühlerverschlußkappe von Rückständen, die sich dort ablagern. Dadurch wird die Freigängigkeit der Ventile gesichert.

Der Thermostat

Dieses Gerät dosiert die Fördermenge des Kühlwasserumlaufs in Abhängigkeit von der Temperatur. Der Thermostat bewirkt, daß bei kaltem Motor nur ein Teil des Kühlmittels auf kurzem Weg zirkuliert, wodurch es sich sehr schnell erwärmt. Das Kühlmittel fließt dabei aus dem Zylinderblock über die Wasserpumpe wieder zurück in den Zylinderblock. Wird das Wasser wärmer, öffnet der Thermostat den Zugang vom Kühler, und zwar nicht sofort voll, sondern er läßt eine von der Temperatur abhängige Wassermenge hindurch. So mischt sich warmes mit kaltem Wasser. Bei voll geöffnetem Thermostat ist der kurze Weg geschlossen und der Kreislauf nur durch den Kühler frei.
Die Arbeit des Thermostaten ist vor allem in der kalten Jahreszeit wichtig. Er verhilft dem Motor rasch zu seiner günstigen Betriebstemperatur, was dessen Lebensdauer und der Schmierfähigkeit des Öls zuträglich ist, und auch die Heizung gibt dann schneller Wärme ab. Der Thermostat im Mercedes beginnt bei 80° C zu öffnen.
Allerdings kann ein Thermostat einmal ausfallen. Wie bei anderen Fabrikaten, kommt auch im Mercedes ein sogenannter Wachsthermostat zum Einbau, der bei Defekt in Schließstellung geht. Ebenso ist es schon vorgekommen, daß sich ein Schmutzpartikel am Thermostat festsetzte und dessen Öffnungshub begrenzte. Das dann nur im kurzen Kreislauf zirkulierende Wasser erhitzt sich schnell und zwingt – wegen drohendem Motorschaden! – zur Abhilfe.
Ein solcher Schaden tritt gewöhnlich unterwegs ein. Dann muß man den Thermostat ausbauen – man kann auch ohne ihn fahren. Er sitzt am Motor ganz vorne links (Bild oben). Vor dem Ausbau ist eine entsprechende Menge Kühlmittel abzulassen und aufzufangen, um es danach wieder verwenden zu können. Sollte das unterwegs nicht möglich sein, muß die beim Öffnen des Thermostatgehäuses entwichene Flüssigkeitsmenge vor der Weiterfahrt durch klares Wasser ersetzt werden. Das Gehäuse läßt sich durch Herausdrehen der Sechs-

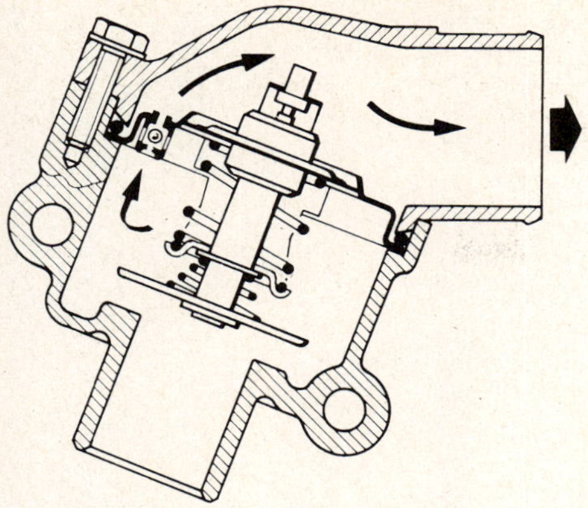

Schnitt Thermostatgehäuse mit eingesetztem Thermostat. Pfeile: Fließrichtung des Kühlmittels zum Kühler.

kantschrauben öffnen. Den Gehäusedeckel drückt man mit dem angeschlossenen Schlauch nach oben und der Thermostat läßt sich danach entnehmen.
Die Dichtfläche des wieder festgeschraubten Gehäusedeckels wird nach dieser Improvisation womöglich nicht mehr fest abschließen, darum müssen Temperaturanzeige und Kühlmittelstand laufend beobachtet werden. Eine Werkstatt ist so bald wie möglich aufzusuchen, um einen Abdichtring einsetzen zu lassen.

Die Wasserpumpe

Während des Motorlaufs zwingt die Wasserpumpe das Kühlmittel in einen ständigen Kreislauf. Diese Pumpe sitzt vorn am Motor. Sie wird über den Keilriemen durch die Kurbelwelle angetrieben.
Störungen an der Wasserpumpe bewirken, daß sie undicht wird. An mahlenden oder heulenden Geräuschen erkennt man, daß die Lager schadhaft geworden sind. Dann muß die Pumpe repariert oder ausgewechselt werden. Kontrolle: Keilriemen abnehmen und Motor kurz laufen lassen. Ist das Geräusch dabei verschwunden, sind nur die Wasserpumpe oder die Lichtmaschine als Urheber zu betrachten.
Arbeiten an der sonst wartungsfreien Wasserpumpe überläßt man der Werkstatt. Ein praktisch veranlagter Heimwerker kann sie immerhin ausbauen. Zu ihrer Überholung braucht man jedoch besondere Werkzeuge, die man gewöhnlich nicht zur Verfügung hat.

Wasserpumpe ausbauen

Der Ausbau in Stichworten: Ablaßschraube am Kurbelgehäuse herausdrehen und Kühlmittel ablassen. Luftfiltergehäuse abbauen. Lüfterhaube aushängen, über den Lüfter hängen, Kühler ausbauen und mit der Lüfterhaube herausnehmen. Heizungs-Rücklaufleitung, beim 2-Liter-Motor auch die Heißwasser-Rücklaufleitung vom Vergaser, an der Wasserpumpe abbauen. Keilriemen abnehmen. Lüfter abschrauben. Mutter für den Ankerflansch abschrauben (Sechskant-Formscheibe mit Schlüssel SW 24 gegenhalten), Ankerflansch mit Riemenscheibe abnehmen. Magnetkörper abschrauben (3 Schrauben). Entlüftungsleitung zwischen Thermostat und Pumpe an letzterer abschrauben. Beide Befestigungsschrauben für die Lichtmaschine und 4 Schrauben für deren Halter abschrauben, Lichtmaschine abnehmen. Untere Schlauchschelle am Stutzen zum Thermostat lockern, 5 Befestigungsschrauben herausdrehen.
Den Einbau nach Reinigen der Dichtflächen vornehmen, die Flächen mit Dichtmittel bestreichen. Nach dem Einbau den Keilriemen richtig spannen. Kühlmittel wieder einfüllen und alle vorher gelösten Anschlüsse des Kühlsystems auf Dichtheit kontrollieren.

1 – Lüfterhaube (Luftfangtrichter), 2 – Lüfter (Ventilator), 3 – Lüfterkupplung (Magnetkörper), 4 – Kühlmittelpumpengehäuse, 5 – Drehstrom-Lichtmaschine

Der Lüfter

Der Antrieb der Wasserpumpe wirkt zugleich auf den Kühlerventilator (Lüfter). Er dreht sich jedoch nur in Abhängigkeit der Kühlmitteltemperatur. Besorgt wird das von einer temperaturabhängig gesteuerten elektromagnetischen Kupplung, die über einen Temperaturschalter (am Meßfühlerkasten links vorn am Motor) bei 100° C zu- bzw. abgeschaltet wird. Die Kupplung ist wartungsfrei.
Die Zuschaltung des Lüfters erfolgt nur bei eingeschalteter Zündung, denn der Magnetkörper erhält über die Sicherung Nr. 10 (Klemme 15) Strom. Unter 98–102° C Kühlmitteltemperatur ist der Lüfter abgeschaltet und läuft nur durch den Fahrtwind und durch die Lagerreibung mit. Spätestens ab 102° C schaltet der Temperaturschalter ein. Dabei wird der mit Blattfedern in Verbindung stehende Anker vom Magnetkörper angezogen und preßt sich gegen die Stirnfläche der Riemenscheibe. Somit ist der Lüfter mit der Riemenscheibe starr verbunden und läuft mit. Bei abgesunkener Temperatur kehrt sich der Vorgang um.
Bei Wagen mit Klimaanlage ist die Funktion die gleiche, doch tritt bei eingeschalteter Klimaanlage eine Zuschaltung des Lüfters (und des elektrischen Zusatzlüfters) bereits bei 52° C ein. Besorgt wird das über ein Doppelkontaktrelais, das von einem besonderen Temperaturschalter betätigt wird.

Die richtige Keilriemenspannung

Wasserpumpe und Lichtmaschine werden durch den Keilriemen angetrieben. Auf der Seite 179 ist alles Wissenswerte über Keilriemen und ihre richtige Spannung erklärt. Hier sei nochmals eindringlich darauf hingewiesen, daß man bei Weiterfahrt mit gerissenem Keilriemen, also ohne Wasserpumpenantrieb, schwere Schäden am Motor riskiert. Sie sollten deshalb unbedingt einen Ersatzriemen mitführen.

Überhitzter Motor

Wenn der Motor zu heiß wird, rückt der Zeiger der Kühlmitteltemperaturanzeige zum oberen Skalenende. Diese Meldung kommt von dem Thermofühler, der links am Zylinderkopf sitzt. Die rote Marke in der Temperaturanzeige gilt als Höchstgrenze nur, wenn das Kühlmittel eine bis – 30° C wirksame Frostschutzfüllung enthält. Schwächere Gefrierschutzkonzentration oder gar reines Wasser haben einen niedrigeren Siedepunkt zur Folge.
Herrschen niedrige Außentemperaturen, ist die Anzeige ebenso bedeutungsvoll. Wenn nämlich der Thermostat in geöffneter Stellung klemmt, durchläuft das Kühlmittel dauernd den großen Kreislauf durch den Kühler und der Motor erreicht nicht die nötige Betriebstemperatur. Dann ist für Abhilfe zu sorgen. Bei einwandfreien Verhältnissen, im Normalbetrieb, mahnt die Temperaturanzeige vor übermäßiger Belastung des Motors, weil erst voll beschleunigt werden soll,

wenn er seine Betriebstemperatur erreicht hat. Einer möglichen Überhitzung bei hohen Außentemperaturen begegnet man durch eine gemäßigte Fahrweise. Wenn unterwegs die Kühlwasseranzeige dennoch in den Warnsektor tritt, hält man an, ohne den Motor abzustellen. Die weiterlaufende Wasserpumpe sorgt dann im Verein mit dem Lüfter bei Leerlauf für Abkühlung und es tritt kein Hitzestau auf, wie er sich bei sofort abgestelltem Motor ergeben könnte.
Bei sich anbahnender Überhitzung im Sommer steht ein weiterer »Kühler«, nämlich durch die Heizung, zur Verfügung. Mit ihrer Hilfe kann man eine momentane Übertemperatur (Paßfahrt im Sommer in Kolonne) wieder senken. Dazu beide Heizungsschalter und das Gebläse einschalten. Auf diese Weise entzieht die Heizanlage dem Kühlmittel Wärme.

Die Heizung

Für das Wohlbefinden im Wagen bei allen Außentemperaturen steht eine Heizungs- und Entlüftungsanlage zur Verfügung. Im wesentlichen besteht die Heizung aus einem Wärmetauscher, der mit dem Kühlsystem verbunden ist, und aus Lufteinlässen vor der Windschutzscheibe. Ein Gebläse mit drei Geschwindigkeiten kann frische oder erwärmte Luft dosiert und gemischt durch verschiedene Leitungen in den Innenraum und an die Windschutzscheibe schikken.
Auch im Sommer ist es ratsam, gelegentlich die beiden Heizungsschalter zu bedienen, um sich davon zu überzeugen, daß sie im Winter funktionieren. Wenn nämlich die Heizungsventile über längere Zeit hinweg überhaupt nicht bewegt werden, kann es vorkommen, daß sie sich durch Rückstände in der Kühlflüssigkeit zusetzen. Diese Heizungsventile sitzen in einem an Wasserschläuche angeschlossenen Gehäuse im Motorraum hinten. Mit den Schaltern sind sie über Drahtzüge verbunden, und zwar reagiert das linke Ventil auf die Betätigung des rechten Schalters und der linke Schalter bedient das rechte Ventil.
Wenn das Ventilgehäuse (Daimler-Benz spricht dabei von »Wasserhahn«) ausgebaut werden soll, sind zuvor etwa 2 Liter Kühlwasser abzulassen. Dann sind alle Schlauchbinder am Wasserhahn zu lösen und die Schläuche abzuziehen. Die beiden Drahtbügel werden von den Hebeln ausgehängt und schließlich kann man die Befestigungsschraube für das Gehäuse herausdrehen. Schwergängigkeit der beiden Hebel, hervorgerufen durch Ablagerungen des Kühlwassers, kann man in einem Bad mit kalklösendem Mittel versuchen zu beheben, andernfalls muß ein neuer Wasserhahn eingebaut werden.
Der Ausbau des Heizungskastens in eigener Arbeit ist nicht empfehlenswert, weil damit sehr umfangreiche Demontagen verbunden sind. Desgleichen verlangt der Einbau einen vorgeschriebenen Arbeitsablauf und das Einhalten bestimmter Maße. Erst nach Ausbau des Heizungskastens wird der Wärmetauscher zugänglich, der somit auch kein Objekt für Bastelstunden ist.
Wenn der Gebläsemotor beim Einschalten nicht läuft, ist zuerst die Sicherung

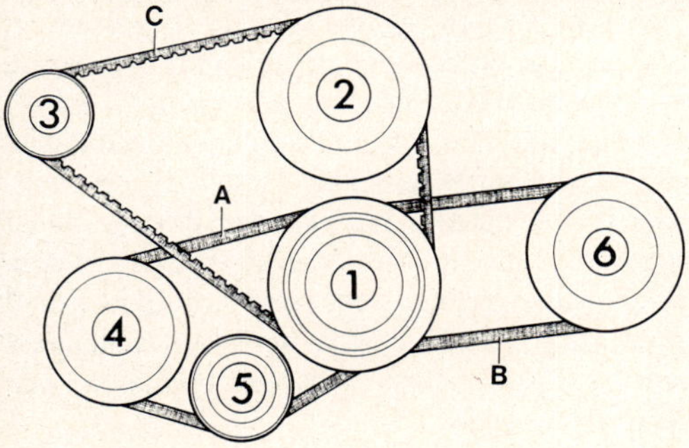

A – Keilriemen zum Antrieb des Kältekompressors, B – Keilriemen zum Antrieb der Lenkhelfpumpe, C – Keilriemen zum Antrieb von Lichtmaschine und Wasserpumpe;
1 – Kurbelwelle, 2 – Wasserpumpe, 3 – Lichtmaschine, 4 – Kältekompressor, 5 – Spannrolle, 6 – Lenkhelfpumpe.
Die Keilriemen sind richtig gespannt, wenn sie sich unter kräftigem Daumendruck gerade noch federnd eindrücken lassen.

Nr. 8 zu überprüfen. Liegt dort und an den angeschlossenen Kabeln kein Defekt vor, wird man um die Demontage des Gebläses nicht herumkommen. Es ist zu erreichen, nachdem man die Abdeckung unter der Instrumententafel ausgebaut hat (zu diesem Zweck seitlich an der vorderen Türsäule und an der unteren Heizungsaustrittöffnung je eine Schraube herausdrehen, dann Abdeckung nach unten herausziehen). Von dem so freigelegten Gebläsemotor zieht man den Kabelstecker ab und dreht die daneben sitzende Schraube an der Kontaktplatte los. Die Kontaktplatte wird aufgeklappt, so daß man die darunter befindlichen beiden Anschlaghebel für den Vorwiderstand abziehen kann. Der Gebläsemotor läßt sich aus seinem Gebläse herausheben, wenn man die drei Befestigungsschrauben am Motorflansch herausgedreht hat.

Die richtige Funktion der Heizung und Lüftung kann nur während einer Probefahrt geprüft werden, wobei der Motor seine Betriebswärme erreicht haben muß.

Die Klimaanlage

Zusätzlich zu der eben beschriebenen Heizungsanlage gibt es als Sonderausstattung die Klimaanlage, mit deren Hilfe die Temperatur der Innenluft gesenkt werden kann. Zugleich wird der Luft Feuchtigkeit entzogen. Die Funktion der Klimaanlage ist von einem Kältekompressor abhängig, der sich im Motorraum oberhalb der Lichtmaschine befindet. Er wird von der Kurbelwelle über einen Keilriemen angetrieben, deshalb ist die Anlage nur bei laufendem Motor betriebsbereit.

Was auf Seite 179 über den Keilriemen zum Antrieb der Lichtmaschine gesagt ist, gilt auch für den Keilriemen der Klimaanlage. Dieser Keilriemen wird durch eine Spannrolle rechts unterhalb der Kurbelwellenriemenscheibe straff gehalten. Zum Spannen des Keilriemens muß jedoch die untere Halteschraube am Kältekompressor gelockert werden, dann dreht man die nach unten gerichtete Spannschraube entsprechend, bis sich der Keilriemen unter einem Druck von etwa 6 kp um 10 mm durchbiegen läßt. Abschließend die Halteschraube wieder festziehen.

Der Kältekompressor ist im Betrieb Schwingungen ausgesetzt, die dazu führen können, daß sich seine Befestigung lockert. Es steht zwar nicht besonders im Wartungsplan, doch kann es nicht schaden, gelegentlich den festen Sitz der Schrauben an seinem Träger zu überprüfen. Diese fünf Schrauben sind im Motorraum von rechts erreichbar.

Flüssigkeitsstand der Klimaanlage kontrollieren

Pflegearbeit Nr. 29

Zu der Anlage gehört ein Verdampfer mit Gebläse, das die Luft zum Heizungskasten drückt. Von dort kann die gekühlte Luft wie bei der normalen Heizungsanlage in verschiedene Wege gelenkt werden. Außerdem ist ein Zusatzlüfter eingebaut, dessen Relais von der Sicherung Nr. 12 geschützt ist. Ferner ist das Relais II der Klimaanlage durch die Sicherung Nr. 12 geschützt.

In den Leitungen der Klimaanlage befindet sich ein gasförmiges Kältemittel der Marken Freon, Frigen, Genetron oder Kaltron mit der Qualitätsbezeichnung R 12. Die Füllmenge beträgt 1200 g. In der Anlage ist das Kühlmittel verflüssigt, und der Stand dieser Flüssigkeit soll alle 20 000 km kontrolliert werden.

Zu der Kontrolle muß der Motor laufen und die Klimaanlage eingeschaltet sein. Mit einem Blick auf den Flüssigkeitsbehälter (im Motorraum unterhalb der rechten Scheinwerferabdeckung) kann man feststellen, ob unter dem Schauglas die weiße Kugel schwimmt. Außerdem muß das Kältemittel blasenfrei unter dem Glas hinwegfließen. Schwimmt die Kugel jedoch nicht oder sind Blasen und Schaum unter dem Glas zu sehen, muß in der Werkstatt fehlendes Kältemittel nachgefüllt werden. Sollten mehr als 200 g nachzufüllen sein, muß auch noch die Dichtheit der Klimaanlage überprüft werden.

Beförderung

Die Kraftstoffanlage im Auto beginnt beim Tank. Sie setzt sich bis zum Vergaser oder bis zur Einspritzanlage fort, und dazwischen ist entweder eine mechanische oder eine elektrische Pumpe angeordnet.
Schäden kommen an dieser Versorgungsleitung normalerweise nicht vor. Dennoch kann es nützlich sein, über die Stationen Bescheid zu wissen, die der kostbare und energiehaltige Saft durchfließt. Allenfalls die Benzinpumpe könnte einmal Ärger bereiten, weshalb sie etwas Aufmerksamkeit verdient.

Der Tank

Der Tank ist über der Hinterachse eingebaut; ein möglicher Auffahrunfall auf das Mercedes-Heck kann dem Kraftstoffbehälter also nichts anhaben. Sein Fassungsvermögen beträgt rund 65 Liter, bei den T-Modellen 70 Liter. Vor dem Ausbau (nicht rauchen, kein offenes Feuer) ist die Batterie abzuklemmen.
Am Wagenboden wird ein Gefäß zum Auffangen des Tankinhalts bereitgestellt. Bei hinten angehobenem Wagen klemmt man den einzelnen, aus dem Bodenblech hervortretenden Kraftstoffschlauch etwa 10 cm hinter seinem Anschluß am Tank mit einer Klemme ab. Die in Richtung Motor nächstliegende Leitungsverbindung wird gelöst und nach Lösen der Klemme läßt man den Kraftstoff in einen bereitgestellten Behälter ablaufen.
Weiterhin befinden sich unten am Tank zwei Leitungsanschlüsse: Rücklaufschlauch und Entlüftungsschlauch. Ersterer dient der Rückführung überschüssigen Kraftstoffs vom Vergaser. Den zweiten braucht der Tank zu seiner Be- und Entlüftung, da der absinkende Kraftstoff während des Betriebes sonst ein Vakuum entstehen lassen würde, was die Kraftstoff-Förderung behindert. Beim Befüllen des Tanks muß die dabei zusammengedrückte Luft entweichen können. Die Schlauchbinder dieser beiden Schläuche sind am Tank zu lösen und die Schläuche abzuziehen.
Danach läßt man den Wagen ab. Im Kofferraum wird die Gummimatte entnommen und die Seitenverkleidung ist abzubauen. Die Befestigungsschrauben für die Rückwand werden herausgedreht und die Rückwand herausgehoben. Zu beiden Seiten des jetzt freigelegten Tanks dreht man je zwei Muttern der Behälterbefestigung los. Links oben auf dem Tank wird der Kabelstecker vom Tauchrohrgeber abgezogen. Danach kann der Tank herausgezogen werden. Beim Einbau ist auf den richtigen Sitz der Gummimanschette am Kraftstoffeinfüllstutzen zu achten.
Der Tauchrohrgeber (siehe auch Seite 212) läßt sich bei eingebautem Tank demontieren. Dazu nimmt man den Verbandskasten aus der Heckablage und danach die darunter befindliche Plastikschale. Kabelstecker vom Tauchrohrgeber abziehen und an einem Stück Draht aufhängen, damit er nicht wegrutscht. Mit einem Maulschlüssel läßt sich der Tauchrohrgeber herausschrauben. Der neue Tauchrohrgeber muß mit einem neuen Gummidichtring eingebaut werden. Vorher entfernt man den Sicherungsstift, der sich unter dem Klebezettel außen am

Um das Filtersieb der Kraftstoffpumpe (1) zu entnehmen, wird die Deckelschraube mit Schraubenzieher oder Schraubenschlüssel SW 6 herausgedreht. Deckel (2) abheben und sofort hochhalten, weil sonst Benzin herausfließt. Um das weiter während der Arbeit zu verhindern, ist der Schlauch (5) zu knicken oder abzuklemmen. Unter dem Deckel befinden sich der Dichtring (3) und das Sieb (4).

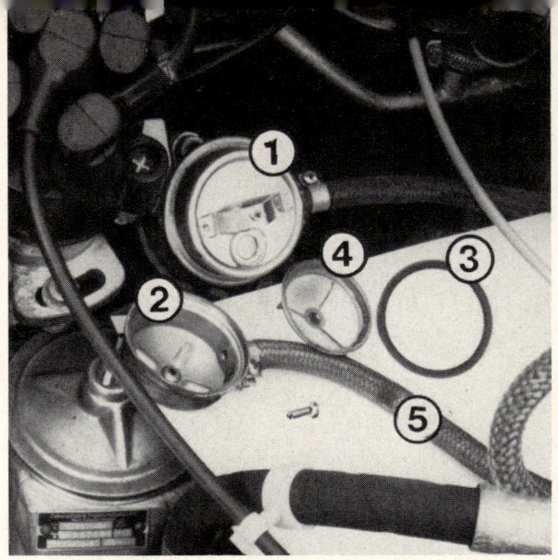

Rohr befindet. Dann läßt sich das Gerät ohne Umstände in die Öffnung im Tank einsetzen.

Der gefüllte Tank

Wenn man den Wagen für längere Zeit abstellt, sollte der Tank möglichst gefüllt sein. Das verhindert die Bildung von Kondenswasser. Wasser läßt den Tank rosten, und diese Verunreinigungen können die Arbeit der Benzinpumpe und des Vergasers stören. Außerdem ist Wasser dem Zinkspritzguß des Vergasers unzuträglich, weil sich dann Absonderungen bilden, die ebenfalls die Düsen und Bohrungen verstopfen können.
Einen aufgetankten Wagen soll man nicht in der prallen Sonne abstellen. Im Tank dehnt sich der Kraftstoff unter der Wärmeeinwirkung aus, denn in der Tankstelle befand er sich – vor Wärme geschützt – unter der Erdoberfläche.

Die mechanische Kraftstoffpumpe

Der 2-Liter-Motor kommt wegen dessen Vergaseranlage mit einer mechanischen Kraftstoffpumpe aus. Daimler-Benz verwendet aber nicht die von früher her bekannte Benzinpumpe, die man zerlegen, reparieren und wieder zusammenbauen konnte. An die Innereien dieser neueren, auch bei anderen Autos eingebauten Einheitspumpe kommt man nicht mehr heran.
Das Arbeitsprinzip dieser »Blechpumpe« blieb das gleiche wie früher: Sie saugt das Benzin vom Tank her durch die Kraftstoffleitung an und sorgt für die wohldosierte Zufuhr zum Vergaser hin. Weil das Benzin trotz des Filtersiebs im Tank noch Verunreinigungen mit sich führen kann, die im Vergaser zu Verstopfungen der Düsen beitragen können, ist im Pumpenoberteil – wie früher auch – ein Kraftstoffsieb eingesetzt, das zur gelegentlichen Reinigung herausgenommen werden kann.
Da die Ventile in der Pumpe nur eingepreßt sind, kann es vorkommen, daß sie sich aus ihrem Sitz lösen. Dann ist die Arbeit der Pumpe gestört. Manchmal hilft leichtes Klopfen an das Pumpengehäuse, aber gewöhnlich muß die Pumpe ersetzt werden. Eine Ersatzpumpe im Kofferraum bei Auslandsreisen ist eine recht gute Versicherung.
Bei den Mercedes-Modellen sitzt die Kraftstoffpumpe links am Motor, wo sie recht gut zugänglich ist. Mit einem Schraubenzieher wird die Schlitzschraube auf dem Blechdeckel gelöst, worauf das Kunststoffsieb zu entnehmen ist. Das Sieb reinigt man in einem Napf mit Benzin und bläst es sauber. Nochmals: Ein weiteres Demontieren der Pumpe ist nicht möglich.
Besteht der Verdacht, daß die Pumpe nicht mehr ordnungsgemäß Kraftstoff fördert, wird zur Kontrolle der Anschluß der Kraftstoffleitung zum Vergaser gelöst.

Zum Auffangen des auslaufenden Benzins einen saugfähigen Lappen unter den gelösten Anschluß legen. Dann dreht man den Motor mit dem Anlasser durch und beobachtet, ob aus dieser nun offenen Leitung Benzin heraussprudelt. Läuft der Kraftstoff nur in einem mageren Rinnsal oder eventuell in unregelmäßigen Abständen, dann ist die Pumpe nicht in Ordnung und muß ausgetauscht werden.

Mechanische Kraftstoffpumpe ersetzen

Zur Demontage vom Motor löst man Saug- und Druckschlauch an der Pumpe und zieht die Schläuche ab. Der Tank heranführende Schlauch wird abgeklemmt (Schlauch knicken und Wäscheklammer hinter dem Knick anklemmen oder Schlauch nach Lösen desselben mit Kugelschreiber o. ä. verstopfen). Danach schraubt man die beiden Schrauben SW 13 los, mit der die Pumpe befestigt ist. Zwischen Pumpe und Motor sitzen drei Dichtungen: eine Papierdichtung, eine Steinasbestdichtung und eine weitere Papierdichtung. Neue Papierdichtungen gibt es zusammen mit der neuen Bezinpumpe, und beim Anbau ist darauf zu achten, daß die dicke Asbestdichtung zwischen die Papierdichtungen angeordnet wird.

Die elektrische Kraftstoffpumpe

Die Einspritzanlage in den 230-E-Modellen ist mit einer elektrischen Kraftstoffpumpe verbunden. Diese Rollenzellenpumpe wird durch einen permanent erregten Elektromotor angetrieben. In dem Pumpengehäuse ist exzentrisch eine Läuferscheibe angeordnet, die an ihrem Umfang speziell beschichtete Metallrollen besitzt. Sie werden im Betrieb von der Zentrifugalkraft nach außen gepreßt und dienen dabei als Dichtung. In den Räumen zwischen den Rollen wird der eingedrungene Kraftstoff durch die Umdrehung des Pumpenläufers in die Druckleitung gefördert.
Obwohl der Elektromotor von Kraftstoff umgeben ist, besteht keine Explosionsgefahr. Es handelt sich hier um kein zündfähiges Gemisch. Die Pumpe besitzt ein austauschbares Rückschlagventil, das zwischen den beiden Kabelanschlüssen eingeschraubt ist. Zwischen Pumpe und daneben angebautem Kraftstoffilter und ihrem Halter ist eine Kusntstoffhülse montiert. Sie steht an beiden Seiten des Halters über, denn bei direkter Berührung der Teile kann Kontaktkorrosion auftreten.
Kraftstoffpumpe, Kraftstoffilter und Kraftstoffspeicher sind als »Paket« am Rahmenträger des hinteren Unterbaus montiert.
Zur Spannungsversorgung der Pumpe dient ein besonderes Pumpenrelais. Es sitzt im Motorraum hinten links und hat drei Aufgaben: 1. Ansteuerung der Pumpe beim Starten und bei laufendem Motor, zugleich des Warmlaufreglers und des Zusatzluftschiebers (siehe Seite 121), 2. Drehzahlbegrenzung bei ca. 6100/min, 3. Abschalten der Pumpe bei Ausbleiben der Impulse über Klemme TD des Schaltgeräts. In der Werkstatt werden Prüfarbeiten bei abgestelltem

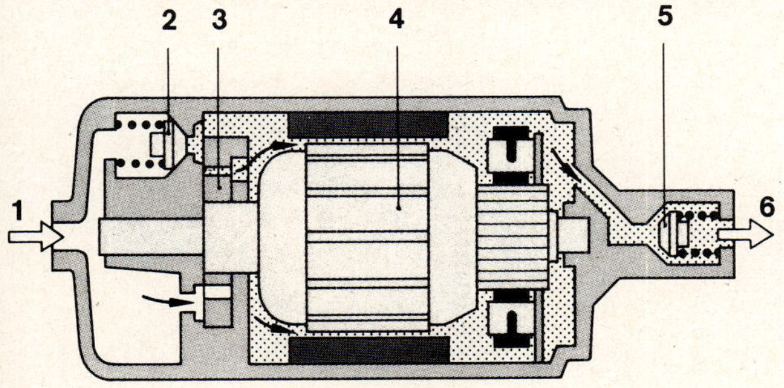

Schnitt der elektrischen Kraftstoffpumpe.
1 – Saugseite,
2 – Überdruckventil,
3 – Rollenzellenpumpe,
4 – Motoranker,
5 – Rückschlagventil,
6 – Druckseite.

Motor und laufender Kraftstoffpumpe durchgeführt. Dabei zieht man das Kraftstoffpumpenrelais ab und verbindet die beiden Buchsen mit einem Stück isolierten Draht.
Beim Starten wird das Relais über Klemme 50 und bei laufendem Motor über Klemme TD des Schaltgeräts angesteuert. Ab einer bestimmten Impulsfolge, die der Motordrehzahl entspricht, werden die Kontakte zur Pumpe unterbrochen und sie schaltet – ab der eben genannten Drehzahl – ab. Außerdem besteht noch eine Sicherheitsschaltung, die eine Sekunde nach dem letzten Impuls von Klemme TD über das Relais der Pumpe den Strom abschaltet.

Kraftstofffilter erneuern

Pflegearbeit Nr. 47

Zur Einspritzanlage gehört ein besonderes Filter, das in der Kraftstoffleitung neben der eben beschriebenen Kraftstoffpumpe angeordnet ist. Es soll spätestens nach jeweils 40 000 km erneuert werden. Das Filter kann nicht gereinigt werden; auch der Versuch, es mit Preßluft auszublasen, ist zwecklos.
Zum Austausch den Wagen hinten anheben oder über eine Grube fahren. Schutzkasten für Kraftstoffilter und -pumpe abschrauben. Beide Kraftstoffleitungen abschrauben, ebenso die Befestigungsschrauben für das Filter am Halter. Filter abnehmen, den Anschlußstutzen herausschrauben und am neuen Filter mit neuem Dichtring wieder einschrauben. Neuen Filter in Durchflußrichtung montieren (Pfeil am Filtergehäuse beachten). Bei der Montage muß die Kunststoffhülse auf beiden Seiten des Halters überstehen, eine beschädigte Kunststoffhülse muß ersetzt werden. Zuerst die Kraftstoffleitungen befestigen, dann die Befestigungsschrauben anziehen. Abschließend den Motor laufen lassen und die Anschlüsse der Kraftstoffleitungen auf Dichtheit prüfen.

Kraftstoffanlage auf Dichtheit prüfen

Pflegearbeit Nr. 24

Sämtliche Anschlüsse der Kraftstoffleitungen müssen völlig dicht auf ihren Anschlüssen sitzen. Die Schläuche sind mit schraubbaren Schlauchbindern auf den Rohrstutzen befestigt. Die Sichtprüfung nimmt man möglichst bei laufendem Motor vor: Wo Kraftstoff an den Anschlüssen hervortritt (auch wenn es nur geringe Flüssigkeitsspuren sind), müssen die Schlauchbinder nachgezogen werden.
Die Schlauchbinder dürfen aber nicht »auf Block angezogen« werden, womit gemeint ist, daß sich die Schellenenden, die der Schraube als Führung dienen, nicht berühren dürfen, sonst wird der Schlauch zerquetscht. Zu kontrollieren sind alle Anschlüsse im Motorraum (Kraftstoffpumpe, Vergaser oder Einspritzanlage) und unter dem Wagenboden (Tank und eventuell Kraftstoffpumpe und Filter der Einspritzanlage). Undichte Schläuche oder Leitungen erneuern.

Mischungsverhältnis

Der hier beschriebene Vergaser wird von Daimler-Benz schon seit 1968 bei den kleinen Vierzylinder-Modellen eingesetzt, von geringfügigen Änderungen im Aufbau des Vergasers abgesehen. Dadurch besteht die Gewähr, im Auto ein erprobtes Aggregat zu haben, dessen Funktion im Notfall vom Mercedes-Service schnell wieder ins rechte Lot gerückt werden kann. Mit etwas Einfühlungsvermögen kann der 200-Besitzer aber auch selbst die richtige Arbeitsweise dieses Vergasers überwachen und einige Wartungsarbeiten in eigener Regie erledigen.

Was sich im Vergaser tut

Es ist Aufgabe des Vergasers, Kraftstoff und Luft in ein entflammbares »Gemisch« zu verwandeln, also eine Flüssigkeit mit einem Gas zu mischen. Dieses Verhältnis darf nicht zu fett (zuviel Benzin) und nicht zu mager sein. Die Menge und die Zusammensetzung des Gemischs müssen sich regulieren lassen, wodurch man Geschwindigkeit und Leistung des Wagens bestimmen kann. Verschiedene gesonderte Einrichtungen im Vergaser verhindern eine Veränderung der Benzin-Luft-Menge durch äußere Einflüsse. Leerlauf und Vollast, plötzlicher Gaswechsel, Steigungen und Gefälle, niedriger Luftdruck (Gebirge), Hitze, Kälte und Luftfeuchtigkeit sind Faktoren, die sich auf die Arbeitsweise des Vergasers auswirken.

Heutige Vergaser erfüllen ihre Aufgaben zuverlässig. Diese Tatsache war Voraussetzung für ihre vom Gesetzgeber vorgeschriebene umweltfreundliche Arbeitsweise, bei der die Motoren relativ schadstoffarme Abgase ausstoßen. Hand in Hand damit geht jedoch eine äußerst exakte Justierung der Vergaser, die bereits beim Vergaser-Hersteller erfolgt. Nachträgliche Einstellungen können nur von geschultem Fachpersonal unter Zuhilfenahme spezieller Instrumente ausgeführt werden.

Um unbefugte Änderungen an der Einstellung zu verhindern, ist es seit einigen Jahren Vorschrift, daß die Autos mit plombierten Regulierschrauben(Eingriffsicherungen) am Vergaser geliefert werden. Dabei handelt es sich gerade um diejenigen Einstellschrauben, an denen man früher schnell einmal herumdrehen konnte. Es gibt nur noch sehr begrenzte Möglichkeiten der Beeinflussung, etwa zur Korrektur der Leerlaufdrehzahl.

Der Vergaser-Typ

Die Modelle 200 (mit Motor 102 920) sind mit einem Stromberg-Gleichdruckvergaser 175 CDT ausgerüstet. Zu beachten ist, daß die bis 1980 gebauten Modelle 200 (mit Motor 115 938) mit einem etwas abweichenden Vergaser Stromberg 175 CDTU ausgestattet wurden.

Bei der Pierburg GmbH & Co. KG, Leuschstraße 1, 4040 Neuß 13, wird dieser Vergaser hergestellt. Ersatzteile erhält man in Mercedes-Werkstätten oder in Vertragswerkstätten von Pierburg. Letztere sind gewöhnlich auch als Solex-Dienste bekannt.

Ansicht des Stromberg-Vergasers 175 CDT.
1 – Dämpferkappe,
2 – Verschlußdeckel,
3 – Vergaserdeckel,
4 – Zusatzluft-Einstellschraube,
5 – Thermoverzögerungsventil,
6 – Pulldown (Unterdruckmembrane für die Startautomatik),
7 – Startergehäuse,
8 – Drosselklappenhebel,
9 – Leerlaufabschaltventil.

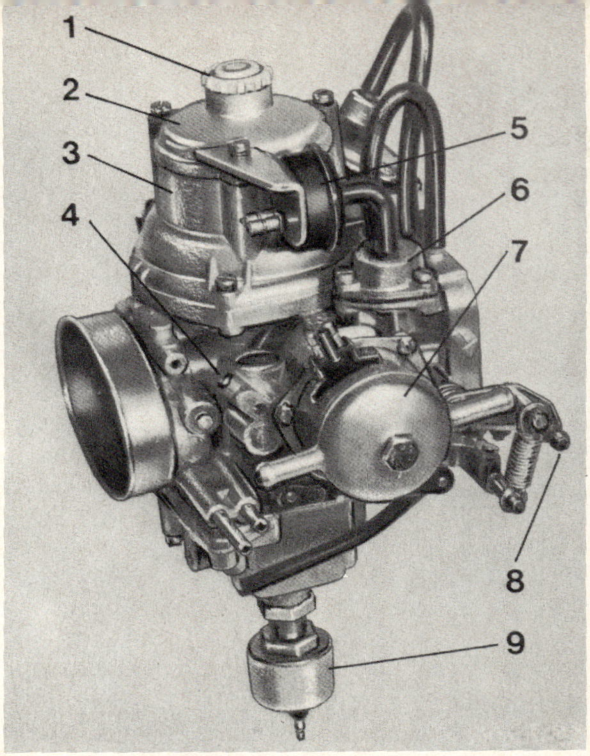

Vergaser Stromberg 175 CDT

Dieser Flachstromvergaser arbeitet im Gegensatz zu sonst üblichen Vergasern nach dem Prinzip des konstanten Unterdrucks mit veränderlichem Lufttrichter- und Nadeldüsenquerschnitt (die Buchstaben CD entstammen dem Englischen: constant depression). Gewissermaßen stellt er eine Kombination von Schieber-Vergaser – von Motorrädern her bekannt – und bei Automotoren gebräuchlichen Drosselklappen-Vergasern dar. Bei letzteren ist der Unterdruck , der das Kraftstoff-Luft-Gemisch in den Motor saugt, wegen der veränderlichen Öffnungsweiten im Durchlaß nie gleichmäßig. Die Bezeichnung »Gleichdruckvergaser« beim Stromberg-Vergaser rührt her von dem nahezu gleichbleibenden Unterdruck an der Nadeldüse in allen Drehzahl- und Lastbereichen des Motors. Die Steuerung des Querschnitts von Lufttrichter und Nadeldüse geschieht in Abhängigkeit von der Drosselklappenöffnung, der Motordrehzahl und der Motorbelastung. Dabei wird der Gemischbedarf des Motors von Leerlauf bis Vollast durch ein einziges, variables Düsensystem stufenlos geregelt.

Teile des Vergasers

Der Vergaser besteht aus den vier miteinander verschraubten Hauptteilen: Schwimmerkammer, Vergasergehäuse, Vergaserdeckel, Starteinrichtung. Zwischen diesen ist jeweils eine Dichtung angebracht.

Schwimmerkammer

Die gegenüber früher vergrößerte Schwimmerkammer sitzt unten am Vergasergehäuse. Sie enthält einen jetzt auch größeren Schwimmer, der für gleichbleibendes Kraftstoffniveau in der Kammer sorgt. Sinkt dieses beim Lauf des Motors ab, sinkt auch der Schwimmer und öffnet über eine Nadel den Kraftstoffzufluß. Der neu festgelegte Schwimmerstand von 18–19 mm sichert stets ausreichenden Freigang zwischen Schwimmer und Vergasergehäuse.

Leerlauf-Abschaltventil

Von unten in die Schwimmerkammer ist ein elektromagnetisches Leerlauf-Abschaltventil eingeschraubt. Die Stromzufuhr erfolgt über einen Einfach-

Kabelstecker, der Masseanschluß ist durch das Massekabel zwischen Vergaser und Saugrohr hergestellt. Das Ventil sorgt beim Abschalten der Zündung für eine Unterbrechung des Kraftstoffzuflusses, wobei durch einen Verzögerungsschalter nach 6–16 Sekunden die Kraftstoffzufuhr zu der dort ebenfalls sitzenden Kraftstoffdüse abgeschaltet wird. Bei eingeschalteter Zündung ist das Ventil stromlos und geöffnet. Dadurch erfolgt die Kraftstoffzufuhr auch bei unterbrochener elektrischer Leitung.
Bei laufendem Motor erhält das Leerlauf-Abschaltrelais Strom von Klemme TD des Schaltgeräts. Über 6100/min Motordrehzahl schließt das Relais und sperrt die Kraftstoffzufuhr.
Das Ventil dient auch zur Einstellung des CO-Wertes. Es ist gegen unbefugtes Verstellen mit einer Eingriffsicherung versehen.

Vergasergehäuse

Das Vergasergehäuse trägt an seiner Unterseite den bereits erwähnten Schwimmer und das Schwimmernadelventil. Im Gehäuse ist die Drosselklappenwelle mit der Drosselklappe gelagert. Der Drosselhebel ist mit einer Anschlagschraube versehen, die gegen Verstellen gesichert ist. Eine Zugfeder zwischen Drosselhebel und Flansch zieht die Drosselklappe in Richtung Schließstellung.
Das frühere Umluft- und Umgemischsystem im Vergaser ist entfallen. Vielmehr wird die Leerlaufdrehzahl mit einer neu angeordneten Einstellschraube in der Nähe des Drosselklappenhebels reguliert. Daneben sitzt eine (kürzere) Einstellschraube zur Regulierung der sogenannten Warmlaufdrehzahl. Bei Wagen mit Klimaanlage ist noch ein – separat angebautes – elektrisches Umschaltventil vorhanden, das für eine Belüftung des Unterdruckreglers am Vergaser sorgt, wenn der Kältekompressor im Leerlaufbetrieb zugeschaltet wird. So konnte man verhindern, daß der Motor dann schüttelt oder abstirbt.
Am Vergasergehäuse ist auch die Starteinrichtung befestigt, außerdem der Anschluß der Kraftstoffleitung.
In dem Gehäuse befindet sich ein Kolben (»Luftkolben«) mit einer 110 mm langen Druckfeder (früher 160 mm lang), die ihn in Schließstellung drückt, dazu eine federnd gelagerte neue Düsennadel mit der Bezeichnung »CC«. Die Kolbenmembrane dient zugleich als Dichtung zwischen Vergasergehäuse, Vergaserdeckel und Kolben. Ein bis 1980 vorhandener Tupfer als Heißstarthilfe und der gleichzeitig vorhandene Plastikstützring für die Membrane werden nicht mehr benötigt, beide sind entfallen.

Vergaserdeckel

Im Vergaserdeckel, der auf dem Gehäuse festgeschraubt ist, sitzen die hohle Kolbenführungsbuchse und ein neu gestalteter Luftkolbendämpfer mit Kugelventil. Eine Kappe auf dem eingeschraubten Dämpfer dient zugleich als Verschluß für den Ölvorratsraum. Der Hohlraum der Kolbenachse ist mit Öl gefüllt, das die Bewegungen des Luftkolbens dämpft und verhindert, daß er flattert, wobei der Kraftstoff stoßweise austreten würde. Aus dem Ölreserveraum kann Öl in den Dämpferschaft nachfließen.
Außerdem sorgt das erwähnte Kugelventil des Dämpferkolbens dafür, daß die Aufwärtsbewegung des Luftkolbens gedämpft wird. Da die Dämpferstange verlängert und der Dämpferkolben verkürzt wurde, mußte oberhalb des Kolbens eine dreieckige Führung angebracht werden. Die Stange ist in der Kappe beweglich gelagert.
Die Erstbefüllung des Dämpferraums erfolgt über die Einschrauböffnung im Verschlußdeckel. Im Fahrbetrieb erfolgt die weitere Befüllung durch Spritzöl, das durch einen Ringspalt am Abdeckplättchen der Dämpferstange gelangt.

Funktionsschema des elektrischen Thermoverzögerungsventils.
1 – Heizelement,
2 – Thermoverzögerungsventil,
3 – Belüftungsrohr,
4 – Bimetallventilplatte,
5 – Dichtring,
6 – Drossel,
7 – Anschlußrohr,
8 – Druckfeder,
9 – Membranraum,
10 – Pulldown-Membrane,
11 – Membranstange,
12 – Startanreicherungsventil,
13 – Drosselklappe;
a – zum Starterdeckel (Batterie +),
b – Masse.

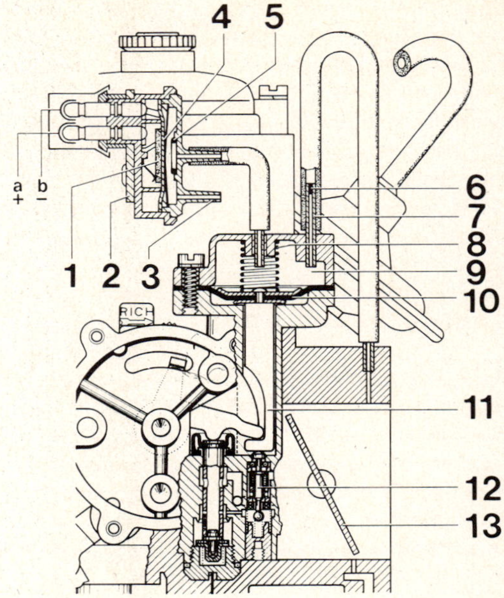

Starteinrichtung

Die Starteinrichtung ist elektrisch- und warmwasserbeheizt. Der Starterdeckel nimmt den elektrischen Anschluß, die Heizspirale und die Bimetallfeder auf. Starterhebel, Anschlaghebel, Drehfeder, Stufenscheibe, Starterschieber mit Membrane und Ventil sowie ein Starter-Anreicherungsventil sind Bauteile im Startergehäuse.

Über dem Starterschieber ist der Pulldown, bestehend aus Unterdruckmembrane mit Stange und Feder, angeordnet. Seine Aufgabe wird noch erwähnt. Der Stangenhub darf nicht verändert werden. Anstelle des Thermozeitschalters und des elektromagnetischen Umschaltventils beim Vergaser bis 1980 regelt ein neues Thermoverzögerungsventil die notwendige Pulldown-Verzögerung.

An der Rückseite des Startergehäuses verhindert eine Plastikabdeckung das Eindringen von Schmutz. Ebenso ist der sonst offene Einstellschlitz über dem Mitnehmerhebel (an der Markierung »RICH«) mit einer geclipsten Plastikabdeckung verschlossen. Die seitlich des Startergehäuses sitzende Zusatzluft-Einstellschraube ist ab Werk eingestellt und mit einem Plastikstopfen gesichert.

Arbeitsweise

Die Menge des austretenden Kraftstoffs wird durch eine Düsennadel gesteuert. Diese ist praktisch das untere Ende eines in der Höhe verschiebbaren Kolbens (»Luftkolben«). Dessen Stellung ist nicht direkt beeinflußbar, etwa durch das Gaspedal, sondern sie reguliert sich indirekt durch den je nach Drosselklappenöffnung höheren oder geringeren Unterdruck in der Unterdruckkammer oberhalb des Luftkolbens.

Je weiter die Drosselklappe durch das Gaspedal geöffnet wird, um so mehr wird von dem nach oben gesaugten Luftkolben die Düsennadel aus der Nadeldüse angehoben, wodurch eine größere Öffnung für den Kraftstoffaustritt freigegeben wird. Aus der ringförmigen Nadeldüse tritt entsprechend mehr Kraftstoff aus und wird vom Luftsog in den Verbrennungsraum des Zylinders mitgerissen. Die Kraftstoffmenge wird von der Stärke dieses Luftsogs bestimmt.

Der Sog entsteht durch den im Motor sich nach unten bewegenden und somit ansaugenden Kolben, es bildet sich also ein Unterdruck. Dieser wirkt sich in der

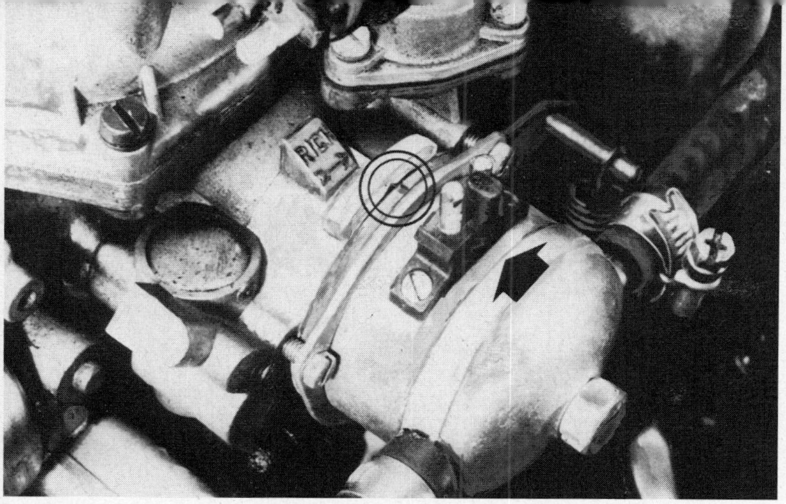

Das Startergehäuse. Hier sind die Markierungen (unterhalb des aufgeprägten Wortes »RICH«) vorhanden, die übereinstimmen sollen. Jede einmal von der Werkstatt vorgenommene Einstellung, die mit der Stellung der Starterklappe zusammenhängt, muß erhalten bleiben und soll im Bedarfsfall nur wieder in der Werkstatt korrigiert werden. Falls nach längerer Standzeit die Starteinrichtung streikt: Gehäusedeckel abschrauben und den Stift, der auf den Mechanismus nach der Bimetallfeder drückt, mit Caramba einsprühen und mehrmals bewegen. Deckel wieder in der alten Stellung festschrauben.

Mischkammer und am Austritt der Kraftstoffdüse aus, und der abgesaugte Kraftstoff vermengt sich mit der einströmenden Ansaugluft zum Leerlaufgemisch. Dieses strömt dann – unter Umgehung der Drosselklappe – direkt in das Saugrohr. Durch den Drosselklappenspalt gelangt nur eine geringe Menge des Leerlaufgemisches in das Saugrohr.

Kaltstart

Die hier und im nächsten Abschnitt »Warmstart« beschriebene Funktion geschieht in Abhängigkeit des schon erwähnten Thermoverzögerungsventils, wobei einmal die Arbeitsweise bei Temperaturen unter +60° C und zum anderen über +60° C gemeint ist. Zum näheren Verständnis siehe die Zeichnung auf Seite 110.
Beim Kaltstart steht die Bimetallventilplatte des Thermoverzögerungsventils offen. Dadurch wird über das Belüftungsrohr der Pulldown-Membranraum belüftet. Der Unterdruck, nach dem Starten des Motors entstanden, kann somit nicht auf die Pulldown-Membrane einwirken. Diese Membrane (und mit ihr die Membranstange) werden von der Druckfeder zunächst nach unten gedrückt. Damit bleibt das Startanreicherungsventil geöffnet. Das unter solchen Bedingungen entstehende »fette« Startgemisch gewährleistet ein sicheres Durchlaufen des Motors.
Gleichzeitig mit dem Startvorgang wird über Klemme 15 T (am Zündanlaßschalter, nur beim Modell 200) die Bimetallventilplatte durch das dort befindliche Heizelement beheizt. Abhängig von der Umgebungstemperatur und nach einer festgelegten Verzögerungszeit schaltet die Bimetallventilplatte auf Stellung »geschlossen«. Wegen der dadurch aufgehobenen Belüftung des Membranraums kann der Unterdruck auf die Pulldown-Membrane wirken. Er zieht die Membrane und die Membranstange – entgegen der Kraft der Druckfeder – nach oben, das Startanreicherungsventil schließt und das Gemisch magert ab.

Warmstart

Über ca. +60° C steht die Bimetallventilplatte auch ohne elektrische Beheizung in Schließstellung. Der Pulldown-Membranraum wird nicht belüftet. Sofort nach Anlassen des Motors wirkt der Unterdruck auf die Pulldown-Membrane und zieht sie nach oben, wodurch das Startanreicherungsventil ohne Verzögerung schließt. Auf diese Weise erhält der Motor ein abgemagertes Startgemisch.

Leerlauf

Die aufeinander abgestimmten Stellungen von Drosselklappe, Zusatzluft-Einstellschraube, Kolben und Düsennadel ergeben das Leerlaufgemisch. Der in der Mischkammer und an der Nadeldüse wirksame Unterdruck ist von der ein-

gestellten Zusatzluft abhängig. Er beeinflußt die Stellungen von Kolben und Nadel und somit die Durchflußmenge des Kraftstoffs.
Die Leerlauf-Drehzahl ist von der Einstelltiefe der Leerlaufdrehzahl-Einstellschraube am Anschlag des Drosselklappenhebels abhängig.

Beschleunigung

Beim schnellen Öffnen der Drosselklappe (Gaspedal wird niedergetreten) benötigt der Motor ein reicheres Kraftstoff-Luft-Gemisch. Diese Anreicherung wird durch Vergrößerung des Unterdrucks an der Nadeldüsenöffnung erreicht. Die Unterdruckerhöhung entsteht durch das Entgegenwirken der sofortigen Bewegung des Luftkolbens nach oben, was beim plötzlichen Öffnen der Drosselklappe die Kolbenfeder und der in der hohlen Kolbenachse in Dämpferöl geführte Dämpferkolben besorgen.

Normalbetrieb

Im Vergaserdeckel befindet sich eine Kammer, die durch die mit dem Luftkolben verbundene Membrane vom Vergasergehäuse getrennt ist. In sie wird beim Öffnen der Drosselklappe der Unterdruck durch Bohrungen im Kolbenboden geleitet. Das Druckgefälle zwischen dem Druck oberhalb und unterhalb der Membrane hebt den Luftkolben im Verhältnis zum Luftdurchsatz an der Drosselklappe an. Damit wird der Lufttrichterquerschnitt vergrößert. Luftgeschwindigkeit und Unterdruck an der Nadeldüse bleiben dabei derart konstant, daß in allen Drehzahlbereichen der Kraftstoff gut zerstäubt wird.

Vollastbetrieb

Luftkolben und Düsennadel heben sich um so mehr an, wie Luft durch den Vergaser gesaugt wird. Bei Vollast erreicht der Kolben die oberste Stellung. Damit ist eine entsprechende Vergrößerung des Ringspalts an der Nadeldüse verbunden und im Verhältnis zur angesaugten Luft wird der Kraftstoff optimal zugeteilt. Die Düsennadel besitzt einen äußerst genau gefertigten Konus, der bei allen Motorverhältnissen stufenlos die richtige Kraftstoffmenge für das Kraftstoff-Luft-Gemisch freigibt.

Wartungsarbeiten

Die vorangegangenen Beschreibungen machen deutlich, daß der gewiß nicht einfache Aufbau des Vergasers und die Vielzahl der ineinander greifenden Abläufe in ihm keine unsachgemäßen Eingriffe erlauben.
Aber das Wissen um die Zusammenhänge, wie der Vergaser arbeitet, kann zu einer Diagnose verhelfen, falls einmal der Motorlauf von der sonst gewohnten Weise abweicht. Damit es möglichst gar nicht erst zum Ärger am Vergaser kommt, sind einige Wartungsarbeiten zu erledigen, von denen die drei zunächst beschriebenen kein Fachwissen erfordern. Die danach anschließend behandelten Überprüfungen der Vergasereinstellung kann man ohne Hemmungen – eventuell mit nicht selbst ausgeführten Wartungsarbeiten an der Zündanlage – der Werkstatt in Auftrag geben.

Luftfiltereinsatz reinigen

Pflegearbeit Nr. 17

Für die Reinigung der Ansaugluft, die dem Vergaser zugeführt wird, sorgt ein Trockenluftfilter. Das runde Gehäuse für den Luftfiltereinsatz ist direkt auf dem Vergaser befestigt.
Der Gehäusedeckel wird an seiner Oberseite von drei Muttern SW 10 und von Schnappverschlüssen am Rand des Gehäuses festgehalten. Nach Lösen dieser Befestigung läßt sich der Deckel genügend anheben, um den Filtereinsatz auswechseln zu können. Der links befestigte Ansaugluftschlauch bleibt montiert.
Der im Gehäuse sitzende Filtereinsatz mit radial angeordneten Papierelementen ist herauszunehmen und mit Preßluft zunächst von innen nach außen, dann

Der Luftfiltereinsatz beim Typ 200 wird entnommen, indem man die drei Befestigungsmuttern (2) für den Gehäusedeckel abschraubt und dann die Schnappverschlüsse (1) löst. Deckel abnehmen und den Papiereinsatz (3) herausheben.

an der Ober- und Unterseite mit schräg gehaltener Preßluftpistole abzublasen Preßluft steht an jeder Tankstelle zur Verfügung. Im äußersten Fall kann man auch eine Fahrradluftpumpe benutzen, um die gröbste Verunreinigung zu beseitigen. Der gereinigte Filtereinsatz darf unter keinen Umständen eingeölt oder irgendwie befeuchtet werden, das würde seine Filterwirkung behindern.
Mit einem trockenen, sauberen Lappen werden die Inenseiten des Filtergehäuses und seines Deckels ausgewischt. Man darf aber dazu keine Putzwolle nehmen, weil zurückbleibende Fasern auch eine Verschmutzung darstellen.
Der Papiereinsatz soll alle 20 000 km gereinigt werden. Bei hohem Staubanfall muß man ihn in kürzeren Abständen reinigen und nach 20 000 km erneuern.

Luftfiltereinsatz erneuern

Pflegearbeit Nr. 50

Bei normalen Betriebsverhältnissen, wenn das Auto nicht auf staubigen Landstraßen oder ständig auf Baustellen bewegt wurde, ist der Papiereinsatz nach 60 000 km zu erneuern. Einen neuen Filtereinsatz erhält man beim Mercedes-Service und gleichfalls in Zubehörgeschäften unter Angabe des Fahrzeugmodells. Luftfilter beim 2,3-Liter-Motor siehe Seite 122.

Luftfiltergehäuse abbauen

Wenn das komplette Luftfiltergehäuse abgebaut werden soll, ist zunächst der Gehäusedeckel abzunehmen, wie im Abschnitt »Luftfiltereinsatz reinigen« beschrieben. Die Schlauchschelle am Ansaugluftschlauch wird gelockert, der Schlauch vom Stutzen abgezogen. Das Gehäuseunterteil ist noch innen mit zwei Muttern SW 10 und außen mit einer weiteren Mutter befestigt.

Ölstand im Vergaser kontrollieren

Pflegearbeit Nr. 13

Die Bedeutung der Ölfüllung wurde auf Seite 109 beschrieben. Der Ölstand soll jeweils nach 10 000 km kontrolliert werden. Dazu den Schraubverschluß auf dem Vergaserdeckel mit dem daran hängenden Luftkolbendämpfer vorsichtig herausschrauben (Bild Seite 114). Das Niveau der Ölfüllung soll bis zum unteren Rand der Öffnung für den Verschluß im Vergaserdeckel reichen.
Zur Nachfüllung dient grundsätzlich Flüssigkeitsgetriebeöl (ATF), das sich auch im mechanischen Schaltgetriebe des Mercedes befindet, gewöhnlich aber in automatischen Getrieben verwendet wird.

Leerlauf überprüfen

Pflegearbeit Nr. 21

Der Leerlauf soll in Abständen von 20 000 km überprüft und erforderlichenfalls eingestellt werden. Das ist nötig, weil sich die Einstellung durch Temperaturschwankungen, Motorvibrationen oder Einschlagen beweglicher Teile ändern kann. Die Leerlaufeinstellung ist nicht nur wegen ihres Einflusses auf den Gesamtverbrauch wichtig (bei zu hohem Leerlauf kann sich ein Mehrverbrauch bis

Die Dämpferkappe ist zugleich Verschlußstopfen für den Ölvorratsraum. In dem starr mit der Dämpferstange verbundenen Dämpferkolben (am unteren Ende der Stange) ist ein Kugelventil integriert. Der Ölstand soll bis zum unteren Rand der Öffnung reichen. Andernfalls füllt man das für den Motor vorgesehene Öl nach, bei längeren Kälteperioden jedoch ATF (Flüssigkeitsgetriebeöl).

zu 1 l/100 km ergeben). Vielmehr vermehrt ein falscher Leerlauf den Ausstoß giftiger Abgase, wogegen einschlägige Vorschriften erlassen wurden. Schließlich senkt zu hoher Leerlauf auch die Bremswirkung des Motors.
Vor der Einstellung des Vergasers muß einwandfrei feststehen, daß die Zündanlage sich in tadellosem Zustand befindet. Außerdem muß das Ventilspiel genau stimmen. Bei der Einstellarbeit muß das Luftfilter aufgebaut bleiben, weil sonst die Werte verfälscht werden. Der Motor soll seine Betriebstemperatur (Öltemperatur 75–85° C, nicht höher) erreicht haben. Bei Wagen mit automatischem Getriebe ist die Wahlhebelstellung »P« einzulegen, die eventuell vorhandene Klimaanlage muß ausgeschaltet sein.
Durch die Einstellung werden die Drehzahl des Motors und die Menge des Kraftstoffanteils reguliert. Früher konnte ein geübter Praktiker die Leerlaufeinstellung mit dem Schraubenzieher und mit Hilfe seines Gehörs vornehmen. Heute bleibt seine Tätigkeit stets ein Behelf, da die korrekte Feinabstimmung nur unter Zuhilfenahme besonderer Geräte erreicht werden kann. Bei Daimler-Benz nimmt man dazu einen Drehzahlmesser (der im Wagen eingebaute ist für diese Arbeit zu ungenau) oder ein Digital-Prüfgerät, ferner ein CO-Meßgerät. Solche Instrumente werden gemäß der ihnen beigefügten Anleitung angeschlossen.
Die Leerlaufdrehzahl soll auf 800 ± 50/min eingestellt sein. Dabei soll der Abgaswert 1,2 ± 0,4 Vol.–% CO betragen. Bei abgezogenem Unterdruckschlauch soll sich eine Drehzahl von 1250 ± 50/min ergeben, und bei Zuschalten aller Zusatzaggregate (automatisches Getriebe, Servolenkung voll eingeschlagen, Klimaanlage) muß der Motor noch einwandfrei durchlaufen.
Wenn diese Toleranzwerte überschritten werden, muß man eine Korrektur vornehmen.

Leerlauf einstellen

Um zu verhindern, daß die Kühlmitteltemperatur während der Einstellung über 100° C ansteigt, den Stecker des Temperaturschalters (Bild Seite 88 oben) abziehen und durch ein Hilfskabel mit Masse verbinden.
Bei laufendem Motor muß der Leerlaufanschlag an der Leerlaufdrehzahl-Einstellschraube erfolgen. Diese Schraube (es ist die längere der beiden Schrauben am Drosselklappenhebel) jetzt so einstellen, daß sich die Drehzahl von 800/min ergibt.
An dieser Schraube kann also auch unterwegs einmal durch langsames Drehen die Drehzahl angehoben werden, falls der Motor im Leerlauf öfter stehen bleibt. Eine genaue Einstellung muß danach die Mercedes-Werkstatt vornehmen.

CO-Wert einstellen

Zur Einstellung des Abgaswertes entfernt man die zwischen Schwimmerkammer und Kraftstoffabschaltventil angebrachte Manschette der Eingriffsicherung. Nach der Arbeit montiert die Werkstatt eine neue Manschette mit Sicherungskappe.
Die gegen das Schwimmergehäuse arretierende Kontermutter lösen und den Leerlauf-Abgaswert durch Drehen des Abschaltventils einstellen. Dabei bedeutet Herausdrehen einen höheren Wert, Hineindrehen einen niedrigeren Wert.
Bei mechanischem Getriebe muß sichergestellt sein, daß beim Gasgeben der Motor unmittelbar anspricht. Andernfalls ist Spiel im Gestänge zwischen der längs am Motor verlaufenden Gashebelwelle und der Kulisse zur Regulierstange am Drosselklappenhebel. Das Spiel beseitigt man durch Drehen der Regulierstange, dazu eventuell das obere Kugelgelenk aushängen.

Unterdruckregler einstellen

Im Leerlauf den Unterdruckschlauch an der Unterdruckdose abziehen. Die Drehzahl von 1250/min wird an der unten am Anschlag des Drosselklappenhebels anliegenden Schraube eingestellt. Vorher die Kontermutter lösen und dabei die Membranstange gegenhalten. Zwischen der Einstellschraube und dem Drosselklappenhebel soll ein Abstand von ca. 0,5 mm bestehen. Nach der Einstellung die Kontermutter bei festgehaltener Membranstange anziehen und den Unterdruckschlauch wieder aufstecken.
Bei voll eingeschlagener Servolenkung muß der Motor noch einwandfrei durchlaufen, andernfalls die Drehzahl mit der Einstellschraube noch nachregulieren.

Zusätzliche Einstellungen

Die im Abschnitt »Vergasergehäuse« angesprochene Warmlaufdrehzahl beträgt 1700 ± 100/min. Gleichzeitig beläuft sich der Abgaswert auf 7 ± 1 Vol.–% CO. Die Warmlaufdrehzahl wird mit der (kürzeren) Einstellschraube neben der Leerlaufdrehzahl-Einstellschraube am Drosselklappenhebel reguliert.
Zur Einstellung des Abgaswertes den Sicherungsstopfen über der Zusatzluft-Einstellschraube (neben dem Startergehäuse) entfernen. Durch Hineindrehen der Schraube wird das Gemisch fetter und die Anzeige höher, durch Herausdrehen entsprechend magerer bzw. niedriger. Nach der Einstellung drückt man in der Werkstatt einen neuen blauen Sicherungsstopfen in die Bohrung der Einstellschraube.

Abgasmessung bei der TÜV-Kontrolle

Bei der regelmäßigen TÜV-Überprüfung wird auch der CO-Gehalt im Abgas gemessen. Zulässig sind höchstens 4,5 Volumenprozent CO, aber bei den Mercedes-Modellen mit ihrem modernen Vergaser ist ein solcher Wert zuviel. Vor der Messung sollte man folgendes beachten:

Einstellschrauben für Leerlauf- und Warmlaufdrehzahl.
1 – Starterverbindungsstange,
2 – Warmlaufdrehzahl-Einstellschraube,
3 – Leerlaufdrehzahl-Einstellschraube,
4 – Rückzugfeder für Drosselklappenhebel.

■ Der Motor muß betriebswarm sein. Lassen Sie ihn beim TÜV nicht unnötig im Leerlauf tuckern, das verschlechtert den CO-Wert.

■ Wird der Mercedes ausschließlich im Kurzstrecken-Stadtverkehr bewegt, sollten Sie ihn vor der Messung rund 100 km zügig bewegen. So werden Verbrennungsrückstände im Motor durch die Auslaßventile hinausgeblasen. Einen guten Anhaltspunkt liefert auch das Auspuffrohr: Ist es nach längerer zügiger Fahrt innen schwarz und rußig und kriecht diese Schwärze gar um das Rohr auf die Außenseite, sollten Sie vor dem TÜV die Zündungs- und Vergasereinstellung kontrollieren lassen. Ist dagegen das Auspuffrohr innen grau, so ist alles in Ordnung.

Vergaser reinigen

Verschmutzungen im Kraftstoff können in seltenen Fällen zu Störungen führen, die sich schon dann auswirken, wenn sie noch recht minimal erscheinen. Auch Wasser im Kraftstoff hat die Eigenschaft, Absonderungen von dem Zinkguß (Zinkkarbonat) des Vergasergehäuses zu erzeugen. Öldämpfe der Kurbelgehäuseentlüftung bereiten ebenfalls Verunreinigungen, insbesondere wenn man aus vermeintlichem Sicherheitsbedürfnis zu viel Öl in den Motor füllte. Alle diese Einflüsse können zu Einbußen in der Leistung des Motors führen.

Demontage und Reinigung des Vergasers sind in Eigenarbeit aber nicht zu empfehlen. Die Demontage verlangt viel Aufmerksamkeit, und der Zusammenbau müßte womöglich mit Hilfe eines herbeigeholten Fachmannes erfolgen. Unentwegte Heimwerker können sich allenfalls ansehen, was sie sich zutrauen abzuschrauben. Auf den Bildern dieses Kapitels sieht man, welche Düsen verhältnismäßig leicht zugänglich sind und welche Vergaserteile ohne spätere Komplikationen gelöst werden können. Zu beachten ist, daß kein Teil verlorengeht oder vertauscht wird, daß keine Dichtung beschädigt ist und daß bei der Arbeit nichts in den Vergaser hineinfällt.

Ausgebaute Vergaserteile reinigt man in Kraftstoff oder Spiritus. Düsen und Bohrungen werden mit mäßigem Preßluftdruck ausgeblasen, wozu sich eine Handluftpumpe eignet. Auf keinen Fall dürfen die Düsen mit Draht durchstoßen werden, geeignet ist jedoch das Borstenhaar einer Bürste. Düsen sind aus weichem Metall (Messing), daher nicht zu fest einschrauben. Das Schwimmernadelventil muß einwandfrei beweglich sein; wenn es undicht ist oder hängt, liefert es zuviel Kraftstoff. Ein neues Schwimmernadelventil muß stets mit neuem Dichtring eingesetzt werden. Den richtigen Schwimmerstand soll die Werkstatt überprüfen.

Vergaser müssen staubfrei und trocken gehalten werden, nichts ist zu ölen oder zu schmieren. Am Öl würde Schmutz hängen bleiben, der an den Lagern der beweglichen Teile wie Schmirgel wirkt.

Störungsbeistand
Vergaser

Kommt es zu Schwierigkeiten beim Motorlauf, so liegt die Ursache nur in seltenen Fällen an einer Fehlfunktion des Vergasers. Störungen an der Zündanlage sind (bei allen Autos) häufiger. Man vergewissere sich, daß Zündzeitpunkt, Zündkerzen und Kabelanschlüsse in Ordnung sind. In der Tabelle sind die Möglichkeiten aufgeführt, die zu Störungen am Vergaser führen können.

Die Störung	– ihre Ursache	– ihre Abhilfe
A Schlechter Kaltstart	1 Pulldown-Membrane defekt	Ersetzen
	2 Bimetallventilplatte in Schließstellung	Starterdeckel ersetzen
	3 Startanreicherungsventil öffnet nicht	Ventilsitz reinigen oder Ventil ersetzen

B Motor bleibt nach Kaltstart stehen	1 Bimetallventilplatte bleibt in Stellung »geöffnet«	Starterdeckel ersetzen
	2 Anschluß zu Klemme 15 T Zündschloß unterbrochen	Kontakt herstellen
	3 Warmleerlauf-Drehzahl zu niedrig	Einstellen
	4 CO-Wert falsch	Einstellen
	5 Falschluft, undichte Verbindungsstellen	Luftdicht befestigen
	6 Unterdruckschläuche porös oder Membrane gerissen	Erneuern
C Motor bleibt in der Warmlaufphase stehen	1 Warmlauf-Einstellung falsch	Einstellen
	2 Spiel im Gasgestänge	Spiel beseitigen
	3 Siehe B 2	
D Schlechter Leerlauf	1 Abschaltventil öffnet nicht	Masseverbindung zwischen Vergaser und Saugrohr kontrollieren, oder Abschaltventil erneuern
	2 Leerlauf-Einstellung falsch	Einstellen
	3 Falschluft: Undichtigkeit an Vergaserdichtung, Unterdruckanschlüssen oder am Saugrohr	Undichtigkeit durch Abspritzen feststellen, dann beseitigen
	4 Schwimmernadelventil verschmutzt oder defekt	Reinigen oder komplett mit Dichtung erneuern
	5 Schwimmereinstellung falsch	Berichtigen
E Erhöhter Leerlauf	1 Zusatzluft-Einstellung falsch	Einstellen
	2 Stufenscheibe im Startergehäuse hängt	Gangbar machen
	3 Gestänge oder Hebel für Drosselklappenwelle schwergängig	Gangbar machen
	4 Unterdruckschlauch am Pulldown-Gehäuse undicht	Luftdicht befestigen oder erneuern
F Drehzahlschwankungen im Leerlauf	1 Leerlaufgemisch zu mager	Fetter einstellen
	2 Siehe D 3	
	3 Kraftstoffniveau zu niedrig	Schwimmer justieren
G Schlechter Übergang	1 Kolbenmembrane porös oder gerissen	Membrane erneuern
	2 Dämpferölstand zu niedrig	Nachfüllen
H Hoher Kraftstoffverbrauch	1 Siehe B 2	
	2 Siehe G 1	
	3 Übertragungsgestänge schwergängig	Gangbar machen
	4 Heizspirale durchgebrannt	Starterdeckel ersetzen
	5 Düsennadel und/oder Nadeldüse verschlissen	Defekte Teile erneuern
	6 Kraftstoffniveau zu hoch	Schwimmer justieren
	7 Startanreicherungsventil schließt nicht	Ventilsitz reinigen oder Ventil ersetzen
I Mangelhafte Endleistung	1 Kraftstoffniveau zu niedrig	Schwimmer justieren
	2 Stellung des Leerlaufabschaltventils falsch	Einstellen
	3 Siehe G 1	
	4 Kraftstoffzulauf verschmutzt	Mit Preßluft ausblasen
	5 Kraftstoffzulauf undicht	Defekte Schläuche oder Anschlüsse erneuern
	6 Kraftstoffpumpe defekt	Erneuern

Druckmittel

Für die Gemischaufbereitung des Motors in den 230-E-Modellen sorgt ein mechanisches Einspritzsystem von Bosch, wie es auch bei den Mercedes mit 6- und 8-Zylindermotoren eingesetzt wird. Bei dieser »KA-Einspritzanlage« sind Störungen kaum häufiger als bei herkömmlichen Vergaseranlagen, und sollte es tatsächlich einmal zu einem defekt kommen, so können der Mercedes-Service oder Bosch-Dienste rasche Hilfe leisten.
Doch auch dem aufgeschlossenen Autofahrer ist nicht die Möglichkeit verwehrt, eine eventuell unregelmäßige Funktion für die gerade notwendige Weiterfahrt zu regulieren. Freilich sind der Selbsthilfe Grenzen gesetzt, denn fachliche Schulung, spezielle Prüfgeräte und praktische Erfahrung werden heutzutage grundsätzlich beim sachgerechten Umgang mit jeder Art von Gemischaufbereitungsanlagen gebraucht.

Arbeitsweise

Es gibt zwei verschiedene Möglichkeiten zur Gemischbildung durch Einspritzen, nämlich elektronisch gesteuerte und mechanische Systeme. Daimler-Benz verwendet beim Motor 102 980 der 230-E-Modelle die letztere Art, wobei es sich um eine antriebslose Variante handelt. Es gehört also keine Einspritzpumpe dazu, vielmehr wird der Kraftstoff kontinuierlich eingespritzt (daher die Bosch-Bezeichnung »K-Jetronic«).
Die Arbeitsweise wird von drei Funktionsbereichen gekennzeichnet: Kraftstoffversorgung, Luftmengenmessung und Gemischaufbereitung. Durch die Einspritzung in das Saugrohr ist eine äußerst genaue Zumessung des Kraftstoffs unter allen Betriebs- und Lastzuständen des Motors möglich, woraus auch geringer Schadstoffanteil im Abgas resultiert.
Wie bei einem Vergasermotor wird die Ansaugluft zuerst vom Luftfilter gereinigt. Dann jedoch gelangt die Luft in die Saugrohreinheit, die aus zwei sogenannten Schwingrohr-Paaren besteht. Zwischen diesen sind ein Luftmengenmesser und ein Mengenteiler angeordnet. Die vor dem Luftmengenmesser abwärts gerichtete Strömung wird nach demselben wieder nach oben gelenkt.
Wie angedeutet, sitzen die Einspritzventile nicht im Zylinderkopf, sondern in den Saugrohren. Das hier produzierte Kraftstoff-Luft-Gemisch kann thermisch besser beinflußt werden, zumal die Wege für die Luft so kurz wie möglich gehalten sind.

Kraftstoffversorgung

Der Kraftstoff wird von einer elektrischen Pumpe (siehe Seite 105) aus dem Tank angesaugt. Sie fördert mehr Kraftstoff als benötigt, denn sie muß unter allen Betriebszuständen den Druck im Kraftstoffsystem aufrechterhalten. Mit Betätigung des Anlaßschalters beginnt die Pumpe zu laufen. Eine Sicherheitsschaltung verhindert die Förderung von Kraftstoff bei eingeschalteter Zündung und stehendem Motor.
Nach der Pumpe sind in die Kraftstoffleitung ein Druckspeicher und ein Reini-

gungsfilter angeordnet. Der Druckspeicher hält nach Abstellen des Motors den Druck im Kraftstoffsystem für eine gewisse Zeit aufrecht. Dadurch wird das Wiederanlassen des heißen Motors erleichtert. Außerdem dämpft der Speicher das Pumpengeräusch. Das nachgeschaltete Filter muß regelmäßig erneuert werden.
Der Kraftstoff wird weiter zum Oberteil des Kraftstoffmengenteilers (Beschreibung weiter unten) gedrückt. In dessen Gehäuse sorgt ein Druckregler für den Förderdruck von ca. 5 bar. Dieses Ventil verhindert den Druckabbau: Es ist so lange geschlossen, wie im Kraftstoffsystem Druck vorhanden ist, und öffnet nach längerer Standzeit bzw. bei Abkühlung des Kraftstoffs. Das Ventil öffnet (wird angehoben), um über den dabei entstehenden Kolbenspalt einen Druckausgleich zwischen »Systemdruck« innerhalb der Anlage und »Rücklaufdruck« (zwei getrennte Kanäle im Mengenteiler) zum Kraftstoffbehälter zu schaffen. Dadurch wird der für die Kraftstoffzumessung verantwortliche Steuerkolben des Mengenteilers bei stehendem Motor nicht in Richtung Vollast angehoben. In diesem Fall würde beim Kaltstart eine Gemischüberfettung (zu großer Kraftstoffanteil) eintreten.
Der vom Kraftstoffmengenteiler zugemessene Kraftstoff wird von den Einspritzventilen in die Ansaugrohre gespritzt, und zwar direkt vor die Einlaßventile in die Zylinder. Diese Einspritzventile öffnen selbsttätig ab einem Öffnungsdruck von 3,3 bar und zerstäuben den Kraftstoff durch Schwingbewegungen ihrer Ventilnadel. Nach dem Abstellen des Motors schließen die Ventile mangels Druck. Die Ventile sitzen – gegen die Motorwärme isoliert – in einem Halter.

Luftmengenmessung

Die gesamte angesaugte Luft strömt durch den Luftmengenmesser. In ihm befindet sich ein Lufttrichter mit einer beweglichen Stauscheibe, die von der Luft um ein bestimmtes Maß angehoben werden kann. Diese Bewegung überträgt sich über Hebel auf einen Steuerkolben im Luftmengenteiler. Eine Feder sichert bei stehendem Motor die korrekte Ausgangslage der Stauscheibe.
Der Luftmengenmesser ist wie auch der Kraftstoffmengenteiler ein Bestandteil für die Gemischregelung, beide wirken zusammen.

Gemischaufbereitung

Der Kraftstoffmengenteiler sitzt auf dem Luftmengenmesser, zwischen Ober- und Unterteil befindet sich eine Gewebemembrane. Der Mengenteiler ist über Rohrleitungen mit den Einspritzventilen verbunden.
Entsprechend der Stauscheibenstellung im Luftmengenmesser wird im Mengenteiler die einzuspritzende Kraftstoffmenge von einem Steuerkolben zugeteilt. Schlitze im Kolben geben je nach Hub der Stauscheibe einen variablen

Blick auf die Einspritzanlage.
1 – Kraftstoffmengenteiler-Oberteil,
2 – Druckausgleichventil,
3 – Leerlaufluftschraube,
4 – Luftmengenmesser.

Schnitt durch den Kraftstoffmengenteiler.
1 – Verschlußschraube,
2 – Kolben,
3 – Formring,
4 – Druckfeder;
a – Systemdruck,
b – Rücklauf.

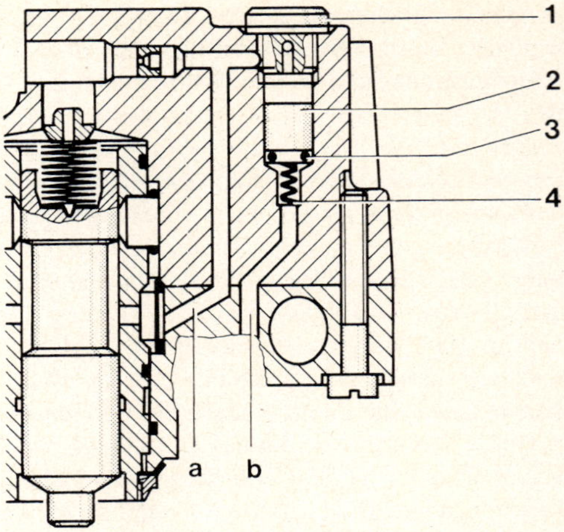

Querschnitt frei, wodurch Kraftstoff zu den Differenzdruckventilen und anschließend zu den Einspritzventilen strömt.
Die Kraftstoffzuteilung wird vom Steuerdruck beeinflußt. Er beträgt beim Kaltstart ca. 0,5 bar und wird bis auf 3,7 bar bei warmem Motor angehoben. Dieser Steuerdruck wird durch eine Drosselbohrung vom Systemdruck abgezweigt und verbindet Mengenteiler und Warmlaufregler (siehe Abschnitt »Warmlauf«) über eine Leitung. Als Gegenkraft zur Kraft der Luft am Luftmengenmesser wirkt der Steuerdruck auf den zuvor erwähnten Steuerkolben. Bei geringem Druck öffnen Steuerdrosseln und teilen mehr Kraftstoff zu, während bei höherem Druck die Stauscheibe im Mengenteiler weniger angehoben wird und demnach die Kraftstoffzufuhr geringer ist.
Im Oberteil des Mengenteilers befinden sich vier Verschlußschrauben mit darunterliegenden Einstellschrauben für die Differenzdruckventile. Diese sind vom Hersteller justiert und dürfen nicht verstellt werden. Sie halten den Druckabfall an den Schlitzen des Steuerkolbens konstant auf 0,1 bar, unabhängig vom Kraftstoffdurchsatz. Das ist notwendig, um eine Veränderung der Kraftstoffmenge im Verhältnis zum Hub der Stauscheibe zu sichern.
Die Gemischbildung erfolgt schließlich im Saugrohr vor den Einlaßventilen und – nach Öffnen eines Ventils – auch im Zylinder. Beim Öffnen werden die vorgelagerte Kraftstoffmenge wie auch Luft angesaugt und während des Ansaugtaktes zu einem zündfähigen Gemisch verwirbelt.

Die Betriebszustände

Wie der Vergaser muß auch die Einspritzanlage die möglichen verschiedenen Betriebszustände berücksichtigen können. Durch mehrere Funktionen erreicht die K-Jetronic, daß das Start- und Fahrverhalten stets optimal bleibt.

Kaltstart

Beim Starten des kalten Motors und für einen stabilen Motorlauf in der Kaltlaufphase wird eine zusätzliche Menge Kraftstoff eingespritzt. Zuständig dafür ist das elektromagnetisch betätigte Kaltstartventil im Saugrohr. Es besitzt eine Dralldüse, durch deren Form der Kraftstoff besonders fein zerstäubt wird. Sie reichert die Luft hinter der Drosselklappe mit Kraftstoff an.
Die Einschaltdauer des Kaltstartventils wird – in Abhängigkeit von der Motortemperatur – von einem Thermozeitschalter begrenzt. Ein elektrisch beheiztes Bimetall in diesem Schalter öffnet oder schließt einen Kontakt, je nach Motor- und Umgebungstemperatur und entsprechend der im Schalter befindlichen

Heizleistung. Diese Eigenheizung begrenzt die maximale Einspritzdauer des Kaltstartventils, während die Motorwärme den Thermozeitschalter öffnet. Der betriebswarme Motor erhält deshalb keine Startmehrmenge.

Warmlauf

Auch beim Warmlauf wird das Kraftstoff-Luft-Gemisch noch angereichert. Doch bei weiter ansteigender Temperatur muß diese Anreicherung verringert werden, um eine Gemischüberfettung zu verhindern. Dann übernimmt ein Warmluftregler – auch Steuerdruckregler genannt – die Gemischregelung. Er ist an dem am Motor vorn links sitzenden Temperaturfühlerkasten angeschraubt.
In dem Regler wird ein Membranventil von dessen Ventilfeder nach unten gezogen, so daß Ein- und Auslaß für den Kraftstoffdurchfluß geöffnet sind. Mit steigender Motortemperatur wirkt eine elektrische Heizspirale auf eine Bimetallfeder und gibt dabei die Ventilfeder frei. Damit wird der Durchfluß zunehmend verringert. Wenn die Bimetallfeder völlig abgehoben hat, wirkt die Ventilfeder allein und regelt den Steuerdruck auf Normalwert.
Außerdem muß der Motor während der Anwärmphase mehr Gemisch erhalten, um die dann noch erhöhte Reibung im Leerlauf zu überwinden. Es wird demnach mehr Luft angesaugt, was ein Zusatzluftschieber besorgt, und diese zusätzliche Luft mißt der Luftmengenmesser, wodurch auch der erforderliche Kraftstoffanteil berücksichtigt wird. Im Zusatzluftschieber betätigt die Bimetallfeder eine Lochblende, wodurch sich der Querschnitt einer Umgehungsleitung vor die Drosselklappe verändern kann. Bei Kaltstart ist ein großer Querschnitt gegeben, während sich bei zunehmender Motortemperatur dieser Durchmesser stufenlos bis zur Schließstellung verringert. Ein verbleibender geringfügiger Durchlaß ist möglich.
Der Zusatzluftschieber ist am Zwischenstück für den Heizungszulauf (in der Nähe des Ölfiltergehäuses) angeschraubt. Er wird elektrisch beheizt und verfügt über einen Steckeranschluß mit zwei Klemmen, und er ist zur Kraftstoffpumpe und zum Warmlaufregler parallel geschaltet.

Lastzustände

Leerlauf, Teillast und Vollast verlangen nach einem jeweils optimalen Gemisch. Erreicht wird das durch verschiedene übereinander gestufte – Kegelwinkel des Lufttrichters im Luftmengenmesser. In den einzelnen Abschnitten des Lufttrichters, die der eben genannten Reihenfolge der Lastzustände entsprechen, wird die Stauscheibe gemäß der Kegelform, innerhalb der sie sich befindet, mehr oder weniger angehoben. Bei Leerlauf und Vollast ergibt sich dabei ein fetteres, bei Teillast ein mageres Gemisch.

Beschleunigung

Wird die Drosselklappe bei konstanter Drehzahl plötzlich geöffnet, dann durchströmt den Luftmengenmesser auch eine zusätzliche Luftmenge, die zum Druckanstieg im Saugrohr auf das neue Niveau erforderlich ist. Dadurch schwingt die Stauscheibe kurzzeitig noch höher als gewöhnlich bei voller Drosselklappenöffnung. Das hat eine erhöhte Kraftstoffzumessung zur Folge, und es wird ein gutes Übergangsverhalten erreicht.

Schubabschaltung

Vor allem zur Einsparung von Kraftstoff verfügt die Anlage über eine Abschaltvorrichtung der Kraftstoffeinspritzung im Schiebebetrieb. Dabei schaltet ein Mikroschalter das zwischen Saugrohr und einem Schubabschaltventil angeordnete Umschaltventil auf Durchgang. Der Luftbedarf für den Schiebebetrieb wird unter Umgehung der Stauscheibe gedeckt, indem das Schubabschaltventil durch den Unterdruck im Saugrohr öffnet. Diese Luft wird über einen Schlauch aus dem Luftfilter entnommen.

Der Warmlaufregler (1) ist am Meßfühlerkasten angeschraubt. Er ist elektrisch wie der Zusatzluftschieber paralell zur Kraftstoffpumpe geschaltet. 2 – Temperaturschalter für die Kühlmitteltemperaturanzeige. Siehe auch Bild Seite 88 oben.

Weil jetzt die Stauscheibe nicht betätigt ist, bleiben die Schlitze im Steuerkolben geschlossen, und es wird nicht eingespritzt. Die Schubabschaltung kann bei Geschwindigkeiten über 30 km/h und bei Drehzahlen über 1100/min (mit Klimaanlage: über 1300/min) einsetzen. Sie wird von einem elektronischen Steuergerät im Kraftstoffpumpenrelais gesteuert. Während die Signale für die Geschwindigkeit von einem Impulsgeber an der Tachometerrückseite kommen, liefert das Schaltgerät der Zündanlage die Signale für die Drehzahl.

Die elektronische Steuerung

Innerhalb der K-Jetronic ist die Elektrizität eine ständig mitwirkende Kraft. Mit ihrer Hilfe werden Kraftstoffpumpe, Kaltstartventil, Thermozeitschalter, Zusatzluftschieber und Warmlaufregler betätigt. Die Auslösung dazu gibt ein Steuerrelais, das mit dem Zündanlaßschalter verbunden ist (siehe Schaltplan). Wie auf Seite 105 beschrieben, sorgt das Kraftstoffpumpenrelais für eine Drehzahlbegrenzung.

Luftfiltereinsatz reinigen und erneuern

Pflegearbeiten Nr. 17 und 50

Beide Wartungsarbeiten sind entsprechend den auf Seite 113 im Kapitel »Der Vergaser« gegebenen Beschreibungen zu erledigen.
In Abweichung von dem kreisförmigen Luftfiltergehäuse beim Vergasermotor gehört zu der Einspritzanlage ein länglich geformtes Gehäuse. Der Filtereinsatz ist dieser Gestaltung angepaßt. Der Gehäusedeckel ist mit einer zentral angeordneten Mutter sowie mit seitlichen Schnappverschlüssen befestigt.
Zum Ausbau des Luftfiltergehäuses sind drei weitere Muttern abzuschrauben, außerdem die Entlüftungsleitung an der Zylinderkopfhaube und am Leerlaufluftverteiler abzuziehen.

Leerlauf prüfen und nachregulieren

Pflegearbeit Nr. 22

Die Bedeutung des Leerlaufs ist auf Seite 114 beschrieben, ebenso sind dort die Ursachen erklärt, die zur Neueinstellung zwingen können. Zur Kontrolle werden auch die gleichen Prüfinstrumente benötigt.
Das Luftfiltergehäuse bleibt aufgebaut. Bei Getriebeautomatik den Wählhebel in Stellung »P« bringen, die Klimaanlage ist auszuschalten. Die Öltemperatur soll 75–85° C betragen. Nach Vorschrift soll die Leerlaufdrehzahl auf 800/min (± 50/min) eingestellt sein.
Für das Leerlaufabgas ist ein Wert von 1,0 ± 0,5 Vol.-% CO angegeben.
Zur Einstellung der Leerlaufdrehzahl die Leerlauf-Luftschraube drehen. Sie sitzt am Leerlaufluftverteiler, der am Saugrohr angeschraubt ist, und läßt sich von der rechten Motorraumseite aus unterhalb des Luftfilters erreichen.
Die Gemischregulierschraube zur Einstellung des CO-Wertes befindet sich am

Der Deckel des länglich runden Luftfiltergehäuses ist am Rand mit mehreren Schnappverschlüssen (1) sowie mit einer Mutter SW 10 (2) an dem Gewindebolzen in Gehäusemitte befestigt. Nach Abbau des Deckels läßt sich der Filtereinsatz (3) ersetzen.

Luftmengenmesser, eine Aussparung im Luftfilteroberteil ermöglicht die Betätigung. Für das Entfernen des Sicherungsstopfens über der Einstellvorrichtung oberhalb dieser Einstellschraube wird ein Eindrückdorn mit 6,5 mm Durchmesser verwendet. Danach mittels Schraubendreher die Einstellvorrichtung entgegen ihrer Federkraft nach unten drücken und etwas drehen, bis ihr Sechskant in die Gemischregulierschraube eingreift. Linksdrehen bedeutet Abmagerung und Rechtsdrehen Anfettung des Gemisches. Nach kurzem Gasgeben soll der Abgaswert ein zweites Mal kontrolliert und eventuell nachgestellt werden. Abschließend setzt man in der Werkstatt eine blaue Eingriffsicherung ein.

Reguliergestänge einstellen

Das Reguliergestänge soll so eingestellt sein, daß die Rolle im Kulissenhebel (in Fahrtrichtung hinter dem Luftmengenmesser) spannungsfrei anliegt. Eine Korrektur wird an der links davon befindlichen Verbindungsstange vorgenommen: Schraube lockern und die Verbindungsstange im Langloch für die Schraube verschieben, Schraube wieder anziehen.

Störungsbeistand

K-Jetronic und elektrische Kraftstoffpumpe

Bei Störungen des Motorlaufs zuerst die Funktion der Kraftstoffpumpe prüfen. Die Pumpe erhält nur Strom bei Anlasserbetätigung und bei laufendem Motor.

- Sicherung für die Kraftstoffpumpe kontrollieren.
- Prüfen, ob die Pumpe läuft: Anlasser von Helfer betätigen lassen und die Pumpe mit der Hand anfassen. Beim Lauf vibriert sie, außerdem ist ihr Laufge-

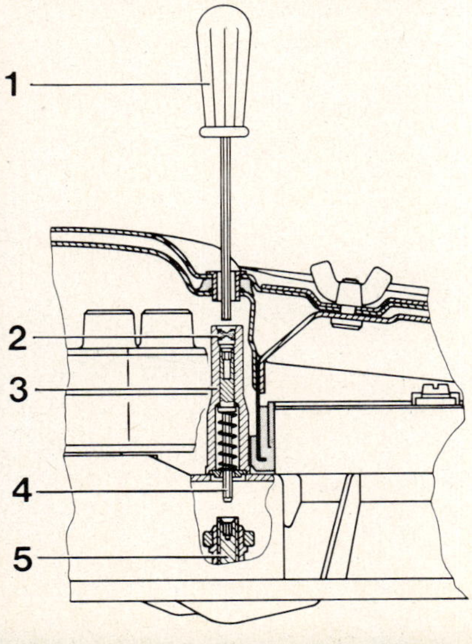

Einstellung des Leerlauf-Abgaswertes.
1 – Schraubendreher,
2 – Sicherungsstopfen,
3 – Einstellvorrichtung im Luftfilteroberteil,
4 – Sechskant,
5 – Gemischregulierschraube.
Die Leerlauf-Drehzahl wird mit der Leerlauf-Luftschraube reguliert (Nr. 3 im Bild Seite 119).

räusch zu hören. Manchmal hilft es, durch leichtes Klopfen gegen das Pumpengehäuse eine »hängengebliebene« Pumpe zu lösen.

■ Bei ausgeschalteter Zündung den festen Sitz der Kabelanschlüsse kontrollieren.

■ Kraftstoffpumpenrelais prüfen (siehe Seite 105), während des Startens muß es klicken.

■ Mit Prüflampe kontrollieren, ob die Pumpe Strom erhält. Wenn bei betätigtem Anlasser Spannung anliegt und die Pumpe läuft nicht, ist sie defekt. Keine Spannung: Die Werkstatt muß die Unterbrechung suchen. Läuft die Pumpe, ohne Kraftstoff zu liefern, dann sind eventuell der Kraftstoffspeicher oder das Filter verstopft.

Sollten bei Anlaßschwierigkeiten oder bei Unregelmäßigkeiten im Motorlauf vorangegangene Kontrollen auf eine Störung in der Einspritzanlage hinweisen, können folgende Hinweise hilfreich sein:

■ Festen Sitz aller Schlauchanschlüsse sowie aller Kabelverbindungen prüfen.

■ Kalter Motor springt nicht an: Kabelstecker des Startventils abziehen und daran mit Prüflampe feststellen, ob Strom fließt. Sonst Thermozeitschalter ersetzen.

■ Motor läuft nach dem Kaltstart nicht durch: Kolben des Druckausgleichventils im Kraftstoffmengenteiler auf Gängigkeit prüfen. Dazu die Verschlußschraube herausdrehen. Eventuell Kolben und Druckfeder erneuern.

■ Motor springt warm schlecht an: Kolben des Druckausgleichventils herausnehmen und den Formring unter dem Kolben erneuern.

■ Motor springt nicht an oder geht im Leerlauf aus: Schubabschaltventil prüfen. Unterdruckleitungen am Umschaltventil abziehen und miteinander verbinden. Dabei muß der Motor stehen bleiben, weil das Abschaltventil öffnen soll. Läuft der Motor weiter, die Unterdruckleitungen prüfen. Im Leerlauf muß Saugrohrunterdruck anliegen, sonst Abschaltventil ersetzen.

Weitere Kontrolle: Schwarz/grünes Kabel am abgezogenen Stecker des Mikroschalters mit Batteriespannung verbinden. Geht der Motor dabei nicht aus, das Umschaltventil erneuern.

Verbindlichkeiten

Die Kupplung liegt, wie man sicher weiß, zwischen Motor und handgeschaltetem, mechanischen Getriebe. Mit ihr muß der Fahrer beim Anfahren den laufenden Motor mit den noch stehenden Teilen der Kraftübertragung sanft verbinden. Während der Fahrt unterbricht man mit ihr beim Schalten die Verbindungen zwischen Motor und Getriebe, um die unterschiedlichen Drehzahlen zur Kraftübertragung aneinander anzugleichen. Das automatische Getriebe kommt ohne diese Mechanik aus.

Änderungen der Konstruktion

Bei den 2-Liter-Modellen findet die gleiche Kupplungsscheibe und Kupplungsdruckplatte wie in dem bis 1980 gebauten Mercedes 200 Verwendung. Die höhere Durchzugskraft des 2,3-Liter-Motors verlangt jedoch nach einer größeren Kupplungsscheibe: Sie wurde vom 6-Zylinder-Motor der Baureihe 123 übernommen und auf den Motor 102.980 abgestimmt. Dazu kommt auch eine Druckplatte, wie sie der Typ 250 besitzt. Das neue Getriebe (nächstes Kapitel) zwang schließlich noch zu Einbauänderungen bei Ausrückgabel und Ausrücklager.

So arbeitet die Kupplung

Nicht jeder Autofahrer weiß, wie die Kupplung aufgebaut ist. Zwischen dem mit der Kurbelwelle verschraubten Schwungrad und einer ebenfalls rotierenden Druckplatte befindet sich die Kupplungsscheibe. Sie ist längs verschiebbar auf der Getriebeantriebswelle gelagert. Auf diese Kupplungsscheibe ist beiderseits ein bremsbelagähnliches Material aufgenietet. Sie wird in eingekuppeltem Zustand von einer federbelasteten Druckplatte gegen die vom Motor angetriebene Schwungscheibe gepreßt. Auf diese Weise nimmt das Schwungrad von der einen Seite und die Druckplatte von der anderen Seite die Kupplungsscheibe durch Reibung mit. Sie wird deswegen auch »Mitnehmerscheibe« genannt.
Der Tritt auf das Kupplungspedal entfernt die Druckplatte von der Kupplungsscheibe und trennt sie damit von der Schwungscheibe. Dabei überträgt sich die Pedalbewegung auf eine Ausrückschwinge (Ausrückhebel) und schiebt das Lager der Druckplatte nach vorn. Dadurch wird das Außenteil der Druckplatte um die Lagerpunkte nach hinten bewegt. Jetzt ist ausgekuppelt und die Kupplungsscheibe läuft frei zwischen Druckplatte und Schwungrad.
Nachlassender Pedaldruck kehrt den Vorgang um, die drehende Kurbelwelle des Motors wird damit wieder mit dem Getriebe verbunden. Durch Festhalten des Pedals auf halbem Wege schleift die Kupplungsscheibe zwischen Schwungscheibe und Druckplatte, was den Belag der Kupplungsscheibe verschleißen läßt.
In der Kupplung des Mercedes wird eine sogenannte Tellerfeder verwendet, auch Membran- oder Scheibenfeder genannt. Mit ihrer Hilfe wird die Druckplatte gegen die Kupplungsscheibe gepreßt. Die Tellerfeder ist eine – wie bei einer Torte – sektorenförmig eingeschnittene Metallscheibe. Ihre einzelnen Zungen haben federnde Wirkung, sie sind gegen die hohen Fliehkräfte unempfindlich

(im Gegensatz zu den früher meist verwendeten schraubenförmig gewickelten Anpreßfedern). Auch bei stark verschlissenem Kupplungsbelag bleibt ihr Anpreßdruck fast gleich.
Ein weiterer Vorteil ergibt sich durch das bei Daimler-Benz verwendete Ausrücklager: Im Gegensatz zu der früher üblichen Bauart, bei der sich der Außenring beim Betätigen der Kupplung an die umlaufenden Teile anlegt, läuft nunmehr der Innenring um. Dadurch wird die Drehzahl der Kugeln im Lager verringert und auch die Fettfüllung des Lagers weniger beansprucht. Die Lebensdauer dieses Lagers ist höher und das sonst übliche Spiel in der Kupplung wird vermieden. Ein solches Ausrücklager ist wartungsfrei und darf – ausgebaut – keinesfalls mit Benzin ausgewaschen werden.

Hydraulische Übertragung

Die Übertragung der Pedalbewegung zum Kupplungshebel geschieht bei den Mercedes-Modellen nicht mechanisch (durch Seilzug oder Gestänge), sondern hydraulisch. Das System ist mit der Bremsanlage vergleichbar und beim Mercedes wird dabei auch die gleiche Flüssigkeit für die Kupplungs- und Bremsbetätigung eingesetzt. Das Kupplungspedal ist über eine Stange mit dem Kolben im Kupplungshauptzylinder (Geberzylinder) verbunden. Von dort führt eine Flüssigkeitsleitung zum Arbeitszylinder (Nehmerzylinder) am Kupplungsgehäuse. Hier wird die Kraft auf den Ausrückhebel übertragen. Der Geberzylinder sitzt im Fußraum in Pedalnähe, der Nehmerzylinder ist direkt an der Kupplungsglocke angeschraubt.
Was bei dieser Hydraulikanlage zu beachten ist, wird im Kapitel über die Bremsen besprochen. Wie dort, kann es auch bei Kupplung vorkommen, daß die Anlage entlüftet werden muß. Bemerkbar macht sich diese Notwendigkeit durch schwer einzulegende Gänge. Natürlich muß die Anlage richtig befüllt sein, sonst werden die Schaltschwierigkeiten noch größer.

Flüssigkeitsstand der Kupplungsbetätigung kontrollieren

Pflegearbeit Nr. 4 B

Der Vorratsbehälter für die Flüssigkeit zur Betätigung der Kupplung ist zugleich der Bremsflüssigkeitsbehälter. Beide Anlagen – die hydraulische Übertragung für die Bremsen und für die Kupplung – werden somit aus einem Behälter gespeist. Für die Kontrolle des Flüssigkeitsstandes für die Kupplungsbetätigung gilt das gleiche wie auf Seite 145 (Pflegearbeit 4 A). Diese Erläuterungen, auch was die Bremsflüssigkeit betrifft, müssen daher hier nicht wiederholt werden.

Kupplungsbetätigung auf Dichtheit prüfen

Pflegearbeit Nr. 30

Alle Anschlüsse der Hydraulikleitungen zwischen Vorratsbehälter auf dem Hauptbremszylinder und dem Geber- und Nehmerzylinder müssen vollkommen dicht sein. Durch eine im Abstand von 20 000 km vorgenommene Sichtprüfung überzeugt man sich davon, daß am Geberzylinder und am Nehmerzylinder keine Flüssigkeit austritt, was sich durch feuchtdunkle Stellen bemerkbar machen würde. An den Geberzylinder gelangt man nach Ausbau der Abdeckung unter der Instrumententafel (Beschreibung siehe Seite 208), und zur Kontrolle des Nehmerzylinders muß der Wagen über einer Arbeitsgrube stehen oder angehoben werden.
Desgleichen ist der Zustand der Leitungen und Schläuche zu untersuchen. Es dürfen keine Eindrückungen, Scheuerstellen oder Anrisse feststellbar sein. Angegriffene Leitungen müssen in der Werkstatt erneuert werden.

Kupplungsbetätigung entlüften

In der Werkstatt wird zur Entlüftung ein besonderes Entlüftungsgerät benutzt. Wenn ein solches nicht zur Verfügung steht, kann man das Entlüften auch mit Hilfe der Bremsanlage vornehmen. Zum besseren Verständnis der nachfolgenden Beschreibung den Abschnitt »Bremsen entlüften« auf Seite 147 lesen.

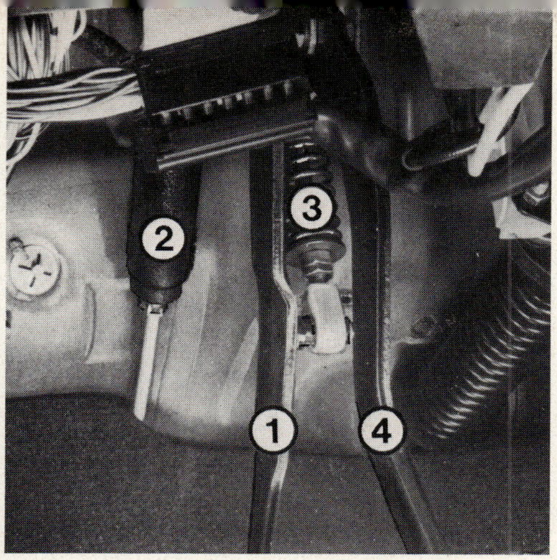

Beim Tritt auf das Kupplungspedal (1) wird diese Bewegung auf einen Kolben im Geberzylinder (2) übertragen. Der Pedalhebel ist mit einer genau eingestellten, sogenannten »Übertotpunktfeder« (3) verbunden, die für einen exakt bemessenen Pedalweg sorgt.
4 – Bremspedalhebel.

Der Flüssigkeitsstand im Ausgleichsbehälter für Bremsanlage und Kupplungsbetätigung muß bis zur Maximal-Marke reichen. Wagen vorne anheben, rechtes Vorderrad abnehmen und genügend langen Schlauch auf das Entlüftungsventil der freigelegten Bremszange ansetzen. Entlüftungsschraube öffnen und von einer Hilfsperson das Bremspedal langsam niedertreten lassen. Wenn sich dabei der Schlauch vollständig füllt und keine Luftblasen austreten, drückt man den Schlauch zu, damit keine weitere Flüssigkeit austreten kann. Das freie Schlauchende dann auf die Entlüftungsschraube am Nehmerzylinder stecken. Auch diese Schraube öffnen, Bremspedal durchtreten lassen und Entlüftungsventil an der Bremse schließen.
Damit erreicht wird, daß die eingeschlossene Luft in der Kupplungsbetätigung restlos herausgedrückt wird, muß der Vorgang wiederholt bzw. fortgesetzt werden. Dazu wird das Bremspedal losgelassen und man öffnet das Entlüftungsventil an der Bremse wieder, das Bremspedal ist erneut zu treten und die Entlüftungsschraube wieder zu schließen. Gleichzeitig muß der Stand im Ausgleichsbehälter beobachtet und gegebenenfalls Bremsflüssigkeit ergänzt werden. Wenn im Ausgleichsbehälter beim Betätigen des Pedals keine Luftblasen mehr hochsteigen, sind beide Entlüftungsventile zu schließen und der Schlauch kann abgezogen werden.
Zur Funktionskontrolle gehört es, bei laufendem Motor – Kupplungspedal getreten – den Rückwärtsgang einzulegen. Das muß ohne weiteres möglich sein.

Kupplung ohne Nachstellung

An der Kupplung braucht nichts nachgestellt zu werden. Die hydraulische Kraftübertragung und die Konstruktion der Kupplung lassen einen stets vorhandenen Vordruck entstehen. Erst wenn man ein Nachlassen der Kupplungswirkung bemerkt, der Kupplungsbelag also verschlissen ist, muß man sich auf einen baldigen Werkstattbesuch einrichten.
Ein Nachlassen der Wirkung kann natürlich auch mit Undichtigkeiten im hydraulischen System zusammenhängen. So können z. B. die Manschetten in den Zylindern undicht werden. Theoretisch lassen sie sich ersetzen, aber Reparaturen an den beiden Zylindern werden nicht vorgenommen, sie werden ausgetauscht.

Rutschende Kupplung

Durchrutschen bedeutet, daß die Kupplung nicht mehr die volle Motorkraft übertragen kann, also nicht mehr einwandfrei verbindet. Auch eine sorgsam behandelte Kupplung kann durch Verschleiß allmählich so abmagern, daß die Reibpartner einfach nichts mehr zu fassen bekommen – wo keine Anpreßkraft hinkommt, kann auch keine Reibungskraft erzeugt werden. In diesen Fällen wird man die Unarten der Kupplung meist erst bemerken, wenn beim Fahren der Motor bei Belastung »durchdreht« d. h. auffallend schneller dreht, als es der Fahrgeschwindigkeit entspricht.

Kupplung trennt nicht

Wenn die Kupplung nicht einwandfrei trennt und die Synchronisierung des Getriebes in Ordnung ist, lassen sich die Vorwärtsgänge sehr schwer schalten. Besteht der Verdacht auf schlecht trennende Kupplung, macht man folgende Prüfung: Motor laufen lassen, auskuppeln, einige Sekunden warten und dann den Rückwärtsgang einlegen. Dies ist der Gang, der über keine Synchronisation verfügt. Wenn die Kupplung nicht einwandfrei trennt, kommt der Radsatz nicht zum Stillstand: der Rückwärtsgang ist nicht geräuschlos einzulegen.

Zumutbare und unzumutbare Behandlung

Manchmal läßt es sich im heutigen Verkehr nicht umgehen, »mit der Kupplung zu fahren«, was bedeutet, daß man sie ein wenig schleifen läßt, weil das Fahrtempo noch im unteren Bereich des 1. Gangs liegt. Aber grundsätzlich sollte man sonst darauf bedacht sein, die Kupplung nur kurz zum Ein- und Auskuppeln zu betätigen. Eine schlechte Angewohnheit ist es ebenfalls, mit durchgetretenem Pedal vor der Ampel auf die Weiterfahrt zu warten. Das beansprucht das Ausrücklager und zieht notwendigerweise Verschleiß nach sich.

Schalten ohne zu kuppeln

Wenn die Kupplungsübertragung defekt ist, kann man notfalls ohne Kupplungshilfe die Gänge wechseln. Zum Anfahren legt man bei stehendem Motor den ersten (oder bei warmem Motor gleich den zweiten) Gang ein. Anlasser betätigen – der Wagen setzt sich holpernd in Bewegung. Aufwärtsschalten geschieht, indem man Gas wegnimmt und bei schiebendem Wagen, also bei geringerer Motordrehzahl, den Gang herausnimmt. Nach einer kleinen Schaltpause im Leerlauf muß der nächste Gang dann eingelegt werden, wenn antreibende und angetriebene Welle im Getriebe nach entsprechend dosiertem Gasgeben die gleiche Drehzahl haben.

Belagstärke der Kupplung prüfen

Pflegearbeit Nr. 51

Durch die selbsttätig nachstellende und spielfreie Kupplungsbetätigung läßt sich der Belagverschleiß am Kupplungspedal nicht feststellen. Wenn Schwierigkeiten beim Kuppeln vermuten lassen, daß die Mitnehmerscheibe verschlissen ist, kann der Abnutzungsgrad gemessen werden, ohne daß die Kupplung deswegen demontiert werden muß. Diese Prüfung soll vorsorglich jeweils nach 60 000 km Fahrstrecke in der Werkstatt erfolgen.
Zur Prüfung dient eine Lehre mit gegabeltem Ende. Der Abstand zwischen beiden Gabelenden entspricht dem Durchmesser eines bestimmten Abschnittes auf der Kolbenstange des Nehmerzylinders und die Lehre läßt sich auf diesen Abschnitt schieben. Dieser Abschnitt (mit einem reduzierten Durchmesser) ist nur bei genügender Belagstärke der Kupplungsscheibe (Mitnehmerscheibe) erreichbar, denn die Kolbenstange dringt mit zunehmender Abnutzung des Belages weiter in den Zylinder ein. Ab einer gewissen Verschleißgrenze trifft die Lehre auf eine Verdickung der Stange: Sie läßt sich nicht mehr aufschieben.
Unter dem Flansch des an der Kupplungsglocke angeschraubten Nehmerzylinders ist eine Kunststoffbeilage mit Nut angebracht, in die man die Lehre einschiebt. Einkerbungen am Rand der Lehre zeigen an, wie tief sie sich hat einführen lassen. Verschwinden die Marken, hat die Lehre in den verjüngten Abschnitt der Kolbenstange eingegriffen – die Mitnehmerscheibe ist noch in Ordnung. Bleiben die Marken wegen Anschlages an die vorher erwähnte Verdickung sichtbar, dann ist die Mitnehmerscheibe so weit abgenutzt, daß sie ersetzt werden muß. Dazu muß die Werkstatt das Getriebe ausbauen.

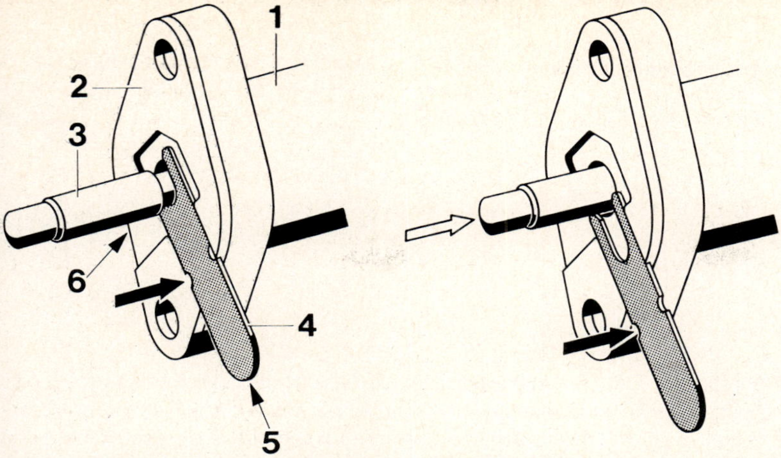

Schemazeichnungen zu Kontrolle des Abnutzungszustandes der Kupplungs-Mitnehmerscheibe.
1 – Nehmerzylinder,
2 – Beilage zwischen Nehmerzylinder und Kupplungsgehäuse,
3 – Flansch,
4 – Kontrollehre mit seitlich angebrachten Kerben,
5 – Richtung, in der die Lehre eingeschoben werden muß,
6 – Gabel der Lehre greift in die Aussparung im Flansch ein (Abnutzungszustand der Mitnehmerscheibe ist ausreichend).
Im Bild rechts ist der Abnutzungsgrenzwert der Mitnehmerscheibe erreicht, die Lehre läßt sich nicht mehr ge nügend weit einschieben und die Kerben an ihrem Rand bleiben sichtbar.

Im Neuzustand hat die Mitnehmerscheibe sowohl auf der Schwungradseite wie auf der Kupplungsseite eine Belagstärke von 3,6–3,8 mm. Die Abnutzung hat ihre Grenzen: Der zulässige Gesamtverschleiß der Beläge ist mit 2 mm angegeben. Man kann die Werkstatt bitten, die alte Mitnehmerscheibe aufzuheben, um zu sehen, ob normaler Verschleiß vorlag oder ob die Beläge eventuell durch unsachgemäße Kupplungsbetätigung verbrannt oder gerissen sind.

Störungsbeistand
Kupplung

Die Störung	– ihre Ursache	– ihre Abhilfe
A Kupplung rutscht	1 Kupplungsbeläge abgenutzt	Mitnehmerscheibe ersetzen
	2 Anpreßdruck der Kupplung zu gering	Kupplung ersetzen
	3 Belag verölt	Mitnehmerscheibe und defekte Getriebe- oder Kurbelwellendichtung ersetzen
	4 Kupplung wurde überhitzt	Kupplung ersetzen
	5 Kolbenmanschette im Nehmerzylinder undicht oder Kolben klemmt	Nehmerzylinder überholen oder ersetzen
B Kupplung trennt nicht	1 Luft in der Kupplungshydraulik	Entlüften
	2 Kolbenmanschette im Nehmer- oder Geberzylinder undicht	Nehmer- oder Geberzylinder überholen oder ersetzen
	3 Mitnehmerscheibe hat Schlag	Mitnehmerscheibe richten oder ersetzen
	4 Mitnehmerscheibe verzogen oder Belag gebrochen	Mitnehmerscheibe ersetzen
	5 Mitnehmerscheibe klemmt auf Getriebewelle	Gangbar machen
	6 Blattfedern der Kupplung abgeknickt	Kupplung ersetzen
	7 Nach langer Standzeit: Belag an Schwungscheibe festgerostet	Schwungrad säubern, Belag mit Schmirgelpapier aufrauhen
C Kupplung rupft	1 Siehe A 3	
	2 Falsche Beläge	Mitnehmerscheibe ersetzen
	3 Ausrücklager drückt einseitig	Ausrückhebel überprüfen
	4 Druckplatte drückt schief	Kupplung ersetzen
	5 Motor- oder Getriebeaufhängung defekt	Motor- oder Getriebelager ersetzen

Übersetzungsarbeiten

Während der Fahrt ergeben sich ständig unterschiedliche Bedingungen, Geschwindigkeiten und Belastungen. Deshalb müssen zur Anpassung der Motordrehzahl an die Drehzahl der Antriebsräder verschiedene Übersetzungsstufen gewählt werden, kurz gesagt: man muß schalten. Das automatische Getriebe jedoch kann die jeweils günstigste Übersetzung zwischen Motor und Antriebsachse selbst wählen, trotzdem blieb dabei die – bisweilen nötige – individuelle Beeinflussung erhalten.
Getriebe, Übertragungswelle (Kardanwelle), Ausgleichsgetriebe (Differential) und Achsantrieb sind Bauteile mit genauen Abmessungen. Arbeiten daran überläßt man besser der Werkstatt. Was man aber bei der Wartung der verschiedenen Getriebearten selbst erledigen kann, das steht im Kapitel »Schmieren – was und wie?« geschrieben.

Das Viergang-Schaltgetriebe

Zugleich mit der neuen Motorenkonstruktion erhielten 1980 die Vierzylinder-Modelle der Baureihe 123 ein neues mechanisches Viergang-Handschaltgetriebe. Im Vergleich zu dem vorangegangenem Getriebe ist es in den Abmessungen kleiner, und weil das einteilige Getriebe- und Kupplungsgehäuse aus Leichtmetall besteht, hat es auch ein geringeres Gewicht. Ein früher verwendeter Zwischenflansch zwischen Motorblock und Kupplungsgehäuse ist nicht mehr notwendig.
In dem Schaltgetriebe, auch Wechselgetriebe genannt, greifen verschiedene Zahnradpaare für die richtige Übersetzung zwischen dem Motor und der Hinterachse ineinander. Der Fahrer bestimmt durch das Schalten die Wahl der betreffenden Übersetzungsstufe.

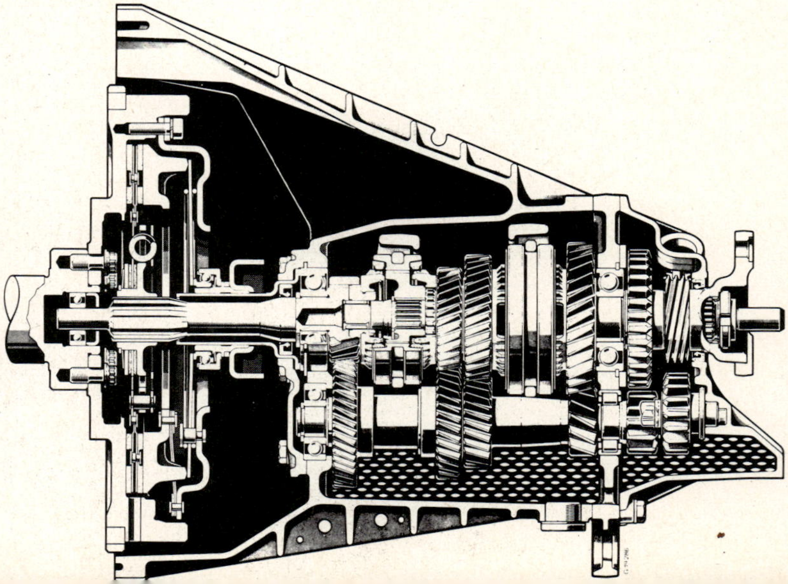

Längsschnitt durch das Kupplungsgehäuse und das Viergang-Schaltgetriebe. Der Zapfen links gehört zur Kurbelwelle, die mit der Schwungscheibe verschraubt ist. Im Schnitt sieht man an letzterer die Kupplung, in deren Mitte die Getriebe-Eingangswelle dreht. Rechts das aufgeschnittene Getriebe. Dieses Viergang-Schaltgetriebe trägt die Daimler-Benz-Bezeichnung 716.211 (GL 68/20 B).

Das Getriebe besitzt geräuschlose (synchronisierte) Vorwärtsgänge, wodurch das einstmals umständliche Zwischengas und Zwischenkuppeln beim Schalten fortfällt. Die Zahnräder sitzen frei drehbar auf der Getriebehauptwelle. Sie befinden sich in ständigem Eingriff mit den auf der Vorgelegewelle festsitzenden Gegenrädern. Zum Schalten werden sie durch die Schiebemuffe des Gleichlaufkörpers (Synchronisierung) mit der Welle verbunden oder gelöst. Synchronisiert wird – vereinfacht ausgedrückt – mit kleinen Reibungskupplungen (Konus und Gegenkonus). Die von Daimler-Benz verwendete Außenkonus-Synchronisierung mit vergrößerten Reibflächen trägt zu einer noch verbesserten Schaltqualität bei.
Die Reibungsarbeit des Synchronrings erhöht sich entsprechend, je mehr die Drehzahlen der Antriebswelle von den der Welle zu den Antriebsrädern voneinander abweichen. Die Angleichung braucht ihre Zeit. Deshalb gilt es, exakt zu schalten, um die Langlebigkeit der Synchronisation zu sichern. Gewaltsames Durchreißen des Schalthebels beansprucht die Synchronisation über Gebühr und schadet. Defekte Synchronringe machen sich beim Schalten durch Kratzgeräusche bemerkbar.
Der Rückwärtsgang ist geradverzahnt und nicht synchronisiert. Das Zahnradpaar ist im hinteren Getriebegehäusedeckel angeordnet.

Das Fünfgang-Schaltgetriebe

Seit September 1981 können die Fahrzeuge auch mit einem mechanischen Fünfgang-Getriebe ausgerüstet sein. Als weitere Neukonstruktion besitzt dieses Aggregat eine Sperrsynchronisation für alle Gangstufen einschließlich Rückwärtsgang. Die nach dem System von Borg-Warner – ein bekanntes amerikanisches Unternehmen speziell für automatische Getriebe – eingesetzte Sperrsynchronisation verstärkt je nach Drehzahlunterschied die Reibung zwischen Synchronring und Schaltmuffe durch besondere Sperrteile. Dadurch ergeben sich kürzere Schaltzeiten.
Der 5. Gang ist als Schongang ausgelegt. Das damit verbundene Untersetzungsverhältnis von 1:0,81 bewirkt eine höhere Drehzahl der Übertragungswelle zur Antriebsachse bei weniger schnell drehendem Motor. Neben erhöhter Schonung des Motors ist mit dieser Getriebeuntersetzung eine Verringerung des Motorgeräuschs und vor allem eine Verbrauchsreduzierung verbunden.
In Abweichung von der Wartung des Viergang-Getriebes sieht Daimler-Benz nach jeweils 60 000 km einen Ölwechsel vor, wie auf Seite 73 beschrieben.

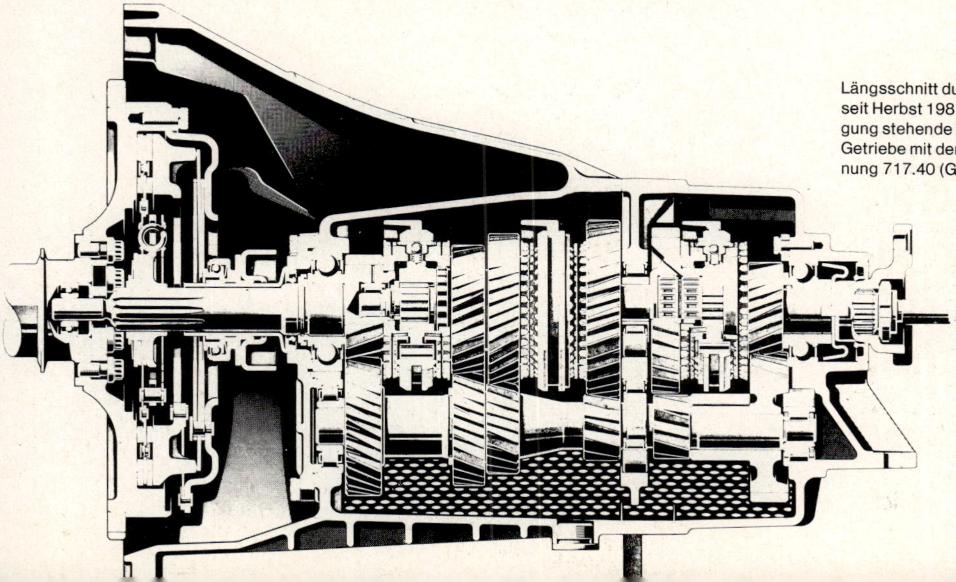

Längsschnitt durch das seit Herbst 1981 zur Verfügung stehende Fünfgang-Getriebe mit der Bezeichnung 717.40 (GL 275).

Der Handschalthebel beim Viergang-Getriebe ist auf einem Schaltbock »wagenfest« gemacht und über drei Schaltstangen mit dem Getriebe verbunden. Anders als bei einem direkt auf dem Getriebe sitzenden Handschalthebel ist auf diese Weise für einen im Fahrbetrieb ruhiggestellten Handhebel gesorgt, auf den auch keine Geräusche übertragen werden. Die Schaltstangen sind an der linken Seite des Getriebegehäuses mit den ihnen zugeordneten Schalthebeln verbunden.
In Verbindung mit dem Fünfgang-Getriebe ist der Handschalthebel mit einer Metall-Gummi-Buchse in einem besonderen Schaltrohr gelagert.

Fingerzeige: *Zwischengas ist nur sinnvoll, wenn bei hohen Drehzahlen heruntergeschaltet wird (Notfälle, sportliches Fahren), oder wenn bei kaltem und steifem Getriebeöl geschaltet wird. Allerdings gehört dazu Feingefühl, denn übertriebenes Zwischengas schadet mehr als keines.*
Weil das Synchronisieren auf Reibung beruht, sind fremde Ölzusätze für das Getriebeöl nicht angebracht. Diese Zusätze sollen meist die Reibung herabsetzen, was dem Prinzip der Synchronisation genau entgegengesetzt ist. Andererseits können durch Zusätze die Synchronringe verkleben, wodurch ebenfalls das Schalten erschwert wird.

Das automatische Getriebe

Auf Wunsch wird ein automatisches Vierganggetriebe geliefert. Dazu gehört entweder ein Wählhebel auf der Mittelkonsole oder an der Lenksäule. Daimler-Benz baut diese Getriebe selbst (manche andere Autofirmen beziehen Getriebeautomaten von besonderen Herstellern), weswegen nur der Mercedes-Service bei möglicherweise auftretenden Störungen zu Rate gezogen werden sollte.
Das automatische Getriebe funktioniert wie folgt: Zwischen Motor und Getriebe (drei Planetenradsätze) ist ein sogenannter hydrodynamischer Drehmomentwandler geschaltet, in dem die Motorleistung durch ein Flüssigkeitsgetriebeöl über Schaufelräder übertragen wird. Gekoppelt mit der Schwungscheibe am Motor ist das Pumpenrad, das die Wandlerflüssigkeit bei laufendem Motor in Rotation versetzt und direkt gegen die Schaufeln der Turbine schleudert. Von dort trifft der Ölstrom auf das Leitrad, wird von diesem umgelenkt und dem Pumpenrad wieder zugeführt. Das in Umdrehung versetzte Turbinenrad ist mit dem nachgeschalteten Getriebe fest verbunden. Die Zahnräder des Getriebes stehen dauernd in Eingriff. Weil die Wandlerflüssigkeit bei laufendem Motor immer versucht – durch das Pumpenrad in Bewegung versetzt –, das Getriebe und da-

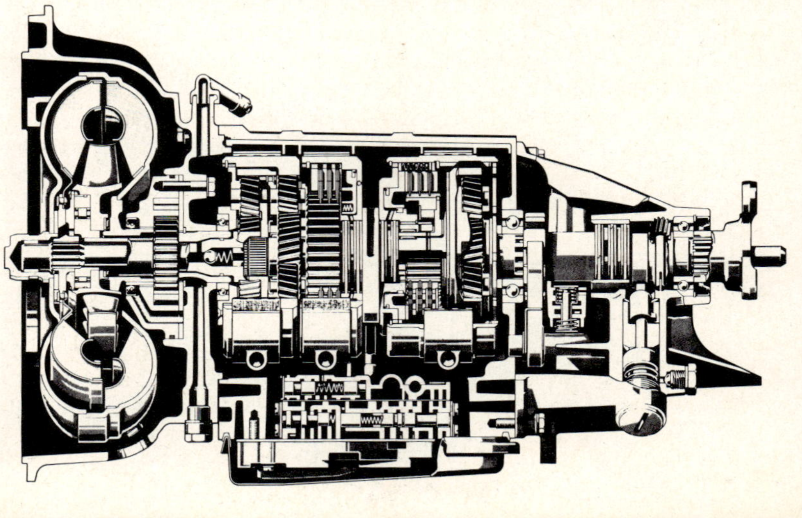

Die Ausführung des automatischen Daimler-Benz-Vierganggetriebes mit der Bezeichnung W 4B 025 steht zur wahlweisen Ausrüstung zur Verfügung. Das Getriebe wird bereits seit 1973 gebaut und es entstand als verbesserte Weiterentwicklung einer früheren Konstruktion. Links an dem eigentlichen Getriebe befindet sich das Gehäuse mit dem Pumpenrad der hydraulischen Kupplung, von der Schwungscheibe mitgenommen, und das vom Pumpenrad durch den Ölstrom mitgenommene Turbinenrad.

mit auch die Antriebsräder zu bewegen, »kriecht« der Wagen beim Stand im Leerlauf und muß dann mit der Fuß- oder Feststellbremse festgehalten werden. Bei längerem Halt mit laufendem Motor soll man den Wählhebel in Stellung »N« bringen.
Das automatische Getriebe kann auf dreierlei Arten beeinflußt werden. Durch Schalten per Hand in gewohnter Weise (aber ohne zu kuppeln), durch Sperren des oberen oder der beiden oberen Gänge (Fahrstufen) und durch »Kickdown«, also bei kräftigem Durchtreten des Gaspedals. Sowohl beim Kickdown als auch beim langsamen Gasgeben (oder Gaswegnehmen) verändern sich die Unterdruckverhältnisse im Ansaugrohr am Motor, was zu entsprechenden Reaktionen im Getriebe führt. Durch Bandbremsen werden bestimmte Zahnradsätze abgebremst, andere freigegeben, wodurch gewissermaßen der »Gangwechsel« stattfindet und damit verschiedene Übersetzungen hergestellt werden.
Wagen mit automatischem Getriebe besitzen einen besonderen Ölkühler. Die von der Unterseite des Getriebes zur Wagenfront verlaufenden beiden Rohrleitungen dürfen bei Arbeiten unter dem Wagen nicht beschädigt werden, die Anschlüsse müssen fest angezogen sein.
Störungen im automatischen Getriebe sind trotz seiner aufwendigen Mechanik äußerst selten. Im Selbstverfahren gibt es außer der Ölstandskontrolle nichts zu tun. Was bei dieser zu beachten ist, kommt auf Seite 72 zur Sprache. Bei dieser Gelegenheit kann man, wenn Verdacht auf eine Störung besteht, eine Geruchsprobe vornehmen: Verbrannte Kupplungslamellen oder Bremsbänder rufen eine Art Brandgeruch hervor. Dazu Peilstab ziehen und am daran haftenden Öl riechen.

Die Gelenkwelle

Zur Kraftübertragung vom Getriebe zur Hinterachse dient eine dreiteilige Rohrwelle (Kardanwelle). Am vorderen Teil der Welle sitzt eine elastische Gelenkscheibe, die mit dem Dreiarmflansch der Getriebehauptwelle verbunden ist. Ähnlich ist die Verbindung des hinteren Teils der Welle mit dem Hinterachsantrieb gestaltet. An beiden Enden sitzt die Gelenkwelle auf Zentrierhülsen mit einer Fettfüllung. Da hier hohe Drehbelastungen aufgenommen werden müssen, ist die gesamte Gelenkwelle ausgewuchtet.
Zwischen drei Wellenteilen erlauben zwei wartungsfreie Gelenke, die Abweichungen auszugleichen, die sich zwischen dem Getriebe und der Hinterachse ergeben. Seit 1981 wird aus Gründen der Geräuschdämpfung an der vorderen Gelenkwelle ein Schwingungstilger montiert, dazu wurde die Zentrierhülse in radialer Richtung härter und länger ausgelegt.
Eine unrund laufende Gelenkwelle beschädigt die Lagerung des Getriebes und des Achsantriebes. Ein Brummen der Gelenkwelle kann von Schmutzkrusten herrühren, kann aber auch ein erstes Anzeichen einer Unwucht infolge Durchbiegung (bei Überlastung) sein. Eine beschädigte Gelenkwelle muß man zweckmäßigerweise austauschen, wenngleich theoretisch eine Reparatur mit nachträglichem Auswuchten möglich ist, wofür aber spezielle Wuchtmaschinen benötigt werden.

Gelenkscheiben der Gelenkwelle prüfen

Pflegearbeit Nr. 53

Durch Sichtkontrolle überzeugt man sich nach 60 000 km Laufstrecke davon, ob die Gelenkscheiben die hohen Belastungen verschleißfrei überstanden haben. Beschädigungen wie Risse dürfen nicht zu erkennen sein, sonst muß man die Gelenkscheiben erneuern lassen.
Falls sich eine Verformung zeigt, wenn also die Oberfläche zwischen den Flanschschrauben wellig versetzt ist, kann die Werkstatt dem abhelfen. Dort wird die Gelenkwelle entspannt, indem die Flanschschrauben gelockert und

neu angezogen werden. Durch die Beseitigung der Verformung erreicht man eine längere Lebensdauer der Gelenkscheiben.

Der Hinterradantrieb

In der Hinterachse muß die von der Gelenkwelle eintreffende, in Wagenlängsachse verlaufende Drehbewegung rechtwinklig umgelenkt werden. Sie wird sozusagen »um die Ecke« geführt. Durch die Übersetzung vom kleinen Kegelrad auf das größere Tellerrad paßt der Antrieb die Getriebeausgangsdrehzahl der erforderlichen Raddrehzahl an. Gleichzeitig werden bei Kurvenfahrt die unterschiedlich langen Wege des inneren und äußeren Rades durch das Differential (Ausgleichsgetriebe) ausgeglichen. Um den Wellentunnel im Wagenboden niedrig zu halten (bessere Innenraumnutzung), wird die Gelenkwelle tief herangeführt. Die dazu erforderliche Verzahnung, der »Hypoidantrieb«, setzt Kegel- und Tellerrad hohen Belastungen aus. Deshalb sind die Schmiermittelvorschriften genau einzuhalten.
Im Gehäuse für den Achsantrieb befinden sich zwei Kegelrollenlager, deren Einstellung durch Distanzringe variabel ist. Dadurch kann erreicht werden, daß das Tellerrad seitlich versetzt wird, um das Zahnflankenspiel zwischen diesem Rad und dem Kegelrad (Ritzel) genau einzustellen.
Außer der Kontrolle des Ölstandes im Achsgehäuse und dem Ölwechsel (siehe »Schmieren aller Teile«) ist die Hinterachse wartungsfrei.

Gelenkigkeit

Obwohl Fahrwerk und Lenkung wartungsfrei sind, sollte man sich deren Teile bisweilen kritisch ansehen. Rechtzeitige Kontrollen verhindern größere Schäden, und was dabei zu beachten ist, sagen die folgenden Seiten.
Reparaturen sind aus Gründen der Sicherheit Sache einer Mercedes-Werkstatt. Die Lenkanlage verlangt nach Fachkenntnissen und Spezialwerkzeugen.

Die Vorderachse

Wie allgemein üblich, sind die Vorderräder unabhängig voneinander »aufgehängt«.
Jedes Vorderrad ist über eine obere Querstrebe (»Querlenker«) aus geschmiedetem Leichtmetall mit dem Aufbau und über eine untere Querstrebe mit der Rahmenbodenanlage verbunden. Die nach außen gerichteten Enden dieser beweglichen Bauteile münden am Achsschenkel, an dem das Rad läuft. Von der unteren Querstrebe zweigt nach hinten ein Stützrohr ab, das in einem Kugelgelenk im Rahmenboden endet. Beim Bremsen hat das Stützrohr die Aufgabe, die Achshälfte gegen den Fahrzeugraum abzustützen. Alle diese Teile besitzen wartungsfreie, elastische Lager. Sie isolieren den Aufbau gegen Vibrationen und Fahrgeräusche.
Leicht nach innen geneigte Schraubenfedern sitzen auf den unteren Querlenkern und stemmen sich oben in einem Gummiring gegen den Aufbau. Neben diesen Federn stehen hydraulische Gasdruck-Stoßdämpfer.
Die oberen Lenker beider Seiten sind mit einem am Aufbau befestigten Dreh-

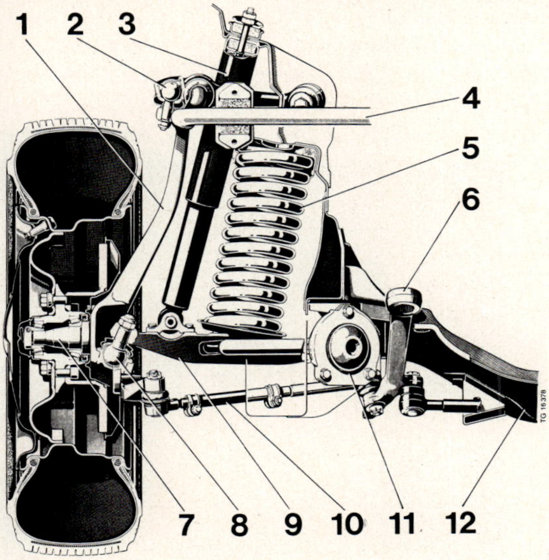

Die Zeichnung offenbart die Teile der Vorderradaufhängung:
1 – Achsschenkel,
2 – Kugelgelenk zum oberen Querlenker,
3 – Stoßdämpfer,
4 – Drehstabilisator,
5 – Schraubenfeder,
6 – Lenkhebel,
7 – Radnabe,
8 – Kugelgelenk,
9 – unterer Querlenker,
10 – Spurstange,
11 – Stützgelenk des Stützrohrs,
12 – Rahmenquerträger.

stab verbunden. Bei ungleichmäßigem Einfedern der Räder wird er auf Verdrehen (Torsion) beansprucht und dient als Kurvenstabilisator, indem er bei Kurvenfahrt der Seitenneigung entgegenwirkt und dem kurvenäußeren Rad zu besserem Fahrbahnkontakt verhilft. Alle Achsteile ragen nur wenig über die Radmitte nach vorn, wodurch sie bei Unfällen besonders geschützt sind.

Die Achsschenkellager

Jede Vorderradnabe sitzt an einem sogenannten Achsschenkel. Dieser ist über wartungsfreie Kugelgelenke (oben Führungsgelenk, unten Traggelenk) mit den ebenfalls schon erwähnten Querstreben verbunden.

Diese Art der Achsschenkellagerung hat sich seit langem bewährt. Theoretisch kann nämlich eine solche bewegliche Verbindung ein ganzes Autoleben überdauern, da ihre Kugelköpfe in mit Fett gefüllten Pfannen gebettet, dicht verkapselt und mit Gummimanschetten gegen Fettaustritt und Schmutzeintritt geschützt sind. Aber beschädigter Gummi läßt Schmutz und Nässe hindurch, außerdem können Öl, Kraftstoff und nachträglich angebrachter Unterbodenschutz diese Umhüllungen angreifen. Beschädigte Manschetten müssen baldigst erneuert werden.

Axialspiel der Radlager einstellen

Jede Radnabe besitzt zwei Rollenlager, auf denen sich das Vorderrad dreht. Hier darf kein übermäßiges Spiel vorhanden sein. Das läßt sich auf einfache Art prüfen, indem man bei aufgebocktem Wagen versucht, das Rad oben und unten hin- und herzukippen. Wenn man die Raddrehung durch Treten der Fußbremse hemmt, läßt sich vorhandenes Spiel im Radlager besser lokalisieren. Ist gebremst noch Spiel vorhanden, so kann dies auch mit ausgeschlagenen Kugelgelenken (auch am Lenkgestänge) zusammenhängen. Beim Drehen des Rades dürfen im Lager keine Geräusche entstehen.

Über geeignete Mittel, das Spiel der Vorderradlager zu prüfen, verfügt man in der Werkstatt. Zum Ausbau der Radnabenkappen braucht man einen besonderen Schlagabzieher und für die Kontrolle des Axialspiels eine geeignete Meßuhr. Eine Einstellung erfolgt grundsätzlich bei der ersten Garantie-Durchsicht, danach nur nach eventuell vorgenommenen Reparaturen.

Bevor die Spielmessung erfolgt, ist die Klemm-Mutter unter ständigem Drehen der Nabe so weit anzuziehen, bis sich letztere nur noch schwer drehen läßt. Dann wird die Mutter um etwa ⅓ Umdrehung zurückgedreht. Die noch bestehende Spannung läßt sich durch einen Schlag mittels Kunststoffhammer lösen. Nach Anbringung der Meßuhr zieht und drückt man kräftig am Flansch der Radnabe und liest die Anzeige ab. Sie darf 0,01–0,02 mm betragen. Übermäßiges Spiel wird durch Anziehen der Klemm-Mutter abgestellt und im Zusammenhang

Der Pfeil zeigt auf eine der mit Fett gefüllten Gummimanschetten des Fahrwerks, hier an der Radaufhängung links oben (Führungsgelenk). Reinlichkeit ist oberstes Gebot im Umgang mit Gummi. Obwohl Gummi heute alterungsfest hergestellt und auf besondere Funktionen abgestimmt wird, kann es doch durch äußere Einflüsse angegriffen werden. Benzin und Öl sind ebenfalls böse Feinde, deshalb soll man auch beim Absprühen der Wagenunterseite die Gummiteile abdecken.

damit muß auch die Innensechskantschraube mit 14 Nm angezogen werden. Bei mehrmaligem Drehen der Nabe darf keine Hemmung feststellbar sein. Die Kontaktfeder zwischen Radnabenkappe und Achsschenkelzapfen dient der Radioentstörung.
Die Nabenkappe soll bis zu ihrem Bördelrand mit Radlagerfett gefüllt sein, das sind etwa 15 g. Beim 60 000-km-Wartungsdienst soll das alte Fett aus der Kappe und an der Nabe entfernt werden, ehe eine Neubefüllung vorgenommen wird. Falls die Nabenkappe beim unsachgemäßen Lösen (Praktiker machen das mittels Flachmeißel oder Schraubenzieher) an ihrem Rand beschädigt wurde, muß sie ersetzt werden.

Gummimanschetten der Gelenke kontrollieren

Pflegearbeiten Nr. 32 und 33

Die freiliegenden Gummiteile der Vorderradaufhängung und auch der Lenkung sind den Einflüssen des Fahrbetriebes ausgesetzt. Sie sollen sich elastisch den Bewegungen der Bauteile anpassen können und die enthaltene Fettfüllung schützen. Die Schutzmanschetten werden durch Spritzwasser, Schmutz und hochgeschleuderte Steine strapaziert. Deshalb ist die 20 000-km-Kontrolle, bei der man sich vom Zustand der Manschetten überzeugen muß, nicht auf die leichte Schulter zu nehmen. Beschädigungen des elastischen Materials lassen die schmierende Füllung entweichen und Fremdkörper sowie Nässe eindringen, wovon die Gelenke bald angegriffen werden. Ferner dürfen die Manschetten und die Kunststoffabdeckungen an den Gelenken des Lenkgestänges keinerlei Beschädigungen aufweisen.
Zur Sichtkontrolle fährt man das Auto über eine Grube oder hebt es vorne an. Schwärzliche Verfärbung des sonst grauen Straßenschmutzes deutet auf undichte Stellen. Wenn man mit dem Finger gegen die Manschetten drückt, kann man feststellen, ob ihre Elastizität noch erhalten ist oder ob sie verhärtet sind. In diesem Fall sollten in der Werkstatt die Manschetten ausgewechselt werden. Der dann baldige Austausch beschädigter Manschetten ist nur mit geringen Kosten, der andernfalls zwangsweise nötige Austausch verschlissener Teile mit weit größeren Geldausgaben verbunden.

Die Lenkung

Die Drehung des Lenkrades wird innerhalb eines Lenkgetriebes in die zum Einschlag der Vorderräder führende hin- und hergehende Bewegung umgewandelt. Im Mercedes handelt es sich dabei um eine »Kugelumlauf-Lenkung«. Zwischen Lenkrad und Lenkgetriebe befindet sich eine »Wellrohr-Lenkspindel«, die anstelle einer starren, durchgehenden Lenksäule schräg versetzt ist. Dieses zusammendrückbare Bauteil nimmt oben die Drehbewegung über ein Kreuzgelenk auf und gibt sie unten – zum Lenkgetriebe – über ein elastisches Kreuzgelenk weiter. Somit ist weitgehend für Sicherheit gesorgt, damit bei einem Frontalaufprall die Lenksäule und das Lenkrad nicht in den Wagen geschoben werden. Auch der »Pralltopf« unter dem Lenkrad ist zur Verminderung von Aufprallenergie deformierbar.
Der am Ausgang des Lenkgetriebes sitzende Lenkstockhebel (im Abschnitt »Lenkung nachstellen« weiter beschrieben) greift in einen Zwischenhebel. Dieser ist einerseits mit der linken Spurstange zum linken Achsschenkel und andererseits mit der mittleren Spurstange verbunden. Spiegelverkehrt dazu trifft das andere Ende der mittleren Spurstange wiederum auf einen Zwischenhebel, der mit dem Unterbau verbunden ist und von dem die rechte Spurstange abzweigt. Die mittlere Spurstange ist mit einem Lenkungsdämpfer verbunden. Dieser hydraulische Dämpfer hält Lenkgetriebe wie Lenkrad weitgehend von Fahrbahnstößen frei.
In den seitlichen Spurstangen ermöglichen Einstellmuffen, die Vorspur zu ver-

ändern (siehe noch folgenden Abschnitt). Alle beweglichen Teile sind durch Kugelgelenke verbunden. Die Wartung des Lenkgetriebes ist auf Seite 74 beschrieben.

Befestigungsschrauben der Lenkung nachziehen

Pflegearbeit Nr. 34

Das Gehäuse des Lenkgetriebes ist am Rahmenboden mit drei sogenannten Sperrzahnschrauben befestigt. Diese Schrauben werden zugänglich, wenn man das linke Vorderrad abschraubt.
Man kann sich selbst vom festen Sitz der Schrauben überzeugen. Mit Hilfe eines Ringschlüssels dürfen sie sich unter Anwendung erhöhter Kraft nicht weiterdrehen lassen. Vorgeschrieben ist ein Anzugsdrehmoment von 70–80 Nm, das nur mit einem Drehmomentschlüssel eingehalten werden kann.

Lenkungsspiel prüfen

Pflegearbeit Nr. 35

Das Prüfen des korrekten Lenkverhaltens ist auch Bestandteil einer Probefahrt. Eine Kontrolle im Stand sollte alle 20 000 km vorgenommen werden.
Dabei sollen die Vorderräder in Geradeausfahrt stehen. Zugleich ist zu vermerken, ob sich die Lenkradspeichen dabei in waagerechter Stellung befinden. Man kurbelt das Seitenfenster herunter und stellt sich neben den Wagen. Dann greift man durchs Fenster, und während man das Lenkrad dreht, beobachtet man das linke Vorderrad und besonders die Felge. Denn die Reifen sind elastisch und können beim Drehen im Stand zunächst einen Teil des Einschlages »schlukken«, ehe sie sich bewegen. Bis sich die Felgen bewegen, darf ein Spiel im Lenkrad von 25 mm vorhanden sein.
Wenn das Spiel größer sein sollte, müssen die zueinander beweglichen und miteinander verbundenen Teile der Lenkung überprüft werden. Das betrifft die Lenkungskupplung und die beiden Gelenkscheiben der unteren Lenkspindel sowie die Kugelgelenke an den Spurstangen. Die Gummimanschetten und Kunststoffabdeckungen dürfen keinerlei Beschädigung aufweisen, andernfalls ist ein Schaden an den Gelenken zu vermuten. Eine genaue Beurteilung der Ursache für zu großes Lenkungsspiel muß aber der Werkstatt überlassen bleiben.

Lenkung nachstellen

Im Gehäuse des Lenkgetriebes übertragen Lenkspindel und Lenkmutter die Bewegung vom Lenkrad auf eine rechtwinklig dazu angeordnete Lenkwelle, an deren Ende der schon vorher erwähnte Lenkstockhebel sitzt. Die Verzahnung zwischen Spindel und Mutter wäre bei einfacher Ausführung hohen Reibungskräften ausgesetzt. Um diese auszuschalten, sind die Gewindegänge zwischen Spindel und Mutter mit Kugeln ausgefüllt, wo sie gewissermaßen die Aufgabe eines Kugellagers erfüllen. Über ein Umlaufrohr laufen die Kugeln in praktisch endloser Folge innerhalb eines in sich geschlossenen Kanals. So erklärt sich der Name »Kugelumlauf-Lenkung«. Ihr Vorteil ist es, die Lenkkräfte klein halten zu können, womit auch das Zurückstellen nach Kurvenfahrt begünstigt wird.
Obwohl das Lenkgetriebe eine Ölfüllung enthält, kann durch normalen Verschleiß des Spiel zwischen den einzelnen Teilen zu groß werden. Das macht sich durch einen »toten Gang« (Spiel) zwischen Spindel und Lenkstockhebel bemerkbar. Aber auch nach einer Reparatur am Lenkgetriebe, bei der es auseinandergenommen wurde, muß dieses Spiel ausgeschaltet werden. Diese Einstellung erfordert Sachkenntnis, denn es besteht die Gefahr, daß durch unsachgemäßes Verstellen die Lenkung schwergängig wird und nach der Kurve nicht zurückstellt. Es ist also eine Arbeit für die Werkstatt.

Die Servolenkung

Das Gewicht eines größeren Wagens behindert die Leichtgängigkeit der Lenkung derart, daß das Autofahren zur Schwerarbeit wird, vor allem im Stadtbetrieb und beim Parken. Früher verhalfen Lenkungen mit größerem Überset-

zungsverhältnis zu einer gewissen Erleichterung, aber man mußte damit viel kurbeln. Mit der Servo-Lenkung ist der Arbeitsaufwand dagegen verteilt: Die vom Fahrer aufzubringende Kraft wird von Drucköl unterstützt.
Von der konventionellen Lenkung unterscheidet sich die Servo-Lenkung durch ein anderes Lenkgetriebe mit Steuereinheit und Arbeitskolben, zudem benötigt sie eine vom Motor angetriebene Ölpumpe. Lenkgetriebe, Steuereinheit und Arbeitskolben sind in einem Gehäuse vereinigt, das ohne weiteres gegen die mechanische Lenkung ausgetauscht werden könnte. Die übrigen Teile sind die gleichen wie bei der normalen Lenkung.
Der 230 CE besitzt die Servo-Lenkung serienmäßig, ebenso sind die T-Modelle damit ausgerüstet. Bei den übrigen Modellen ist sie auf Wunsch zu haben. Die Druckölpumpe, eine sogenannte Flügelzellenpumpe, und der Ölbehälter sitzen links am Motor. Die Pumpe wird von einem besonderen Keilriemen über die Riemenscheibe der Kurbelwelle angetrieben.
Wenn die Servo-Lenkung schwergängig ist oder zeitweise ihre Wirkung aussetzt, sind vordringlich die Keilriemenspannung und der Ölvorrat zu prüfen. Läßt sich hierbei nichts beanstanden, muß die Werkstatt helfen. Dort prüft man den Förderdruck der Pumpe oder zerlegt sie und setzt sie instand.
Es kann auch vorkommen, daß die Pumpe bei normalem Lenkungseinschlag »grunzt« und bei raschem Einschlag schwergängig ist. Die Anlage dürfte dann irgendwo undicht sein. Zur Kontrolle öffnet man den Vorratsbehälter und läßt von einer Hilfsperson die Lenkung mehrmals nach beiden Seiten hin einschlagen. Wenn dabei Blasen in den Behälter strömen, muß die Werkstatt die undichte Stelle in dem System suchen und die defekten Teile erneuern.
Im Abschnitt »Ölstand in der Servo-Lenkung kontrollieren« (Seite 74) ist diese regelmäßig vorzunehmende Wartung beschrieben. Desgleichen ist auf der Seite 179 die Bedeutung der Keilriemenspannung erwähnt, die als allgemeingültig auch auf den Antrieb der Lenkhelfpumpe zutrifft. Auch hier soll die Eindrücktiefe zwischen den beiden Riemenscheiben unter 6 kp Last etwa 5 mm betragen. Zum Spannen des Keilriemens sind zu lösen: die von vorn erreichbare, in Höhe der Riemenscheibe sitzende Schraube, die darunter befindliche Mutter sowie die Mutter unten an der Spannschraube. Diese Spannschraube mit Verzahnung wird zur Regulierung der Keilriemenspannung gedreht. Abschließend sind beide Muttern und die Schraube wieder festzuziehen.
Bei Ausfall des Keilriemens oder bei abgestelltem Motor fördert die Pumpe kein Drucköl. Dann sind erhebliche Lenkkräfte nötig. Man sollte ruhig einmal bewußt den Motor ausschalten, um eine Vorstellung vom Verhalten der Lenkung ohne Servo-Wirkung zu erhalten. Zugleich wird auch nach wenigen Bremsungen der Unterdruckvorrat der Servo-Bremse aufgebraucht und die Fußbremse verlangt gleichermaßen höheren Kraftaufwand. Den keineswegs mühelosen Umgang mit dem Auto bei Ausfall beider Anlagen sollte man kennen, wenn man einmal abgeschleppt werden will.

Vorspur prüfen

Die »Vorspur« dient dazu, die Vorderräder in eine Stellung zueinander zu bringen, daß sie nicht die Tendenz haben, nach außen wegzulaufen. Andernfalls würden sie, unterstützt durch ihren Sturz (Schrägstellung) und durch Fahrwiderstände, den Wagen in eine Kurve hineinziehen. Deshalb stellt man sie vorne näher zusammen als hinten – sie laufen in einem spitzen Winkel aufeinander zu. Falsche Vorspur verschleißt die Reifen schneller und wirkt sich ungünstig auf das Lenkverhalten aus (Radflattern).
Eine genaue Vermessung kann nur die Werkstatt vornehmen, wo man über ein optisches Meßgerät verfügt. Der Wagen muß sich in betriebsbereitem, vollge-

An den Spurstangen beider Seiten kann die Vorspur eingestellt werden, und zwar durch Verändern ihrer Länge, was durch Verdrehen der Gewindehülsen möglich ist. Über genaue Maße und Einstellbedingungen verfügt die Werkstatt. Die Pfeile zeigen auf die Klemmschrauben SW 13, die zur Einstellung gelockert werden müssen. Zum Drehen der Spurstangen nimmt man eine Gripzange.

tanktem Zustand befinden. Die Vorspur kann durch Verdrehen der äußeren Spurstangen verändert werden. Dazu löst man in der Werkstatt die Klemmschrauben SW 13 mit einem Ringschlüssel. Drehen in Fahrtrichtung verringert, Drehen entgegen der Fahrtrichtung vergrößert die Vorspur.
Das Maß der Vorspur beträgt bei allen Typen $0^\circ\ 30' {}^{+10'}_{-15'} = 3{,}5 \pm 1{,}5$ mm. Das bedeutet, daß die Räder – in Radnabenhöhe gemessen – um diesen Wert vorn näher zusammenstehen sollen als hinten. Man kann das grob feststellen, indem man in Geradeausstellung der Räder eine Kreidemarkierung in Höhe der Radnabe an beiden Vorderrädern am Felgenhorn außen vorn anbringt. Dann rollt man den Wagen so weit, bis sich die Markierungen in gleicher Höhe hinten befinden. In beiden Positionen ist eine Meßlatte mit von außen um die Reifen greifenden Tastern an die Markierungen anzulegen.

Die Hinterachse

Auch die Hinterräder sind einzeln aufgehängt. Bei dieser »Schräglenkerachse«, die im wesentlichen von der vorangegangenen Typenreihe übernommen wurde, sind Radführung und Radantrieb voneinander getrennt.
An einem Achsträger, der in Gummilagern am Fahrzeugboden aufgehängt ist, sind die beiden Schräglenker und das Gehäuse des Hinterradachsantriebs

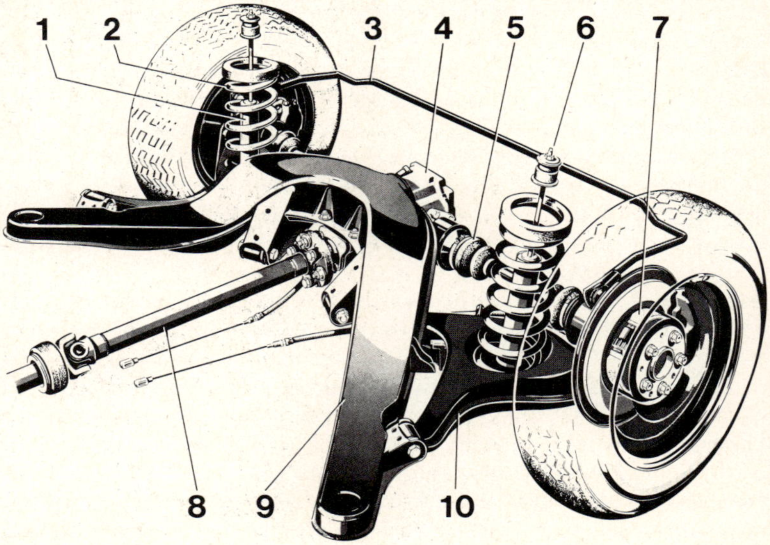

Die Hinterachse, als Diagonal-Pendelachse ausgebildet, besteht aus folgenden Teilen:
1 – Stoßdämpfer,
2 – Schraubenfeder,
3 – Drehstabilisator,
4 – Hinterachsgetriebegehäuse,
5 – Manschette über einem der vier homokinetischen Gelenke,
6 – Stoßdämpferbefestigung,
7 – Scheibenbremse und Feststellbremse,
8 – Gelenkwelle (Kardanwelle),
9 – Hinterachsträger,
10 – Schräglenker.

Innerhalb der mit Pfeilen bezeichneten Manschetten verbergen sich Gelenke, die immer in Fett gebettet sein müssen. Besonders sollen die Manschetten aber gegen Schmutz und Feuchtigkeit schützen. Sie müssen demnach regelmäßig nach eventuellen Beschädigungen abgesucht werden. Diese Kontrolle läßt sich nur zuverlässig ausführen, wenn der Wagen auf der Hebebühne oder über einer Grube steht. Als Eigenpfleger kann man auch den Wagen einseitig anheben und durch Drehen des Hinterrades die Manschetten rundum prüfen, danach kontrolliert man die Hinterachsmanschetten der anderen Wagenseite.

montiert. Die Schräglenker tragen außen die Nabe für die Radlagerung und vor der Achse in einer Mulde die Schraubenfedern mit innenliegenden Stoßdämpfern. Ein Stabilisator verringert die Seitenneigung des Fahrzeugs in Kurven. Die Lage der Schräglenker-Drehachsen ist so bemessen, daß die Pendellänge der Hinterräder fast so groß ist wie die Spurweite. Beim Ein- und Ausfedern und beim Kurvenfahren ergeben sich deshalb nur geringe Änderungen von Sturz und Spur. Auf jeder Seite überträgt eine Doppelgelenkwelle den Antrieb von Hinterachsgehäuse auf die Räder. Die Antriebsübertragung ist auf Seite 134 beschrieben.

Die Stoßdämpfer

Eigentlich müßten die Stoßdämpfer »Schwingungsdämpfer« heißen, weil sie die nach der Einfederung eines Rades entstehenden Schwingungen dämpfen sollen. Eine Federfunktion haben sie nur in geringem Maße. Ohne sie würden die Räder während der Fahrt häufig den Fahrbahnkontakt verlieren und der Wagen könnte unter bestimmten Umständen unkontrollierbare Eigenbewegungen vollführen.

Stoßdämpfer unterliegen bei ihrer ständigen Arbeit zwangsläufig dem Verschleiß. Je nach Fahrweise und Straßenzustand kann man aber mit einer Lebensdauer von mindestens 80 000 km rechnen. Leider gewöhnt man sich im allgemeinen an die nachlassende Wirkung und spürt nicht das damit verbundene verschlechterte Fahrverhalten des Wagens.

Ab Werk werden Stoßdämpfer von Bilstein und Fichtel & Sachs eingebaut. Anläßlich der Inspektionen wird geprüft, ob sie dicht sind.

Zum Ausbau eines vorderen Stoßdämpfers löst man bei noch nicht hochgebocktem Wagen die Stoßdämpferbefestigung (Muttern) im Motorraum. Dann wird das Auto angehoben und der untere Befestigungsbolzen des Dämpfers abgeschraubt und herausgezogen, dann kann man den Stoßdämpfer abnehmen. Die obere Befestigung des hinteren Stoßdämpfers ist ähnlich. Da diese Stoßdämpfer jedoch innerhalb der Schraubenfedern stehen, muß man nach Lösen der unteren Befestigung den Dämpfer senkrecht nach unten herausziehen.

Stoßdämpfer prüfen

Einige untrügliche Anzeichen für die nachlassende Wirkung der Stoßdämpfer bieten sich sowohl bei aufmerksamer Beobachtung während der Fahrt als auch durch einige Sichtkontrollen. Wenig oder sogar manchmal falschen Aufschluß erhält man durch die bekannte Schaukelmethode im Stand, bei der man den Wagen am betreffenden Kotflügel aufschaukelt und plötzlich losläßt. Die Federbewegung müßte sofort gedämpft werden. Da sich die Bewegungen aber auch

Unterscheidungsmerkmale der Stoßdämpfer für vorn und hinten und Kolbenstangen-Austrittsmaße gemäß der Tabelle der nächsten Seite.

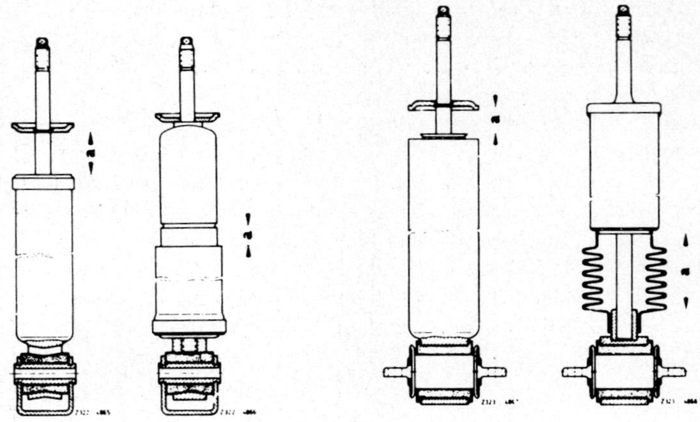

Bilstein F & S

Vordere Stoßdämpfer

a Kolbenstangen-Austrittsmaß

Bilstein F & S

Hintere Stoßdämpfer

a Kolbenstangen-Austrittsmaß

auf die übrigen drei Stoßdämpfer auswirken, weiß man nie mit Gewißheit, welcher eventuell defekt ist.

Folgende Abweichungen von der Norm lassen auf defekte Stoßdämpfer schließen und gelten als Warnsignal:

■ Flatternde Lenkung, weil den Rädern der ständige Fahrbahnkontakt fehlt. Zieht Schäden an den Übertragungsorganen der Lenkung und des Antriebs nach sich.

■ Nach Unebenheiten schwingt der Aufbau nach.

■ Verlust der Stabilität in Kurven, wobei die kurveninneren Räder nicht mehr auf den Boden gedrückt und die äußeren nicht genügend entlastet werden.

■ Anstieg der Seitenwindempfindlichkeit.

■ Springendes Rad, das freilich nur von einem neben- oder hinterherfahrenden Beobachter ausgemacht werden kann.

■ Vielfach unterbrochene Bremsspur bei harter Bremsung und unberechenbare Bremswirkung in der Kurve.

■ Ungleichmäßige Abnutzung der Reifen und erhöhter Reifenverschleiß.

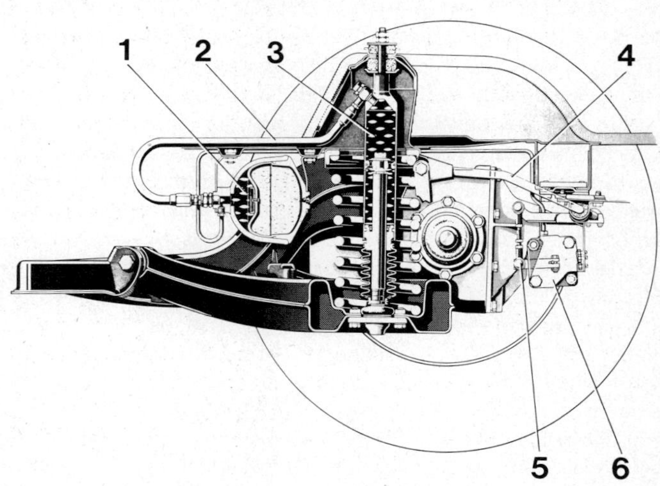

Alle Modelle können mit einer Niveauregulierung ausgerüstet werden. Die TD-Modelle verfügen serienmäßig über eine solche, jedoch ist hierbei die Anlage wegen der durch den Aufbau veränderten Platzverhältnisse abweichend von der Anlage bei den Limousinen.
1 – Federspeicher,
2 – Druckleitung,
3 – Federbein,
4 – Drehstab,
5 – Hebel,
6 – Niveauregler.

■ Undichter Stoßdämpfer mit auffällig erkennbarem Ölverlust. Geringe Ölspuren sind normal; bis zu 10 Prozent der Dämpferfüllung kann ein Stoßdämpfer folgenlos verlieren. Grundsätzlich ist ein Stoßdämpfer voll funktionstüchtig, solange die Ölreserve nicht verbraucht ist.
Wenn ein Stoßdämpfer ausgebaut ist, läßt sich recht einfach prüfen, ob er sich für eine weitere Verwendung eignet: Man faßt ihn an seinen beiden Enden an und drückt ihn schnell zusammen bzw. zieht ihn auseinander. Sollte bei dieser Hin- und Herbewegung ruckartig Spiel (»Luft«) feststellbar sein und gibt es dabei klackende Geräusche, dann ist er nichts mehr wert.
Die Ölreserve im Stoßdämpfer kann gemessen werden. Die maximal zulässigen Werte in der folgenden Aufstellung ergeben sich beim Austritt der Kolbenstange (bei ca. + 20° C). Nach Überschreiten dieser Werte verliert der Stoßdämpfer an Wirkung.

Fabrikat	vorn hinten	Farbkennzeichnung oder Typ	maximal zulässiger Wert, mm
Bilstein	vorn	4 Längsstriche grün 1 Längsstrich rot 2 Längsstriche rot 1 Längsstrich grün 2 Längsstriche grün	38
		1 Längsstrich weiß 2 Längsstriche weiß	32
F & S	vorn	alle	0
Bilstein	hinten	alle	32
F & S	hinten	alle	82

Niveau-Regulierung

Bei den Modellen 200 T und 230 TE ist die Niveau-Regulierung serienmäßig vorhanden. Auf Wunsch können auch die übrigen Modelle mit dieser Anlage zur Konstanthaltung des Wagenniveaus an der Hinterachse ausgerüstet werden. Sie ist besonders zum Betrieb mit Anhänger gedacht und verhindert das sonst starke Absinken des Wagenhecks durch den Druck auf die Anhängerkupplung.
Die Teile der Anlage sind im Bild der linken Seite unten zu erkennen. Der bei Motorlauf aufgebaute Öldruck wird zu Federelementen – bestehend aus Federspeicher und Federbeinen – geführt, in denen dieser Druck auf die Kolbenstange wirkt. Ein Höhenregler an der Hinterachse steuert je nach Belastung des Wagens den Zufluß von Drucköl zu den Federspeichern und den Federbeinen.

Dichtheit der Niveau-Regulierung prüfen

Pflegearbeit Nr. 25

Die Kontrolle des Flüssigkeitsstandes in der Niveauregulierung wird auf der Seite 75 beschrieben.
Die Kontrolle der Dichtheit ist eine reine Sichtprüfung, die man bei angehobenem Fahrzeug vornimmt. Dabei sind die Öldruckleitungen zwischen Motorraum und Hinterachse und besonders alle Verbindungen und Anschlüsse derselben an folgenden Bauteilen zu prüfen: Druckölpumpe, Ölvorratsbehälter, Niveauregler, Federspeicher und Federbeine. Bei laufendem Motor ist auf eventuelle Scheuerstellen oder Risse zu achten. Bei Verdacht auf eine undichte Stelle oder bei Feststellung einer drohenden Beschädigung (z. B. eingedrückte Rohrleitung) muß die Werkstatt baldigst für eine Wiederherstellung des korrekten Zustandes sorgen.

Verzögerung

Die Teile der Bremsanlage müssen regelmäßigen Kontrollen unterzogen werden, weil von ihrem Zustand Menschenleben abhängen können. Solche Sicht- und Funktionsprüfungen kann jeder verantwortungsbewußte Autobesitzer selbst ausführen.
Wartungsarbeiten hingegen und besonders Reparaturen sollten der Werkstatt überlassen bleiben. Hierbei kommt es auf das Einhalten von Arbeitsgängen an, die mit großer Sorgfalt durchzuführen sind. Nur unter diesen Gesichtspunkten sind die folgenden Beschreibungen zu verstehen.

Die Bremsanlage

Der Tritt auf das Bremspedal bewegt im Hauptzylinder, der im Motorraum hinten links sitzt, einen zweiteiligen Kolben. Das setzt die Bremsflüssigkeit innerhalb des Bremssystems unter Druck, der sich durch die Bremsleitungen zu den Radbremsen fortpflanzt. (Unterstützend hilft dabei der Bremskraftverstärker.) Bei dieser hydraulischen Übertragung erfolgt die nötige Ergänzung der Flüssigkeit selbsttätig aus dem Ausgleichs- und Vorratsbehälter auf dem Bremszylinder. Der Druck der Flüssigkeit überträgt sich an den Scheibenbremsen auf Bremskolben, welche die Bremsbeläge gegen die Bremsscheibe pressen.
Um zu verhindern, daß beim scharfen Bremsen die dann entlasteten Hinterräder blockieren, wird der Druck in den Bremsleitungen durch sinnvolle Abstimmung der Kolbendurchmesser an den Vorder- und Hinterradbremsen (größerer Durchmesser vorn) so verteilt, daß die Kraft hinten geringer ist.

Bremsen prüfen

Während der ersten 300–500 km sind neue Bremsbeläge nicht voll einsatzbereit. Bremsscheibe und Bremsbelag haben sich aneinander zu »gewöhnen«; ihre gemeinsame Oberfläche, auf der sie sich berühren, muß möglichst groß werden. »Trägt« der Belag nur auf wenigen Quadratzentimetern, ist die Bremswirkung schlecht und ungleichmäßig. Deshalb müssen Bremsen auch eingefahren sein.
Zu Bremsproben verzögert man den Wagen erst einmal aus mäßiger Geschwindigkeit und beobachtet sein Verhalten. Dann kann man aus höherem Tempo abbremsen. Damit erhält man – auf ebener, nicht gewölbter Straße – Aufschluß darüber, ob der Wagen beim Bremsen einseitig zieht und im Fall der Gefahr schleudern würde. Die Versuche soll man noch insofern variieren, daß das Bremspedal sowohl mit weichem Druck wie auch plötzlich und hart betätigt wird. Außer dem Aufschluß über die Wirkung der Bremsen gewinnt man zugleich die Bestätigung dafür, daß maßvoll eingesetzte Bremskraft eine bessere Verzögerung schafft als das in Panik plötzlich niedergetretene Pedal. Bei blockierenden Rädern kann das Auto kaum noch lenkbar von der Straße schleudern.
Für ungleichmäßig ziehende Bremsen sind (in dieser Reihenfolge) verschmutzte oder verfettete Bremsscheiben, verschlissene Bremsklötze, undichte Festsättel, undichte Leitungen oder Bremsschläuche oder klemmende Kolben im

Festsattel verantwortlich. (Auch ungleicher Reifendruck wirkt sich derartig aus.) Wenn das Auto beim Bremsen nach einer Seite zieht, sind die Radbremsen der anderen Wagenseite nicht in Ordnung.
Die Wirkung der Feststellbremse prüft man, wenn möglich, auf einer abschüssigen Straße im Stand. Bei getretener Feststellbremse darf sich der Wagen nicht vom Fleck rühren. Falls keine abfallende Straße in der Nähe ist, sollte der Wagen zu einem vergleichbaren Versuch nicht wesentlich schneller als in Schrittgeschwindigkeit ohne Motorkraft, also mit herausgenommenem Gang, rollen und sogleich zum Stehen gebracht werden. Wie noch ausgeführt wird, ist die Feststellbremse zum Abbremsen aus höherem Tempo nur sehr bedingt zu gebrauchen.

Bremsflüssigkeitsstand kontrollieren

Pflegearbeit Nr. 4 A

Das Bremssystem wird aus den beiden zusammenhängenden Bremsflüssigkeitsbehältern gespeist. Der darin enthaltene Vorrat an Bremsflüssigkeit muß immer ausreichend sein. Davon kann man sich mit einem Blick überzeugen, z. B. wenn man auch den Ölstand im Motor prüft.
Der Behälter sitzt auf dem Hauptzylinder links hinten im Motorraum, vor dem runden Gehäuse des Bremskraftverstärkers. Das durchscheinende Material des Behälters läßt den Flüssigkeitsstand von außen – sofern der Behälter saubergehalten wird – erkennen. Das Niveau sollte sich immer zwischen der Markierung »MAX« und der unteren Markierung »MIN« befinden; es darf keinesfalls bis zum Boden abgesunken sein. Beim Befüllen darf der Behälter nicht ganz vollgegossen werden, weil sich die Bremsflüssigkeit beim Bremsen erwärmt und ausdehnt (wobei sie aus der Entlüftungsbohrung im Verschlußdeckel austreten und Verätzungen im Motorraum hervorrufen würde). Deswegen heißt der Bremsflüssigkeitsbehälter auch Ausgleichsbehälter.
Die Sichtkontrolle wird durch eine »Alarmanlage« ergänzt. Zu tiefer Stand der Bremsflüssigkeit läßt die Warnlampe, die auch zur Kontrolle der betätigten Feststellbremse dient, in der Instrumententafel aufleuchten. Hervorgerufen wird dies durch das Absinken des Schwimmers im Bremsflüssigkeitsbehälter, der bei zu niedriger Befüllung einen Stromkreis schließt. Von der Funktion der Anlage kann man sich bei eingeschalteter Zündung überzeugen, wenn man den Stecker am Behälter abzieht und die beiden Kontakte mit einem Stück Draht verbindet. Die Warnlampe in der Instrumententafel muß aufleuchten, ebenso dann, wenn man auf die Gummikappe auf dem Ausgleichsbehälter drückt.
Bei völlig dichter Bremsanlage nimmt die Menge der Flüssigkeit im Betrieb nicht ab. Doch ihr Spiegel sinkt im Laufe der Zeit entsprechend dem Belagverschleiß etwas ab, steigt aber dann beim Einsetzen neuer Beläge wieder an. Die Ursa-

Wichtige Teile der Bremsanlage:
1 – Bremsflüssigkeitsbehälter mit den Markierungen für den Höchst- und Mindeststand der Bremsflüssigkeit,
2 – Deckel,
3 – Sieb im Einfüllstutzen,
4 – Einfüllöffnung,
5 – Kabelanschlüsse zur Warnleuchte für ungenügenden Stand der Bremsflüssigkeit, die (zur Kontrolle) bei eingeschalteter Zündung auch beim Druck auf den Gummiknopf (6) aufleuchten muß,
7 – Hauptzylinder,
8 – Servo-Bremsgerät.

che für auffallenden Flüssigkeitsverlust muß man jedoch sofort ergründen. Immerhin kann sie auch in einem Defekt der Kupplungsbetätigung zu suchen sein, weil diese ebenfalls aus dem Ausgleichsbehälter mit Bremsflüssigkeit gespeist wird.
Grundsätzlich darf nur – möglichst hochsiedende – Original-Bremsflüssigkeit verwendet werden. Niemals irgend etwas anderes, gar mineralölhaltige Produkte, einfüllen! Bremsflüssigkeit hat einen hohen Siedepunkt, ist nicht kälteempfindlich und enthält Substanzen gegen Korrosion sowie gegen Zersetzung von Gummi. Allerdings ist sie wasseranziehend, stark giftig und wirkt ätzend auf Lack. Bremsflüssigkeiten sind den amerikanischen Sicherheitsnormen gemäß, hell bis bernsteinfarbig.

Bremsflüssigkeit wechseln

Pflegearbeit Nr. 54

Einwandfreie Bremsflüssigkeit besitzt einen Siedepunkt bis etwa 290° C, stellt außerdem eine gewisse Schmierfähigkeit sicher, greift weder Gummi noch Metalle an und ist selbst bei minus 40° C noch hinreichend flüssig. Trotz großer Bemühungen der Chemie gelang es bisher nicht, eine negative Eigenschaft der Bremsflüssigkeit zu beseitigen, nämlich aus der Umgebungsluft Feuchtigkeit aufzunehmen. Vor allem die moderne, hochsiedende Bremsflüssigkeit wird dadurch in ihrer Wirksamkeit beeinträchtigt.
Schon 3 Prozent Wasser – ein Fingerhut voll – in der Bremsflüssigkeit genügen, ihre Ausgangssiedetemperatur von 290° C auf ungefähr die Hälfte zu senken. Die Nachbarschaft rotglühender Bremsscheiben, die sich unter extremen Bedingungen bis zu 700° C aufheizen, erhöht dann die Gefahr von Dampfblasenbildung. Dampf verhält sich aber ähnlich wie Luft, ist also zusammendrückbar, so daß sich in der Bremsanlage kein ausreichender Druck mehr aufbaut. Als Folge läßt sich das Pedal federnd und wirkungslos bis zum Boden durchtreten.
Um das zu verhindern, müßte man etwa jährlich für eine Erneuerung der Bremsflüssigkeit sorgen. Daimler-Benz schreibt diesen Wechsel vor. Bei dem nach dieser Zeit normalerweise notwendigen Bremsbelagwechsel in der Werkstatt wird die Flüssigkeit dann ohnehin ausgetauscht. Dazu wird die alte Bremsflüssigkeit aus den Behältern abgesaugt und durch Entlüften der Bremsleitungen der restliche Inhalt entfernt, und man verwendet Bremsflüssigkeit mit der Bezeichnung DOT 4.

Bremsleitungen und -schläuche prüfen

Zur eigenen Sicherheit ist der Zustand der im Motorraum und am Wagenboden verlegten Bremsleitungen regelmäßig zu überwachen. Bremsschläuche mit Scheuerspuren müssen umgehend in ihrer Lage verändert und womöglich sogar ausgetauscht werden. Ebenso beachte man Beschädigungen durch Steinschlag und Korrosion. Die Rohrleitungen sind zwar durch Verzinkung und Kunststoffumspritzung gegen Rost geschützt, doch nach einigen Jahren kann der Schutz durch Streusalz angegriffen sein.
Benzin, Dieselkraftstoff, Petroleum, Fett, Lack und Absprühöl müssen von Bremsschläuchen ferngehalten werden. Am besten also überhaupt nicht einsprühen lassen (auch der serienmäßige Unterbodenschutz leidet dadurch) oder bei Aufbringen von Unterbodenschutz sorgfältig abdecken.
Die eben angeführte Zustandskontrolle geht Hand in Hand mit der Überprüfung auf Dichtheit der Anlage. Man hüte sich davor, an den Bremsleitungen oder -schläuchen irgend etwas selbst zu beheben oder zu reparieren. Das ist Werkstattsache. Ob aber an den Bremsleitungen alles in Ordnung ist, das kann man, wie schon beschrieben, selbst kontrollieren.
Wenn die Wagenunterseite trocken ist, läßt sich am hochgebockten Wagen am besten der Verlauf der Bremsleitungen und -schläuche verfolgen. Letztere dür-

fen nicht aufgequollen sein. Anschluß- und Verbindungsstellen beachten, sie müssen trocken sein. Bremsflüssigkeit kriecht durch Schmutz, und wo dieser schwarz ist, muß eine undichte Stelle vermutet werden. Auch Radzylinder können undicht sein. Im Motorraum überprüft man die Bremsleitungen und ihre Anschlüsse am Hauptzylinder nach den gleichen Gesichtspunkten.

Bremsen entlüften

Sollte das Bremspedal beim Betätigen federn oder die richtige Bremswirkung erst nach »Pumpen« mit dem Pedal eintreten, dann ist Luft in der Bremsanlage. In solchem Fall ist zu veranlassen, daß die Bremsanlage auf schnellstem Wege entlüftet wird. Bei der »Luft« kann es sich um Dampfblasenbildung in einer heißgefahrenen Bremse handeln. Diese Erscheinung verschwindet aber nach dem Abkühlen wieder.

Vor dem Entlüften ist zu kontrollieren, ob die Ausgleichsbehälter im Motorraum richtig mit Bremsflüssigkeit befüllt sind. Durch das Entlüften sollen, wie schon der Name verrät, Luftblasen wieder aus der Bremsanlage herausgebracht werden. Ein zweiter Mann drückt mit dem Bremspedal pumpenderweise die Flüssigkeit aus den Leitungen, und zwar so lange, bis sie keine Luftblasen mehr mit sich bringt.

Die Reihenfolge für das Entlüften (rechtes Hinterrad, linkes Hinterrad, rechtes Vorderrad, linkes Vorderrad) wird oft von den Werkstätten eingehalten, um die Luft aus den längeren Leitungen eher entweichen zu lassen. Da aber die eventuell vorhandene Luft im Hauptzylinder dann immer mitgepumpt wird, ist es zweckmäßiger, die Bremsanlage völlig zu entleeren, neu zu befüllen und mit der Entlüftung des kürzesten Weges zu beginnen. Werden nur an den vorderen oder den hinteren Bremsen Arbeiten vorgenommen, die zum Entlüften zwingen, genügt es, lediglich den betreffenden Bremskreis zu entlüften.

Schutzkappe von dem Entlüftungsventil entfernen (dieses mit Lappen von Schmutz säubern). Stramm sitzenden Schlauch über den Ventilnippel schieben, Schlauchende in sauberes Glasgefäß (Marmeladeglas, kleinere Flasche) stekken. Das Gefäß muß schon mit neuer Bremsflüssigkeit gefüllt sein, damit beim folgenden »Pedalpumpen« keine Luft in die Leitung zurückgesaugt wird. Das Schlauchende liegt demnach in der Flüssigkeit. Mit Gabelschlüssel SW 9 das Entlüftungsventil etwa eine halbe Umdrehung lösen. Auf Zuruf des Helfers am Rad beginnt man im Wagen mit dem Bremspedal zu pumpen (schnell treten, langsam zurückkommen lassen). Beobachtet der Mann am Rad, daß mit der Bremsflüssigkeit keine Luftblasen mehr herausgedrückt werden, muß er ein Zeichen geben, bei dem sofort das Pedal in seiner tiefsten Stellung gehalten werden soll. Der Assistent schließt das Entlüftungsventil. Schlauch abziehen,

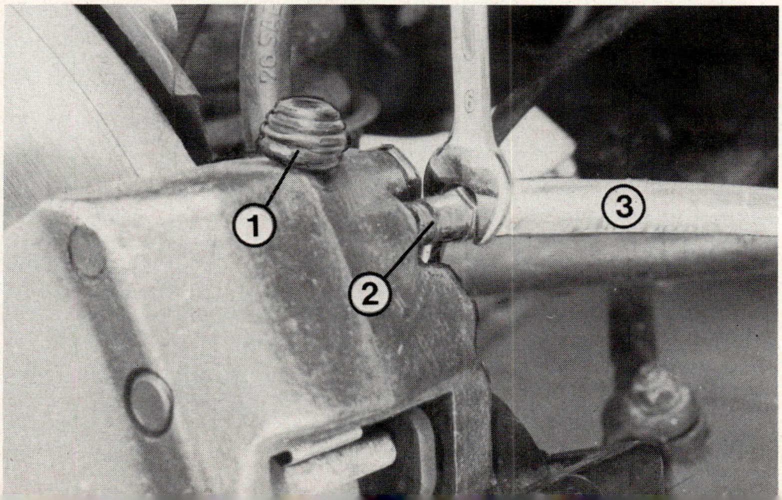

Bremse entlüften: Hier ist an der vorderen Scheibenbremse die Entlüftungsschraube mit einem Schraubenschlüssel geöffnet. Auf das Entlüftungsventil (2) wurde der Entlüftungsschlauch (3) geschoben. Mit seinem anderen Ende liegt dieser in einem mit Bremsflüssigkeit teilweise gefüllten Glasgefäß, so daß man das Aufsteigen herausgepreßter Luftblasen beobachten kann. Steigen keine Blasen mehr auf, ist diese Bremse entlüftet und das Entlüfterventil wird geschlossen. Schutzkappe (1) wieder auf das Ventil setzen.

Staubkappe (gesäubert) aufsetzen. Gesamten Vorgang am nächsten Rad wiederholen.
Nach dem Entlüften an jedem Rad ist der Bremsflüssigkeits-Ausgleichsbehälter wieder aufzufüllen, eventuell auch während der Arbeit. Luft gerät wieder in Leitungen, wenn das Niveau zu weit absinkt. Original-Bremsflüssigkeit gibt es in der Werkstatt oder in Zubehörgeschäften zu kaufen. Nach der Arbeit sind bei laufendem Motor die Bremsen mehrmals kräftig zu betätigen, dann kann man während vorsichtiger Fahrt Bremsproben vornehmen.

Hauptzylinder für zwei Bremskreise

In dem sogenannten Stufenhauptzylinder versorgt ein zweiteiliger Kolben zwei getrennte Bremskreise. Das bedeutet, daß beim Betätigen des Bremspedals die Kraft auf beide Kolbenelemente übertragen wird, die ihrerseits einen von ihrem Durchmesser abhängigen Druck auf zwei getrennte Wege weiterleiten, nämlich in die Leitungen zu den Vorderrad- und zu den Hinterradbremsen.
Zwei Bremskreise garantieren größere Sicherheit, falls einmal ein Bremskreis ausfallen sollte. In jedem Fall arbeitet dann noch der andere. Dabei ist die Bremswirkung spürbar geringer, wenn die vorderen Bremsen ausfallen, weil die vorderen Bremsen stets höhere Bremskräfte aufbringen als die hinteren.
Die Präzisionsteile im Hauptzylinder lassen es nicht zu, daß daran unfachmännisch repariert wird. Nur in der Werkstatt kann er zerlegt, überholt oder gegebenenfalls ersetzt werden. Beim Einbau muß er dann wieder mit dem Bremskraftverstärker verbunden werden.

Fingerzeig: *Keine besonderen Probleme entstehen, wenn der hintere Bremskreis ausfällt. Der Pedalweg wird dann zwar länger und Sie müssen auch stärker auf das Bremspedal treten. Aber die Vorderradbremsen, die ja ohnehin die meiste Energie vernichten müssen, bringen den Mercedes sicher zum Stehen. Mit einem etwas längeren Bremsweg müssen Sie jedoch rechnen.*
Kritisch wird es erst, wenn der vordere Bremskreis ausfällt. Auch in diesem Fall wird der Pedalweg länger, doch jetzt ist auch die Bremswirkung ganz erheblich schlechter. Zudem müssen Sie vorsichtig bremsen, denn wenn die (allein funktionierenden) hinteren Bremsen blockieren, kann der Wagen sich leicht querstellen oder ins Schleudern geraten. Außerdem wird der Anhalteweg dreimal so lang wie normal.

Der Bremskraftverstärker

Scheibenbremsen kennen den selbstverstärkenden Effekt nicht, der bei Trommelbremsen durch die umlaufende Trommel gegen die »auflaufende« Bremsbacke entsteht, wodurch sich automatisch der Anpreßvorgang verstärkt. Dagegen werden bei Scheibenbremsen die plan anliegenden Beläge ganz einfach gegen die flache Bremsscheibe gedrückt. Mit der Einführung von Scheibenbremsen wurde daher – anfangs nur bei schweren Wagen – ein gesonderter Bremskraftverstärker (Servobremse) erforderlich.
Ein solches Gerät ist in zwei Kammern aufgeteilt, die durch eine Membrane getrennt sind. In ihnen herrscht normalerweise Unterdruck. Bei Betätigung des Geräts (wenn also die Bremse getreten wird) strömt in die kleinere Kammer Außenluft, deren Druck sich auf die Membrane fortpflanzt. Auf deren anderer Seite ist ein luftverdünnter Raum vorhanden, der über eine Leitung mit der Unterdruckpumpe verbunden ist. Mit Hilfe der Membrane wird der Druck auf den angeschlossenen Hauptzylinder verstärkt. Bei stehendem Motor liefert der Servo natürlich keine (zusätzliche) Bremskraft. Deshalb muß man z. B. kräftiger auf das Pedal treten, wenn man abgeschleppt wird.
Man kann die Funktion der Servobremse feststellen, indem der Unterdruck bei

abgestelltem Motor durch mehrmaliges Betätigen des Bremspedals abgebaut wird. Dann hält man das Pedal niedergetreten fest und startet den Motor. Wenn das Pedal infolge der neuerzeugten Hilfskraft weiter absinkt, ist die Anlage in Ordnung. Senkt sich das Pedal dabei nicht weiter, sind wahrscheinlich die Pumpe, die Unterdruckschläuche oder deren Anschlüsse nicht einwandfrei. Andernfalls ist der Bremskraftverstärker defekt und muß vom Kundendienst ausgetauscht werden.

Das Antiblockiersystem

Kurz ABS genannt, kann diese elektronische Bremsschlupfregelung auf Wunsch im neuen Wagen eingebaut sein, ein nachträglicher Einbau ist nicht vorgesehen. Das Antiblockiersystem verändert bei zu starker Betätigung des Bremspedals den Bremsdruck in den Radbremsen so, daß die Räder nicht blockieren. Vielmehr bleibt die Haftung zwischen den Reifen und der Fahrbahn während des Bremsvorgangs auch bei einer Panikbremsung erhalten. Dabei ist die Fahrstabilität des Wagens gewährleistet und vor allem die Lenkfähigkeit verbessert, sofern die Geschwindigkeit innerhalb der jeweiligen Kurvengrenzgeschwindigkeit liegt.
Das Antiblockiersystem ist eine neben der normalen Bremsanlage zusätzlich eingebaute Einrichtung. Zu dem ABS gehören

- elektronisches Steuergerät, eingebaut hinter der rechten Fußraumverkleidung,
- Hydraulikeinheit im Motorraum vorn links, verbunden mit dem Hauptbremszylinder,
- Überspannungsschutz mit Elektronikrelais vor dem Handschuhfach,
- Drehzahlfühler zur Messung der Raddrehzahlen, eingebaut an den Achsschenkeln beider Vorderräder und am Antriebskegelrad der Hinterachse.

Über die Funktionsbereitschaft des ABS gibt eine besondere Kontrolleuchte im Kombiinstrument Auskunft. Sie leuchtet beim Drehen des Zündschlüssels in Stellung »2« auf und verlöscht nach dem Anlassen (wie die Ladekontrolleuchte). Falls sie weiterbrennt oder während der Fahrt aufleuchtet, dann ist die Anlage nicht eingeschaltet, weil in ihr irgendein Defekt aufgetreten ist. Dann steht aber weiterhin die normale Bremsanlage zur Verfügung. Bei nicht funktionsbereitem ABS muß der Mercedes-Service aufgesucht werden. Eine Selbsthilfe daran ist nicht möglich; man kann aber kontrollieren, ob der Stecker im Steuergerät richtig eingerastet ist (siehe nächsten Abschnitt).

Bei ABS beachten

Wenn am Mercedes Arbeiten vorgenommen werden sollen, sind zum Schutz des ABS die folgenden Hinweise zu beachten:

- Bei Wiedereinbau der Batterie die Kabelklemmen an den Batteriepolen einwandfrei festziehen.
- Während einer Lacktrocknung im Trockenofen darf die Temperatur innerhalb von zwei Stunden nicht mehr als 85° C betragen (kurzzeitig sind maximal 95° C erlaubt). Sonst das Steuergerät ausbauen: Zündung ausschalten, Massekabel an der Batterie abbauen, Seitenverkleidung im Fußraum rechts abnehmen, den senkrecht angeordneten Haltebügel unten etwas andrücken und aus dem Halter ziehen, Steuergerät abnehmen, Arretierung für den Stecker betätigen und den Stecker abziehen.
- Bei Schweißarbeiten mit einem E-Schweißgerät muß der Geber vom Steuergerät abgezogen sein.
- Beim Erneuern des Antriebskegelrades der Hinterachse muß das Zahnrad für den Drehzahlfühler die gleiche Zähnezahl wie vorher aufweisen. Eine falsche Zähnezahl verlängert den Bremsweg mit ABS.

Die Scheibenbremse

Das Arbeitsprinzip der Scheibenbremse läßt sich einfach erklären: Parallel mit dem Rad dreht sich eine Scheibe, gegen die von beiden Seiten Klötze gepreßt werden.

Die Scheibenbremse zeichnet sich wegen ihrer offenen Bauart und durch bessere Ableitung der Reibungswärme aus, ferner ist sie unempfindlicher gegenüber Schwankungen im Reibwert der Bremsbeläge (daher kaum Schiefziehen beim Bremsen und sorglosere Betätigung möglich) und wartungsfreundlicher. Belagabrieb wird gleich weggeblasen; außerdem stellen sie sich selbsttägig nach. Den verschleißenden Bremsbelag schiebt der Bremskolben jeweils so weit nach, daß er nur Bruchteile von Millimetern von der Bremsscheibe entfernt ist.

Aber auch an einer Scheibenbremse ist nicht alles vorteilhaft. So sind ihre Bremsbeläge wesentlich kleiner als für Trommelbremsen. Daher nutzen sie schneller ab und müssen eher ausgetauscht werden. Weil die Beläge nicht völlig abzuschirmen sind, können zwischen diesen und der Scheibe Fremdkörper eindringen. Das führt manchmal zu lästiger Quietscherei, was man durch Säubern oder Auswechseln des Belags beseitigen kann. Bisweilen hilft es, mit leicht getretenen Bremsen rückwärts zu fahren, wobei die Störenfriede wieder ins Freie befördert werden.

Bremsenquietschen kann aber auch an einem verdrehten Kolben im Radbremszylinder liegen. In der Werkstatt bringt man dann den Kolben mit einem speziellen Kolbendrehwerkzeug wieder in die richtige Stellung.

Von den zweierlei Arten der Scheibenbremse – Festsattel- und Schwimmsattelbremse – findet man beim Mercedes die erstere. (Als »Sattel« bezeichnet man eine um die Bremsscheibe herumgreifende Vorrichtung, in der die Bremsbeläge sitzen.) Festsattel bedeutet, daß der Bremssattel – starr angebracht – einen Teil der Bremsscheibe unbeweglich umschließt. In ihm drücken von beiden Seiten je ein Kolben die Bremsklötze gegen die Bremsscheibe. Durch den allmählichen Verschleiß der Bremsbeläge rücken die Bremsklötze immer weiter in Richtung Bremsscheibe. Man nennt das auch selbsttätigen Spielausgleich.

Die Bremsbelagverschleißkontrolle

Dieses lange Wort bezieht sich auf eine Einrichtung an den Vorderrädern, mit der bei eingeschalteter Zündung über eine Warnlampe angezeigt wird, wann die Bremsklötze abgenutzt sind. Ein solches Signal wird von hitzebeständigen, glasfaserverstärkten Kontaktstiften aus Kunststoff ausgelöst, sobald sie die Bremsscheibe berühren. Je ein Stift ist in die Trägerplatten der beiderseits der Bremsscheibe eingesetzten Bremsbeläge so eingesteckt, daß sie bei einem Belagverschleiß auf etwa 2 mm einen elektrischen Kontakt auslösen, mit dem die Warnlampe aufleuchtet. Bei mäßiger Bremsenbeanspruchung reicht die Belagdicke nun noch für mindestens 500 km; der Sonntagsausflug braucht also nicht auf der Stelle unterbrochen zu werden. Dennoch müssen jetzt die Beläge baldigst gewechselt werden.

Belagstärke der Scheibenbremsen prüfen

Pflegearbeit Nr. 37

Der Bremsklotz besteht aus einem mit zwei Ösen versehenen Belagträger – eine Metallplatte –, auf den der eigentliche Bremsbelag aufgeklebt ist.

Die Stärke des Bremsbelags, also des abnutzbaren Teils, soll jeweils nach 20 000 km kontrolliert werden. Doch dieses Intervall kann bei sportlicher Fahrweise schon zu lang sein. Gerade bei den stärker motorisierten 230 E-Modellen sollten Sie bereits nach 10 000 km Fahrtstrecke nach den Bremsklötzen der Vorderräder sehen. Bei behutsamer Fahrweise können Sie es andererseits aber auch auf die doppelte oder gar dreifache Wegstrecke bringen.

Zur Kontrolle muß man den Wagen an der betreffenden Seite hochbocken und

das Rad abnehmen. Bei den Vorderrädern schlägt man die Lenkung entsprechend ein, damit der Festsattel gut zugänglich ist.
Im Festsattel befindet sich eine viereckige Öffnung, in deren Ausschnitt man einen Teil der Bremsscheibe und die beiden rechts und links davon sitzenden Bremsbeläge sehen kann. Die Belagträgerplatten sind von waagerecht angeordneten Haltestiften gegen Herausrutschen gesichert. Der Belag darf allenfalls bis auf eine Reststärke von 2 mm abgenutzt sein.
Ohne irgendein Teil der Bremse zu entfernen oder auseinanderzunehmen, kann man in dem Schacht die vorhandene Stärke der Bremsbeläge messen. An einer Achse müssen immer alle vier Bremsklötze ausgewechselt werden, wenn bei einem Bremsbelag das Mindestmaß unterschritten ist.

Bremsbelagplatten wechseln

Aus Gründen der Verkehrssicherheit ist diese Arbeit kein Betätigungsfeld für blutige Laien. Und auch ein verantwortungsbewußer Heimwerker sollte den Belagtausch nur selbst durchführen, wenn die Bremsscheiben vorn noch mindestens 10 mm und hinten 8,3 mm stark sind; andernfalls müssen sie in der Werkstatt (zusammen mit den Bremsbelagplatten) erneuert werden. Voraussetzung für den eigenhändigen Belagwechsel ist, daß Sie sich die neuen Belagplatten bei einer Daimler-Benz-Vertretung besorgt haben, »irgendwelche« Beläge dürfen Sie auf keinen Fall verwenden.
Neue Bremsklötze haben eine Gesamtdicke (Belagplatte und Belag) vorn von 17,5 mm und hinten von 15 mm, wobei der Belag allein eine Dicke vorn von 13 mm und hinten von 10 mm aufweist.
Zum Belagwechsel den Mercedes entsprechend hochbocken und beide Räder der betreffenden Achse abnehmen. Wurde der Bremsflüssigkeitsbehälter bei abgenutzten Belägen – und dadurch entsprechend gesunkenem Niveau – unnötigerweise aufgefüllt, muß vor dem Einsetzen der neuen Belagplatten wieder Flüssigkeit aus dem Vorratsbehälter abgesaugt werden (z. B. mit einer alten, aber absolut sauberen Injektionsspritze vom Hausarzt).
An den vorderen Bremsen entfernt man zunächst die Kontaktstifte für die Verschleißkontrolle. Sie sind in einer Aussparung der einzelnen Bremsklötze eingesteckt. Die andere Seite ihres kurzen Kabelstückes endet in einem Stecker, der vom Festsattel abzuziehen ist. Kontaktfühler mit durchgescheuerter Kunststoffspitze müssen erneuert werden.
Beim Bremssattel des Herstellers Teves sind die Haltestifte von außen nach innen aus Sattel und Belägen herauszuschlagen. Sie besitzen an ihrem nach innen gerichteten Ende eine Klemmhülse mit federnder Spreizwirkung; wenn deren Kraft erlahmt ist, müssen die Stifte ersetzt werden. Die Haltestifte beim

Links: Zur Sichtkontrolle der Belagstärke brauchen die Bremsklötze nicht entnommen zu werden: Die Ösen der Belagrückenplatte (1) dürfen nicht an der Kreuzfeder (2) anliegen. Zum Entnehmen der Kreuzfeder sind beide Haltestifte mit einem Dorn in Pfeilrichtung herauszuschlagen.

Rechts: Nach Entnahme der Bremsklötze ist ihre Führung im Festsattel zwischen Bremsscheibe (1) und Zylinder (2) mit einer Zylinderbürste (Rundbürste) zu reinigen. Bevor man überhaupt die Bremsklötze ausbaut, werden die Klipsfühler für die Bremsbelag-Verschleißanzeige vom Bremsbelag und die Steckverbindung ihres Kabels (3) abgezogen.

Bendix-Sattel werden von Sicherungsösen geschützt, hier sind diese Ösen abzuziehen. Das Herausschlagen der Haltestifte geschieht mittels Hammer und mit Hilfe eines Durchschlägers, eines entsprechend dimensionierten Stahldornes oder notfalls mit einem starken Nagel. Man sollte zuerst einen der beiden Stifte entfernen, um danach die kreuzförmige Spreizfeder zu entnehmen, die auf die Beläge drückt. Anschließend wird der zweite Haltestift herausgeschlagen. Im Bendix-Sattel befinden sich statt der Kreuzfeder sogenannte Belaghaltefedern.
Man entnimmt zunächst einen der Bremsbeläge. Das gelingt am besten, wenn man mit einem Schraubenzieher abwechselnd durch die Ösen des Belagträgers fährt und – die Schraubenzieherklinge auf den Festsattel gestützt – den Belag heraushebelt.
Bis zu welcher Stärke die Abnutzung vorangeschritten sein darf, wurde weiter oben erwähnt. Verölte, rissige oder irgendwie beschädigte Beläge müssen ebenfalls ersetzt werden, auch falls die Belagstärke noch ausreichend ist. In keinem Fall darf der Belag soweit verschlissen sein, daß das Metall der Platte mit der Bremsscheibe in Berührung kommt. Durch die Hitzeentwicklung beim Bremsen können Platte und Scheibe miteinander verschweißen, was zum Blockieren des Rades, zumindest aber zu Beschädigungen der Bremsscheibe führt. In der Mitte des Belags verläuft eine Nut, die in ihrer Tiefe fast bis zur Platte reicht. Sie soll Belagabrieb, Staub und Nässe aufnehmen; ist sie nicht mehr vorhanden, muß der Belag auch erneuert werden.
Neue Beläge erhält man außer beim Mercedes-Service auch bei bekannten Belagherstellern (Textar, Jurid usw.) unter Angabe des Fahrzeugtyps. Es dürfen nur die in der ABE (Allgemeine Betriebserlaubnis) festgelegten Beläge verwendet werden, also auch keine weicheren oder härteren Beläge. Zu den Bremsen einer Achse am Auto muß immer die gleiche Belagtype eingebaut werden.
Bevor an der anderen Seite des Festsattels der alte Belag herausgenommen wird, setzt man auf der einen Seite erst die neue Belagplatte ein. Dazu muß der Kolben des betreffenden Bremszylinders zurückgedrückt werden, denn er ist mit dem dünner gewordenen Belag herausgewandert. Die Werkstatt besitzt hierzu eine Kolbenrücksetzzange. Als Heimwerker behilft man sich folgendermaßen: Alten, abgefahrenen Belag nochmals einsetzen und mit einem zwischen Bremsscheibe und Belagrest angesetzten Schraubenzieher den Kolben zurückdrücken (Schraubenzieher an der Bremsscheibe abgestützt). So läßt sich ein gleichmäßiger Druck auf den Kolben ausüben und er wird nicht verkantet. Beim Zurückdrücken des Kolbens wird zugleich die Bremsflüssigkeit in den Vorratsbehälter im Motorraum zurückgepreßt – beobachten Sie zwischendurch,

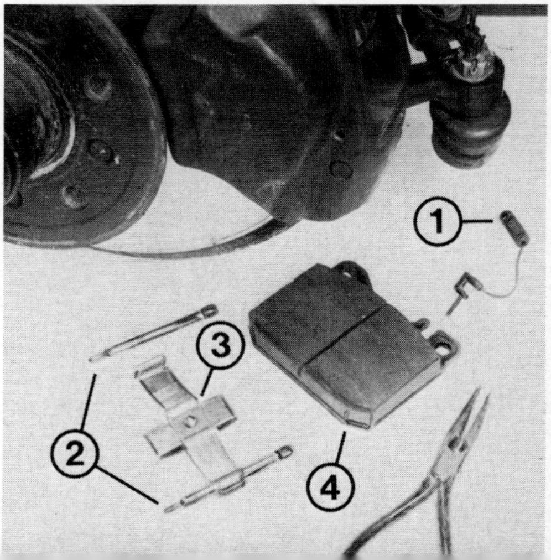

Hier wurden an der linken Vorderradbremse folgende Teile entnommen:
1 – einer der beiden Klipsfühler für die Bremsbelag-Verschleißanzeige,
2 – Haltestifte,
3 – Kreuzfeder,
4 – einer der beiden Bremsklötze. Festsitzende Stecker der Klipse lassen sich mittels Spitzzange herausziehen.

ob die Flüssigkeit nicht überzulaufen droht. Dann müßte sie abgesaugt werden. Als nächstes wird der Führungsschacht im Festsattel von Belagabrieb gesäubert, mit einem Lappen und Spiritus (keinesfalls Benzin), eventuell auch mit einer Flaschenbürste. Jetzt erst kann der neue Belag eingesetzt werden.
Anschließend wird der gegenüberliegende Belag im Festsattel nach obiger Beschreibung gewechselt. Nach dem Einsetzen bzw. Auswechseln der Beläge setzt man einen Haltestift, die Spreizfeder (Belaghaltefedern) und den anderen Haltestift wieder ein (Stifte mit Hammer vorsichtig in die Bohrungen treiben). Sicherungsösen, falls Bendix-Sattel, nicht vergessen.
Wichtige Maßnahme nach dem Einsetzen von Bremsbelägen noch bei stehendem Wagen: Bremspedal bei laufendem Motor niederdrücken. Somit kommen die Beläge zum Anliegen an die Scheibe, außerdem wird in der Servobremse Unterdruck aufgebaut.

Fingerzeige: *Lassen Sie hin und wieder den Wagen ein nur mäßiges Gefälle hinunterrollen, um festzustellen, ob die Räder freigängig sind. Oft sind die Führungen der Belagträger im Bremssattel verrostet oder verschmutzt und die Beläge gehen nach der Bremsung nicht mehr zurück. Die Folgen: Erhöhter Benzinverbrauch, hoher Belagverschleiß, verringerte Höchstgeschwindigkeit.*
Wenn die Bremswirkung bei längeren Abfahrten im Gebirge nachläßt, hat es keinen Zweck, das Bremsen durch wesentlich erhöhten Fußdruck zu erzwingen. Damit werden nur die Bremsbeläge verdorben. Besser ist es, die Bremswirkung des Motors im 2. oder gar im 1. Gang auszunützen.

Zustand der Bremsscheiben prüfen

Pflegearbeit Nr. 38

Während der oben beschriebenen Arbeit läßt sich der Zustand der Bremsscheibe kontrollieren. Ihre Originalstärke für vorn: 12,6 mm, für hinten: 10 mm. Im Betrieb entstandene Riefen sind bis zu einer Tiefe von 0,5 mm zulässig. Die Verschleißgrenze ist erreicht, wenn an den Vorderradbremsen eine Stärke von 10,6 mm und an den Hinterradbremsen von 8,3 mm besteht. Die Bremsscheibe darf höchstens einen Schlag von 0,12 mm hinsichtlich ihrer Drehachse aufweisen. In der Werkstatt kann das mit einer Meßuhr festgestellt werden.
Dort reinigt man auch die Scheibe, falls eine Notwendigkeit dazu besteht, was durch graue oder bläuliche Verfärbung der Bremsfläche angezeigt wird. Die Reinigung erfolgt mit speziellen Reinigungsklötzen.
Der Verschleiß der Bremsscheiben ist relativ hoch. Deshalb sollte man auch bei einem angeschafften Gebrauchtwagen diese Kontrolle bald vornehmen.

Zustand der Bremsleitungen, Bremskolben und Staubkappen prüfen

Pflegearbeit Nr. 39

In der Mercedes-Werkstatt werden die beiden vorstehend beschriebenen Wartungsarbeiten mit der hier erwähnten Inspektion als in sich geschlossene Aufgabenposition behandelt. Die Arbeitsabläufe hängen eng zusammen.
Die Staubkappen dienen als Abdichtung zwischen Festsattelgehäuse und Belagplatte und schützen damit den Kolben gegen Schmutz und Nässe. Die Staubkappen wie auch Kolben und Kolbendichtungen besitzen genau vorgeschriebene Maße. Die gewollte Überdeckung zwischen Kolbendichtungen und Kolben hat ein »Lüftspiel« zur Folge: Bei Vorwärtsbewegung des Kolbens wird die Dichtung etwas zusammengepreßt, wodurch sie den Kolben bei Entlastung wieder zurückschieben kann. Damit erreicht man, daß die Beläge nicht dauernd an der Bremsscheibe anliegen, sich erwärmen und abnutzen. Die Kolben sind verchromt und diese Metallschicht darf keinerlei Beschädigung aufweisen.
Nach Arbeiten an den Festsätteln nimmt die Werkstatt eine Dichtheitskontrolle der Bremsanlage vor. Als Autobesitzer kann man sich auch selbst von der Dichtheit überzeugen: Bei laufendem Motor wird das Bremspedal kräftig nieder-

Seilzuglängenausgleich unter dem Wagenboden. Hier darf beim Nachstellen der Feststellbremse nichts verstellt werden.
1 – Rückzugfeder,
2 – eins der beiden Bremsseile,
3 – Ausgleichhebel,
4 – Stellbügel,
5 – Einstellschraube (Vierkant SW 10).

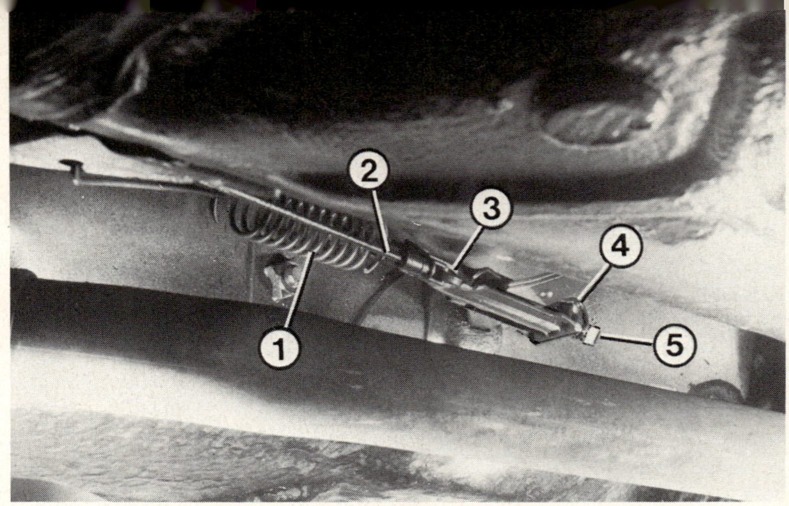

gedrückt; erst nach einer gewissen Weile darf es sich weiter durchtreten lassen.

Die Feststellbremse

Auf die Hinterräder wirkt noch eine Feststellbremse über Seile. Sie soll in der Lage sein, den Wagen auch im Gefälle festzuhalten. Eine »Betriebsbremse«, mit der man während der Fahrt wirkungsvoll bremsen könnte, ist sie nicht, da ein aus schneller Fahrt nur hinten gebremstes Auto schwer kontrollierbar reagiert. Immerhin kann sie als eine Art Notbremse angesehen werden.
Die Bedienung dieser für den Mercedes typischen Feststellbremse ist bekannt und unterscheidet sich von den Handbremsen bei anderen Autos: Sie wird durch den Tritt auf das Pedal ganz links betätigt. Damit hat man aber nicht die hinteren Scheibenbremsen arretiert, sondern separate kleine Trommelbremsen mit Bremsbacken, die sich unter der trommelförmigen Abdeckung außerhalb der Bremsscheiben befinden. Man wählte dieses zusätzliche System, weil Trommelbremsen als Feststellbremsen zuverlässiger ansprechen als Scheibenbremsen und auch besser nachzustellen sind.
Aber auch diese Bremse verliert – wie sonst auch Handbremsen – nach gewisser Zeit ihre Wirksamkeit. Das hängt mit der Dehnbarkeit eines Seils zusammen, auch wenn dieses aus Stahldrähten besteht. Deshalb sollte man es sich nicht angewöhnen, die Bremse bei jedem Abstellen des Wagens zu treten. Am Berg legt man zum Festhalten einen kleinen Gang ein (als doppelte Sicherheit noch die Vorderräder zum Straßenrand einschlagen). In der Ebene braucht man das Auto überhaupt nicht zu blockieren. Je weniger man die Feststellbremse

Die Feststellbremse wirkt über eine kleine Trommelbremse auf die Hinterräder.
1 – Bremsbelag,
2 – Nachstellvorrichtung,
3 – Rückzugfeder,
4 – Bremsscheibe (zugleich Bremstrommel),
5 – Achswellenflansch.
Stellrichtung des Schraubenziehers zum Anlegen der Bremsbacken an der linken Seite: von unten nach oben, an der rechten Seite: von oben nach unten.

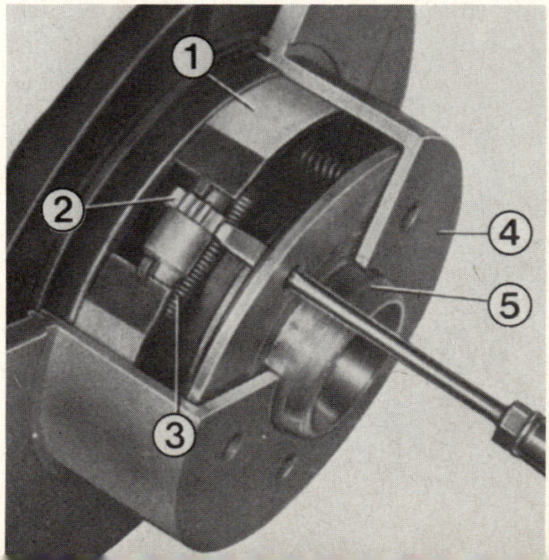

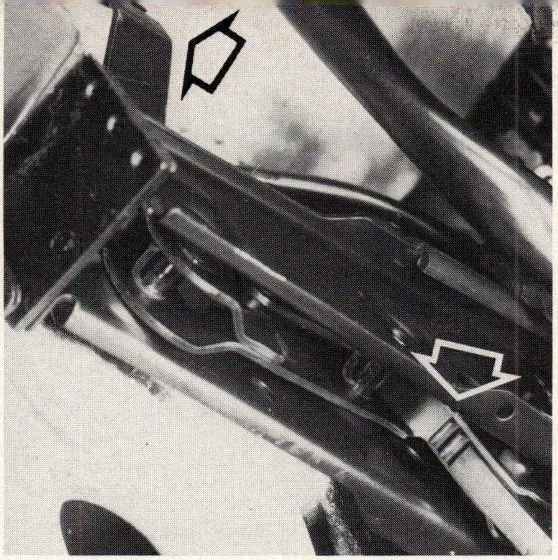

Nach Entfernen der Fußraumverkleidung links wird der Mechanismus für die Feststellbremse zugänglich (im Bild die Ansicht nach schräg oben). Bei Bedienung des Auslöseknopfes wird der Hebel im Bild links oben in Pfeilrichtung gezogen. Beim Feststellen der Bremse muß sich der Fußhebel 4 bis 6 Rasten hineintreten lassen.

unnötig benutzt, um so seltener muß sie nachgestellt werden und um so mehr kann man sich auf sie verlassen, wenn man sie wirklich braucht. Allerdings muß man sich gelegentlich von ihrer Einsatzbereitschaft überzeugen.

Einstellung der Feststellbremse und Bremsseil prüfen

Pflegearbeiten Nr. 40 und 52

Vor dem Einstellen der Feststellbremse muß man eine der fünf Radschrauben an jedem Hinterrad herausdrehen. Das ist nötig, um durch das freiwerdende Loch die Nachstellung vornehmen zu können. Dann ist der Wagen wenigstens hinten anzuheben und vorn gut abzusichern.

Zur besseren Zugänglichkeit der Bremsseile kann man ihn zusätzlich vorn anheben. Beide Hinterräder müssen frei hängen und sich drehen lassen. Unter dem Wagen wird kontrolliert, ob die dort frei verlaufenden Bremsseile gut beweglich sind. Dazu zieht man ein Seil in Richtung Wagenfront oder auch schräg nach unten, bis man die Bremswirkung am Hinterrad feststellen kann. Man bringt also ein Rad mit einer Hand in Umdrehung und spannt mit der anderen das Seil. Die Gummimanschetten, die zum Abdichten der Seilzüge zu den Seilführungen dienen, müssen unbeschädigt sein.

Um an die Einstellvorrichtung gelangen zu können, wird nun ein Hinterrad so gedreht, daß das Loch der vorher entnommenen Radschraube im Winkel von 45° aus der Waagerechten nach vorn oben zeigt. Damit schafft man eine durchgehende Öffnung zu dem Stellrad der Nachstellvorrichtung. Mit einem Schraubenzieher (etwa 5 mm breit) läßt sich dieses gezähnte Rad drehen. Um an der linken Bremse die Bremsbacken zum Anliegen zu bringen, muß das Stellrad von unten nach oben gedreht werden, und an der rechten Bremse von oben nach unten. Zunächst verdreht man mit dem Schraubenzieher das Stellrad so weit, bis sich das Wagenrad gerade nicht mehr drehen läßt. Nun löst man das Stellrad wieder um etwa 2 oder 3 Zähne und versucht dabei, das Rad in Umdrehungen zu versetzen, bis es sich frei drehen läßt. Man kann auch das Gehör zu Hilfe nehmen. Es darf kein schleifendes Geräusch (von den Bremsbacken) mehr zu hören sein. Die gleiche Einstellung wird an der Bremse der anderen Wagenseite wiederholt.

Wenn Sie an einem anderen Auto schon einmal die Handbremse nachgestellt haben sollten, so wird Ihnen aufgefallen sein, daß bislang von der Ihnen bekannten Nachstellvorrichtung unter dem Wagenboden nicht die Rede gewesen ist. Beim Mercedes hat es damit eine andere Bewandtnis: Die Einstellschraube an diesem Zwischenhebel darf zum Nachstellen der Feststellbremse nicht verdreht werden. Sie ist nur dazu da, beim Einbau neuer Seile deren Länge auszugleichen.

Störungsbeistand

Bremsanlage

Die Störung	– ihre Ursache	– ihre Abhilfe
A Wagen zieht nach rechts oder links beim Bremsen	1 Reifendruck ungleich	Korrigieren
	2 Bereifung ungleichmäßig abgenutzt	Auswechseln, daß auf jede Achse gleichmäßig abgenutzte Reifen kommen
	3 Verschmierte oder verschlissene Beläge	Alle Beläge der betr. Achse erneuern
	4 Bremsscheibe verschmutzt	Säubern
	5 Kolben im Bremssattelzylinder verdreht	Kolbenstellung berichtigen
B Bremsen quietschen	1 Schmutz an oder in den Bremsen	Mit Preßluft ausblasen und mit Bürste säubern
	2 Federn der Bremsbeläge gebrochen	Federn ersetzen
C Pedalweg zu groß	1 Beläge abgenutzt	Beläge erneuern
	2 Bremsscheibe hat Schlag	Auswechseln
	3 Luft in der Anlage	Entlüften
D Pedalweg zu groß und federndes Durchtreten	1 Luft in Bremsanlage, evtl. Bremsflüssigkeit zu tief abgesunken	Bremsen entlüften, evtl. Vorratsbehälter auffüllen
	2 Beschädigte Manschette im Bremszylinder	Auswechseln
	3 Undichtigkeit	Anlage kontrollieren
E Pedalweg zu groß, trotz Entlüftung	1 Bremsklötze abgenutzt	Erneuern
	2 Dichtungen oder Bremsschläuche schadhaft	Beides Auswechseln
F Pedal läßt sich ganz durchtreten, Bremswirkung läßt nach	1 Undichtigkeit in der Leitung	Anschlüsse kontrollieren, evtl. Leitung auswechseln
	2 Haupt- oder Radzylinder-Manschette beschädigt	Manschette auswechseln
G Schlechte Bremswirkung bei hohem Fußdruck	1 Gummidichtungen verquollen	Gummiteile und Bremsflüssigkeit erneuern
	2 Unterdruck in der Servo-Anlage zu gering	Sofort Werkstatt aufsuchen
H Bremse zieht von selbst	1 Ausgleichsbohrung im Hauptzylinder verstopft	Hauptbremszylinder überholen
	2 Gequollene Manschetten	Bremsanlage spülen, Manschetten auswechseln
I Langer und zu hoher Pedaldruck erforderlich	Ausfall eines Bremskreises	Sofort Werkstatt aufsuchen
K Bremsen schütteln	1 Beläge ungleichmäßig abgenutzt	Beläge auswechseln
	2 Bremsscheibe hat Schlag	Bremsscheibe zentrieren

Profilierung

Die Reifen gehören zu den Verschleißteilen am Auto. Bei ihrer Neuanschaffung läßt sich eine Wahl nur in bestimmten Grenzen treffen. Ohne Beanstandung darf man nur das montieren, was in den Fahrzeugpapieren angegeben ist. Die Betriebserlaubnis für das Auto erlischt, wenn der Wagen statt dessen auf anderen Reifengrößen oder Rädern rollt.

Reifendruck messen

Pflegearbeit Nr. 6

Die vorgeschriebenen Luftdrücke für die Reifen müssen natürlich eingehalten werden. Bei Daimler-Benz hat man diese Werte als günstigste Kombination zwischen guter Straßenlage, angenehmem Fahrkomfort und langer Reifenlebensdauer ermittelt. Sie lauten bei den hier beschriebenen Modellen für vorn 2,0 bar und für hinten 2,2 bar.

Ein beispielsweise mit »2,0« angegebener Reifendruck bedeutet, daß der Luftdruck im Reifeninnern 2,0 kp auf 1 cm² beträgt, wobei dies üblicherweise immer noch in der Bezeichnung für den atmosphärischen Überdruck = atü angegeben wird. Die mathematische Luftdruckangabe kp/cm² entspricht der geläufigen, offiziell für die Einheiten im Meßwesen nicht mehr zulässigen Bezeichnung »atü«. Die für den Druck von Flüssigkeiten und Gasen festgelegte Grundeinheit heißt »bar« und entspricht etwa 1,02 kg/cm².

Der richtige Luftdruck ist die wichtigste Voraussetzung für Reifenlebensdauer und Sicherheit. Deswegen braucht man natürlich nicht jeden Tag die Luftpumpe irgendeiner Tankstelle zu strapazieren. Alle 14 Tage genügt eine solche Kontrolle, denn ein schlauchloser Reifen darf eigentlich in sechs bis acht Wochen nur etwa 0,1 bar verlieren. Sicherheitshalber kann die Prüfung vor Antritt einer größeren Fahrt außer der Reihe erfolgen.

Zu flotter Fahrt auf der Autobahn sollte der Druck um 0,3 bar auf allen Reifen erhöht werden. Die vom Werk angegebenen Reifendrücke sind Mindestwerte und bieten den besten Fahrkomfort, doch der höhere Reifendruck wirkt sich bei hoher Geschwindigkeit fahrtechnisch günstig aus. Die dann verstärkte Beanspruchung verringert die Lebensdauer der Reifen, wenn der sonst übliche Luftdruck beibehalten wird. Zu niedriger Luftdruck schadet in jedem Fall, weil sich die Reifen andernfalls zu stark erwärmen.

Ein eigener Luftdruckprüfer – relativ preiswert im Zubehörhandel – sichert Ihnen stets gleichbleibende Meßgenauigkeit zu. Wenn Sie mit diesem Prüfer bei der regelmäßigen Kontrolle Druckverluste feststellen, liegt es an einem undichten Ventil oder ein Fremdkörper hat sich durch die Reifendecke gebohrt. Wenn man der Ursache nicht nachgeht, kann die Instandsetzung des Reifens nach einer Dauerschädigung unmöglich werden.

Kalte Luft ist maßgebend

Der Reifendruck sollte nur an kalten Reifen gemessen werden. Schon nach wenigen Kilometern kann der Druck um 0,2 oder nach zügiger Fahrt sogar um 0,5 bar angestiegen sein. Dann wäre es falsch, beim nächsten Halt an einer

So wird der Wagenheber exakt angesetzt, damit er beim Hochkurbeln nicht so leicht umkippt: Schräg nach außen stehend, von der Seite gesehen, jedoch senkrecht, den Tragebolzen bis zum Anschlag in das Aufnahmerohr geschoben und bei lockerem Boden auf dem Boden ein Unterlegebrettchen gelegt, damit sich der Wagenheberfuß nicht in den Boden drückt (anstatt den Wagen hochzuheben). Der schräg nach außen stehende Wagenheber kommt beim Hochkurbeln immer mehr in die Senkrechte.

Tankstelle den Luftdruck entsprechend zu reduzieren. Dieser Druckanstieg durch Erwärmung ist von den Reifenkonstrukteuren bereits einkalkuliert. Wenn man also unterwegs den Luftdruck feststellen will, ist die Druckerhöhung mit einzukalkulieren. Da eine solche Beurteilung nie perfekt sein kann, bleibt das Messen am kalten Reifen die sicherste Methode.

Der Radwechsel

Tritt einmal der seltene Fall ein, daß ein Rad einen »Plattfuß« hat, so ist dies für manche Leute eine unbekannte Situation. Für diejenigen, die über keinerlei Übung beim Radwechseln verfügen, sei dieser Abschnitt eingefügt. Natürlich braucht man diese Kenntnisse auch bei einigen anderen Arbeiten am Auto.
Während der Fahrt macht sich ein Reifendefekt mit langsamem Luftdruckverlust durch einseitig ziehende Lenkung oder durch holperndes Rollen des Wagens bemerkbar. Ein plötzlicher Reifenplatzer läßt den Wagen schlagartig instabil werden. Dann muß man die Lenkung fest im Griff haben und man darf nur behutsam abbremsen. Anhalten, ganz an den rechten Fahrbahnrand fahren; Warnlicht einschalten, Warndreieck in genügender Entfernung aufstellen; auf der Autobahn und bei schlechter Witterung muß man dann besonders umsichtig sein. Zum Reifenwechsel sind zweierlei Vorbedingungen nötig: Zum ersten muß sichergestellt sein, daß der Wagenheber leichtgängig funktioniert und zweitens dürfen die Radbolzen nicht festgerostet sein. Die Gewindespindel des Wagenhebers sollte mit zähem Fett oder (wegen der geringeren Verschmutzungsgefahr beim Umgang) mit Unterbodenschutzwachs, das es zur Fahrgestellkonservierung gibt, eingesprüht sein. Ein solcher Korrosionsschutz hält den Wagenhe-

Wenn Sie an die Unterseite Ihres Wagens herankommen wollen, genügt es nicht, ihn einfach mit dem Bordwagenheber hochzuwinden. Das macht man nur unterwegs, wenn einmal ein Rad gewechselt werden muß. Dabei sollte man es nicht versäumen, die anderen Räder zu sichern, besonders bei abschüssiger Straße oder unebenem Boden. Sollen jedoch weiterreichende Arbeiten oder Kontrollen vorgenommen werden, sind Vorkehrungen zu treffen, wie auf Seite 64 beschrieben.

ber stets einsatzbereit. Auch die Ringflächen (Auflage) der Radbolzen sind mit Fett zu bestreichen, bevor man mit ihnen das Rad befestigt. In Reifenwerkstätten wird das oft vergessen. Zudem werden dort die Radbolzen oft mit elektrischen Schlagschraubern angeknallt (was bei Daimler-Benz abgelehnt wird!). Will man sie später lösen, gelingt das nur mit viel Kraftaufwand.
Der Wagenheber und das Reserverad befinden sich unter der Bodenverkleidung im Kofferraum. Bordwagenheber ansetzen wie links gezeigt.
Der Radwechsel geschieht folgendermaßen:

- Wagen möglichst auf ebenem und festem Boden anhalten.
- Feststellbremse niedertreten.
- 1. Gang oder Rückwärtsgang einlegen, beim automatischen Getriebe Wählhebel in Stellung »P«.
- Räder der anderen Wagenseite mit Steinen oder Holz blockieren.
- Bei Stahlblechrand den Radzierring mittels Radschraubenschlüssel des Bordwerkzeugs oder mit Schraubenzieher abhebeln.
- Radschrauben am defekten Rad mit Radschraubenschlüssel um einige Umdrehungen lockern.
- Wagenheberzapfen in die dem defekten Rad am nächsten befindliche Steckhülse seitlich am Wagenunterbau bis zum Anschlag einsetzen.
- Fahrzeug hochkurbeln, bis defektes Rad vom Boden abhebt, und dann noch um einiges weiter, um das aufgepumpte Reserverad montieren zu können.
- Die fünf Radschrauben vollkommen herausdrehen.
- Rad abnehmen und Ersatzrad aufstecken.
- Radschrauben gleichmäßig zuerst leicht, dann abwechselnd, eine über die andere, stramm anziehen.
- Wagen ablassen, Wagenheber von der Halterung abnehmen.
- Radschrauben wechselweise endgültig fest anziehen (jeweils eine überspringen).
- Radzierring aufsetzen. Er dient als Ventilführung und deshalb darf man nicht ohne Radblenden fahren. Das Reifenventil wird in den mittleren Schlitz zwischen zwei Haltefedern eingeführt und an dieser Stelle drückt man die Blende gegen das Felgenhorn. Dann bringt man die beiden Federn der gegenüberliegenden Seite – mit Handballenschlag in Richtung Ventil – zum Einrasten.
- Defektes Rad und Wagenheber verstauen.
- An der nächsten Tankstelle den Reifendruck korrigieren. Besser ist es, wenn man einen eigenen Luftdruckprüfer hat und die Korrektur gleich vornimmt.

Wir halten es für besser, die Radbolzen bei noch unbelastetem Rad so fest wie möglich anzuziehen, wenn also der Wagen noch nicht abgesenkt ist. Die Bohrungen im Rad zentrieren sich so besser gegenüber den Bolzen, als wenn das Wagengewicht darauf lastet. Wenn der Wagen dann wieder auf allen vieren steht, muß man die Schrauben natürlich nochmals nachziehen.
Damit das Reserverad auch im Notfall genug Luft hat, kontrolliert man beim Prüfen des Luftdrucks der vier Laufräder gelegentlich noch den Ersatzreifen. Zu aller Sicherheit geben Sie ihm immer 0,5 bar mehr als vorgeschrieben. Den überschüssigen Druck kann man im Bedarfsfall reduzieren, was auch ohne weiteres erst an der nächsten Tankstelle geschehen darf.
Die Öffnungen der Einsteckhülsen für den Wagenheber können durch den von anderen Autos aufgespritzten Dreck verschmutzen und im Winter sind sie dann sogar vereist. In solchen Fällen läßt sich der Wagenheberzapfen nur nach umständlicher Reinigung des Einsteckrohrs einführen. Eine solche Behinderung wird von passend zurechtgeschnittenen Korken ausgeschlossen, die man für alle Fälle in die vier Öffnungen gesteckt hat.

Radschrauben auf festen Sitz prüfen

Ab und zu muß kontrolliert werden, ob die Radschrauben fest angezogen sind. Daimler-Benz nennt sie wegen ihrer Form »Kugelbundschrauben« und überprüft deren festen Sitz nur bei der 1. Durchsicht. Wichtig ist das Nachziehen der Schrauben, wenn neue Räder montiert wurden, weil abgeplatzte Lackreste in den Kugelkalotten verhindern, daß die Radbolzen völlig am Metall des Rades anliegen.

Mit dem Radschraubenschlüssel (oder Kreuzschlüssel, auch gekröpfter Ringschlüssel SW 19) überzeugt man sich vom festen Sitz der Bolzen. Wenn sie nicht ohne mittlere Gewalt weiterbewegt werden können, darf man sie nicht noch fester anziehen. Werkseitig gilt ein Anzugsdrehmoment von 110 Nm.

Schrauben mit beschädigtem Gewinde oder Kopf sind auszutauschen. Es sind Radschrauben unterschiedlicher Art vorgesehen: Die Stahlblech-Scheibenräder und Leichtmetall-Räder aus Druckguß werden mit Kugelbundschrauben befestigt, die über eine Ansenkung im Kopf und über ein 21 mm langes Gewinde verfügen. Für geschmiedete Leichtmetall-Scheibenräder sind Schrauben mit geschlossenem Kopf und 29,5 mm langem Gewinde bestimmt. Beide haben das Gewindemaß M 12 × 1,5.

Reifenzustand prüfen

Pflegearbeit Nr. 42

Die empfohlenen 20 000-km-Intervalle zur Kontrolle des äußeren Zustands der Reifen sind ein sehr langer Zeitraum. In der Zwischenzeit kann sich allerhand an den Reifen verändert haben. Prüfen Sie öfter!

Am bequemsten ist das, wenn der Wagen in der Tankstelle zum Ölwechsel oder zu einer Unterwagenwäsche hochgebockt wird. Bei dieser Gelegenheit hebelt man mit einem kleinen Schraubenzieher Fremdkörper aus der Reifendecke und prüft nach, ob irgendwelche Schäden aufgetreten sind. Vordergründig überzeugt man sich natürlich von der Reifenabnutzung.

Ein zufriedenstellendes Anzeichen ist es, wenn jeweils die Reifen einer Achse über den gesamten Reifenumfang einen gleichmäßigen Abnutzung, dann sind an der Radaufhängung oder am Rad selbst Mängel aufgetreten. Siehe aber nächsten Abschnitt!

Der Fachmann kann durch die Art der ungleichen Reifenabnutzung erkennen, ob die Ursache bei falschem Luftdruck, bei unausgewuchteten Rädern, bei unwirksamen Stoßdämpfern, bei ausgeschlagenen Gelenken, bei Fehlern in der Radeinstellung zu suchen ist. Diese Fehlerquellen hinterlassen charakteristische Spuren auf dem Reifenprofil. Unter Umständen müssen dann die Räder ausgewuchtet werden oder die betreffende Achse ist zu vermessen.

Räder untereinander austauschen

Teil der Pflegearbeit Nr. 41

Im Rahmen der Wartung setzt Daimler-Benz nach 20 000 km Laufstrecke die Räder einer Wagenseite von vorn nach hinten und umgekehrt um. Damit soll eine gleichmäßige Reifenabnutzung erzielt werden. Wenn erst kürzlich neue Reifen aufgezogen wurden und das Auto kommt zum Kundendienst, so muß man das vermerken lassen, sonst werden die Räder eventuell auch umgesetzt (und die in diesem Fall unnötige Arbeit muß noch bezahlt werden).

An den Vorderrädern ist ein etwas größerer Verschleiß der beiden Reifenschultern, besonders der äußeren, gegenüber der Laufflächenmitte völlig normal. Dieses Verschleißbild ist bei sportlicher Fahrweise, bei vorwiegendem Stadtverkehr (häufige Kurvenfahrt) und bei zu niedrigem Luftdruck noch ausgeprägter.

Die Lauffläche der Hinterräder kann anstelle einer meistens gleichmäßigen Gesamtabnutzung einen größeren Verschleiß in der Laufflächenmitte aufweisen. Bei häufiger Heckbelastung (erhöhter Minus-Sturz der Räder) kann die Laufflächeninnenseite etwas mehr Abnutzung als die Außenseite zeigen.

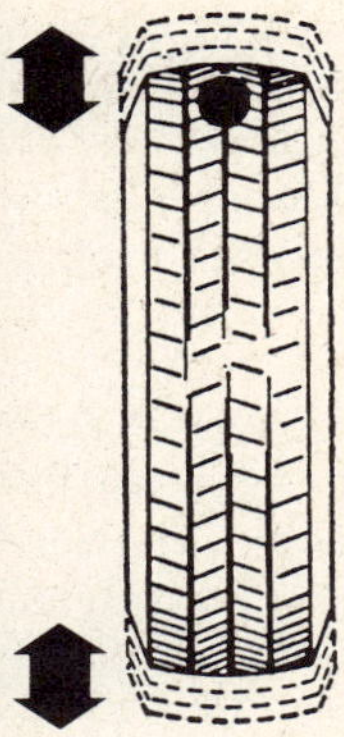

Unsere Skizze erläutert die Auswirkungen der Unwucht:

Die **statische** Unwucht erkennt man, wenn ein freihängendes, drehendes Rad immer mit der gleichen Stelle zu Boden sinkt und sich allmählich auspendelt. Folge: Das Rad hüpft während der Fahrt.

Die **dynamische** Unwucht ist durch Auspendeln des Rades nicht zu erkennen, denn sie liegt irgendwie schräg zur Radachse, so daß das schnellaufende Rad flattert und wackelt. Unausgewuchtete Räder führen zu schnellem Reifenverschleiß, unruhiger Lenkung und vorzeitiger Abnutzung der Radlager.

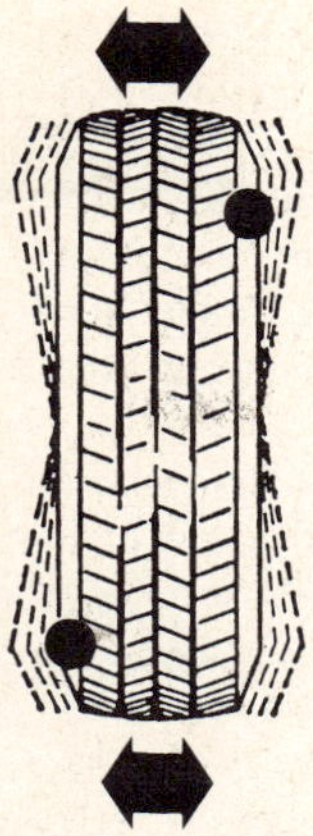

Will man wegen Kostenersparnis die Räder selbst umsetzen, muß man auf einer Wagenseite zunächst ein Rad abmontieren und an dessen Stelle das Reserverad provisorisch befestigen. Dann ist der Wagen wieder abzusenken und auf der gleichen Seite für den Radwechsel des anderen Rades anzuheben: Das zweite Rad wird abgenommen und dafür das erste befestigt. Das jetzt abgenommene Rad muß man dann noch gegen das vorher angebrachte Reserverad tauschen. Auf der anderen Wagenseite verfährt man ebenso.
Man sollte aber nicht zu kurze Intervalle zum Umsetzen wählen. Durch das Wechseln der Räder werden Fehler in der Lenkung, der Stoßdämpfer und der Gelenke usw. insofern verschleiert, als bestimmte Fehlerquellen dann nicht genügend Zeit haben, ihre Kennmarken auf dem Reifenprofil zu hinterlassen. Solche Schäden am Fahrwerk usw. werden durch das Umsetzen nicht geheilt.
Der manchmal praktizierte kreuzweise Austausch muß ganz unterbleiben, weil er einen besonderen hohen Verschleiß zur Folge haben kann. Gürtelreifen sollen ohnedies nur in der einmal gewählten Laufrichtung montiert bleiben, was beim kreuzweisen Radtausch (z. B. rechtes Vorderrad gegen linkes Hinterrad) nicht gegeben ist, es sei denn, man montiert die Reifen ab und dreht sie auf der Felge um. Die für die Mercedes speziell gefertigten Reifen tragen aber außen eine Scheuerwulst, und beispielsweise sind die Reifen XVS von Michelin an ihrer Außenseite besonders durch ein »P« (= Protection) gekennzeichnet.
Die Reifen mit dem besseren Profil gehören zum besseren Lenken und Bremsen immer an die Vorderachse. In jedem Fall müssen alle Reifen, die getauscht werden, genau auf ihren Zustand geprüft werden.

Unwucht der Räder überprüfen

Teil der Pflegearbeit Nr. 41

Wenn während der Fahrt ein Rad unruhig springt, kann die Ursache ein defekter Stoßdämpfer sein. Oft ist daran ein unwuchtiges Rad schuld. Es gibt zwei Arten von Unwucht: die statische und die dynamische (siehe Skizze).
Von unausgewuchteten Rädern gehen beachtliche Kräfte aus. Die Fahreigenschaften verschlechtern sich, auch die Radaufhängung und die Teile der Lenkung leiden unter den ständigen Vibrationen (sogar am Lenkrad zu spüren).
Zum Auswuchten müssen die Räder einzeln auf eine besondere Auswuchtmaschine kommen. Leider wird es in manchen Reifenwerkstätten nicht so genau damit genommen. Das Rad muß einwandfrei zentriert und mit allen fünf Radbolzen angeschraubt werden, sonst ergibt sich von vornherein eine Unwucht. Entsprechend der angezeigten Unwucht sind dann am Felgenhorn Gegengewichte anzubringen. Daimler-Benz empfiehlt dazu Auswuchtgewichte mit getrennter Haltefeder und eine auf maximal 10 g begrenzte Unwucht.

Die Kosten für die Arbeit lohnen sich in jedem Fall. Man muß die Räder auch immer auswuchten lassen, wenn neue Reifen montiert werden.

Fingerzeig: *Ein gut ausgewuchtetes Rad kann schon durch eine einzige Notbremsung wieder unwuchtig werden. Blockiert das Rad beim Bremsen über mehrere Meter, wird so viel Gummi einseitig abgeschliffen, daß die Gewichtsverteilung nicht mehr stimmt.*

Scheibenräder prüfen

Teil der Pflegearbeit Nr. 41

Beim Umsetzen der Räder – was auf Seite 160 beschrieben ist – müssen auch ihre Innenseiten gründlich gereinigt werden. Danach wird der Zustand der Räder untersucht. Beulen und Einkerbungen am Felgenhorn eines Stahlscheibenrades können zu Luftdruckverlust führen, hauptsächlich bei Kurvenfahrt. Solche Felgen sind zu ersetzen. Verrostete Felgen sind zu entrosten, wozu natürlich der Reifen abzumontieren ist. Man kann stark verrostete Räder sandstrahlen und danach lackieren lassen, aber möglicherweise ist ein noch brauchbares und ansehnliches Rad von einer Autoverwertung billiger. Das Stahlrad 1414 der Lemmerz-Werke Königswinter in der Größe 5½ J × 14 H2 ist für die 123er-Reihe ebenfalls zugelassen, daneben in der Größe 6 J × 14 H2 auch für den 230 CE und die T-Modelle.
Leichtmetallfelgen müssen sehr sorgfältig nach Brüchen und Anrissen abgesucht werden. Ein derart beschädigtes Rad darf nicht weiterbenutzt werden, auch wenn die Anschaffung einer solchen neuen Felge ins Geld geht.
Diese Räder sind nicht ohne Grund strengen Herstellungsbestimmungen unterworfen. Die von Daimler-Benz verwendeten Räder bestehen aus geschmiedetem Leichtmetall. Räder anderer Hersteller können auch aus dem nicht so robusten Druckguß bestehen. Keine Bedenken bestehen aber bei den LM-Rädern von ARC, ATS, BBS, Campagnolo, Fuchs, Intra, RG, Rial, Ronal, Seral und Wolfrace, für die entweder die Allgemeine Betriebserlaubnis existiert oder für die der TÜV eine Freigabe erteilt hat.

Die Reifenmontage

Üblicherweise überläßt man diese schwere Arbeit einer Reifenwerkstatt. Auf einer großen Auslandsreise muß man sich vielleicht auch selbst helfen können. Unüberlegte Gewaltanwendung muß bei der Reifenmontage unterbleiben. Der Reifen darf nicht mit scharfkantigen oder unsachlich geführten Werkzeugen an seiner Wulst zerstört werden. Zur Montage sind nur dafür bestimmte, stumpfe Montiereisen geeignet. In der Not helfen auch zwei große Schraubenzieher, die dann aber sehr behutsam benutzt werden müssen.
So nimmt man einen schlauchlosen Reifen von der Felge ab: Luft ablassen – gegenüber Ventil einen Wulst in das Tiefbett drücken – dort beide Montiereisen ca. 20 cm voneinander entfernt zwischen Wulst und Felgenhorn ansetzen – einen Montierhebel festhalten – mit dem anderen Stück für Stück die Wulst über die Felge hebeln. Ist diese Felgenwulst völlig aus dem Felgenbett befreit und ein Reifen mit Schlauch ist montiert: Ventil losschrauben. Wenn ein Teil der Wulst gut im Tiefbett der Felge liegt, läßt die zweite Wulst sich leicht von der Felge bringen. Bei den Hump-Felgen erschwert der Höckerring im Felgenhorn diese Arbeitsweise. Man kann sich die Montage erleichtern, wenn man das Rad seitlich dort unter den Wagen legt, wo der Wagenheber angesetzt wird. Zwischen Wagenheber und Reifen legt man ein Holzbrett und windet dann das Auto hoch: Der Reifenumfang löst sich vom Felgenhorn.
Die Innenseite des neuen Reifens muß sauber und trocken sein. Die Wulstpartie ist gleichmäßig mit Talkum einzureiben. Falls ein Schlauch eingelegt werden muß: Felge mit Ventilloch nach oben auf den Boden legen – eventuell vorhande-

ne Rotpunktmarkierung des Reifens soll am Ventil liegen. An Ventilseite der Felge den Reifen mit unterem Wulst in Tiefbett schieben. (Ventil durch Ventilloch stecken und mit den Händen restlichen Wulst über Felgenkante drücken. Eventuell schräg sitzendes Ventil zentrieren.) Danach dreht man das Rad um. Den jetzt oben liegenden Reifenwulst gegenüber dem Ventil so tief wie möglich ins Felgenbett drücken (daraufknien). Mit Montierhebel abschnittweise (in Richtung Ventil) die Wulst in die Felge hebeln. Dann den Reifen weiter aufpumpen. Die Kennlinie über dem Reifenwulst muß sich überall im gleichen Abstand vom Felgenrand befinden.

Fingerzeige: *Auch Reifen müssen eingefahren werden! Nicht nur wegen der vom Vulkanisieren her sehr glatten Profiloberfläche und der Reifenwülste, die sich erst während den ersten Fahrkilometern exakt in das Felgenhorn schmiegen. Der anfangs wenig verformungsfreudige Pneu muß sich durch einige Einlaufkilometer geschmeidig walken und vor den ersten harten Bremsmanövern oder starkem Beschleunigen muß das beim Reifenaufziehen verwendete Montagefett austrocknen. Am besten geschieht das Reifeneinfahren auf trockener kurvenreicher Landstraße, aber es genügt auch, wenn Sie die ersten 100 km nur mäßig Gas geben und bremsen. Der Reifenverschleiß ist sehr temperaturabhängig und im kalten Winter wesentlich geringer als im Hochsommer. Deshalb werden für spezielle Winterreifen, wie z. B. die Haftreifen, nicht so abriebfeste Gummimischungen genommen, die dafür aber wesentlich griffiger sind. Wegen diesem unterschiedlichen Reifenverschleiß montiert man neue Reifen am besten im Herbst, denn die neuen Reifen mit dem noch sehr dicken Reifenprofil werden durch die Walkbewegungen der Reifen wärmer als abgefahrene und erhalten bei herbstlichen Temperaturen eine bessere und reifenschonendere Kühlung.*
Reifen sollen nicht in der Garage lagern, besser in einem kühlen und trockenen Keller. Gummi altert durch Sonnenlicht, Nässe, Wärme und Zugluft. Schädlich sind Öl, Fett und Benzin. Schlauchlose Reifen sollen stehend auf einer Holzunterlage lagern. Gebrauchte Reifen sind vor der Lagerung sorgfältig zu reinigen.

Schlauchlose Reifen

Die Typenreihe 123 ist mit schlauchlosen Reifen ausgerüstet. In Verbindung mit diesen Reifen dürfen nur sogenannte »Hump«-Felgen verwendet werden. »Hump« nennt man eine ringförmige Erhebung auf der Felgenschulter, die den Reifenwulst gegen Abgleiten in das Felgenbett sichert. Bei der Neubeschaffung kann man sich unbesorgt wieder schlauchlose Reifen anschaffen.
Bei schlauchlosen Reifen kann der Einbau eines nicht notwendigen Schlauches gefährlich werden. Diese Reifen liegen äußerst dicht am Felgenrand an. Deshalb können Luftblasen, die sich beim Aufpumpen zwischen Schlauch und Decke bilden, nicht entweichen. Beim Fahren führt das zum Scheuern des Schlauches, weiter zum Erhitzen und möglicherweise zum Platzen.
Wenn der schlauchlose Reifen durchaus mit Schlauch montiert werden muß, weil eine sonst noch gute Reifendecke nicht dicht geflickt wurde oder weil ein rostnarbiges Felgenhorn nicht mehr ganz luftdicht abschließt, ist das »schlauchlose Ventil« aus der Felge auszubauen. Beim Aufpumpen muß man dann das Schlauchventil mehrmals in die Felge drücken, damit die Luft zwischen Reifendecke und Schlauch entweicht.

Gürtelreifen sind Vorschrift

Es gibt zweierlei Reifenarten: Diagonalreifen und Radial-(Gürtel-)reifen. Die Diagonalreifen sind in ihrer Karkasse – dem Unterbau – durch Fäden in verschiedenen Gewebeeinlagen gekennzeichnet, die sich schräg (diagonal) zur Reifenachse übereinander kreuzen. Sie entsprechen der althergebrachten Rei-

fenbauweise und werden deshalb als »konventionelle Reifen« bezeichnet. Die Benutzung solcher Reifen hat Daimler-Benz untersagt.
Gürtelreifen besitzen unter ihrer Lauffläche einen recht stabilen »Gürtel« aus verschiedenen Lagen von Stahl- oder Textilfäden. Je nach Fabrikat können diese in unterschiedlicher Fadenrichtung liegen. Bei wachsender Geschwindigkeit verändert sich dieser Gürtel in seinem Durchmesser kaum. Deshalb vergrößert sich die Lauffläche mit wachsender Geschwindigkeit nicht wie beim Diagonalreifen, dessen Bodenberührungsfläche dann größer wird.

Mitbestimmung des TÜV

Wie schon zu Beginn dieses Kapitels gesagt, darf man nicht irgendwelche Reifen montieren. Anstelle der nachfolgend erwähnten serienmäßigen Reifen kann man den Wagen jedoch auf Breitreifen der Größe 195/70 HR 14 beziehungsweise 195/70 SR 14 M + S umrüsten, allerdings nur in Verbindung mit Rädern der Größe 6 J × 14 H 2. Vorher muß man bei Daimler-Benz eine Unbedenklichkeitsbescheinigung beantragen, und unter Vorlage derselben kann man dann die Kraftfahrzeugpapiere entsprechend ändern lassen.

Bedeutung der Felgen- und Reifenbezeichnungen

Die Limousinen der Baureihe 123 sind serienmäßig mit Felgen der Größe 5½ J × 14 H 2 ausgerüstet, während das Modell 230 CE und die T-Modelle Felgen der Größe 6 J × 14 H 2 besitzen. Mit diesen Bezeichnungen werden folgende, international gültige Begriffe ausgedrückt:

5½, 6	=	Felgenmaulweite in Zoll, an der Felgenhornbasis quer zur Laufrichtung gemessen,
J	=	Kennbuchstabe für die Felgenhöhe,
×	=	Zeichen für Tiefbettfelge,
14	=	Felgendurchmesser von Wulst zu Wulst in Zoll gemessen,
H	=	Kennbuchstabe für Hump-Felge (für schlauchlose Reifen).

Diese Normangaben beziehen sich jedoch nur auf die für die Reifengröße wichtige Felgenabmessung, nicht aber auf die Art der Felgenbefestigung. Die Zahl der Radmuttern und der Radius ihres Lochkreises sowie die Schüsseltiefe der Felge und andere Merkmale differieren trotz gleicher Normbezeichnung von Automarke zu Automarke. Beim Kauf neuer Felgen sind deshalb Fabrikat und Typ des Autos anzugeben.
Gemäß dieser Felgenbestückung findet man ab Werk für die Limousinen auch nur eine mögliche Reifendimension, nämlich 175 SR 14 88 S, und für das Coupé 195/70 HR 14 89 H bzw. 90 H. Die T-Modelle sind mit Reifen der Größe 195/70 R 14 90 S und, wenn für erhöhte Zuladung zugelassen, mit 185 R 15 93 H-Reifen ausgerüstet.

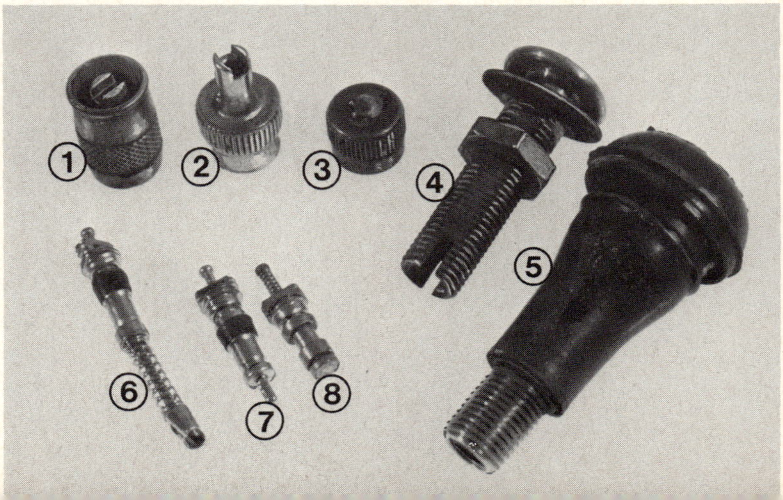

Es gibt unterschiedliches Reifenzubehör:
1–3 – Ventilkappen, von denen man mit den ersten beiden auch das Ventil herausdrehen kann. Beim Wagenwaschen allerdings bleibt der Schwamm an Nr. 2 hängen, solche Kappen führt man besser im Handschuhfach mit.
4 – Ventil für Luftschlauch,
5 – Ventil für schlauchlose Reifen.
6–8 – Ventileinsätze, wobei Nr. 6 die konventionelle Art darstellt. Die kleineren französischen Einsätze, z. B. von Michelin, sind besser, da sie keine Feder haben, die sich verbiegen kann.

Auf neuen Reifen ist meistens die geänderte Reifenbezeichnung nach einer neuen europäischen Regelung des E. C. E. (**E**conomic **C**ommission for **E**urope) zu lesen. Nach ebenfalls international gültigen Richtlinien verbergen sich dahinter die folgenden Bedeutungen:

175, 185, 195	=	Reifenbreite in Millimeter,
70	=	Verhältnis Reifenhöhe zu -breite 70:100 (bei normalen Gürtelreifen 80:100);
R	=	Kennbuchstabe für Reifen in Gürtelbauart (Radialreifen);
14	=	Felgendurchmesser in Zoll;
88, 89, 90	=	Kennzahl für Reifentragfähigkeit: 88 = 560 kg, 89 = 580 kg, 90 = 600 kg;
Q, S, H	=	Kennbuchstabe für zulässige Höchstgeschwindigkeit: Q = bis 160 km/h (nur M + S-Reifen), S = bis 180 km/h, H = bis 210 km/h.

Die Reifenprüfnummer

Im Anschluß an die neue E. C. E.-Reifenbezeichnung befindet sich z. B. noch E 3 und eine nachfolgende vierstellige Nummer. Sechzehn europäische Länder sind gleichermaßen berechtigt, Fahrzeugreifen zu prüfen und nach positiver Beurteilung ein Prüfzeichen und eine Prüfnummer zu vergeben. So steht der Buchstabe »E« für »Europa« und eine Zahl von 1 bis 16 für das entsprechende Land, in dem die Reifenzulassung erteilt wurde.

Das Herstellungsdatum

Das Produktionsdatum eines Reifens interessiert vor allem dann, wenn eine Serie Reifen wegen eines Fabrikationsfehlers vom betreffenden Hersteller »zurückgerufen« wird, also gegen einwandfreie getauscht werden soll. An der Reifenflanke finden Sie irgendwo eine dreistellige Zahlenkombination. Sie kann z. B. 122 lauten – dies ist das verschlüsselte Herstellungsdatum und besagt, daß der Reifen in der 12. Produktionswoche 1982 hergestellt wurde.

Die Reifenwahl

Bauart-Vorschrift und vorgegebene Größe des Reifens begrenzen, wie erwähnt, die Auswahl neuer Reifen erheblich.
Reifenhersteller rühmen selbstverständlich die lange Lebensdauer ihrer Produkte und tatsächlich bestehen untereinander oft nur geringe Unterschiede. Wohl plädiert der eine Fabrikant mehr für Regentauglichkeit und der andere lobt die zusätzliche Wintereigenschaft seiner Reifen. Die individuelle Beurteilung hängt schließlich von verschiedenen Faktoren ab, unter anderem von der Gestaltung des Reifenprofils. Denn bei dem Profil – die unterschiedlich breiten, sich wiederholenden Einschnitte auf der Lauffläche – kommt es sowohl auf Grif-

Man muß sich keinesfalls an eine Reifenmarke gebunden fühlen, doch sollte man darauf bedacht sein, auf einer Achse immer Reifen des gleichen Fabrikates zu fahren. Trotz gleicher Bauweise können Reifen von zwei verschiedenen Herstellern unterschiedliche Laufeigenschaften besitzen, die man erst kennenlernen muß.

figkeit an als auch auf die Fähigkeit, Wasser von der Fahrbahn aufzunehmen und in Sekundenbruchteilen so verdrängen zu können, damit der Kontakt Reifen/Straßenoberfläche weitgehend erhalten bleibt.
Im Abschnitt über die Haftreifen auf Seite 53 kommen die möglichen Eignungsunterschiede eines Reifens bei verschiedenen Autos zur Sprache. Das liegt an den Fahrwerkseigenschaften, die von Modell zu Modell differieren und strenggenommen nur zusammen mit einem bestimmten Reifenfabrikat ihr bestes Können zeigen.
So arbeitet auch Daimler-Benz eng mit der Reifenindustrie zusammen und stellt an deren Produkte höchste Anforderungen. Bemerkenswert ist dabei, daß einige Reifenhersteller in ihrem Programm ein spezielles Reifensortiment für Mercedes-Benz führen. Hier sollen für die Dimension 175 SR 14 ein paar dieser Fabrikate aufgezählt sein: Conti TS 771, Michelin XzX, Michelin zX und Pirelli P3. Außer mit dem zuerst genannten Fabrikat werden die Wagen ab Werk auch mit den Reifen Michelin ZX-P und Phoenix 2010 S ausgerüstet. In der Größe 195/70 HR 14 sind die Reifen Michelin XVS-P (für den schnellen 230 CE ohnehin zu empfehlen), Pirelli CN 36 SM und Uniroyal Rallye 240 zu nennen. Alle diese Reifen besitzen auch die Scheuerleiste an ihrer Außenflanke.
Neben den gängigen Reifenfabrikaten trifft man in Versandhäusern und Selbstbedienungsläden bisweilen auf preisgünstige Offerten meist ausländischer Herkunft. Normalerweise kann man davon ausgehen, daß die in namhaften Häusern angebotenen Reifen von ordentlicher Qualität sind, doch hohen Ansprüchen werden sie nicht unbedingt gerecht. Skepsis ist bei allzu billigen Reifen angebracht, weil Sicherheit und Abriebfestigkeit begrenzt sein können.
Die Reifengröße 175 SR 14 bietet einen guten Kompromiß zwischen Preis, Fahrverhalten und Laufleistung. Für die 230 E-Modelle muß es allerdings die HR-Ausführung sein, da er bis 180 km/h gefahren werden kann. Die 175 mm breiten S-Reifen können Sie auch noch bei gemäßigten Winterverhältnissen fahren, wobei der Mercedes allerdings auf Schnee und Eis schon einiges Fahrertalent erfordert. Weniger wintertauglich sind die härteren H-Reifen und auch die breiten 195/70 R 14. Für durchschnittlich ambitionierte Fahrer ist diese Reifenbreite nicht unbedingt erforderlich. Aber manch ein Fahrer wird an diesen Reifen Gefallen finden, da sie die schon sehr gute Straßenlage des Mercedes noch verbessern und den Wagen noch wuchtiger einherrollen lassen.

Reifenpreise

Für Autoreifen gelten empfohlene Richtpreise, an die sich aber niemand halten muß. Jeder Reifenhändler kalkuliert individuell und Preisdifferenzen entstehen schon dadurch, daß die Hersteller den Händlern unterschiedliche Konditionen einräumen. Händlerrabatte sind möglich, dazu werden manchmal Montage und Auswuchten nicht berechnet. Hohe Rabatte, aber Inrechnungstellung von Nebenkosten müssen gegeneinander abgewogen werden: Das billigste kann hinterher teurer als gedacht ausfallen. Deshalb: mehrere Angebote einholen.
Kaufhauskonzerne bieten neben bekannten Markenreifen auch sogenannte Importreifen an, sie sind meist die billigsten. Ehe man einen unbekannten Reifen anschafft, sollte man zuerst das Urteil eines Fahrers (nicht Verkäufers) oder besser den Testbericht einer unabhängigen Fachzeitschrift zu Rate ziehen.

Runderneuerte Reifen

Neu besohlte Reifen stehen bei vielen Autofahrern in schlechtem Ansehen, obwohl sie bei fabrikmäßiger Herstellung den Beweis ihrer Tüchtigkeit in verschiedenen Tests erbracht haben. Vertrauenswürdige Runderneuerer geben auf ihre Produkte Garantie, das RAL-Gütezeichen weist auf bestandene Schnellaufprüfungen hin.

Dem erheblich niedrigeren Anschaffungspreis stehen gegenüber: Kürzere Lebensdauer, größere Unwuchten, bisweilen mangelhafter Rundlauf bei höheren Laufleistungen und unterschiedliches Fahrverhalten im Vergleich zum Neureifen mit gleicher Profilgestaltung.

Winterreifen

Ausführliche Hinweise zu den Reifen, die bei Glätte und Schnee ausreichende Qualitäten besitzen, finden Sie im Kapitel »Winterschutz« auf Seite 52. Die vom Handel angebotenen Winterreifen sind keine Alleskönner und man darf sich trotz teils großartiger Werbung für einzelne Fabrikate nicht darüber hinwegtäuschen lassen, daß sie immer nur relativ gute Eigenschaften für spezielle Straßenzustände besitzen und daß diese Eignungen wegen der unterschiedlichen Fahrwerkskonstruktion der einzelnen Automobile bei jedem Wagentyp anders zur Geltung kommen. Die teuren Haftreifen haben auf trockener Fahrbahn einen stärkeren Abrieb als »Sommer-Reifen« und sollen deshalb nicht gleich aufgezogen werden, wenn der Kalender »Winter« anzeigt. In warmer Jahreszeit werden die im Kapitel »Winterschutz« erwähnten Haftreifen schneller abgenutzt, zumal damit auch öfter höhere Geschwindigkeiten möglich sind. Grobstollige Winterreifen bieten eine schlechtere Seitenführung in Kurven und neigen stärker zum Aquaplaning als Sommer-Gürtelreifen.

Fingerzeig: *Herkömmliche M + S-Radialreifen dürfen bis höchstens 160 km/h gefahren werden. Da die 230 E schneller laufen können, muß bei ihnen irgendwo am Armaturenbrett ein Aufkleber auf die höchstzulässigen 160 km/h hinweisen, wenn Winterreifen montiert sind.*

Der Reifenverschleiß

Etliche Einflüsse bestimmen die Lebensdauer eines Reifens: An erster Stelle steht die Beanspruchung, die sich durch Wagenbelastung, Geschwindigkeit und Fahrstil bemerkbar macht. Bedeutende Auswirkungen gehen von falschen Luftdrücken aus, wie schon ausführlich erklärt wurde. Der Straßenzustand spielt nur eine untergeordnete Rolle, weil es kaum Schotterstraßen gibt.
Die mögliche Laufstrecke eines Reifens hängt in gewissem Maße auch von der Gummimischung ab. Bei Sommer-Gürtelreifen bestehen jedoch kaum große Unterschiede zwischen den einzelnen Reifenfabrikaten, sofern es sich um bekannte Markenfabrikate handelt. Reifen mit Textilgürtel haben gewöhnlich nicht die Lebensdauer der härteren Stahlgürtelreifen, mit denen man im Durchschnitt auf 35 000 km bis 40 000 km kommt. Natürlich ergeben sich Differenzen aus der Motorleistung. Die etwas schwächeren 2-Liter-Modelle etwa haben in der Regel einen geringeren Reifenverbrauch als ein Wagen mit dem stärkeren 2,3-Liter-Motor. Die Reifen am Wagen mit automatischem Getriebe kommen in der Regel auf eine etwas erhöhte Lebensdauer.

Vorsicht bei Mischbereifung

Wenn Sie von Stahl- auf Textilgürtelreifen umrüsten wollen oder umgekehrt (natürlich nicht einzeln, sondern achsweise), müssen die beiden Reifen mit Stahlgürtel an den Hinterrädern montiert werden. Andernfalls ergibt sich eine verstärkte Neigung zum Übersteuern – der Wagen rutscht im Extremfall mit dem Heck gegen die Kurvenaußenseite weg. Die Kombination von Sommerreifen vorn und Wintergürtelreifen hinten verspricht keine volle Wintertüchtigkeit. Wenn schon Winterreifen, dann auf allen vier Rädern, Haftreifen müssen ohnehin vorn und hinten aufgezogen sein, sonst wird das Fahrverhalten auf winterlicher Fahrbahn unberechenbar.

Sammelbecken

Zum Anlassen des Motors muß zunächst einmal die Energie aus der Batterie herhalten. Läuft der Motor, liefert die »Lichtmaschine« – der Generator – den Strom. Die Batterie bleibt aber auch dann noch ein wichtiger Faktor in dem elektrischen Verbundnetz des Autos. Welche Aufgaben sie insgesamt erfüllt, das geht aus diesem und dem nächsten Kapitel hervor.

Elektrik ohne Rätsel

Im Gegensatz zum Haushalt und Betrieb, wo man es mit Strom (Wechselstrom) relativ hoher Spannung zu tun hat, baut sich im Auto die Versorgung der elektrischen Verbraucher auf einem Schwachstromnetz auf (Gleichstrom). Nur sehr unbedachte Handlungsweise stiftet hier Schaden. Allerdings arbeitet die Zündanlage mit hochgespanntem Strom.

Nur in »eingeschalteten« Leitungen, also in einem geschlossenen Stromkreis, kann der Strom fließen. Beim Blick auf den Schaltplan in der hinteren Buchklappe sind die Wege und Abzweigungen zu den verschiedenen Zielen des elektrischen Stroms wie auf einer Landkarte zu verfolgen, wozu man allerdings einen spitzen Bleistift brauchen wird.

Durch diese Leitungen »fließt« der »Strom« gewissermaßen wie Wasser durch Rohre. Man kann die Batterie mit einem Stausee vergleichen, dessen abfließender Inhalt allerlei Maschinen antreibt. In dieses Reservoir pumpt die Lichtmaschine als Stromerzeuger laufend Vorrat hinein. Die Menge der aus diesem »See« ausfließenden Elektrizität ist – um das Bild zu ergänzen – die Stromstärke (Ampere). Und der Druck durch die Höhe des Sees entspricht der Spannung (Volt).

Die Leistung der Batterie

Die Batterie sitzt bei allen Modellen rechts hinten im Motorraum. Sie ist bequem zugänglich. Von ihren sechs Zellen hat jede einzelne etwa 2 Volt Spannung. Das ergibt 12 Volt Batteriespannung. Alle Verbraucher – ob Anlasser, Bremslicht oder Innenleuchte – sind auf diese Spannung ausgelegt.

Auf der Batterie sind – außer Markennamen und fabrikinterner Typenbezeichnung – ihre wesentlichen Eigenschaften vermerkt: 12 V/55 Ah (bei allen Modellen). Nach der Spannung (12 Volt) ist die Stromstärke, in Ampere gemessen, in ihrer Kapazität angegeben. Das sind Ampere-Stunden (kurz: Ah), die auf die Batteriekapazität hinweisen. Die 55-Ah-Batterie kann theoretisch 55 Stunden lang 1 Ampere oder eine Stunde lang 55 Ampere abgeben. Dann muß sie aber vollgeladen sein, und das ist sie höchstens im Sommer nach längerer Autobahnfahrt. Praktisch kann man nur mit zwei Dritteln oder der Hälfte ihrer Kapazität rechnen.

Bei stehendem Motor werden eingeschaltete elektrische Verbraucher nur aus der Batterie versorgt und nicht – wie bei laufendem Motor – von der Lichtmaschine. Es liegt auf der Hand, daß die Kapazität der Batterie um so eher erschöpft ist, je mehr Strom verbraucht wird. Das dauert theoretisch mit vollgeladener Batterie und bei eingeschalteten Scheinwerfern mit Abblendlicht, wobei auch Standlicht, Rückleuchten und Kontrollampen mitbrennen, rund fünf Stunden. Die Kapazität einer Batterie hängt jedoch – neben dem Entladestrom – von ihrem Alter und, wie gleich noch beschrieben wird, von der Außentemperatur ab. Die Brenndauer der Leuchten läßt sich demnach nicht ohne weiteres bestimmen.

Einbußen im Winter

Kälte verlangsamt die elektrochemischen inneren Vorgänge in der Batterie und die für den Start des Motors verfügbare Kapazität nimmt ab. Das macht sich zunächst beim Vorglühen noch nicht bemerkbar, aber bei sinkender Temperatur wird das Motor- und Getriebeöl zäher und beim Starten des Motors braucht der Anlasser zur Überwindung dieser Widerstände mehr Kraft. Dann ist die Kapazität der Batterie rasch erschöpft und es ist möglich, daß der Motor nicht anspringt.

Bei schon älterer oder vorübergehend geschwächter Batterie sollten im Kurzstrecken-, Stopp- und Schleichverkehr der Großstadt im Winter entbehrliche tromverbraucher ausgeschaltet bleiben. Unnütz eingeschaltete Scheibenheizung oder Heizgebläse entziehen dem »Stromhaushalt« etwa jeweils 200 Watt. Sind noch andere Verbraucher hinzugeschaltet, bleibt für das Wiederaufladen der Batterie nicht mehr viel übrig. Schon ohne Nebenverbraucher sind etwa 10 Minuten Fahrt notwendig, um der Batterie die beim Start entzogene Strommenge wieder zuzuführen.

Damit ist gesagt, daß der Anlasser die Batterie am meisten belastet. Er leistet 1,5 kW (2 PS) und beim Anlassen nimmt er kurzzeitig über 1000 Ampere auf. Während bei warmem Motor der Strombedarf des Anlassers geringer ist, weil jener sich wegen der verringerten Zähflüssigkeit des Öls leichter durchdrehen läßt, steigen mit Absinken der Temperatur und zunehmender Zähigkeit der Schmierstoffe die Ansprüche an den Anlasser. Rasch sinkt dabei die Batteriespannung unter ihre Betriebsspannung ab. Bei Kälte verliert die Batterie zusätzlich an Kapazität, obgleich man dann am meisten von ihr verlangt.

Man sollte den Anlasser nur etwa 5 Sekunden lang drehen lassen und nach einer Pause den Anlaßversuch wiederholen. Springt der Motor nach längstens 30 Sekunden nicht an, soll man den Anlasser bis zu eine Minute lang in Ruhe lassen, um der Batterie eine Erholung zu schaffen.

Weitere Ratschläge für das Starten siehe Seite 173. Grundsätzlich muß man sich merken, daß die Spannung der Batterie bei mehreren Startversuchen sehr schnell abfällt und danach nicht mehr die für den Anlasser notwendige Energie aufbringen kann.

Man erleichtert das Anlassen, wenn man beim Einschalten zugleich das Kupplungspedal tritt. Die Umdrehung der vom Anlasser über das Schwungrad bewegten Kurbelwelle setzt sich dann nicht bis ins Getriebe fort, in dem noch Zahnräder und Wellen mit durchgedreht werden müssen.

Fingerzeige: *In extrem kalten Nächten ist es von Vorteil, die Batterie auszubauen, um sie in der Wohnung in Heizungsnähe aufzustellen. Am nächsten Morgen springt der Motor mit der warmen Batterie überraschend schnell an. Aus- und Einbau siehe Bild Seite 171.*

Wenn in eine stark entladene Batterie verhältnismäßig viel destilliertes Wasser nachgefüllt wurde und die Batterie ist sodann starkem Frost ausgesetzt, kann ihr Inhalt gefrieren und das Gehäuse platzt. Aber auch allgemein durch geringe Säuredichte (1,12 kg/l) ist ein Einfrieren möglich: Der Gefrierpunkt bei entladener Batterie liegt bei – 12° C.

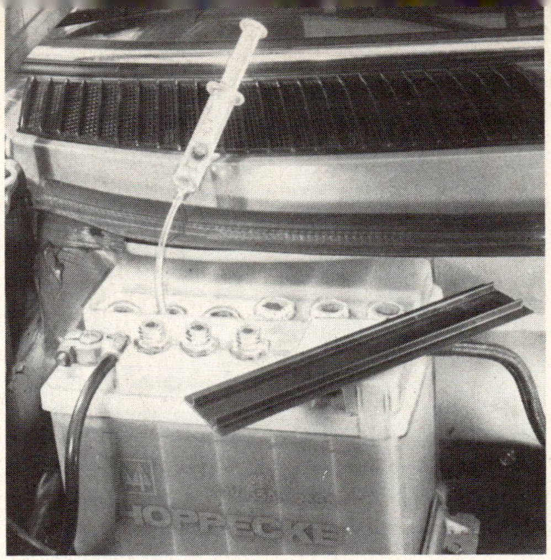

Mit einem Hebesäuremesser, wie er von der im letzten Abschnitt unseres Kapitels genannten Firma Krynen-Neuber dem Mittel gegen Batteriekorrosion beigefügt wird, läßt sich der Ladezustand bequem überprüfen. Wenn die rote Kugel in dem Säureheber oben schwimmt, ist die Batterie in Ordnung. Schwebt die Kugel etwa in der Mitte, ist der Ladezustand mäßig, und sinkt sie nach unten, muß Abhilfe geschaffen werden.

Säurestand der Batterie kontrollieren

Pflegearbeit Nr. 3

Wie hoch die Säure in der Batterie steht, das soll man im Sommer jede Woche einmal nachsehen. Unabhängig von diesem Inspektionsturnus, der vielleicht überspitzt erscheint, empfiehlt auch die Betriebsanleitung eine Überprüfung in kurzen Zeitabständen, etwa alle 4 Wochen. Denn es liegt wesentlich an den Betriebsverhältnissen, wie schnell der flüssige Inhalt »vergast«. Außerdem trägt die unvermeidliche Selbstentladung das ihre dazu bei, weil sich das Wasser dabei in Wasserstoff und Sauerstoff zersetzt.

Als Arbeit kann man die geforderte Kontrolle jedenfalls nicht bezeichnen. Daimler-Benz liefert die Wagen mit Batterien, die ein durchscheinendes Gehäuse haben. Bei ihnen läßt sich von außen erkennen – wenn die Batterie sauber ist –, ob der Säurestand stimmt. Unter dem breiten Rand der Batterieoberseite ist eine Markierungslinie angebracht, die als unterste Grenze für den Flüssigkeitsspiegel in allen sechs Zellen gilt.

Diese Batterien im Mercedes besitzen noch kein integriertes Überfüllschutzsystem. Zum Nachfüllen – nur mit destilliertem Wasser – schraubt man die Verschlüsse heraus und gießt in die einzelnen Zellenöffnungen so viel hinein, bis die Füllung die obere Markierung erreicht hat. Auf völlige Reinheit der Nachfüllung ist zu achten. Leider bekommt man an einigen Tankstellen nicht immer ganz sauberes destilliertes Wasser, weil es offen aufbewahrt wird. Deshalb kauft man sich besser selbst welches. Es ist für wenig Geld in der Drogerie zu bekommen, viel zu teuer sind die kleinen Plastikflaschen mit destilliertem Wasser, die manche Tankstellen anbieten.

Es gibt auch noch Batterien mit undurchsichtigem Gehäuse oder mit Verschlußleisten über allen Zellen. Bei ersteren, langsam aus der Mode kommenden Akkus, zieht man zur Kontrolle die sechs Stopfen gleichzeitig ab (oder die für mehrere Zellenöffnungen zugleich vorgesehenen Verschlußleisten). In den Batteriezellen muß der Säurestand etwa 1 cm über den Batterieplatten sichtbar sein. Man kann den Säurestand auch mit einem Streifen Karton nachmessen (wegen Kurzschlußgefahr kein Metall verwenden). Wenn der Säurespiegel schon so weit abgesunken ist, daß die Oberkante der Platten frei von Flüssigkeit ist, wird es zum Ergänzen des Inhalts höchste Zeit.

Ladezustand prüfen

Der Ladezustand einer Batterie hängt nicht unbedingt mit ihrem Säurestand zusammen. Auch eine Batterie, deren Säurestand (Niveau) in Ordnung ist, kann entladen sein. Das könnte folgende Gründe haben: 1. Sie mußte zu viele Verbraucher speisen, was ihre Kapazität übermäßig beanspruchte; 2. Lichtmaschine oder Spannungsregler arbeiten nicht richtig; 3. die Batterie war über gerau-

me Zeit ungenutzt, wodurch sich ihr Ladezustand verschlechterte; 4. ein Kurzschluß hat ihre Energie verbraucht.
Allgemein sollte man eine Batterie – auch wenn sie in ständigem Gebrauch ist – nach etwa zwei Jahren auf ihren Zustand hin, was Kapazität und Belastbarkeit anbelangt, überprüfen.
Bei jeder einzelnen Batteriezelle sollte man den Ladezustand prüfen. Die zuverlässigste Messung erhält man in der Werkstatt oder beim Autoelektrikdienst, wo man die Batterie auch gleich richtig laden kann (Heimladegeräte schaffen das nicht immer). Dort mißt man mit einem Säuredichtemesser (Säureheber), und die Meßergebnisse bedeuten:

Batterie voll geladen	spez. Gewicht 1,285 kg/l	Anm.: Die Messung ist auf + 20° C bezogen. Je 14° C Temperaturunterschied ändern das spez. Gewicht um 0,01 kg/l.
Batterie halb geladen	spez. Gewicht 1,20 kg/l	
Batterie entladen	spez. Gewicht 1,12 kg/l	

Gleichmäßig niedrige Säuredichte in jeder der sechs Zellen läßt vermuten, daß es noch mit Nachladen getan sein kann, falls die Batterie nicht schon zu alt ist. Sollte nur eine Zelle entladen sein, muß die Fachwerkstatt prüfen, ob die Batterie noch eine Weile brauchbar ist. Reicht der Schlamm unten in der Batterie bis an die Bleiplatten heran – bei den durchsichtigen Kunststoffbatterien können Sie das manchmal erkennen – stirbt die Batterie an innerem Kurzschluß.

Batterie sauber halten

Oxydationskristalle an den Batteriepolen und an den daran sitzenden Polklemmen schaden der Batterie wie auch allgemein jede Verschmutzung. Dadurch werden Kriechströme ermöglicht, die zur Selbstentladung führen (0,2–1 % pro Tag). Schmutzige Batterien zeugen überhaupt von Nachlässigkeit des Wagenhalters. Oxydationsschmutz läßt sich mit warmem Wasser und einer alten Bürste beseitigen. Säureschutzfett (z. B. »Ft 40 v 1« von Bosch), mit dem man die Polköpfe und die Klemmen nach dem Trocknen einfettet, verhindert neue Oxydbildung. Oxydation kann die Kabelklemmen derart fest mit den Polköpfen verkleben, daß sie nur mit kochendheißem Wasser oder besser Sodalösung aus dieser »Verklemmung« zu lösen sind. Keinesfalls darf die Klemme mit Gewalt gelöst werden, sonst brechen das Batteriegehäuse oder die Polköpfe.
Den Ausbau der Batterie beginnt man stets mit dem Abschrauben des Minus-Kabels (gerader Ringschlüssel SW 13). So werden Kurzschlußfunken durch versehentliches Berühren des Plus-Kabels mit Metallteilen vermieden. Umgekehrt wird beim Einbau das Minuskabel zuletzt angeschlossen. Am Boden ist die Batterie durch zwei Halterungen befestigt.

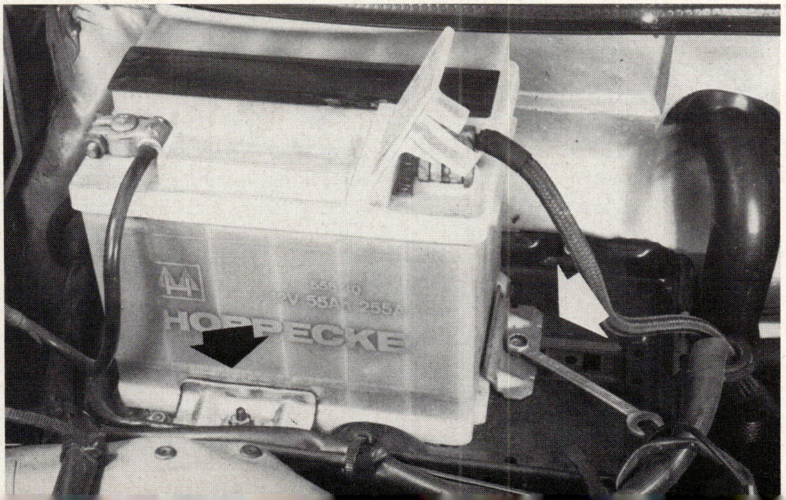

An ihrer Bodenplatte wird die Batterie von zwei Klemmblechen festgehalten. Die Befestigungsmuttern SW 10 lassen sich mit einem üblichen Schraubenschlüssel, besser noch mittels Rohrschlüssel lösen.

Den 13-mm-Schlüssel für die Polklemmen sollte man eigentlich immer griffbereit im Wagen halten. Bei Kurzschluß in der elektrischen Anlage oder bei einem Kabelbrand kann man dann sofort die Stromversorgung unterbrechen. In solchem Fall muß man kaltblütig das Minuskabel an der Batterie abschrauben. Das läßt sich aber nur bei sauberer Batterie im Handumdrehen vollbringen.

So wird geladen

Auch in unbenutzten Batterien findet eine allmähliche Entladung statt – im Winter etwas langsamer als im Sommer. Nach etwa hundert Tagen ist eine vorher vollgeladene Batterie leer (über die Selbstentladung wurde schon geschrieben). Wenn man sie nicht zu anderweitigem Gebrauch verleihen kann, lohnt es sich, sie einem Elektrodienst in Pension zu geben und dort an ein Frischhaltegerät mit schwachem Ladestrom anschließen zu lassen. Bei tiefer Entladung oder gründlicher Batterieüberholung ist sie zweckmäßig an ein leistungsstarkes Ladegerät anzuschließen, wie es Werkstätten besitzen. Aber auch die kleinen handelsüblichen Ladegeräte sind zum Laden geeignet.

Vor dem Laden – und das gilt grundsätzlich – darf destilliertes Wasser nur bis zur Bedeckung der Platten eingefüllt werden, damit die Säure bei der Aufladung nicht »überkocht«. Der Anfangs-Ladestrom soll nicht mehr als 10 Prozent der Ah-Kapazität einer Batterie betragen, bei der 55-Ah-Batterie demnach knapp 6 Ampere. Mit zunehmender Batteriespannung muß man die Ladestromstärke verringern, was automatische Ladegeräte gewöhnlich selbst regulieren, sonst wird die Batterie überladen und geschädigt. Eigentlich ist es richtig, wenn sie die Werkstatt zuvor völlig entlädt. Der Gesamtvorgang dauert 10–15 Stunden. Die Batterieflüssigkeit (»Elektrolyt«) darf nicht wärmer als + 55° C werden, andernfalls muß man den Ladevorgang unterbrechen.

Das während dieser Zeit sich bildende Gas muß entweichen können, deshalb sind die Verschlußstopfen der Batteriezellen zu öffnen. Es handelt sich dabei um Wasserstoff und Sauerstoff, und in der Nähe dieses gefährlichen Knallgases darf man nicht mit Feuer hantieren. Der von den Gasblasen verursachte Sprühnebel schlägt sich um die Batterie herum nieder. Beim Laden der eingebauten Batterie muß man deren Umgebung mit Plastikfolie oder alten Zeitungen abdecken.

Die Batterie ist aufgeladen, wenn eine Zellenspannung von 2,6 bis 2,7 Volt erreicht ist und wenn innerhalb von zwei Stunden die Säuredichte nicht mehr ansteigt. Abschließend muß noch einmal der Säurestand überprüft werden.

Mit einem Transformator für Modelleisenbahnen läßt sich die Batterie auch laden, aber es muß sich um einen wenigstens 1 Ampere liefernden Gleichstrom-Transformator handeln. Die rote Transformatorenklemme wird mit dem Pluspol der Batterie und die blaue mit dem Minuspol durch üblichen isolierten Draht verbunden. Der Reglerknopf ist bis zur höchsten Stufe einzustellen.

Schadet die Schnellaufladung?

Manchmal reicht die Zeit nicht aus, stundenlang das Laden der Batterie abzuwarten. Schnelladen dauert statt dessen nur etwa eine halbe Stunde. Aber es ist eine Roßkur, die nur ganz gesunde Batterien ohne weiteres überstehen. Früher wurde dabei mit rund 40 Ampere geladen. Neuere Schnelladegeräte jedoch sind spannungsgeregelt, d. h. mit zunehmender Batteriespannung wird der Ladestrom kleiner.

Wenn sich eine einwandfreie Batterie beispielsweise über Nacht durch einen versehentlich eingeschalteten Stromverbraucher entladen hat, darf man sie ohne Bedenken an einem Schnelladegerät wieder aufputschen lassen, damit man mit seinem Auto weiterkommt. Aber das darf nicht die Regel sein.

Wegen der Drehstrom-Lichtmaschine im Mercedes, die gegen Stromstöße äu-

ßerst empfindlich ist, ferner der Transistor-Zündanlage und wegen des eventuell vorhandenen Radios mit Transistoren müssen vor der Schnelladung die Batteriekabel (bei abgestelltem Motor!) gelöst werden. Spannungsspitzen würden sonst die Dioden bzw. Transistoren zerstören. Weitere wichtige Hinweise über die Drehstrom-Lichtmaschine sind im Kapitel »Lichtmaschine und Anlasser« enthalten.
Fabrikneue Batterien dürfen niemals an ein Schnelladegerät gehängt werden. Alle Batteriehersteller laden heute ihre Batterien trocken vor. Bei der Inbetriebnahme wird noch Säure eingefüllt und nach kurzer Wartezeit kann der Motor mit dieser Batterie gestartet werden. Allerdings muß sich sogleich eine längere Fahrt anschließen, damit die Lichtmaschine die neue Batterie aufladen kann.

Fingerzeig: *Batteriesäure und auch die Oxydationskristalle zerfressen alle Textilien. Nur sofortiges Auswaschen der Spritzer mit Sodalösung rettet dann den Anzug. Noch besser ist dafür das Spezialmittel »Neutralon« von Varta, das es als Spraydose im Zubehörhandel gibt.*

Starten mit leerer Batterie

Das kommt beim besten Auto vor: Man will starten, doch die Batterie ist leer. Vermutlich war irgendein Stromverbraucher eingeschaltet, der von der Kapazität der Batterie zehrte – und dies hoffentlich nicht tagelang. Da der Mercedes nicht mit einer Andrehkurbel in Schwung gebracht werden kann, müssen Maßnahmen anderer Art getroffen werden. Wenn die Batterie an sich noch gesund ist, kommt man aber bestimmt vom Fleck.
Vielleicht haben Sie gerade Glück und können von einem Berg eine Straße herunterrollen, um bei einem solchen Anlauf den Motor in Gang zu setzen.
Die Batteriekabel an der entladenen Batterie dürfen nicht gelöst und es darf auch keinesfalls ohne Batterie der Versuch zum Starten gemacht werden. Falls die Batterie im Wagen defekt ist (bei Kurzschluß: sehr warmes Gehäuse oder übergekochte Batteriesäure, bei Bruch: ausgelaufene Batteriesäure), muß diese ausgebaut und gegen eine andere intakte ersetzt werden, auch wenn jene entladen ist. Die Drehstrom-Lichtmaschine würde sonst wegen der beim Starten auftretenden Stromstöße unweigerlich sofort Schaden nehmen.

Starthilfekabel

Als wertvolle Hilfe erweisen sich im Fall einer Batteriepanne sogenannte Starthilfekabel. Mit ihnen wird von der Batterie eines anderen Autos der Startstrom »geliehen«. Dazu braucht jene Batterie nicht ausgebaut zu werden, aber Voraussetzung ist es, daß auch sie eine Spannung von 12 Volt hat.
Solche Starthilfekabel dürfen nicht zu »billig« sein. Ihr Kabelquerschnitt muß

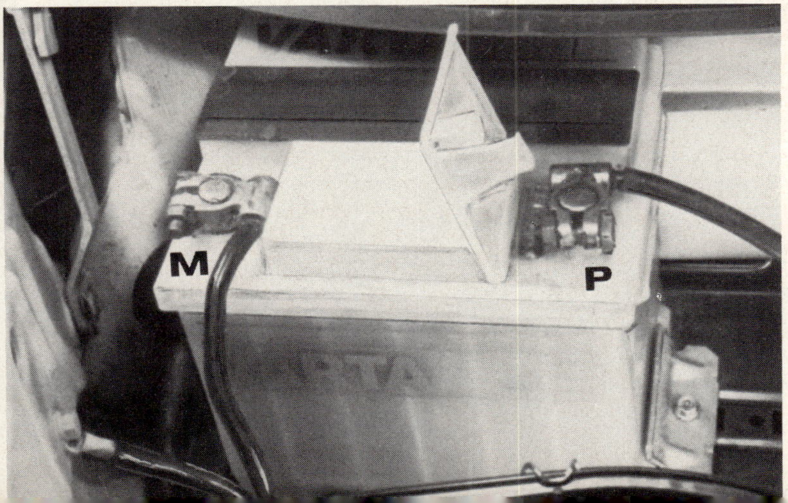

Zum Schutz gegen unachtsames Hantieren im Motorraum besitzt der Plus-Pol (P) der Batterie eine Abdekkung, im Bild ist diese hochgeklappt. M = Minus-Pol = Masse.

wenigstens 10 oder besser 16 mm² betragen. Eine dicke Isolierschicht kann über einen zu schwachen Querschnitt der Kabel hinwegtäuschen.
Der Wagen, der den Strom spenden soll, fährt dicht an das startunwillige Auto heran, aber beide Fahrzeuge dürfen sich nicht berühren. Sodann werden zuerst die Pluspole (der Polschuh der Batterie trägt ein eingeprägtes +) mit einem Kabel verbunden. Achtung: Bei einigen ausländischen Fahrzeugen ist nicht der Minus-, sondern der Pluspol an Masse gelegt, in diesem Fall erfolgt das Anschließen natürlich umgekehrt. Als nächstes wird mit dem zweiten Kabel der Minuspol der Hilfsbatterie mit der Masse (z. B. gut leitendes, solides Karosserieteil im Motorraum) des zu startenden Fahrzeugs verbunden, nicht aber mit dem Minuspol der entladenen Batterie. (Diese manchem Praktiker etwas umständlich erscheinenden Handgriffe sollen jegliche eventuelle Explosionsgefahr durch Knallgasbildung ausschließen.)
Der Startvorgang wird wesentlich erleichtert, wenn man den Motor des »Hilfswagens« laufen läßt. Damit wird auch dessen Batterie geschont. Jetzt ist es möglich, den Wagen mit der entladenen Batterie in gewohnter Weise zu starten. Nachdem der Motor angesprungen ist, werden die Starthilfekabel in umgekehrter Reihenfolge des Anschließens abgeklemmt (Minuskabel also zuerst).

Anschleppen

Was hier gesagt wird, bezieht sich auf einen Mercedes mit üblichem Schaltgetriebe. Bei einem Wagen mit automatischem Getriebe sind die auf Seite 35 enthaltenen Hinweise zu beachten.
Gleich zu Anfang noch eine Warnung: Wenn Sie keinerlei Erfahrung im Abschleppen bzw. Geschlepptwerden haben, sollten Sie sich besser ein Paar Starthilfekabel besorgen – damit ist der Motorstart einfacher und sicherer.
Das Schleppseil wird am eigenen Auto und am Wagen des Helfers so befestigt, wie im Kapitel »Abschleppen und Ziehen« beschrieben.
Jetzt geht es ans Starten. Zündung einschalten, Kupplung treten, 2. Gang einlegen und Kupplung weiterhin niederdrücken. Während der Schleppwagen das Seil straffzieht und das Auto zu rollen beginnt, tritt man bei kaltem Motor auch einmal das Gaspedal, so als würde man den Motor wie üblich anlassen wollen. Bei genügender Fahrt – etwa ab doppelter Schrittgeschwindigkeit – läßt man das Kupplungspedal langsam zurück.
Man muß darauf gefaßt sein, daß der Motor plötzlich anspringt. Dann ist sofort die Kupplung zu treten und Gas zu geben und man muß die Feststellbremse bedienen. Letzteres erfordert eigentlich Übung, denn der Auslöseknopf der Bremse ist noch mit der linken Hand zu lösen, damit das Abbremsen weich reguliert werden kann. Man wird also nach dem Treten der Kupplung schnell den Gang herausnehmen, zugleich mit dem rechten Fuß Gas geben und ungewohnterweise mit dem linken Fuß das Feststellbremspedal – nicht zu hart! – niedertreten müssen. Manche Leute bedienen statt dessen Brems- und Gaspedal gleichzeitig mit Spitze und Ferse des rechten Fußes. Der Fahrer im Schleppwagen sollte bei dem Vorgang sein Fenster geöffnet haben, um das Anspringen des Motors hinter sich akustisch zu vernehmen, da der mit Händen und Füßen beschäftigte Mercedes-Lenker nicht auch noch Hup- oder Blinkzeichen zum Anhalten geben kann.

Anschieben

Man kann den Mercedes zur Not auch mit Hilfe von zwei Leuten zum Laufen bringen, wenn diese kräftig schieben. Dazu muß allerdings die Zündanlage in guter Verfassung sein, sonst wird es schwierig. Weil man die notwendige Drehzahl durch Anschieben im 3. Gang – im allgemeinen auch nicht im 2. Gang – erreicht, wendet man einen Trick an: 1. Gang einlegen, Kupplung durchgetreten halten, Wagen anschieben lassen, bis er in Schwung ist, dann Kupplung schnell kommen lassen. Hierbei wird der Motor plötzlich schnell genug durchgedreht, was nötig ist, um in der Lichtmaschine ausreichend Strom für die Zündfunken zu erzeugen. Springt der Wagen an, sofort Kupplung treten und Gas geben. Wagen wie beschrieben anhalten.

Fahren ohne Batterie nicht möglich

Die schon genannte Empfindlichkeit der Drehstrom-Lichtmaschine läßt es nicht zu, ohne Batterie zu fahren. Bei Wagen mit herkömmlicher Lichtmaschine läßt sich das ohne weiteres unternehmen. Daher kann man sich auch nicht anschleppen lassen, wenn keine Batterie eingebaut und angeschlossen ist.
Ebenfalls darf keine defekte Batterie mit innerem Kurzschluß eingebaut werden. Die Lichtmaschine kann in ihr keinen Strom speichern. Die deshalb überlastete Lichtmaschine und der Spannungsregler schmoren in kürzester Zeit durch und die Stromversorgung bricht endgültig zusammen. Abschleppen lassen und teure Instandsetzungsarbeiten sind dann unausweichlich.

Batterie-Lebensdauer

Wenn der Akku im Auto alt werden soll, muß er absolut fest im Mercedes eingebaut sein (Rütteln verursacht Schäden an den Bleiplatten), der Säurestand darf nicht so weit absinken, daß die Platten oben im Trockenen stehen, und die Batterie sollte immer voll geladen sein, aber nicht überladen werden.
Beim Entladen und Laden verändern vor allem die Plus-Bleiplatten ihr Volumen. Dabei wird jedesmal das Blei in den Plattengittern weiter gelockert, so daß irgendwann einmal dieses Blei ausbröckelt und sich unten im Akkugehäuse als Schlamm ablagert. Je weniger der Ladezustand schwankt, desto geringer fallen die Bleiplatten-Veränderungen aus. Eine überladene Batterie erkennen Sie am Gasen der Akkuflüssigkeit und am warmen Gehäuse nach einer längeren Fahrt. Da hierdurch die Plusplatten verstärkt korrodieren, muß umgehend die Ladespannung nachgemessen werden.
Als Mittelwert gilt ein Batterieleben von 3 bis 4 Jahren. Wenn Sie das eben gesagte beherzigen, kann die Leistungsbereitschaft aber noch verlängert werden.
Wundermittel zum Aufputschen einer altersschwachen Batterie gibt es nicht. Wir haben jedoch ein Mittel gefunden, mit dem eine chemisch defekte (sulfatierte) Batterie wieder aufgemuntert werden kann. Es heißt »Cobalt-MG« und ist über die Firma BAC electronic GmbH, Jahnstraße 13, 5810 Witten, im Fachhandel und in den Auto-Abteilungen der Kaufhäuser erhältlich. Doch empfiehlt es sich, das Mittel nicht erst in die altersschwache Batterie zu füllen, sondern bereits in die neue, nachdem deren Garantiefrist abgelaufen ist. Batteriehersteller lehnen auch berechtigte Garantieforderungen ab, wenn die Batteriesäure ein Zusatzmittel enthält. In die ATSA-Batterien, die bereits mit Cobalt angereichert sind, darf »Cobalt-MG« nicht zusätzlich eingefüllt werden.

Kauf einer neuen Batterie

Die Batterien deutscher Hersteller tragen zur Kennzeichnung eine einheitliche fünfstellige Typnummer, z. B. 55 530. Die erste 5 steht für 12 V Bordspannung, die nachfolgende Zahl 55 gibt die Kapazität an, und die letzten beiden Ziffern kennzeichnen Konstruktionsmerkmale sowie die Ausführung. Die Typnummer ist eine gute Hilfe beim Neukauf. Anhand der Nummer können Sie auch aus einem Sonderangebot oder beim Autoverwerter den für Ihren Mercedes passenden Akku heraussuchen.

Energiebündel

Die Lichtmaschine ist vor allem dazu da, den Zündstrom für die Zündfunken zu schaffen, die zur Verbrennung des Kraftstoff-Luft-Gemisches nötig sind. Nebenher kann sie auch noch Licht erzeugen, und von dieser ursprünglichen Aufgabe hat sie ihren Namen behalten. Meistens nennt man sie aber heute »Generator«, weil sie zusätzliche Arbeit leistet. So muß sie auch Gleichstrom für die Batterie entwickeln, weil diese keinen Wechselstrom speichern kann.
Zusammen mit der Batterie bildet die Lichtmaschine eine Gemeinschaft, zu der noch der Anlasser gehört. Jedes einzelne dieser Aggregate ist ohne die Mitwirkung der beiden anderen nicht viel wert, und deshalb muß auch auf jedes Mitglied Verlaß sein.

Die Lichtmaschine

Der »Drehstrom-Generator«, wie er in den Mercedes-Benz-Modellen eingebaut wird, zeichnet sich gegenüber den früher gebräuchlichen konventionellen Gleichstrom-Lichtmaschinen dadurch aus, daß er bereits bei Motorleerlauf Leistung abgibt. Deshalb muß man nicht mehr fürchten, etwa bei einer nächtlichen Verkehrsstauung – die sich in Urlaubszeiten über weite Strecken ziehen kann – von schwächer werdendem Scheinwerferlicht überrascht zu werden. Moderne Lichtmaschinen sorgen nahezu unter allen Betriebsbedingungen für genügende Ladung der Batterie.
Die Gleichrichtung des erzeugten Drehstroms zu Gleichstorm erfolgt durch Halbleiterdioden und nicht, wie bei der alten Lichtmaschine, über Kohlebürsten und Kollektor, die den dort erzeugten Wechselstrom gleichrichten. Die Kohlebürsten der Gleichstrom-Lichtmaschine nutzen sich auf dem geriffelten Kollektor relativ schnell ab, da zudem über sie der gesamte erzeugte Strom fließt. Anders bei der Drehstrom-Lichtmaschine. Hier laufen die Kohlen auf glatten Schleifringen, und über die Kohlen fließt nur der sehr geringe Erregerstrom. Dementsprechend halten die Schleifkohlen rund 100 000 km durch.
Selbstverständlich muß die Leistung der Lichtmaschine auf die Menge und Größe der zu versorgenden Stromverbraucher abgestimmt sein. Der Generator wird jedoch allen Ansprüchen gerecht, auch bei Wagen mit elektrischen Zusatzgeräten aus dem Sonderprogramm. Alle Motoren sind mit einer Bosch-Lichtmaschine vom Typ K 1–14 V 55 A 20 ausgerüstet. Diese Typenbezeichnung besagt nach der mit K 1 gegebenen Bauartkennzeichnung, daß der Generator in beiden Drehrichtungen (mit entsprechendem Luftrad) betrieben werden kann. Bei einer maximalen Spannung von 14 Volt liefert er 55 Ampere (= maximale Leistung: 770 Watt) und bei 2000 Umdrehungen pro Minute gibt er bereits zwei Drittel seiner Höchstleistung, etwa 37 Ampere = 510 Watt, ab.
Das Übersetzungsverhältnis zwischen Kurbelwelle und Lichtmaschine beträgt 1:2,29, was bedeutet, daß die Lichtmaschine mehr als doppelt so schnell wie der Motor dreht. Die eben erwähnten 2000/min der Lichtmaschine werden demnach bei 880/min des Motors erreicht, ein Wert, der nur wenig über der

vorgeschriebenen Leerlaufdrehzahl liegt. Zu laden beginnt die Lichtmaschine jedoch schon bei 700 Umdrehungen der Kurbelwelle.
Zur Gleichrichtung des Wechselstroms dienen dem Generator sogenannte Dioden. Das sind elektronische Halbleiter, mit einem Ventil vergleichbar, das nur in einer Richtung durchlässig ist. Bei umgekehrter Polarität – weil Strom in verschiedenen Schaltungen in der Lichtmaschine statt nur in eine Richtung auch in die andere fließt – darf an bestimmten Schaltpunkten für den Strom keine ungehinderte Durchlässigkeit vorhanden sein. Solche Dioden unterliegen zwar keinem mechanischen Verschleiß, aber sie sind gegen hochgespannte Stromstöße (und gegen Hitze) empfindlich. Sie können durch diese Spannungsspitzen, die sich beispielsweise beim Einschalten von Stromverbrauchern ergeben, zerstört werden. Deshalb hat bei der Drehstrom-Lichtmaschine die Batterie die Aufgabe, als Spannungsbegrenzer zu dienen, und daher ist sie mit der Lichtmaschine direkt durch Kabel verbunden.

Wichtige Vorsichtsmaßnahmen

Bei laufendem Motor dürfen die Kabelverbindungen zwischen der Drehstrom-Lichtmaschine und der Batterie niemals getrennt werden. Batterie und Lichtmaschine (zusammen mit dem Spannungsregler) bilden, wie schon erwähnt, in diesem Fall eine fest zusammengehörende Einheit. Ebenso darf der Motor nicht gestartet (und demnach auch nicht angeschleppt) werden, ohne daß eine Batterie angeschlossen ist. Zu beachten ist weiter, daß die Anschlüsse von Batterie und Lichtmaschine keinesfalls verwechselt werden.
Wie schon im Kapitel über die Batterie vermerkt, ist es beim Schnelladen derselben im Wagen unumgänglich, vorher beide Batterieklemmen – also Plus- und Minus-Anschluß – von der Batterie zu lösen.
Diese Hinweise sollten Sie im eigenen Interesse befolgen, um nicht Gefahr zu laufen, daß die Dioden plötzlich ausfallen. Der vorher angedeutete Vergleich zu einem Ventil, das eine Diode sinngemäß darstellt, läßt sich nämlich fortführen: Übersteigt die Kraft aus der Gegenrichtung die Schließfähigkeit der nur in dieser Richtung wirkenden Sicherung, wird das »Ventil« zerstört. Tritt in die Diode aus der falschen Richtung eine zu hohe Stromspannung, versagt sie meist schlagartig ihren Dienst.
Um einen derartigen Ausfall zu vermeiden, ist möglichst kein Masseschluß an den stromführenden Kabeln zur Lichtmaschine herzustellen. Wenn unsachlich gebastelt wird, ist das aber schnell der Fall. Das bezieht sich ebenso auf die Innereien der Lichtmaschine und es läßt sich in der Fachwerkstatt sogar feststellen, welcher Fehler dem ungeübten Handwerker unterlaufen ist. Dann wird jegliche Garantieleistung abgelehnt.

Wartung der Lichtmaschine

Von ihrer Anlage her ist die Drehstrom-Lichtmaschine wartungsfrei. Ärger hat man mit ihr kaum. Eventuell daran vorkommende Arbeiten sollte man einer Fachwerkstatt überlassen, denn dieser Stromerzeuger ist ein Aggregat mit empfindlichen Teilen. Bei der Kontrolle müssen die Schleifringe gereinigt werden; nach längerem Gebrauch verschmutzte oder beschädigte Schleifringe haben den Ausfall der Lichtmaschine zur Folge. Man muß auch prüfen, wie weit die Bürsten abgenutzt sind; gewöhnlich wird man sie bei dieser Gelegenheit zu ersetzen haben. Immerhin kann man mit einer wesentlich längeren Lebensdauer der Bürsten gegenüber einer Gleichstrom-Lichtmaschine rechnen.
Ungeschickte Bastelübungen eines übereifrigen Heimwerkers nimmt die Drehstrom-Lichtmaschine übel. Ihre Lager sind nur mit entsprechenden Abziehvorrichtungen zu lösen und vor allem sind etliche Bauteile sehr empfindlich gegen Hitze (beim unvermeidlichen Löten), gegen Verdrehen, ungenauen Zusammen-

bau und gegen das Berühren mit nicht zusammengehörenden Kontakten. Da kann der eigene Instandsetzungsversuch teuer werden. Besser vertraut man die Drehstrom-Lichtmaschine einem Bosch-Dienst an.
Bevor man die Lichtmaschine abbaut: Batterie abklemmen! Sodann löst man die Befestigungen der an der Lichtmaschine angeschlossenen Kabel. Der Generator ist an einer Halterung durch Bolzen mit Muttern festgehalten. Nach Lösen dieser Befestigungen und nach Abheben des (der) Keilriemen(s) von der Riemenscheibe kann die Lichtmaschine abgenommen werden. Siehe auch den Abschnitt »Keilriemenspannung prüfen« in diesem Kapitel.

Der Spannungsregler

Je schneller die Lichtmaschine vom Motor angetrieben wird, um so mehr Strom liefert sie. Die Batterie als Stromsammler und die Stromverbraucher werden dagegen mit solchen schwankenden Leistungen nicht fertig. Besonders die Batterie muß gegen Überladen geschützt sein, und das Licht der Scheinwerfer wäre ja nach Geschwindigkeit einmal schwach und einmal hell. Drehstrom-Lichtmaschinen sind jedoch stromselbstbegrenzend und brauchen deshalb keinen Stromregler wie die Gleichstrom-Lichtmaschine. Auch der Rückstromschalter entfällt, da die Dioden den Strom nur für eine Richtung freigeben.
Zur Maßhaltung der Spannung ist ein elektronischer Spannungsregler an den Generator angeschlossen und in diesen eingebaut. Er läßt sich nur mit Werkstattgeräten prüfen.
Der Regler arbeitet kontaktlos und ist daher wartungs- und verschleißfrei. Seine sehr genaue elektronische Regelung der Ladespannung und besonders seine kontaktlose Arbeitsweise macht ihn über den herkömmlichen Kontaktregler überlegen. In seltenen Fällen allerdings zeigen sich auch Nachteile, wenn die Elektronik nicht völlig schließt, was bei den Kontakten nachgestellt werden konnte.

Was sagt das rote Ladekontrollicht?

Das beim Einschalten der Zündung aufleuchtende rote Licht soll nach dem Anlassen des Motors verlöschen. Damit wird angezeigt, daß die Lichtmaschine Strom erzeugt. Über den Ladezustand der Batterie sagt dieses Verlöschen nichts aus und ebensowenig darüber, ob die Leistung der Lichtmaschine im Leerlauf zum Laden der Batterie ausreicht, weil vielleicht eine ganze Reihe von Verbrauchern eingeschaltet ist, zu deren Versorgung die Batterie ihre eigene Kapazität einsetzen muß. Zur genauen Beurteilung einer solchen, freilich sehr selten eintretenden Situation verhilft nur die nachträgliche Installation eines Amperemeters mit Plus- und Minus-Anzeige.
Bei Überprüfung des Schaltplanes (in der hinteren Buchklappe) läßt sich erkennen, daß die Ladekontrollampe einerseits Spannung erhält, wenn das Zündschloß eingeschaltet ist. Der andere Anschluß an der Lampe führt zur Klemme D + an der Lichtmaschine. Steht die Lichtmaschine oder dreht sie unterhalb der Einschaltdrehzahl des Spannungsreglers, dann hat dieses Plus-Kabel der Lichtmaschine keine oder wenig »Plus«-Spannung, ist praktisch also »Minus«. Somit brennt die rote Lampe, die von der Batterie über das Lenkschloß »Plus« erhält. Dreht die Lichtmaschine schneller, liefert sie genügend Spannung und an beiden Anschlüssen der Ladekontrolle liegt »Plus«, weshalb sie nicht mehr brennen kann.
Im Verein mit der Drehstrom-Lichtmaschine hat die Ladekontrolle jedoch eine wichtigere Funktion. Beim Einschalten der Zündung muß sie durch Weiterleiten des Batteriestromes die Lichtmaschine vorerregen, damit diese bereits bei geringen Drehzahlen Strom abgeben kann. Bei ausgefallener Ladekontrolle schaltet die Drehstrom-Lichtmaschine erst etwa bei 1500 U/min anstelle sonst bei

etwa 700 U/min ein. Deshalb muß auch stets die richtige Ladestrom-Kontrollampe (12 V/3 W) eingesetzt sein, und ein durchgebranntes Lämpchen ist baldigst zu ersetzen.

Wenn das rote Licht aufleuchtet

Wenn unterwegs plötzlich die rote Ladekontrolleuchte zu brennen beginnt, halten Sie unbedingt sofort an! Öffnen Sie die Motorhaube und prüfen Sie,

- ob der Keilriemen überhaupt noch vorhanden ist (er kann zerrissen und weggeflogen sein) oder
- ob der Keilriemen eventuell zerfranst ist oder nur lose über die Riemenscheibe rutscht.

Die Lösung dieses Problems ist im Laufe dieses Kapitels beschrieben. Sollte sich am Keilriemen kein Mangel feststellen lassen, prüfen Sie,

- ob die Kabelverbindungen zwischen Batterie, Anlasser und Lichtmaschine in Ordnung sind.
- Lichtmaschine oder eingebauter Regler können ausgefallen sein.

Sollte letzteres der Fall sein, ist es möglich, mit eigener Kraft bis zur nächsten Autoelektrik-Werkstatt weiterzufahren (siehe nächster Abschnitt).

Fahren ohne Lichtmaschine

Der Strom für die Entzündung des Gemisches, den sonst die Lichtmaschine liefert, kann für eine begrenzte Zeit auch aus der Batterie geschöpft werden. Es ist also durchaus möglich, bei Ausfall der Lichtmaschine – angezeigt durch das Aufleuchten der roten Ladekontrolle bei laufendem Motor oberhalb der Leerlaufdrehzahl – ohne Stromerzeuger zu fahren. Jedoch nur bei Tage ist das ziemlich unproblematisch. Bei Dunkelheit und bei kühler oder regnerischer Witterung aber, wenn zusätzliche Verbraucher benötigt werden, ist der Fahrt ohne Lichtmaschine eine frühe Grenze gesetzt.
Ohne Mitwirkung der Lichtmaschine werden nämlich alle eingeschalteten Verbraucher ausschließlich von der Batterie versorgt. Das fängt schon beim Starten an: Der Strombedarf des Anlassers ist ganz erheblich und überhaupt weiß man nicht, wieviel Vorrat noch in der Batterie steckt. Deshalb ist eine Nachtfahrt nur mit der Batterie wie ein Lotteriespiel – mit viel Glück schafft sie es bis zum Ziel. Man kann sie dann unterstützen, indem nur die allernotwendigsten Verbraucher eingeschaltet sind.
Um sicherzugehen, daß ein eventuell vorhandener Kurzschluß innerhalb der Lichtmaschine sich nicht auf die Batterie negativ auswirkt, ist der Dreifachstecker an der Lichtmaschine bei stehendem Motor abzuziehen.
Selbstverständlich darf man nicht mit ausgebauter Lichtmaschine fahren. Der Keilriemen, der zu ihrem Betrieb dient, treibt zugleich die Wasserpumpe an. Die nicht funktionierende Lichtmaschine schadet dem Motor nichts, aber ohne den auf ihrer Riemenscheibe umlaufenden Keilriemen würde der Motor wegen aussetzender Kühlung in allerkürzester Zeit zerstört werden.

Keilriemen-Probleme

Die Motoren der Mercedes-Modelle 200 und 230 E können außer dem obligatorischen Antrieb von Lichtmaschine und Wasserpumpe durch einen Keilriemen als Sonderausstattung noch über eine Servo-Lenkung verfügen, bei der die Lenkhelfpumpe von einem zweiten Keilriemen angetrieben wird. Das Modell 230 CE besitzt diese Servo-Lenkung bereits in der Grundausstattung. Bei der möglicherweise eingebauten Klimaanlage kommt auch noch ein dritter Keilriemen zum Einsatz. Hier soll nur über den einfachen Keilriemen gesprochen werden, der zum Antrieb von Lichtmaschine und Wasserpumpe dient, weil bei dessen Ausfall eine für den Motor äußerst bedrohliche Situation entsteht. Ohne die Keilriemen für Hilfsaggregate kann man dagegen immer noch weiterfahren.

Befestigung der Lichtmaschine. An der unteren Seite (1) ist die Lichtmaschine durch eine Befestigungsschraube mit Mutter an einem Träger angebracht. Die Mutter befindet sich in Fahrtrichtung hinten und muß ebenso wie die obere Mutter (2) auf dem Bolzen (3) gelockert werden, wenn die Keilriemenspannung nachgestellt werden soll. Dazu ist dann die Spannschraube (4) zu drehen. Anschließend werden die Muttern wieder festgezogen. Zum Ausbau der Lichtmaschine zieht man Befestigungs- und Spannschraube ganz heraus, nachdem die Kabelanschlüsse gelöst wurden.

Es muß nicht unbedingt zu hören sein, wenn der Keilriemen abfliegt. Aber man sieht es am Aufleuchten der Ladekontrolleuchte bei laufendem Motor sofort (weil die Lichtmaschine nicht mehr angetrieben wird). Wenn der Keilriemen durchrutscht, brennt oder flackert die Lampe nicht, weil die Lichtmaschine ja auch bei niedrigster Drehzahl Spannung liefert. Doch der Verdacht auf einen gerissenen oder nicht genügend stramm sitzenden Keilriemen besteht, wenn plötzlich der Zeiger des Fernthermometers in bedrohliche Höhe klettert, weil die Wasserpumpe nicht mehr für die Umwälzung des Kühlmittels sorgen kann.

Zögern Sie keineswegs anzuhalten, wenn die rote Ladekontrolle aufleuchtet und besonders, wenn die Temperatur auffällig steigt. Schäden durch unbedachte Weiterfahrt treten unausweichlich am Motor auf, wenn der Keilriemen nur noch wenig oder überhaupt nicht seine Aufgabe erfüllt. Wegen unterbrochenen Kühlwasserumlaufs und damit zusammenhängender Hitzeausdehnung im Motor kommt es zu Kolbenklemmern, die unreparierbare Zerstörung zur Folge haben können (z. B. Abreißen der Pleuel). Im günstigsten Fall, wenn der Keilriemen gerade noch »mitnimmt«, liefert die Lichtmaschine zuwenig Ladestrom.

Aber ein zu stramm gespannter Keilriemen beansprucht die Lager der Lichtmaschine zu sehr. Vorzeitiger Verschleiß der Lager, besonders des hinteren, ist die Folge. Im Prinzip ist eine richtige Keilriemenspannung deshalb wichtig, weil der Riemen die doppelte Leistung des Generators vom Motor übertragen muß.

Beschaffen Sie sich aus vorstehenden Gründen einen Ersatz-Keilriemen und verstecken Sie ihn so lange im Kofferraum, bis Sie ihn – vielleicht – einmal brauchen. Einen solchen Keilriemen bekommt man bei jedem Mercedes-Benz-Service, in den Autoabteilungen vieler Kaufhäuser und an mancher Tankstelle. Die Abmessungen der einzelnen Keilriemen sind auf Seite 222 angeführt.

Keilriemenspannung prüfung

Pflegearbeit Nr. 15

Die Bedeutung der richtigen Keilriemenspannung wurde eben erläutert. Man kann mit einem verhältnismäßig einfachen Handgriff kontrollieren, ob die Spannung ungefähr stimmt: Drücken Sie von oben den Daumen auf halbem Weg zwischen den beiden Riemenscheiben von Lichtmaschine und Wasserpumpe kräftig auf den Keilriemen. Er soll sich etwa 10 mm durchbiegen lassen, wobei ein Druck von 10 kg (kp) gegeben werden muß.

Zum Nachstellen der Keilriemenspannung ist sowohl die Mutter SW 17 des oberen Bolzens an der Lichtmaschine zu lösen wie auch die untere Lagerung zu lockern. Dann setzt man den Ringschlüssel SW 17 vorn auf dem Bolzenkopf an, der sich oben am Spannbügel befindet, und dreht diesen im Uhrzeigersinn. Dadurch wird die Lichtmaschine nach außen versetzt und der Keilriemen spannt

Die Keilriemenspannung prüft man auf halbem Weg zwischen den Riemenscheiben von Kühlmittelpumpe und Lichtmaschine. Dort soll er sich unter kräftigem Daumendruck ca. 10 mm durchbiegen lassen.

sich. Hervorgerufen wird diese Bewegung durch einen zahnradähnlichen Ansatz, der fest mit dem Bolzen verbunden ist und auf einer verzahnten Leiste am Träger der Lichtmaschine ablaufen kann. Nach erfolgter Einstellung der Riemenspannung muß die vorher gelöste Mutter wieder fest angezogen werden. Löst man die beiden Befestigungen zum Einstellen nicht und dreht nur am Spannbolzen, dann wird dessen Verzahnung zerstört.
Zum Auswechseln des Keilriemens sind die erwähnten Befestigungsschrauben für die Lichtmaschine an ihrem Träger vollkommen herauszudrehen. Bei gelöster Lichtmaschine läßt sich der alte Keilriemen abnehmen und der neue auflegen. Danach werden die Schrauben wieder eingesetzt und nach richtig erzielter Keilriemenspannung festgezogen.
Gleichzeitig mit der regelmäßigen Kontrolle der Keilriemenspannung ist der Zustand des Keilriemens zu überprüfen. Wenn die beiden Laufflächen und die nach außen gerichtete Seite des Riemens glatt und ohne Anrisse sind, ist er noch dienstbereit. Allerhöchste Zeit zum Wechseln wird es aber, wenn schon Teile des vulkanisierten Gummis oder des Gewebes abgelöst sind. Mit Fett oder Öl sind Keilriemen möglichst nicht in Berührung zu bringen.
Die vorstehenden Ausführungen über den Keilriemen für Lichtmaschine und Wasserpumpe treffen sinngemäß auch auf die Keilriemen für die Lenkhelfpumpe (siehe Seite 138) und für den Kältekompressor (siehe Seite 102) zu.

Befestigung der Lichtmaschine prüfen

Von der Nachstellung des Keilriemens für Lichtmaschine und Wasserpumpe werden auch die Haltebolzen für die Lichtmaschine berührt. Die Lichtmaschine ist an ihrem Halter mit zwei Schrauben befestigt. Sie sollen mit 4 kpm angezogen sein. Gelegentlich überzeugt man sich von ihrem festen Sitz, indem man mit einem Ringschlüssel SW 17 unter Anwendung mittlerer Kraft versucht, sie weiter anzuziehen. Sie sollen jedoch nicht übermäßig festgezogen sein.

Der Anlasser

Der zum Starten dienende Elektromotor, der Anlasser, sitzt im Mercedes rechts hinten am Motor und leistet 2 PS.
Ein derart kräftiger Anlasser ist ohne weiteres in der Lage, das Auto notfalls von der Stelle zu bringen. Es ist nämlich schon vorgekommen, daß durch irgendeinen unglücklichen Umstand der Motor ausgerechnet auf dem Bahnübergang abstirbt und in der Ferne schon der Zug naht. Ruhig Blut, eingelegter kleiner Gang und betätigter Anlasser retten aus solcher Situation. Aber für eine weiterreichende Reise eignet sich der Anlasser natürlich nicht, denn in seinem Innern verschmoren bei anhaltender Belastung die Wicklungen aus Draht (die Be-

triebsanleitung erlaubt allenfalls eine ununterbrochene Anlasserbetätigung von 30 Sekunden, doch in der Not ist das keine Grenze).
Der Anlasser stammt von Bosch und er trägt die Bezeichnung GF 12 V 1,5 kW. Dabei handelt es sich um Schubschraubtrieb-Anlasser mit Magnetschalter. Das bedeutet, daß solch ein Anlasser beim Schließen des Stromkreises sein Antriebsritzel (Zahnrad) auf den Zahnkranz des Motorschwungrades schiebt und dieses erst dann – rechts herum – zu drehen beginnt. Ein Freilauf am Ritzel verhindert Belastungen des Anlassers, wenn der schnell startende Motor das Ritzel noch nicht freigegeben hat und auf dem Schwungrad noch mitdreht. Natürlich schiebt sich das Anlaßritzel selbsttätig zurück, sowie der Zündschlüssel aus der Stellung »Starten« zurückgedreht wird. Der Anlasser hat Dauerschmierung, Störungen kommen selten vor.

Anlasser-Wartung

Der Aufbau des Anlassers ist dem einer Gleichstrom-Lichtmaschine, die man nur noch in kleinen Autos antrifft, sehr ähnlich. Er stellt also kaum höhere Ansprüche, wird aber wegen der zum Überprüfen erforderlichen Demontage besser von der Werkstatt kontrolliert. Die Kohlebürsten und der Kollektor sind dem Verschleiß unterworfen und müßten eigentlich nach zwei bis drei Jahren einmal überprüft werden. Das tut aber selten jemand. Bei Bedarf müssen sie eben ersetzt oder nachgearbeitet werden. Nach langer Betriebszeit haben sich die Kohlebürsten derart abgeschliffen, daß ihre Metallsockel Rillen in den Kollektor graben und der Kollektor abgedreht werden muß. Auf einem unrund bearbeiteten Kollektor hüpfen die Bürsten, ohne den nötigen dauernden Kontakt zu haben. Diese Arbeit ist in einer Elektrowerkstatt billiger, als womöglich einen neuen Anlasser einbauen zu lassen. Aber ihr Wagen steht dann ein paar Tage still. Zum Abschleifen des Kollektors muß die Ankerwelle in ein Backenfutter mit Kugellager in jeder Backe eingespannt werden, um sonst entstehende Unrundheit auszuschließen. Das Abdrehen kann nur bis zu einem bestimmten Mindestmaß des Kollektors erfolgen. Mittels Kollektorsäge und Ziehstahl sind dann die Segmente nachzuschneiden. Abschließend wird der Kollektor mit Polierleinen bearbeitet. Wenn der Anlasser sich beim Startversuch nicht dreht, dann ist zuerst eine schwache Batterie zu vermuten. Auch die Kabelverbindungen muß man, bevor dem Anlasser zu Leibe gerückt wird, auf guten, korrosionsfreien Sitz überprüfen.
Sind diese möglichen Störungsursachen beseitigt, wird der immer noch nicht funktionierende Anlasser einen Kurzschluß in seinen »Eingeweiden« oder in dem oben darauf sitzenden Magnetschalter haben. Der Wagen muß angeschoben oder angeschleppt werden. Bisweilen hilft es auch – besonders bei heißgefahrenem Motor – gegen den Magnetschalter oder auf den Anlasser zu klopfen. Durch Gegenklopfen kann der hängengebliebene Schalter gelöst werden.
Fehlende Zähne am Antriebsritzel und am Zahnkranz des Schwungrades machen sich durch krachende Geräusche und ruckweises Durchdrehen bemerkbar. Abhilfe ist nur durch Austausch der defekten Teile in einer Werkstatt möglich. Zu langsames Durchdrehen des Anlassers bei einwandfreier Batterie weist auf abgenutzte Kohlen oder verschmorte Drahtwicklungen hin, ebenso kann es sich dabei um korrodierte oder lose Kabelanschlüsse, um einen verschmierten Kollektor oder um einen defekten Anker handeln.
Kohlebürsten müssen immer paarweise ersetzt werden, auch wenn nur eine verbraucht und die andere anscheinend noch in Ordnung ist. Ein Satz der passenden Kohlebürsten kostet etwa 3 Mark. Sie werden von Federn innerhalb von Fühlungshülsen gegen den Kollektor gedrückt. Die Lager vorn und hinten an der Welle ölt man mit dem schwarzen Bosch-Fett »Ft 2 v 3«.

Die Störung	– ihre Ursache	– ihre Abhilfe
A Rote Ladekontrollampe brennt nicht bei Motorstillstand und eingeschalteter Zündung	1 Anzeigelampe durchgebrannt	Neue Lampe einsetzen
	2 Batterie entladen	Mit Starthilfekabel starten oder Wagen anschieben
	3 Batteriekabel gebrochen, Kabelklemmen lose oder oxydiert	Batteriekabel und -klemmen kontrollieren
	4 Zündschloß defekt	Behelfskabel zwischen Batterie und Zündspule ziehen
	5 Kabel zwischen Klemme D+ der Lichtmaschine und Lampe unterbrochen	Leitung überprüfen und instand setzen
	6 Kurzschluß einer Plusdiode	Sofort Kabelstecker an Lichtmaschine abklemmen, sonst Entladung im Stand, mit Batteriestrom zur Werkstatt
	7 Schleifkohlen abgenutzt	Austauschen
	8 Oxydschicht auf Schleifringen, Unterbrechung der Läuferwicklung	Lichtmaschine instandsetzen lassen
B Ladekontrollampe brennt nach Ausschaltung der Zündung weiter	Reglerschalter defekt oder Kurzschluß in der Lichtmaschine	Kabel an Lichtmaschine lösen und mit Batteriestrom zur Werkstatt
C Ladekontrollampe erlischt bei höherer Drehzahl nicht	1 Keilriemen gerissen	Erneuern
	2 Leitung D+ hat Masseschluß	Leitung überprüfen und instand setzen
	3 Gleichrichter schadhaft, Schleifringe verschmutzt, Masseschluß in Leitung DF oder Läuferwicklung	Lichtmaschine instand setzen lassen
D Ladekontrollampe brennt im Stand richtig, aber glimmt bei Motorlauf	1 Übergangswiderstände im Ladestromkreis oder in der Leitung zur Anzeigelampe	Leitung ersetzen, Anschlüsse festziehen
	2 Lichtmaschinendiode defekt	Kabelstecker an Lichtmaschine sofort abziehen und mit Batteriestrom zur Werkstatt
E Ladekontrollampe flackert bei mittlerer und hoher Drehzahl	1 Klemmen gelockert oder Kabel defekt	Kabel und Anschlüsse zwischen Lichtmaschine und Batterie prüfen
	2 Batterie defekt	Gegenprobe mit zuverlässiger Batterie
	3 Kurzschluß in der Lichtmaschine	Instand setzen lassen
F Ladekontrollampe verlischt erst bei hoher Drehzahl	Lichtmaschine nicht in Ordnung	Prüfen lassen
G Ladekontrollampe erlischt, leuchtet aber wieder schwach auf	Oxydierte oder verschmutzte Kontakte bewirken Spannungsabfall	Kontakte der Kabel säubern
H Batterie wird überladen (Säurekristalle an der Batterieoberseite)	Spannungsregelung in Lichtmaschine oder Reglerschalter funktioniert nicht	In Fachwerkstatt prüfen lassen

Hochspannung

Nur bei oberflächlicher Betrachtung erscheinen die elektrischen Vorgänge im Auto undurchsichtig. Störungen an der Zündanlage bringen oft Verdruß mit sich, doch wenn man sich etwas mit dieser Materie befaßt, erkennt man schnell die einfachen Zusammenhänge. Auf den folgenden Seiten wird erklärt, daß hier keine geheimen Kräfte im Spiel sind.

Vorsicht bei Arbeiten an der Zündanlage

Dieser Hinweis, verbunden mit den Worten »Gefährliche Hochspannung«, ist im Motorraum auf dem Luftfiltergehäuse angebracht.
Damit wird auf das Vorhandensein einer kontaktlosen Transistorzündanlage mit erhöhter Leistung hingewiesen. Bei Wartungsarbeiten oder bei eventuellen Störungen der Zündanlage wird dringend geraten, die nachfolgend genannten Maßnahmen einzuhalten. Andernfalls kann es zu körperlichen Schädigungen kommen, und Leichtfertigkeit ist sogar mit Lebensgefahr verbunden. So verbietet sich auch für Träger eines Herzschrittmachers jegliche Arbeit an der Transistorzündung.

- Weder bei laufendem Motor noch bei Betätigen des Anlassers die Bauteile der Zündanlage (Zündkabel, Zündspule, Zündkerzenstecker) anfassen.
- Alle Arbeiten an der Zündanlage nur bei stehendem Motor und bei ausgeschalteter Zündung vornehmen.
- Prüfgeräte nur bei stehendem Motor und bei ausgeschalteter Zündung an- und abschließen.
- In die Zündkabel dürfen keine Zwischenstücke, etwa für eine Stroboskoplampe, eingebaut werden.

Wenn man diese Hinweise beachtet, besteht keine Unfallgefahr. Bei Reparaturen ist jedoch noch zu bemerken, daß einzelne Kabelanschlüsse, die über keinen Formstecker verfügen, nicht verwechselt werden. Beispielsweise hat ein verpolter Anschluß der Geberleitung zur Folge, daß der wegen starker Verschiebung des Zündzeitpunktes in Richtung »früh« nicht anspringt.
Bei falschem Anschluß der Batterie besteht die Gefahr, daß die Elektronik im Schaltgerät zerstört wird, wenn der Irrtum nicht innerhalb weniger Sekunden entdeckt und rückgängig gemacht wird. Wenn die Klemme 16 am Schaltgerät oder die KLemme 1 der Zündspule versehentlich mit Masse in Berührung kommen, ist kein Zündbetrieb möglich, weil dann durch die Zündspule ein zu starker Primärstrom fließt, allerdings ohne Beschädigung der Spule.

Etwas Theorie

Alle Autos mit Ottomotor besitzen für die Entzündung des vom Vergaser produzierten Kraftstoff-Luft-Gemisches eine prinzipiell vergleichbare elektrische Anlage. Damit diese Verbrennung möglichst vollständig vor sich geht, wird sie für jeden Zylinder – sekundenbruchteilgenau – so gesteuert, daß der Kraftstoff optimal verwertet wird und die sich entfaltende Kraft am wirkungsvollsten ausgenutzt werden kann. Die Zündung muß in dem Augenblick erfolgen, bei dem sich

der auf und ab gehende Kolben gerade in der für die Arbeitsaufnahme günstigsten oberen Stellung befindet.
Für die Entflammung des Gemisches sorgen die Zündkerzen. An ihren Elektroden (Drahtstiften) springt der Funke über. Beim Start werden die Funken von der Batterie und während der Fahrt werden sie von der Lichtmaschine geliefert. Die 12 Volt der Batterie reichen aber bei weitem nicht aus, um gegen den Druck des im Zylinder zusammengepreßten Gemisches einen genügend kräftigen Zündfunken überspringen zu lassen. Für die erforderliche Hochspannung sorgt die Zündspule mit rund 30 000 Volt. Diese Spannung hat schlagartig und zur rechten Zeit an jeder einzelnen Zündkerze vorhanden zu sein, wofür der Zündverteiler sorgt.
Elektrischer Strom kann nur in einem geschlossenen Stromkreis fließen. Im Auto führt dieser Weg vom Plus-Pol der Batterie (oder von der Lichtmaschine) zum Stromverbraucher und durch diesen zur »Masse« (siehe Seite 195), von wo er zurück zum Minus-Pol der Batterie gelangt.

Funktion der Transistorzündung

Wie bei der herkömmlichen Batteriezündung fließt der Strom in die Primärwicklung der Zündspule. Sie besteht aus wenigen Windungen eines dicken Drahts. Unter der Wirkung des Stroms baut sich im Eisenkern der Zündspule ein kräftiges Magnetfeld auf. Wenn sich der Kolben in seinem Zylinder dem Zündzeitpunkt – bei dem das angesaugte und verdichtete Gemisch gezündet werden soll – genähert hat, dann wird der Strom zur Primärwicklung unterbrochen, und das Magnetfeld um die Primärwicklung fällt schlagartig zusammen. Dabei entsteht in der zweiten Drahtwicklung der Zündspule (Sekundärwicklung) ein hoher Stromstoß für den Zündfunken.
Bei der konventionellen Spulenzündung besorgte diese Unterbrechung der Unterbrecherkontakt im Zündverteiler. Im kontaktlosen Verteiler der Transistoranlage des Mercedes geschieht das durch einen sogenannten Induktivgeber im Zündverteiler.
Dieses induktive System enthält auf der Zündverteilerwelle einen Rotor mit vier Aussparungen (entsprechend der Zylinderzahl). Den Rotor umgibt eine feststehende magnetische Spule (»Stator«). Wenn sich der Rotor dreht, wird im Stator eine Spannung erzeugt. Die Spannung wird im elektronischen Steuergerät verstärkt.
Bei einem einzelnen Zündvorgang geschieht folgendes: Steht eine Rotorblende im Magnetfeld, dann erhält ein Transistor im Schaltgerät das Signal, Strom durch die Zündspule fließen zu lassen. Dabei baut sich in der Spule ein Magnetfeld für die Zündenergie auf. Verläßt die Rotorblende den Luftspalt zum Dauermagnet, erhält das Schaltgerät den Befehl zur Unterbrechung des Stroms zur Zündspule. Dadurch bricht das Magnetfeld zusammen und der hochgespannte Zündfunke entsteht.
So dient der Zündverteiler effektiv nur zum Verteilen des Zündstroms, während das Steuersignal vom Schaltgerät kommt. Vorn an der Kurbelwelle des Motors sitzen zwei Geber, die sowohl die jeweilige Stellung der Kurbelwelle wie auch die Motordrehzahl an das elektronische Steuergerät melden.

Primärstrom ohne Vorwiderstände

Eine Strombegrenzung im Schaltgerät macht den Einsatz von Vorwiderständen zur Bestimmung des maximalen Primärstroms der Zündspule hinfällig. (Solche Widerstände lassen bei anderen Zündanlagen den Primärstrom auf volle Höhe ansteigen.) Die Strombegrenzung erfolgt nach Erreichen des maximal möglichen Primärstroms.
Für die optimale Leistung der Zündanlage sorgt die Schließwinkelregelung im

Schaltgerät. Unterschiedliche Batteriespannungen und Motordrehzahlen haben dabei auf die Regelung der Schließwinkel keinen Einfluß, denn es wird immer annähernd der gleiche Primärstrom erreicht. Bei stehendem Motor und eingeschalteter Zündung erfolgt die Abschaltung des Primärstroms im Schaltgerät. Man nennt das »Ruhestromabschaltung«. Der Primärstrom wird erst ab einer bestimmten Impulsfolge des Zündverteilers eingeschaltet.

Vorteile der kontaktlosen Zündung

Die Anlage ist verschleißfrei. Weil kein mechanischer Unterbrecher vorhanden ist, der wegen Abnutzung und Abbrand der Kontakte regelmäßig nachgestellt und ersetzt werden muß, entfallen entsprechende Wartungsarbeiten, die auch mit einer genauen Einstellung des Schließwinkels verbunden sind.
Im Gegensatz zur Zündung mit Unterbrecherkontakten liefert die Transistorzündung weit mehr als die früher üblichen 4 bis 5 Ampere. Dadurch wird auch bei verrußten Zündkerzen noch ein ordentlicher Zündfunke erzeugt, der sich ferner durch möglicherweise feuchte Zündkabel nicht beirren läßt.
Schließlich behindern hohe Drehzahlen nicht das Leistungsvermögen der Anlage. Ein mechanischer Unterbrecherkontakt ist ab einer gewissen Drehzahl überfordert und kann die vielhundertfachen Schaltvorgänge pro Sekunde nur noch unvollkommen erledigen. Die Arbeit der berührungslosen Transistorzündung dagegen erfolgt zuverlässig im gesamten Drehzahlbereich.

Die Zündspule

Die Zündspule ist als Teil der Transistorzündanlage für deren höhere Zündleistung ausgelegt. Sie darf nur durch eine gleiche ersetzt werden, keinesfalls durch einen bei anderen Anlagen verwendeten Spulentyp.
Im Deckel der Zündspule befindet sich eine Öffnung, verschlossen von einem Stopfen. Es handelt sich dabei um eine Sicherheitsvorkehrung: Falls in der Spule unnormal starke Wärme entsteht, hervorgerufen durch einen Defekt im Schaltgerät, bewirkt der dann auftretende Überdruck das Lösen des Stopfens. Gegen das im Betrieb nicht zu beobachtende Austreten des Stopfens und zugleich der Vergußmasse aus der Zündspule schützt die Abdeckhaube über der Zündspule. Diese Haube besitzt einen Verschlußknopf und läßt sich nach Öffnen desselben abnehmen.
Nach Austreten des Stopfens ist die Zündspule nicht mehr intakt. Sie läßt sich auch nicht mehr reparieren. Sie muß dann ebenso ersetzt werden wie aller Wahrscheinlichkeit nach das Schaltgerät wegen dessen Fehlfunktion.
Die Zündspule ist links im Motorraum am Innenblech des Radlaufs befestigt. Das dicke mittlere Kabel (Klemme 4) führt hochgespannten Strom zur Mittelbuchse des Zündverteilers. Der Kabelanschluß an Klemme 1 besitzt ein Gewinde M 5, der an Klemme 15 ein Gewinde M 6. Die jeweils hier angeschlossenen Kabel führen sowohl zum Schaltgerät wie auch zur Diagnosesteckdose.
Eine Reparatur der Zündspule ist ausgeschlossen.

Der Zündverteiler

Kurz »Verteiler« genannt, besteht dieses Gerät eigentlich nur aus dem Verteilerläufer und dem Verteilerdeckel. Dennoch bezeichnet man das ganze Aggregat, also den Unterbrecher mit Unterdruck- und Fliehkraftversteller, als Verteiler. Sein Antrieb erfolgt über eine Welle mit Zahnrad, das mit einem Gegenrad der antreibenden Nebenwelle im Eingriff steht. Auf dem oberen Ende der Welle sitzt der Verteilerläufer, dessen Metallzunge in geringem Abstand an den vier Kontakten der Hochspannungsanschlüsse im Verteilerdeckel vorbeidreht. Der Läufer hat somit die Aufgabe, den im richtigen Zündzeitpunkt produzierten hochgespannten Stromstoß an die Zündkerzen weiterzuleiten. Dieser Stromstoß kommt von der Zündspule über den Mittelanschluß im Verteilerdeckel.

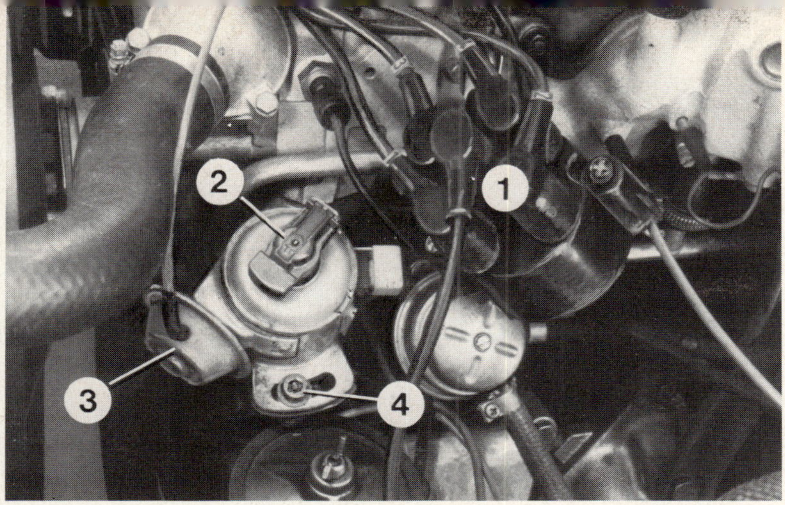

1 – Deckel des Zündverteilers mit angeschlossenen Zündkabeln, vom Zündverteiler abgehoben,
2 – Verteilerläufer (»Finger«),
3 – Unterdruckdose,
4 – Befestigungsschraube.

Weil jeder Zylinder auf zwei Kurbelwellenumdrehungen nur einen Arbeitstakt leistet, entfallen auf zwei Kurbelwellenumdrehungen vier Zündungen, eine für jeden der vier Zylinder. Daraus geht hervor, daß die Drehzahl der Verteilerwelle und der sie antreibenden Nebenwelle gleich der halben Drehzahl der Kurbelwelle ist.
Der Deckel des Zündverteilers ist durch zwei unter Federspannung stehenden Halterungen auf dem Verteilergehäuse befestigt. Zum Lösen drückt man die Halterungen mit einem Schraubendreher nach unten und dreht sie um eine viertel Umdrehung. Unterhalb der Mittelbuchse sitzt im Verteilerdeckel eine Schleifkohle. Sie wird durch Federkraft gegen den Verteilerläufer gedrückt und sie soll in ihrer Führung leichtgängig sitzen.
Die Deckelinnenseiten müssen sauber und trocken sein. Schmutzansammlungen oder Haarrisse im Deckel können Zündstörungen bewirken. Ein beschädigter Verteilerdeckel muß ersetzt werden.
Die Leitung des Induktivgebers vom Verteiler zum Schaltgerät ist zweiadrig, gegen Masse isoliert und abgeschirmt. Der Verteilerläufer besitzt einen Entstörwiderstand von 1 kΩ.

Die Zündverstellung

Bei steigender Motordrehzahl muß der Zündfunke früher überspringen, weil zur Verbrennung des Gemisches weniger Zeit bleibt. Die Verstellung des Zündzeitpunkts wird durch einen Fliehkraftregler besorgt, der mit der Verteilerwelle verbunden ist. Diese Fliehkraftverstellung wird über einen sehr großen Drehzahlbereich besorgt. Eine zusätzliche Zündverstellung während der Warmlaufphase findet mit Hilfe von Unterdruck statt.

Fliehkraftverstellung

Durch ihr Eigengewicht verschieben sich bei zunehmender Drehzahl die Fliehgewichte auf der Scheibe der Fliehkraft-Zündverstellung entgegen der Spannkraft ihrer Haltefedern nach außen. Bei dieser Ausdehnung wird durch eine kleine Übersetzung die Verteilernockenwelle in ihrer Umlaufrichtung (rechtsdrehend) vorgestellt. Verteilernockenwelle und Verteilerantriebswelle sind nicht starr verbunden, sondern gegeneinander drehbar gelagert. Die Werte der Verstellung sind je nach Motortyp und Zündverteilertyp unterschiedlich.
Somit wird die drehbare Platte für den Rotor mit steigender Drehzahl entgegen seiner Drehrichtung verdreht, was zunehmende Frühzündung bewirkt. Bei abnehmender Drehzahl vermindern die Federn die Frühzündung wieder. Fliehgewichte und Rückholfedern sind genau aufeinander abgestimmt. Eine fehlerhafte Veränderung oder eine Störung an ihnen kann nur die Fachwerkstatt feststel-

len. Man kann eine Störung vermuten, wenn der Motor bei sonst einwandfreier Zündanlage in höheren Drehzahlbereichen nicht auf Leistung kommt, obwohl im Leerlauf der Zündzeitpunkt stimmt.

Unterdruckverstellung

Die seitlich am Zündverteiler angebrachte Blechdose regelt die Unterdruckverstellung. Die Ansaugleitung des Motors unter der Drosselklappe im Vergaser ist mit dieser Unterdruckdose durch einen dünnen Schlauch verbunden. Der Unterdruckschlauch gabelt sich ab Vergaser und führt einerseits zum Rückschlagventil, andererseits zum Thermoventil. Danach münden beide Schlauchteile wieder in die Leitung Richtung Zündverteiler.
Wenn der kalte Motor läuft, gelangt der Unterdruck vom Vergaser über die Leitung mit dem Rückschlagventil zur Unterdruckdose am Zündverteiler. Dieses Ventil hält den Unterdruck konstant, wodurch in der Unterdruckdose eine Membrane und von dieser eine Zugstange zum Verteiler angezogen wird. Die Zugstange bewegt die drehbare Platte für den Rotor entgegen seiner Drehrichtung, so daß in der gegenwärtigen Warmlaufphase der Zündzeitpunkt zusätzlich um 8° bis 12° in Richtung »Früh« verstellt wird. Hat die Kühlmitteltemperatur etwa 70° C erreicht, öffnet das Thermoventil in der anderen zwischengeschalteten Leitung und der Unterdruck wird abgebaut.
Die Unterdruck-Frühverstellung wird von der Stellung der Drosselklappe im Vergaser gesteuert, sie ist also abhängig von der Gaspedalbetätigung. Eine Reparatur der Unterdruckdose ist nicht möglich. Die Schlauchanschlüsse müssen fest auf ihren Stutzen sitzen.

Das Schaltgerät

Das Schaltgerät ist im Motorraum links, oberhalb der Zündspule, mit zwei Schrauben befestigt. Wie schon erwähnt, dient es zur

- Begrenzung des Primärstroms,
- Schließwinkelregelung bei unterschiedlicher Batteriespannung und Motordrehzahl,
- Ruhestromabschaltung, die bei eingeschalteter Zündung und stehendem Motor keinen Primärstrom fließen läßt.

Dafür zuständig sind elektronische Bauteile (sogenannte »Steuer-IC«).

Zündkabel und Kerzenstecker

Die Zündkabel im Mercedes können nicht gegen irgendwelche andere Zündkabel oder gegen in der Länge passend geschnittene Kabel aus Meterware ersetzt werden. Sie besitzen nämlich Endstücke mit Gewinde M 3, die auf die abgewinkelten Stecker zum Zündverteiler und auf die Kerzenstecker abgestimmt sind.

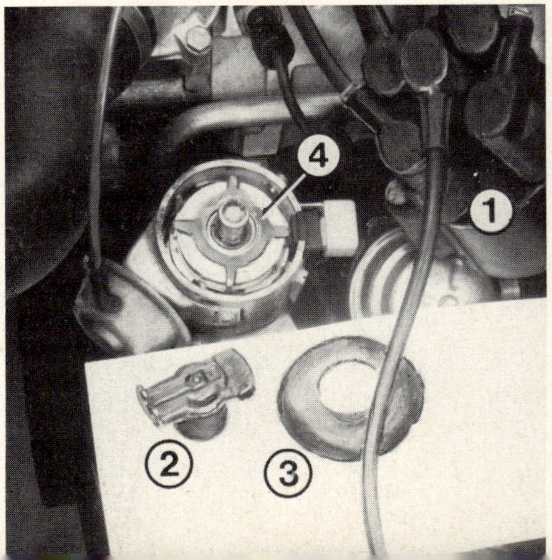

Die Verteilerkappe (1) wird von zwei unter Federspannung stehenden Haken auf dem Zündverteilergehäuse festgehalten. Der Verteilerläufer (2) läßt sich von der Verteilerwelle abziehen. Danach kann die Schutzkappe (3), auch »Kondenssperre« genannt, abgenommen werden. Sie schützt den Induktivgeber (4).

Zündkabel dürfen nicht porös oder rissig sein. Beschädigte Zündkabel müssen ersetzt werden.
Die zur Funkenentstörung teilgeschirmten Zündkerzenstecker sind auf die höhere Spannung der Zündanlage ausgelegt. Sie dürfen deshalb ebenfalls nicht durch andere Kerzenstecker ersetzt werden. In den Kerzensteckern ist ein Entstörwiderstand von 1 kΩ eingebaut.

Die Zündkerzen

Normalerweise hat man mit den Zündkerzen kaum Ärger, obwohl sie innerhalb der Zündanlage am meisten aushalten müssen. Aber eine fehlerhafte Zündkerze stellt jede noch so gute Funktion der Zündanlage in Frage, auch dann, wenn sie den richtigen Wärmewert besitzt. Aus Gründen der Vorsorge empfiehlt daher Daimler-Benz, die Zündkerzen alle 20 000 km zu wechseln. Freilich können Zündkerzen auch das Doppelte dieser Laufzeit anstandslos arbeiten und es reicht dabei aus, gelegentlich ihren Elektrodenabstand zu prüfen, der bei allen Motoren 0,8 mm betragen soll.
Erstmals werden von Daimler-Benz kleinere Zündkerzen mit Konus-Dichtsitz verwendet. Sie haben keinen Dichtring. Die geringeren Abmessungen dieser Zündkerzen machen eine günstigere Einbaulage zum Brennraum möglich.

Zündkerzen erneuern

Pflegearbeit Nr. 18

In der Werkstatt werden Zündkerzen nach den vorgesehenen 20 000 km ausgewechselt, also ohne besonderen Auftrag. Diese Arbeit kostet auch Geld. Auf vorher selbst neu eingesetzte Kerzen muß man die Werkstatt hinweisen. Im Kaufhaus sind Zündkerzen etwas billiger.
Man schraubt die Zündkerzen mit einem Kerzenschlüssel SW 16 aus dem Zylinderkopf. Beim Einschrauben sollen sie eigentlich mit einem bestimmten Anzugsdrehmoment unter Zuhilfenahme eines besonderen Schlüssels, möglichst Drehmomentschlüssel, festgedreht werden. Ohne diesen kann man sich einigermaßen helfen: Kerze von Hand so weit in das Gewindeloch schrauben, bis sie sich nicht mehr weiterdrehen läßt. Dann mit dem Kerzenschlüssel eine Fünfteldrehung anziehen, was etwa dem vorgeschriebenen Drehmoment von maximal 20 Nm entspricht.
Bei zu fest angezogenen Zündkerzen ist es möglich, daß beim Herausdrehen das Gewinde im Zylinderkopf zerstört wird oder daß die Zündkerzen sogar abreißen.

Fingerzeig: *Bei heißem Motorblock niemals kalte Zündkerzen zu fest einschrauben. Nach Erwärmung der Zündkerzen sitzt diese wie eingenietet fest. Das Zündkerzengewinde darf vor dem Einbau keinesfalls geölt werden, um es besser*

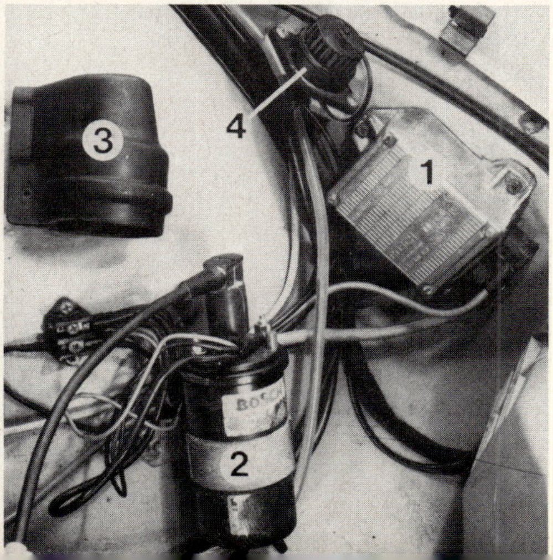

Links im Motorraum befinden sich:
1 – Steuergerät,
2 – Zündspule,
3 – Schutzkappe, hier von der Zündspule abgehoben,
4 – Prüfsteckdose.
Bei laufendem Motor darf man wegen gefährlicher Spannungen nicht mit Teilen und Anschlüssen dieser Anlage in Berührung kommen. Das gilt auch bei eingeschalteter Zündung.

Die erstmals von Daimler-Benz eingesetzten Zündkerzen besitzen einen Konus-Dichtsitz (Pfeil), sie haben keinen Dichtring.

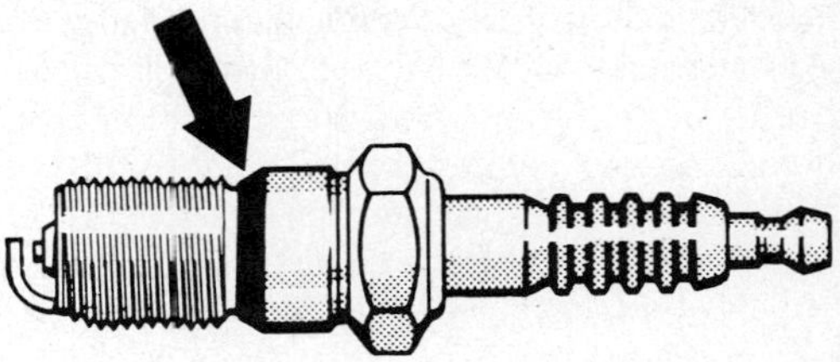

gängig zu machen. Öl würde verkohlen und die Zündkerze im Gewinde festbacken. Statt dessen mit einem Bleistift Graphit auf das Gewinde schaben.

Richtiger Zündkerzentyp

Alle in diesem Buch beschriebenen Mercedes-Modelle werden mit den Kerzen Beru 14 K – 7 D oder Bosch H 7 D oder Champion BN – 9 Y ausgerüstet. Sie haben das Gewinde M 14 × 1,25 und eine Einschraublänge von 19 mm.
Weil die Kerzen einen konusförmigen Dichtsitz haben, der mit dem oberen Rand des Kerzensitzes im Zylinderkopf übereinstimmt, dürfen keine Dichtringe verwendet werden. Vor dem Einschrauben der Zündkerze den Kerzensitz reinigen.

Der Wärmewert

Je nach Verdichtung und Leistungsausbeute entwickeln Benzinmotoren recht unterschiedliche Temperaturen in ihren Verbrennungsräumen. Darauf müssen die Zündkerzen abgestimmt sein. Diese Eigenschaft wird durch den sogenannten Wärmewert gekennzeichnet. Bekannt sind die älteren Wärmewertangaben von Beru und Bosch, wie 175 oder 225, während andere Kerzenhersteller schon früher den Wärmewert auf andere Art verschlüsselten. Doch auch Beru und Bosch sind zwischenzeitlich zu einer neuen Kennzeichnung übergegangen. Die Kennzahl 7 steht für Wärmewert 175. Eine hohe Wärmewert- oder niedrige Kennzahl besagt, daß diese Zündkerze viel Hitze ertragen, d. h. ableiten kann, ohne selbst heiß zu werden. Leitet die Kerze zu viel Wärme ab, erreicht sie nicht ihre »Selbstreinigungstemperatur«. Die liegt bei etwa 500° C und besagt, daß sich die heißen Zündkerzenelektroden selbst vom Rußansatz freibrennen können.

Zündkerzen prüfen

Auf einer gut funktionierenden Kerze darf sich nicht viel Schmutz abgesetzt haben. Mit einer Zündkerzenbürste oder einer alten Zahnbürste und Reinigungsbenzin können Sie das »Kerzengesicht« säubern. Die früher übliche Zündkerzenreinigung mit einem Sandstrahlgerät lohnt sich wegen der hohen Arbeitslöhne kaum noch, ein Satz vielleicht ohnehin bald fälliger neuer Zündkerzen ist in diesem Fal oft billiger. Auch stark verrußte Zündkerzen austauschen.
Das Reinigen der Zündkerzen mit Stahl- oder Messingbürsten und Kratzen mit scharfen Gegenständen hat keinen Reinigungswert, sondern schadet der Zündkerze.
Wegen der Transistorzündung darf man eine herausgeschraubte, mit dem Kerzenstecker verbundene Zündkerze nicht bei laufendem Motor gegen Masse halten. Zudem sagt diese Methode grundsätzlich nichts darüber aus, ob die Kerze den dabei gezeigten Funkenüberschlag auch im Brennraum zustande bringt.
Mit einer Zündkerzenlehre (beispielsweise von Champion) kann man den Elektrodenabstand sehr genau nachmessen. Die keilförmige, sich verdickende Kante der Lehre wird zwischen die Elektroden der Kerzen geschoben und an der Stelle, wo sie sich nicht weiter verschieben läßt, ist das Maß abzulesen. Bei Abweichungen wird die hakenförmige äußere Elektrode entsprechend nachgebo-

gen (zu enger Abstand: vorsichtig mit Schraubenzieher oder Taschenmesser abwinkeln; zu weiter Abstand: den Griff dieses Werkzeugs leicht gegenklopfen).

Das Zündkerzengesicht

Aussehen und Färbung der Kerzenelektroden lassen Rückschlüsse auf Zünd- und Vergasereinstellung, Wärmewert der verwendeten Kerze sowie Einsatzbedingungen des Wagens (Fahrweise) zu. Das »Kerzengesicht« sagt aus:

■ Mittelbraun bis mittelgrau: Gute Vergasereinstellung, Zündkerzen und Motor arbeiten richtig.

■ Schwarz: Vergaser zu fett eingestellt oder Zündkerze durch überwiegenden Kurzstreckenbetrieb zu kalt. Evtl. »Mehrbereichs-Wärmewert«-Zündkerzen probieren, wenn Vergasereinstellung stimmt. Falls nur bei einem Zylinder, mangelhafte Kompression.

■ Silbrig: Zündkerze wird zu heiß durch zuviel Frühzündung oder scharfe Langstreckenfahrten. Evtl. Zündkerzen mit niedrigerem Wärmewert nehmen.

■ Hellgrau: Vergaser zu mager eingestellt.

■ Verölt: Zündkerze setzt aus. Evtl. Kolbenringe undicht; wenn bei allen Zündkerzen, Fehler in der Zündanlage.

Zündanlage kontrollieren

Mit dem Einsatz der kontaktlosen Transistorzündung ist eine erhebliche Wartungsvereinfachung verbunden. Die weiterhin notwendige, alle 20 000 km vorzunehmende Kontrolle des Zündzeitpunktes ist – wie die meisten anderen Funktionskontrollen – nur mit Hilfe besonderer Prüfgeräte möglich. Solche besitzt der Heimwerker selten und muß deshalb die Inspektion dem Mercedes-Service überlassen, was wegen der erforderlichen Vorsichtsmaßnahmen bei der Arbeit ohnehin ratsam ist.

In Ergänzung der auf Seite 184 gegebenen Hinweise sind noch nachstehende Verhaltensregeln wichtig:

■ Prüf- und Meßgeräte, die über keinen passenden Anschluß für die Diagnosesteckdose verfügen, dürfen nur am Kabelverbinder des Schaltgeräts Klemme TD angeschlossen werden.

■ Die Triggerzange soll am Zündkabel für Zylinder 1 direkt hinter dem Zündverteiler angebracht werden, um sonst mögliche Fehlmessungen zu vermeiden.

■ Kurzschlußeinrichtungen in Testgeräten, die beim Betätigen den Motor abstellen, dürfen nicht verwendet werden. Der hohe Stromfluß kann die Zündspule zerstören.

■ Eine separate Prüfung der Zündspule darf nur mit zusätzlichem Adapterkabel und unter Beachtung der dabei angegebenen Zündspulenbelastung erfolgen.

Die Diagnosesteckdose

Zum Anschluß von Testgeräten in der Werkstatt ist im Motorraum links eine von einem Schraubdeckel verschlossene Steckdose befestigt. Sie besitzt in der einen Hälfte sechs im Halbkreis angeordnete Buchsen, die intern – im Uhrzeigersinn – von 1 bis 6 numeriert sind. In der anderen Hälfte befinden sich drei weitere Buchsen mit den Nummern 7 bis 9.

Zur Funktionskontrolle der Transistorzündanlage dienen folgende Buchsen:

■ Nr. 1 – verbunden mit Klemme TD am Schaltgerät, außerdem mit dem Relais Leerlaufabschaltventil / Drehzahlbegrenzung (beim 2-Liter-Motor) bzw. mit dem Kraftstoffpumpenrelais mit Drehzahlbegrenzung (beim 2,3-Liter-Motor).

■ Nr. 4 – verbunden mit Klemme 1 an der Zündspule und mit Klemme 16 am Schaltgerät.

■ Nr. 5 – verbunden mit den Klemmen 15 an Zündspule und Schaltgerät, außerdem mit der Sicherungsdose, Eingang Klemme 15.

Mit den hier beschriebenen Kontrollen spürt man in der Werkstatt mögliche Störungen der Zündanlage auf, etwa wenn sich Startschwierigkeiten ergeben oder bei ungenügender Motorleistung in bestimmten Drehzahlbereichen. Voraussetzung ist natürlich, daß Batterie, Lichtmaschine, Zündkerzen und alle Kabelverbindungen in Ordnung sind. Es werden Voltmeter, Ohmmeter und Schließwinkel-Meßgerät benötigt.

■ Ein Voltmeter an der Diagnosesteckdose Buchse 5 anschließen und gegen Masse prüfen. Zündung einschalten: Der Wert der Batteriespannung muß angezeigt werden. Wenn nicht, muß man die Spannungsversorgung am Zündschloß kontrollieren (siehe nächsten Abschnitt). Ist dort alles in Ordnung, wie folgt verfahren.

■ Spannungsdifferenz zwischen Buchse 4 und 5 der Diagnosesteckdose mit Voltmeter – nur kurz! – prüfen. Beträgt die Differenz 0,1 V oder ist sie größer, sofort die Zündung ausschalten. Es besteht der Verdacht auf einen Defekt im Schaltgerät (das nur ersetzt, nicht aber repariert werden kann), falls die nachfolgende Kontrolle keinen anderen Fehler aufdeckt.

■ Zündspule prüfen: Der Sicherheitsstopfen muß fest sitzen. Mit Ohmmeter den Widerstand zwischen den Klemmen 1 und 15 messen, der bei eingeschalteter Zündung ca. 0,7 Ω ausmachen soll. Ein herausgedrückter Stopfen oder ein falscher Ohmwert zwingt zum Ersatz der Zündspule.

■ Schließwinkel kontrollieren: Mit Diagnosetester den Schließwinkel bei Anlasserdrehzahl an der Diagnosesteckdose bzw. Klemme TD prüfen. Der Schließwinkel soll zwischen 10° und 27° liegen. Bei höherer Anzeige das Schaltgerät ersetzen. Springt der Motor trotz richtigem Sollwert nicht an, muß der Zündverteiler geprüft werden, ebenso, wenn überhaupt keine Anzeige erfolgt.

■ Verdacht auf Unterbrechung oder Windungsschluß im Geberteil des Zündverteilers: Zur Kontrolle die grüne Steuerleitung am Schaltgerät abziehen. Mit Ohmmeter den Widerstand zwischen Klemme 3 (zentraler Anschluß) und Klemme 7 (ringförmiger Anschluß) messen, er soll 600 ± 100 Ω betragen. Bei anderem Wert die gleiche Kontrolle an den Steckern für dieses grüne Kabel am Zündverteiler vornehmen (Kabel abziehen). Ergibt sich hier der vorgegebene Wert, ist das grüne Kabel zu ersetzen. Wird der Sollwert hier auch nicht erreicht, muß der Zündverteiler ersetzt werden.

■ Verdacht auf Masseschluß im Zündverteiler besteht, wenn der Motor bei richtigem Widerstand (600 ± 100 Ω) im Geberteil weiterhin nicht anspringt. Zur Kontrolle wiederum die grüne Steuerleitung abziehen und mit Ohmmeter einzeln Klemme 3 und Klemme 7 messen, Minusklemme des Ohmmeters an Masse anlegen. Es sollen nicht mehr als 200 Ω angezeigt werden. In diesem Fall ist die Anlage in Ordnung, sofern die vorangegangenen Kontrollen zur Zufriedenheit ausfielen. Bei falscher Anzeige ist noch einzeln der Widerstand an den beiden Steckern für das grüne Kabel am Zündverteiler zu prüfen. Wenn der Wert von 200 Ω nicht annähernd erreicht ist, wird der Zündverteiler ausgetauscht.

Der Zündanlaßschalter

Das Zündschloß, wie es üblicherweise genannt wird, dient nicht nur zum Ein- und Ausschalten der Zündung, sondern es blockiert bei abgezogenem Zündschlüssel auch die Lenkung. Es besteht somit aus einem elektrischen und aus einem mechanischen Teil. Der elektrische Schalter mit seinen verschiedenen Anschlüssen kann in seltenem Fall einen Defekt haben und die Funktion der Zündanlage stören.

Zur Kontrolle die Verkleidung der Lenksäule abschrauben. Gebraucht wird eine Prüflampe, möglichst mit Nadelkontakt. Während man das freie Kabelende der Lampe irgendwo an Masse anklemmt, wird mit der Nadel die Isolierung der zu prüfenden, an das Zündschloß führenden Kabel durchstochen. Dadurch erhält die Prüflampe direkt über das betreffende Kabel elektrischen Kontakt.

- Die Klemmen 30 (zwei rote Kabel) erhalten – über den Lichtschalter – direkt von der Batterie bei jeder Schlüsselstellung Strom.
- Klemme 50 (violett/weißes Kabel) führt zum Startsperrschalter und von dort (violettes Kabel) weiter zum Anlasser. Sie steht nur in der Schlüsselstellung »Anlassen« unter Strom.
- KLemme 15 (rot/schwarzes Kabel) führt in den Schalterstellungen »Anlassen« und »Fahrt« (1. Stufe) Strom, ebenso Klemme 15 X (rot/gelbes Kabel) und Klemme 15 R (rot/grünes Kabel).
- Klemme P (grün/weißes Kabel) erhält in der Schlüsselstellung »Aus« (0) Strom von Klemme P 30 des Lichtschalters.

Falls sich bei der Prüfung erwiesen hat, daß der Zündanlaßschalter defekt ist, muß er in der Werkstatt ersetzt werden.

Zündung »kurzschließen«

Wenn das Zündschloß bei eingestecktem Schlüssel streikt, aber die roten Kabel Klemme 30 führen Strom heran, kann man sich so behelfen: Mehrfachstekker abziehen und mit einem kurzen Kabelstück die Steckerbuchsen des schwarzen und der roten Kabel miteinander verbinden. Jetzt müssen Ladekontrolle und Öldrucklampe brennen, die Zündung ist »kurzgeschlossen«. Nun kann man den Wagen anschieben lassen oder mit einem weiteren Kabelstück eine Kurzschlußbrücke zur Steckerbuchse des violett/weißen Kabels Klemme 50 herstellen. Der Anlasser wird sich sofort drehen. Sobald der Motor angesprungen ist, dieses letztere Kabel wegziehen. Damit der Mehrfachstecker nicht während der Fahrt herumschwingt, klebt oder bindet man ihn kurzschlußsicher in der Nähe unter dem Armaturenbrett an.

Zündzeitpunkt prüfen und einstellen

Pflegearbeit Nr. 20

Bei der Transistorzündung bestimmt die Breite der Rotorblenden den Schließwinkel, d. h. um wieviel Winkelgrad sich die Verteilerwelle dreht, solange eine Rotorblende sich im Magnetfeld des Stators befindet. Der Schließwinkel kann sich (wegen der unveränderlichen Rotorbreite) nicht verändern. Dadurch bleibt auch der Zündzeitpunkt praktisch für die gesamte Motorlebensdauer konstant. Als Fehlerquelle infolge Verschleiß kann nur der Verteilerantrieb in Frage kom-

Auswuchtscheibe der Kurbelwelle mit OT-Markierung bzw. Gradeinteilung.
Schwarzer Pfeil – Zeiger für Gradeinteilung, weißer Pfeil – Kontakt mit Anschluß zur Prüfsteckdose.

men. Aus diesem Grund sollte alle 20 000 km die Zündeinstellung kontrolliert werden.

Achtung! Diese Arbeit darf wegen der dabei einzuhaltenden Sicherheitsvorkehrungen nur von der Werkstatt vorgenommen werden (Mercedes-Service oder Bosch-Dienst). Dort verwendet man dazu ein Digital-Prüfgerät, einen Drehzahlmesser und eine Stroboskoplampe. Wenn vielleicht eine selbst vorgenommene Prüfung mit sonst üblichen Hilfsmitteln auch ohne körperliche Folgen bliebe, so wäre die Messung wegen unvermeidlich überspringender Zündfunken doch ungenau.

Die Prüfungen können mit oder ohne Unterdruck vorgenommen werden (bei Messung ohne Unterdruck den Unterdruckschlauch an der Unterdruckdose des Zündverteilers abziehen). Die eventuell vorhandene Klimaanlage muß ausgeschaltet sein. Vor der Einstellung soll der Motor warmgefahren sein.

Der richtige Zündzeitpunkt liegt bei allen Motoren (ausgenommen Wagen für die Exportländer Australien, Japan, Schweden und USA) bei 32° vor OT, gemessen bei 4500/min.

Eine fehlerhafte Zündzeitpunkt-Einstellung wird korrigiert, indem man den Zündverteiler nach Lockern der seitlichen Befestigungsschraube (Bild Seite 187) entsprechend dreht. Dabei bedeutet Drehen im Uhrzeigersinn: Zündzeitpunkt früher, Drehen entgegen dem Uhrzeigersinn: Zündzeitpunkt später. Nach der Einstellung und nach Festziehen der Befestigungsschraube soll der Zündzeitpunkt nochmals überprüft werden.

Kabelei

Der Strom aus dem (dickeren) Plus-Pol der Batterie fließt durch sich verzweigende Kabel im Auto zu den Verbrauchern, und jede Leuchte, jedes Gerät ist an eine gesonderte Zuleitung angeschlossen. Das ist aber erst die eine Hälfte des Weges. Wie der Strom wieder zurück zur Batterie, an den Minus-Pol gelangt, das wird hier anschließend besprochen. Dazu wird auch erklärt, welche Sicherheitsvorkehrungen getroffen sind, damit die Elektrizität keinen Schaden im Wagen stiften kann.

Die Masse-Leitung

Für den »Rückweg« des Stroms spart man sich allgemein im Auto die Leitung und verwendet gemeinsam leitende Metallteile – die Masse. Diese Gepflogenheit trägt zur Vereinfachung und Kostenersparnis für den Hersteller in der elektrischen Anlage bei. Motor, Fahrwerksteile und Karosserie sind immer irgendwie miteinander verbunden und werden als Masseleiter benutzt. Daher sind auch im Mercedes eine Reihe von Verbrauchern, einige Schalter und z. B. die Kennzeichenleuchte nur mit dem stromführenden »Hinweg«-Kabel verbunden, während sie durch ihre Befestigung – zumeist Schrauben – oder durch ein kurzes Massekabel direkten Massekontakt besitzen.
Lockerung und Korrosion können dazu führen, daß die notwendigen Verbindungen zwischen den einzelnen Geräten und der Masse im Laufe der Zeit den rechten Kontakt verlieren. Aber auch Steckverbindungen der Kabel und Anschlußkontakte der Aggregate, also kurz die Kabelklemmen, lockern sich bei steigendem Wagenalter und oxydieren. Wenn der Strom solche Anschlüsse nicht mehr ungehindert passieren kann, kommt es zum Spannungsabfall in den Leitungen. Macht sich dieser Mangel anfangs in z. B. immer müder leuchtenden Lampen bemerkbar, so reagiert der Stromverbraucher eines Tages auf sein Einschalten überhaupt nicht mehr.
Dann sind Kabelklemmen und Anschlüsse mittels Feile, Sandpapier oder auch mit dem Taschenmesser blank zu schaben. Auch die Umgebung der Klemme ist zu reinigen. Isolierspray, das man auf die Kontaktstellen sprüht, schützt diese blanken Stellen vor bald erneut einsetzender Korrosion und verhütet außerdem Kriechströme durch Feuchtigkeit. Die weißliche Schicht des im Winter angetrockneten Streusalzes ist ein böser Feind der Elektrik, denn diese Salzrückstände sind elektrisch leitend.
Bei Verdacht auf oxydierte Schalterkontakte, die im Schaltergehäuse nicht zugänglich sind, überbrückt man zur Probe den Stromeingang und -ausgang am Schalter mit einem kurzen Stück Draht. Zeigt sich beim Antippen der beiden Schalterklemmen mit dem Hilfsdraht eine verbesserte Leistung des dabei eingeschalteten Verbrauchers, liegt der Fehler eindeutig im korrodierten Schalter.
Im Interesse der Funktionssicherheit (Ausschaltung von Spannungsschwund) werden von Daimler-Benz einige Verbraucher mit separaten Massekabeln verbunden. Sie sind meistens an ihrer braunen Isolation erkenntlich.

Normung der Anschlüsse

Eine nicht zu unterschätzende Hilfeleistung wird innerhalb der elektrischen Anlagen des Mercedes geboten: Damit man die Kabel im Auto zuverlässig verfolgen kann, sind sie von farbigen Isolierschichten umhüllt. Dabei kommen gewissen Farben wegweisende Bedeutungen zu. So hängt »weiß« mit dem Fernlicht zusammen, »gelb« mit dem Abblendlicht und »grau« mit dem Standlicht (siehe Schaltplan).

Zudem sitzen die meisten Kabel an numerierten Anschlüssen. Bei der Bezifferung folgt man einer in Deutschland und in verschiedenen europäischen Ländern gültigen Norm, die bei ausländischen Autos oft nicht so ausführlich praktiziert wird. Beispielsweise tragen stets stromführende Kabel, die also mit der Batterie ständig in Verbindung stehen, die Klemmenbezeichnung »30«. Die Isolierung dieser Leitungen ist rot. Die Zahl »15« sagt, daß durch das angeschlossene Kabel nur Strom bei eingeschalteter Zündung fließt, und hier ist die schwarze Farbe wenigstens anteilig an der Isolierung vorhanden.

Wie der Strom ausgenutzt werden kann, hängt schließlich von dem Querschnitt und der Länge eines Kabels ab. Zur Scheinwerferlampe mit 45 Watt oder 60 Watt Aufnahmemöglichkeit läuft ein Kabel mit größerem Querschnitt als zur 5-Watt-Handschuhkastenleuchte. Wo der Strom am anderen Ende wirklich etwas leisten soll, darf er sich nicht durch ein zu dünnes Kabel zwängen müssen. Sonst tritt Spannungsabfall ein und statt der planmäßigen 12 Volt kommen nur 11 oder gar 10 Volt an. Ein zu schwaches Kabel heizt sich außerdem auf und es kann zu einem Kabelbrand kommen. Nach deutschen Norm-Vorschriften soll für 4,5 bis 5,5 Ampere Dauerstrom ein Querschnitt von je 1 mm^2 vorhanden sein.

Einziehen neuer Kabel

Elektrische Leitungen im Auto dürfen unter keinen Umständen durch Kabel, wie sie im Haushalt üblich sind, hergestellt werden. Autokabel besitzen eine benzin- und ölfeste Isolation, die zudem scheuer- und hitzebeständig ist. Solche Kabel kauft man beim Mercedes-Service oder im Zubehörhandel und man verlangt gleich die vorgegebene Farbe und Stärke.

Die dazu passenden Flachstecker und Kabelschuhe, die das Festlöten am Kabel ersparen, erhält man dort auch. Die abisolierten und blankgeschabten Kabelenden sind in die entsprechenden Verbindungsstücke zu führen, wo man sie mehrmals kurz hintereinander festklemmt. Fachwerkstätten besitzen eigens dafür vorgesehene Quetschzangen, aber auch mit dem Schneideteil einer Kombizange lassen sich solche Verbindungen vorsichtig zusammenquetschen, ohne sie zu zertrennen. Zuverlässiger ist es natürlich, die Endstücke an die Kabel festzulöten.

Bevor man irgendeine Arbeit an der elektrischen Anlage beginnt, ist das Masse-

Bei den T-Modellen erfolgt die Stromzuführung an die rechte Heckleuchte und von dort weiter an die linke über einen vierpoligen Stecker. Diese Steckverbindung ist nicht störanfällig.

(Minus-)Kabel der Batterie zu lösen, um Kurzschlüsse zu vermeiden. Das neue Kabel soll auf möglichst kurzem Wege verlegt werden (Spannungsabfall bei übermäßigen Längen), jedoch darf man es auch nicht zu straff ziehen, damit es bei Vibrationen nicht abreißt. Kabel dürfen nicht lose herumhängen, sondern sie sind mit Klebeband an schon vorhandenen Kabelsträngen zu befestigen.
Die Bedeutung der Kabelstärke wurde im vorangegangenen Abschnitt bereits erwähnt. Zu ergänzen ist noch, daß die Leitfähigkeit der Kabel von ihrem Material abhängt und Kupfer in dieser Beziehung die besten Voraussetzungen dazu bieten. Andere Metalle sind zu weich oder spröde (Blei, Aluminium) oder zu teuer (Silber, Wolfram). Es hat demnach seinen guten Grund, wenn in Autos ausschließlich Kupferkabel verwendet werden sollen.

Die Sicherungen

Zum Schutz vor Überlastung eines Stromverbrauchers und vor möglicherweise bösen Folgen durch Kurzschluß laufen nahezu alle Stromkreise im Mercedes über Sicherungen. Solche Sicherungen besitzen dünne Metallstreifen, die dann schmelzen, wenn sie von einer zu hohen Stromstärke durchflossen werden. Man sieht es einer Sicherung sofort an, wenn sie keinen Strom mehr hindurchläßt: Ihre Metallbrücke ist dann unterbrochen.
Die Schaltungen zwischen Batterie, Lichtmaschine, Anlasser und Zündschloß sind nicht durch Sicherungen überwacht. Springt der Motor nicht an, ist das Suchen nach einer durchgebrannten Sicherung zwecklos.
Sicherungen im Auto sind so ausgelegt, daß sie eine Stunde lang das 1½ fache an Belastung des ihnen bestimmten Amperewertes verkraften können. Sollte eine Sicherung durchbrennen, muß das als Warnzeichen gelten, denn offensichtlich liegt ein Masseschluß vor. Dann hat es meist keinen Sinn, eine neue Sicherung einzusetzen, ohne nach der Ursache des Ausfalls geforscht zu haben. Mit einer Prüflampe läßt sich feststellen, ob vor der Sicherung und nach der Sicherung Spannung anliegt und ob diese bis zum Verbraucher gelangt.
Entweder ist ein an der betreffenden Sicherung angeschlossener Stromverbraucher defekt oder das Kabel ist beschädigt. Eine Überlastung der Sicherung ist nur möglich, wenn daran ein zusätzlicher, vom Werk nicht vorgesehener Verbraucher angeschlossen wurde. Für solche eventuell nachträglich eingebaute Verbraucher soll eine besondere Sicherung verwendet werden.
Durch vorläufiges Abklemmen des in der beschriebenen Weise eingekreisten Störenfrieds kann man die Arbeit der übrigen an die betreffende Sicherung angeschlossenen Verbraucher aufrechterhalten. Die gefundene Hemmung muß aber baldigst beim Elektrodienst oder Mercedes-Service behoben werden.
Derartige Störungen lassen sich mit einem Amperemeter aufspüren. Das Instrument wird statt der Sicherung an deren Kontaktklemmen angelegt und die an dieser Leitung hängenden Verbraucher schaltet man einzeln ein. Dabei wird abgelesen, wieviel Ampere jeweils beansprucht werden, und der Übeltäter läßt sich lokalisieren. Ein während der Fahrt durch Wackelkontakt eingetretener Kurzschluß ist auf diese Weise allerdings nicht zu erkennen.
Für alle Fälle muß man einige 8-, 16- und 25-Ampere-Sicherungen, wie sie im Mercedes verwendet werden, im Wagen als Ersatz mitführen. Die Störung soll man nicht – auch nicht provisorisch – versuchen mit einer stärkeren Sicherung zu überbrücken, da sich sonst die für die ursprüngliche Sicherung ausgelegten Kabel mit entsprechendem Querschnitt aufheizen könnten, wodurch ein Kabelbrand droht. Und statt der Sicherung einen Nagel oder eine Büroklammer einzusetzen ist tödlicher Leichtsinn. Die Versicherung zahlt keinen Pfennig, wenn sie das wegen Kurzschluß verbrannte Wagenwrack untersuchen läßt und die Schadensursache herausfindet.

Die im Motorraum links hinten untergebrachte Sicherungsdose wird von einem Deckel mit zwei Schrauben mit Rändelgriff verschlossen. Die 14 zur Grundausstattung gehörenden Sicherungen sind numeriert, wobei die obere Reihe die ungeraden und die untere Reihe die geraden Sicherungs-Nummern enthält. Nach Ausbrechen der beiden seitlichen Abdeckungen kann bei Sonderausstattungen eine Erweiterung um zweimal 2 Zusatzsicherungen vorgenommen werden.

Die Sicherungsdose

Der Sicherungskasten befindet sich im Motorraum links an der Trennwand. Er wird von einem Deckel mit zwei Rändelschrauben verschlossen. Die Sicherungen sind numeriert und diese Bezifferung ist nahe der Sicherung vermerkt, wobei die obere Reihe mit ungeraden Zahlen und die untere Reihe mit geraden Zahlen versehen ist. Zu den serienmäßigen 14 Sicherungen können noch bis zu vier zusätzliche Absicherungen für Verbraucher der Sonderausstattung hinzukommen, die mit den Buchstaben a bis d bezeichnet sind. Diese Zusatzsicherungen können nach Ausbrechen der beiden seitlichen Abdeckungen auf besonderen Halterungen eingesetzt werden.

Beim Erneuern einer Sicherung bei Dunkelheit muß man eine Taschenlampe zu Hilfe nehmen oder unter eine Laterne fahren, auch das Aufsetzen des Sicherungskastendeckels bereitet ohne ausreichende Beleuchtung Schwierigkeiten.

Im Deckel der Sicherungsdose sind die geschützten Stromkreise zu den einzelnen Sicherungen mit Ampere-Angabe vermerkt. Diese Zuordnung der Sicherungen zu bestimmten Stromkreisen (wobei angegeben ist, welche Leuchten, Geräte usw. im einzelnen abgesichert sind), stimmt bei den Modellen 200 und 230 E nicht überein, außerdem treten auch innerhalb der Modellvarianten Abweichungen auf. Im Verlauf der Produktion kommt es daneben an der elektrischen Ausrüstung und damit an der Verkabelung zu häufigen Änderungen, die sogar mehrmals im Jahr erfolgen können. Daher ist hier die Wiedergabe sonst üblicher Sicherungstabellen nicht sinnvoll. Auch bei Daimler-Benz existieren keine derartigen Aufstellungen.

Im Wagen mit 2-Liter-Motor gibt es für die elektrische Saugrohrbeheizung noch zwei besondere Sicherungen. Sie sind in einer separaten Sicherungsdose im Motorraum am Radlauf links untergebracht.

Hier eine unverbindliche Aufstellung der wichtigsten Absicherungen:

Stromverbraucher:	Standlicht links	Sicherung Nr. 3
	Standlicht rechts	Sicherung Nr. 1
	Fernlicht links	Sicherung Nr. 9
	Fernlicht rechts	Sicherung Nr. 7
	Warnblinkanlage	Sicherung Nr. 2
	Schlußleuchte links	Sicherung Nr. 3
	Schlußleuchte rechts	Sicherung Nr. 1
	Blinkleuchten	Sicherung Nr. 12
	Bremsleuchten	Sicherung Nr. 12
	Kennzeichenbeleuchtung	Sicherung Nr. 1

Hellsehen

Im Kapitel »Elektrische Leitungen und Sicherungen« wurde beschrieben, warum ein Stromverbraucher ausfallen kann. Wenn eine Leuchte nicht mehr brennt, dann ist aber meistens eine durchgebrannte Lampe daran schuld. Da nun der Autofahrer für das Funktionieren aller Leuchten am Wagen selbst verantwortlich ist, muß er auch wissen, wie die Lampen zu ersetzen sind. Das läßt sich mit ein paar Handgriffen erledigen.

Sicherheit durch Licht

Eine defekte Leuchte macht das Auto zur Gefahrenquelle, gleichgültig, ob es sich dabei um Standlicht oder Bremslicht oder um eine der anderen Beleuchtungseinrichtungen handelt. Wer mit nur einem brennenden Scheinwerfer daherkommt, dessen Auto wirkt auf den Gegenverkehr wie ein Motorrad. Das gleiche gilt für die Rückleuchten. Bedrohlich wird es, wenn das Licht vorne links am Wagen erloschen ist. Sollte man in diesem Fall wirklich keine Reservelampe zur Verfügung haben, dann setzt man wenigstens die noch intakte Birne von der rechten ausgebauten Lichtquelle in die linke. So ist – bei unserem Rechtsverkehr – zumindest die der Fahrbahnmitte zugewendete Seite des Wagens für den Gegenverkehr gesichert. Aber dann muß man wirklich zur nächsten Werkstatt oder Tankstelle fahren.
Sollte unterwegs wegen einer nicht funktionierenden Leuchte die Polizei zum Anhalten auffordern, wird man nur dann ohne Strafmandat davonkommen, wenn die Ersatzbirne griffbereit ist. Ein so vorsorglicher Autofahrer ist nach der Rechtsprechung glaubwürdig, wenn er behauptet, die Lampe müsse »gerade eben« durchgebrannt sein. Dafür kann er nicht verantwortlich gemacht werden.
Die Lichtstärke kann bei ungünstiger Witterung durch verschmutzte Streuscheiben bis zur Hälfte der ursprünglichen Helligkeit abfallen. Wenn der Mercedes nicht mit einer Scheinwerfer-Reinigungsanlage ausgestattet ist, muß man immer für saubere Scheinwerfergläser sorgen. Das gleiche gilt für die anderen Außenleuchten am Wagen, und bei den Rückleuchten soll man sich nicht völlig auf ihre speziell profilierten Deckgläser verlassen, deren mit Sicken versehene Oberflächen am Heck weniger empfindlich gegen Verschmutzung sind als eine glattflächige Verglasung.
Schließlich behindern noch beschlagene Reflektoren und geschwärzte Glaskolben der Glühlampen eine optimale Lichtausbeute. Halogen-Lampen bekommen manchmal einen weißlichen Kolben; eine solche Lampe hat Luft gezogen und das mindert ebenfalls die Lichtstärke. Weiterhin führen oxydierte Kabelverbindungen zu Spannungsabfall.

Ersatzlampen-Vorrat

Praktische Lampenkästchen von Osram und Philips, die vorsortierte Ersatzlampen als Vorrat enthalten, bekommt man beim Zubehörhandel oder in Kaufhäusern. Tankstellen bieten oft weniger preiswerten Einkauf. Wir lassen eine Aufstellung der Lampen aller äußeren Beleuchtungseinrichtungen folgen, die für

Scheinwerfer-Einheit links ohne Abdeckung. Die Abdeckung wird entnommen, indem man den Verschlußbügel (1) nach innen schwenkt und danach die Abdeckung aus der Halterung (2) herauszieht. 3 – Abblendlicht- und Fernlichtscheinwerfer 4 – Nebelscheinwerfer, 5 – Standleuchte.

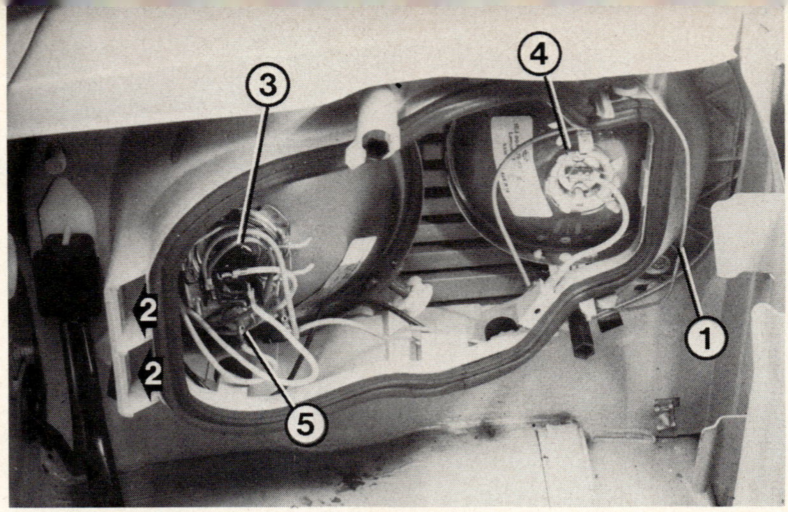

alle hier beschriebenen Modelle gültig ist. Selbstverständlich handelt es sich dabei um Lampen mit 12 Volt Spannung.

Hauptscheinwerfer	H 4-Lampe	60/55 Watt
Nebelscheinwerfer	H 3-Lampe	55 Watt
Standleuchten	Kugellampe	4 Watt
Blinkleuchten vorn	Kugellampe	21 Watt
Blinkleuchten hinten	Kugellampe	21 Watt
Schlußleuchten	Kugellampe	10 Watt
Bremsleuchten	Kugellampe	21 Watt
Rückfahrleuchten	Kugellampe	21 Watt
Nebelschlußleuchten	Kugellampe	21 Watt
Kennzeichenleuchte	Soffittenlampe	5 Watt

Die Innenraumleuchten und die Kofferraumleuchte sind mit 10-Watt-Soffittenlampen bestückt, in der Handschuhkastenleuchte sitzt eine Soffitte mit 5 Watt.

Funktion aller Leuchten prüfen

Teil der Pflegearbeit Nr. 43

Ohne fremde Hilfe kann man die einzelnen Lampen der Außenbeleuchtung vor einer Wand prüfen und kontrollieren, ob zwei Lichtflecke nebeneinander vorhanden sind. Wenn ja, brennen beide Scheinwerfer, und durch Auf- und Abblenden erhält man zugleich Gewißheit über die Funktion von Fern- und Abblendlicht. Diese Methode kann man auch bei den vorderen Blinkern anwenden. Wenn man den Wagen dann wendet und rückwärts dicht an die gleiche Wand heranfährt, hat man mit Hilfe des Innenspiegels in gleicher Weise die Möglichkeit, das Aufleuchten aller hinteren Leuchten (auch des Bremslichts) zu beobachten. Beim Einlegen des Rückwärtsganges müssen die Rückfahrleuchten brennen.

Die Lampe einer ausgefallenen Leuchte muß nicht unbedingt defekt sein, manchmal ist auch trotz intakter Sicherung die Stromzufuhr irgendwo gestört. Dann brennt vielleicht auch die neue Birne nicht, weil Lampenfassung oder Kabelverbindungen keinen Strom weiterleiten. Das kann bei einem schon älteren Wagen vorkommen.

Abhilfe: Birne bei eingeschaltetem Schalter leicht hin- und herdrehen; flackert sie auf, Strom ausschalten und Lampenfassung und inwendige Kontaktzungen mit Taschenmesser vorsichtig blank schaben. Gleiches Verfahren bei der entsprechenden Schmelzsicherung (welche zuständig ist, kann im Kapitel »Elektrische Leitungen und Sicherungen« nachgesehen werden). Bleiben beide Versuche erfolglos, kann nur eine Kabelverbindung lose oder oxydiert sein. Beim Verfolgen der Kabel ist der Schaltplan hinten in diesem Buch behilflich.

Bei dieser Gelegenheit kann man gleich die Kontrollampen im Kombi-Instru-

ment nachprüfen. Beim Einschalten des Standlichts, des Fernlichts, der Blinker, der Warnlichtanlage, der Zündung, der heizbaren Heckscheibe und beim Treten der Feststellbremse müssen die entsprechenden Kontrollichter aufleuchten.
Das Auswechseln von Glühbirnen, von einer Werkstatt vorgenommen, wird von dieser auch – neben dem Glühlampen-Neupreis – berechnet.

Die Leuchtweitenregulierung

Bereits 1979 wurde in der Baureihe 123 eine vom Fahrersitz aus zu betätigende Höhenverstellbarkeit der Scheinwerfer eingeführt. Je nach Belastung des Fahrzeugs kann damit die Leuchtweite des Scheinwerferlichts in drei Stufen nach unten korrigiert werden. Auf diese Weise ist es möglich, das von den Scheinwerfern ausgestrahlte Licht immer in der Höhe zu halten, die bei der Grundeinstellung vorschriftsmäßig eingestellt wurde. Sonst würde bei beladenem Wagen der Lichtschein des Abblendlichts nicht mehr im vorgeschriebenen Winkel auf die Fahrbahn fallen, weil sich das Hinterteil des Autos gesenkt hat.
Die Modelle mit Niveauregulierung verfügen noch über eine zusätzliche Verstellstufe nach oben. Diese Stellung ist bei vollbesetzter Fondsitzbank erforderlich, denn die Niveauregulierung gleicht die höhere Belastung an der Hinterachse aus, während die Einfederung an der Vorderachse bestehen bleibt. Das dadurch sich ergebende relativ kurze Abblendlicht muß aus Sicherheitsgründen ausgeglichen (angehoben) werden.
Die Leuchtweitenregulierung arbeitet pneumatisch und ist ein zusätzliches Teil der Unterdruckanlage, die zur Funktion der Zentralverriegelung beiträgt (Einzelheiten dazu siehe Seite 41). Über Arbeitselemente ist diese Anlage auch mit den Scheinwerfern verbunden.

Scheinwerfereinstellung überprüfen

Richtig eingestellte Scheinwerfer behindern den Gegenverkehr nicht durch Blendung. Falsch eingestellte Scheinwerfer lassen den Geblendeten nur noch Gegenstände in einer bis zu 75 % geringeren Entfernung als normal erkennen. Wohl niemand wird absichtlich als ein derartiger Plagegeist für Entgegenkommende auftreten wollen. Sicherheitshalber sollen die Scheinwerfer auch nach jedem Lampenwechsel auf ihre richtige Einstellung überprüft werden.
Für die Einstellung sind einige Vorbereitungen zu treffen: Der Luftdruck der Reifen ist zu prüfen und gegebenenfalls richtigzustellen. Der Wagen muß mit einer Person oder 70 kg auf dem Rücksitz belastet werden, der Tank ist zu füllen und Reserverad, Werkzeug und die sonst im Betrieb auch mitgeführten Ausrüstungsteile sind im Wagen unterzubringen. Danach rollt man das Auto langsam auf den Einstellungsplatz und betätigt die Feststellbremse möglichst nicht, um keine Änderung der Federeinstellung hervorzurufen. Bei Fahrzeugen mit Niveau-Regulierung läßt man den Motor ca. 30 Sekunden mit mittlerer Drehzahl laufen und rollt dann den Wagen aus.
Bei der Justierung muß der Rändelschalter für die Leuchtweitenregulierung in der Stellung »0« stehen. Eventuell zusätzlich den Motor kurz laufen lassen und durch zweimaliges Gasgeben sicherstellen, daß der erforderliche Unterdruck am Stellelement der Scheinwerfer vorhanden ist.
Für eine genaue Einstellung benötigt man eine senkrechte glatte Wand, beispielsweise in der Garage. Man rollt den Wagen bis dicht vor die Wand und kennzeichnet auf dieser die Mittelpunkte der Scheinwerfer. Werden die Punkte durch eine Linie verbunden, muß dieselbe waagerecht sein. Danach ist der Mercedes um 10 m auf gleicher waagerechten Ebene zurückzuschieben.
Wenn das Abblendlicht (äußere Scheinwerfer) eingeschaltet wird, müssen die durch das asymmetrische Licht erzeugten Knickpunkte 10 cm unterhalb der vorher eingezeichneten Markierungspunkte erscheinen. Der von den beiden

Von der Wand, auf der Sie die im Text beschriebenen Markierungen zum Einstellen der Scheinwerfer anbringen, müssen Sie etwas über 13 m ebene Fläche haben, damit auch die Hinterräder des Wagens noch darauf stehen, wenn das Auto 10 m zurückgerollt wird. Die beiden senkrechten Linien L und R zeigen die Entfernung der beiden Scheinwerfer voneinander, die bei O in einer Waagerechten in der Höhe A zu markieren sind. Danach rollt man das Auto 10 m von dieser Wand zurück, wo jetzt das Abblendlicht in der Höhe B (= 10 cm unter der Höhe A) erscheinen soll. An den Knickpunkten X verläuft die Hell-Dunkel-Grenze des asymmetrischen Lichtes.

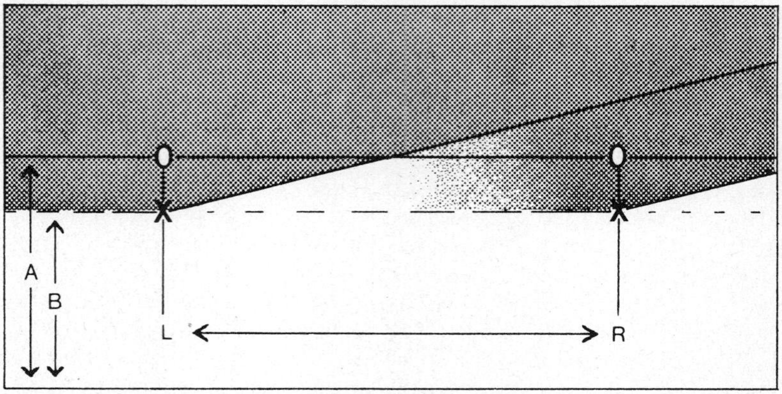

Mittelpunkten nach rechts ansteigende Lichtwinkel hat etwa 15° zu betragen. Stimmen die Lichtgrenzen nicht, ist die Stellung der Scheinwerfer entsprechend zu verändern. Da Abblend- und Fernlicht von demselben Scheinwerfer ausgestrahlt werden, bezieht sich diese Einstellung zugleich auf das Fernlicht.
Das Einstellen geschieht mittels der im Motorraum zugänglichen Einstellschrauben, die im Bild unten gezeigt sind. Grundsätzlich dient die obere Stellschraube für die Höheneinstellung der Einheit Abblend-Fernlicht-Scheinwerfer und Nebelscheinwerfer, die beiden unteren, seitlich der Einheit angeordneten Stellschrauben gehören jeweils zu ihrem besonderen Scheinwerfer und sind für die Seiteneinstellung derselben da.
Daraus ergibt sich, daß jeweils eine Scheinwerfereinheit so eingestellt werden muß, daß die beiden Leuchten in einem Arbeitsgang überprüft werden. Nach der Einstellung des Abblendlichts wird das Nebellicht eingestellt und anschließend muß das Licht des ersteren nochmals überprüft und eventuell korrigiert werden. Auch beim Nebellicht muß in 10 m Entfernung die Mitte des Lichtbündels 10 cm unterhalb der auf der Wand markierten Mitte des Nebelscheinwerfers erscheinen.

Scheinwerfergläser

Durch Steinschlag oder Unfall können die Scheinwerfergläser zerstört werden. Ein defektes Glas sollte umgehend ersetzt werden, solange die Reflektoren durch Witterungseinflüsse noch nicht Schaden genommen haben.
Beim Kauf eines neuen Scheinwerferglases ist der Hersteller der Scheinwerfereinheit (Bosch oder Hella) anzugeben und zu berücksichtigen, daß es sich um Halogen-Licht handelt, (bis 1977 verfügte die Baureihe 123 auch über konven-

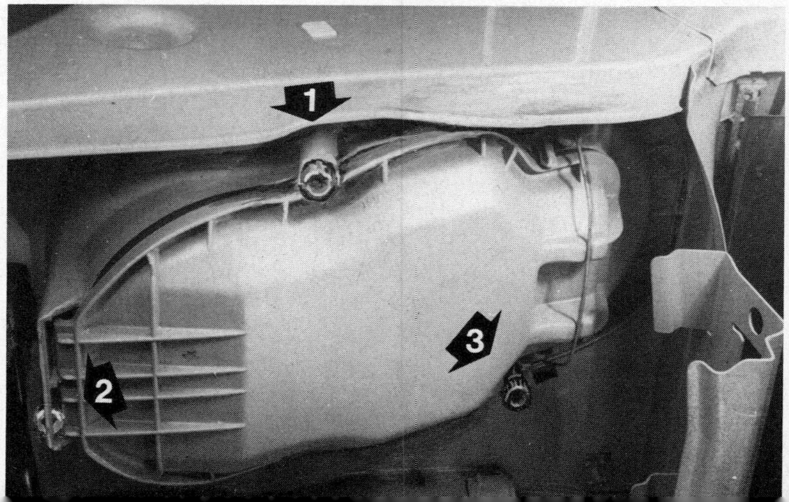

Einstellschrauben der linken Scheinwerfer-Einheit:
1 – Schraube für Scheinwerfer-Höhenverstellung,
2 – Schraube für Scheinwerfer-Seitenverstellung,
3 – Schraube für Nebelscheinwerfer.

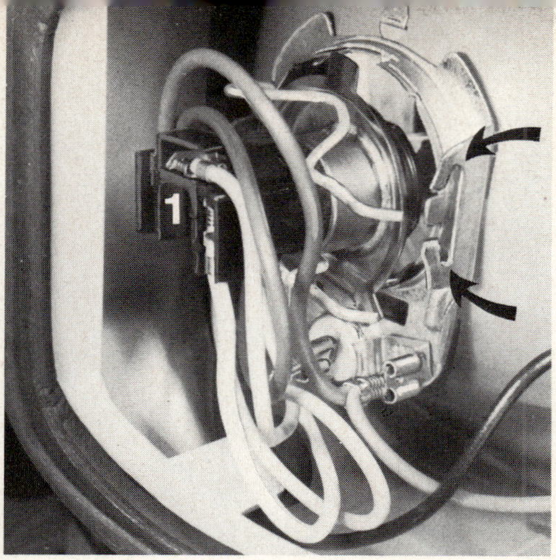

Zum Auswechseln der Lampe für Abblend- und Fernlicht zunächst den Stecker (1) vom Lampensockel abziehen. Dann die federnden Klammern aushängen (Pfeile) und zur Seite schwenken. Lampe (2) entnehmen. Unterhalb der Fassung für diese Lampe sitzt in einer besonderen Halterung die Standlichtlampe (3).

tionelle Scheinwerfer). Die Gläser haben entsprechend unterschiedliche Ersatzteilnummern.
Zum Auswechseln des Glases ist zunächst die Blinkleuchte, danach die Scheinwerfer-Leuchteinheit auszubauen. Die Befestigungsklammern für das Scheinwerferglas lassen sich mit einem schmalen Schraubenzieher abdrücken und können nach Einsetzen des neuen Glases wieder verwendet werden.
Bei Reisen in Ländern mit Linksverkehr blendet das für Rechtsverkehr eingerichtete asymmetrische Abblendlicht den Gegenverkehr. Beim Grenzübertritt müssen deshalb die Prismensektoren auf den Scheinwerfergläsern mit in entsprechender Form ausgeschnittenen Klebestreifen abgedeckt werden.

Lampenwechsel

Scheinwerfer: Abblend- und Fernlicht, Standlicht, Nebellicht

Alle Modelle besitzen Halogen-Scheinwerfer. Abblendlicht- und Fernlicht werden von einer einzigen Lampe mit zwei getrennten Glühfäden ausgestrahlt. Die Bezeichnung dieser Lampe: H 4-Lampe. Falls nur ein Faden einer solchen Zweifaden- oder »Bilux«-Lampe ausgefallen ist, also nur Fernlicht oder Abblendlicht brennt, muß die Lampe ersetzt werden. Denn der Defekt wird kaum an der Stromzufuhr liegen.
Brennen beide Fäden nicht: Kein Massekontakt oder Ansteuerung defekt oder Lampe völlig geschädigt.
Die Nebelscheinwerfer sitzen gemeinsam mit den Hauptscheinwerfern in einer Leuchteneinheit, sie sind mit H 3-Lampen bestückt.
Die Lampen der Scheinwerfer sind zugänglich, wenn man im Motorraum den an der Innenseite der Scheinwerferabdeckung eingerasteten Verschlußbügel in

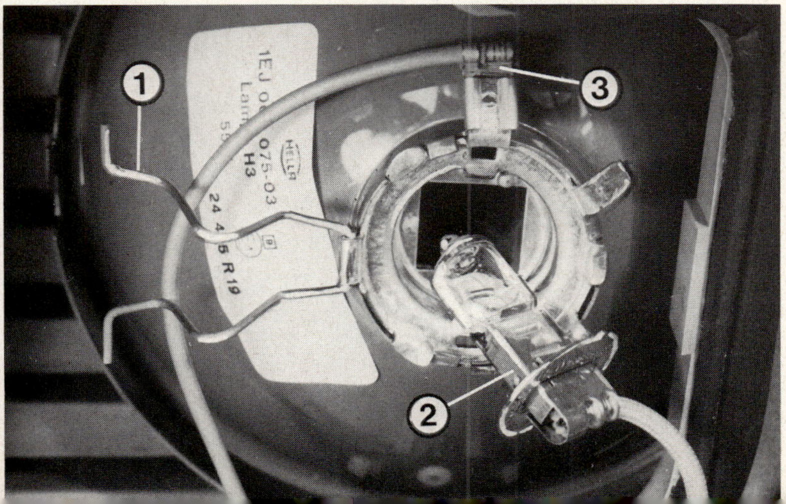

Das Auswechseln der Halogen-Lampe des Nebelscheinwerfers geschieht ähnlich wie beim Hauptscheinwerfer: Klammer (1) aushaken und Lampe (2) entnehmen. Diese H-3-Lampe ist direkt mit einem Kabel verbunden, dessen Ende aus dem Steckkontakt gezogen werden muß. Das Massekabel (3) besitzt eine gleichartige Steckverbindung.

Zum Erneuern einer vorderen Blinklichtlampe wird im Motorraum die Rändelmutter (schwarzer Pfeil im Bild links) abgeschraubt. Am Gewindestift (schwarzer Pfeil im Bild rechts) drückt man das Gehäuse nach außen, Unterlegscheibe nicht verlieren! Der Lampenhalter ist aus der Fassung zu drehen, danach die Lampe entnehmen. Beim Einsetzen des Gehäuses sind die Zapfen (durchbrochene Pfeile) richtig in die Führungen einzubringen.

Richtung Kühler drückt. Dann läßt sich die Abdeckung aus ihrem Sitz schwenken und am äußeren Rand aus der Halterung nehmen.

Der Lampenwechsel für Fern- und Abblendlicht geschieht bei allen Modellen ausgenommen 230 CE wie folgt: Kabelstecker vom Lampensockel abziehen, den federnden Haltebügel aushängen und die Glühlampe entnehmen. Beim 230 CE muß man den Lampenhalter niederdrücken, nach links drehen und aus dem Bajonettverschluß ausrasten. Eine neue Lampe ist jeweils so einzusetzen, daß die Führungsnasen am Lampensockel in die Aussparungen der Fassung eingreifen.

Die Lampe für Standlicht (und für Parklicht) sitzt unterhalb der Abblendlicht- und Fernlichtlampe, im gleichen Reflektor, in einem besonderen Halter. Diesen Halter herausziehen, die Lampe in die Fassung drücken, drehen und herausnehmen.

Die Halogen-Lampe für das Nebellicht besitzt ein mit dem Lampensockel fest verbundenes Kabelstück mit Steckkontakt am anderen Kabelende. Diese Verbindung trennen, den Haltebügel aushängen und die Lampe entnehmen.

Vorderes Blinklicht

Zum Lampenwechsel muß das Blinklichtgehäuse nach außen abgenommen werden. Dazu ist im Motorraum die seitlich am Innenblech befindliche Rändelmutter loszudrehen. Das Gehäuse wird nach vorn aus dem Karosserieumfang gedrückt und dadurch aus dem Halt von zwei Laschen befreit.

Das Blinklichtgehäuse kann zweierlei Bauarten von Lampenhaltern aufweisen: Entweder ist der Halter eingesteckt, dann zieht man ihn an der breiten Nase

Um eine der Lampen der Rückleuchten zu erneuern, sind im Kofferraum zwei Rändelmuttern abzuschrauben. Aus dem danach abgenommenen Lampenträger können die Lampen dann ohne weiteres entnommen werden. Die Kabelverbindung ist mit zwei Haken am Rand des Lampenträgers arretiert und jedes Kabel ist außerdem mit einer Schraube mit seinem Lampenkabel verbunden; normalerweise braucht man diese Verbindungen aber nicht zu trennen.

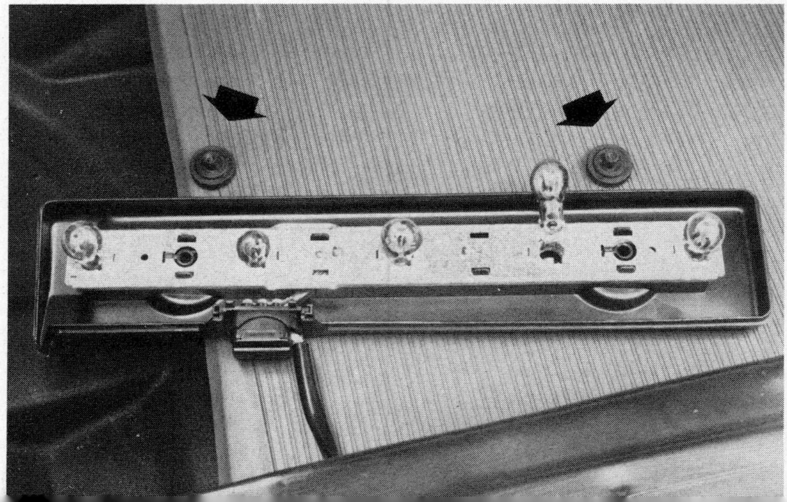

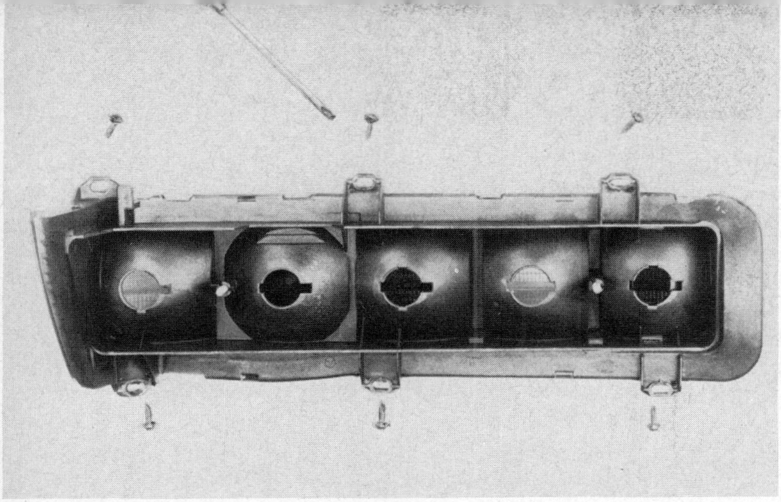

Wenn die Verglasung einer Heckleuchte erneuert werden muß, kann man nach Abschrauben des Lampenträgers das Gehäuse zusammen mit der Verglasung (Lichtfenster) entnehmen, indem man sechs Blechschrauben SW 8 herausgedreht hat. Zwischen Gehäuse und Lichtfenster ist eine Dichtung angebracht.

heraus. Oder er verfügt über eine Art Bajonettverschluß, der durch Drehen links herum gelöst wird. Nach Entnahme des Halters mit Lampe wird letztere in ihren Sitz gedrückt, nach links gedreht und herausgenommen.
Bei abgebautem Blinklichtgehäuse ist zu beachten, daß die gezähnte Federscheibe auf dem Gewindestift für die Rändelmutter nicht verlorengeht. Sie sitzt zwischen Blinkleuchte und Gehäuse und darf mit der Rändelmutter nicht in Berührung kommen, da sich diese sonst nicht mehr lösen läßt. Wenn das Gehäuse wieder angebaut wird, sind die beiden Führungshaken an der Flachseite in die rechteckigen Halterungen einzubringen. Das Gehäuse muß von außen gut in die Karosserieaussparung gedrückt werden, zugleich schraubt man im Motorraum die Rändelmutter fest.

Rückleuchten

Die Heckleuchteneinheit verfügt – von außen nach innen aufgezählt – über Blinkleuchte, Schlußleuchte (Parkleuchte), Bremsleuchte und Rückfahrleuchte, in der linken Einheit zudem noch über eine Nebelschlußleuchte.
Zum Lampenwechsel ist der Kofferraum zu öffnen. Dort werden zwei Rändelmuttern abgeschraubt, wonach sich der Lampenträger für alle Rückleuchten abnehmen läßt. Der Kabelverbinder braucht dabei nicht vom Lampenträger gelöst zu werden. Die Lampen sitzen auf einer gemeinsamen Platte und sie haben einen Bajonettverschluß: hineindrücken und links drehen, dann entnehmen.

Kennzeichenleuchten

Zur Beleuchtung des hinteren Kennzeichens dienen zwei Leuchten, die am Rand der Kofferraumhaube befestigt sind. Soll eine Lampe ersetzt werden, ist

Die Kennzeichenleuchten sind am Rand des Kofferraumdeckels von unten angeschraubt. Nach Herausdrehen der beiden Schrauben zieht man die Lichtscheibe mit dem Gehäuse aus dessen Sitz. Die Soffittenlampe ist nur in den beiden Kontaktzungen eingeklemmt; vor dem Einsetzen einer solchen Lampe drückt man die Kontaktzungen etwas gegeneinander.

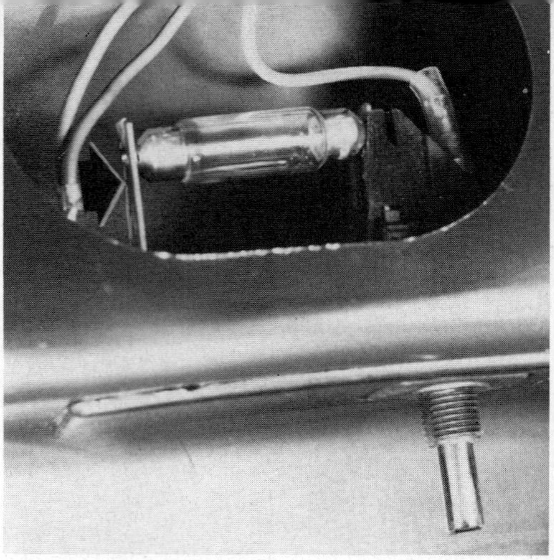

Die Kofferraumleuchte wird beim Öffnen des Kofferraumdeckels über den sich dann nachschiebenden Schalterstift eingeschaltet. Diese Soffittenlampe wird nur von der in Pfeilrichtung drückenden Kontaktzunge festgehalten. Wenn deren Klemmwirkung nachläßt, besteht die Möglichkeit, daß der Kontakt zur Lampe unterbrochen ist. Abhilfe: Lampe entnehmen, Kontaktzunge in Pfeilrichtung drücken und Lampe wieder einsetzen.

der Kofferraumdeckel zu öffnen. Zwei Kreuzschlitzschrauben zur Befestigung der Leuchten werden herausgedreht, danach läßt sie sich an der Aussparung im Karosserieblech herausnehmen. Die Kabel bleiben angeschlossen.
Die Soffittenlampe ist zwischen zwei Kontaktzungen eingeklemmt. Vor dem Einsetzen der neuen Lampe biegt man die beiden Kontaktzungen etwas zueinander, damit die Lampe von ihnen stramm gehalten wird und zugleich eine gute Stromaufnahme gesichert ist. Sollten beide Lampen gleichzeitig ausgefallen sein und die zuständige Sicherung ist in Ordnung, besteht der Verdacht, daß der gemeinsame Masseanschluß – wahrscheinlich zur Lampe rechts – unterbrochen ist.

Innenleuchten

Die Innenleuchte ist in der Aussparung des »Himmels« nur festgeklemmt. Wenn man sie dort etwas nach links drückt und am rechten Rand mittels Schraubenzieher oder Taschenmesser von dem Sitz abhebt, kann man sie nach rechts herausziehen. Der Austausch der Lampe ist problemlos.
Wenn die Innenbeleuchtung nicht funktioniert, ist womöglich der Türkontaktschalter der Übeltäter. Jede Vordertür besitzt einen eigenen Schalter im Türholm, der die Leuchte einschaltet. Ein solcher Schalter ist nur im Blech eingesteckt. Mit einem Schraubenzieher läßt er sich herausdrücken. Kabelanschlüsse und Leichtgängigkeit des Kontaktstiftes prüfen und eventuell vorhandene Verschmutzung entfernen. Ein defekter Schalter muß ausgetauscht werden. Natürlich kann man die Lampe auch direkt einschalten.
Als Sonderausstattung gibt es auch eine Deckenleuchte hinten mit dazugehörenden Kontaktschaltern an den Hintertüren.

Fingerzeige: *Neue oder intakte Glühlampen nicht mit den Fingern am Glaskolben anfassen, der Abdruck von Handschweiß bleibt unvermeidbar. Dieser verdampft auf der brennenden Birne und trübt den Reflektor. Darum beim Einsetzen ein sauberes Taschentuch verwenden, womit man auch eine versehentlich angefaßte Lampe abreiben kann.*
Bevor eine unwillige Glühbirne im Mülleimer verschwindet, sollte man sie genau ansehen. Vielleicht ist sie noch in Ordnung, kann aber mangels Stromversorgung (Steckkontakt, Kabel, Sicherung oder Lampenfassung lose oder oxidiert) nicht brennen.

Verständigung

Wie man feststellen kann, ob Blinker und Bremsleuchten beim Einschalten auch wirklich brennen, wurde im vorhergehenden Kapitel beschrieben. Auch der Lampenwechsel wurde dort erklärt. Hier schließt sich die Beschreibung dieser elektrischen Anlagen an, die der Verständigung mit anderen Verkehrsteilnehmern dienen. Zu ihnen gehört natürlich auch die Hupe.

Die Blinkanlage

Blinkerschalter (links an der Lenksäule als Kombischalter), Blinkerrelais (zugleich Warnblinkrelais), je zwei vordere und hintere Blinkleuchten sowie zwei Blinklichtkontrollampen (für linke und rechte Wagenseite) sind die Bestandteile der Blinkanlage. Sie erhält Strom über die zuständige Sicherung, wo unter der Klemmenbezeichnung 15 dieser Strom bei eingeschalteter Zündung zum elektronischen Warnblinkschalter fließt, der zugleich die Funktion der Blinker auslöst. Bei Betätigung des Kombischalters zum Blinken links oder rechts wird im Schalter ein entsprechender Kontakt zwischen Klemme L oder R zur Klemme 49 a im Relais hergestellt. Ab Kombischalter verlaufen zu den Blinkleuchten jeder Wagenseite getrennte Kabel.

Eine Hilfe bei eventueller Fehlersuche an der Blinkanlage ist die Kenntnis der Kabelfarben. Zu den Blinkern der rechten Seite führen schwarz-grüne Kabel, die der linken Wagenseite sind mit schwarz-weißen Kabeln verbunden.

Das Aussetzen einer vorderen oder hinteren Blinkleuchte macht sich durch wesentlich schnelleres Aufleuchten des Kontrollichts als üblich bemerkbar, oder die Kontrolleuchte blitzt nur einmal auf und bleibt dann dunkel. Eine ausgefallene Blinkerlampe muß baldmöglichst ersetzt werden. Es kann jedoch sein, daß die betreffende Lampe nur locker in ihrer Fassung sitzt, einen oxydierten Sockel hat oder daß korrodierte Kabelanschlüsse den Strom hemmen. Von der vorgeschriebenen Wattzahl der Birnen hängt auch der richtige Schaltrhythmus des Blinkgebers ab. Schalten alle Blinkerlampen auf »Dauerlicht«, so liegt der Defekt wahrscheinlich im Blinkerrelais.

Dieses elektronische Relais, das zugleich als Warnblinkschalter ausgebildet ist, sitzt bis Baujahr 1981 in der Konsole zwischen den Vordersitzen.

Die Warnblinkanlage

Nach der Zulassungsordnung muß eine Warnblinkanlage installiert sein. Im Mercedes wird sie durch Schaltbetätigung der soeben erwähnten Blinker- und Warnblinkeinrichtung auf der Mittelkonsole in Funktion versetzt. Auch bei ausgeschalteter Zündung muß die Warnblinkanlage einschaltbar sein, deshalb ist sie mit einer an der stets stromführenden Klemme 30 angeschlossenen Sicherung verbunden.

Bis August 1981 wurde ein Warnblinkschalter mit kombiniertem Geberteil verwendet. An seinen Schmalseiten besitzt er federnde Klemmen, die ihn in der Aussparung der Konsole festhalten. Er läßt sich nach oben herausziehen. Sollte er zu stramm sitzen, kann man beim Schalthebel die Gummihülle am unteren

Der bis 1981 eingesetzte Warnblinkschalter (1) ist in der Mittelkonsole eingeklipst. Er läßt sich gewöhnlich mittels Schraubenzieher aus seinem Sitz hebeln. Sollte das nicht möglich sein, muß die Gummihülle des Schalthebels gelöst werden und man kann durch die entstehende Öffnung den Schalter nach oben drücken. Er ist mit dem Kabelstecker (2) verbunden. An der Unterseite des Schalters ist die Lampenfassung (3) erreichbar. Sie läßt sich herausziehen, wenn man beide Plastikhebelchen zusammengedrückt hat. Die neue Lampe muß beim Einsetzen bis zum Anschlag eingeschoben werden.

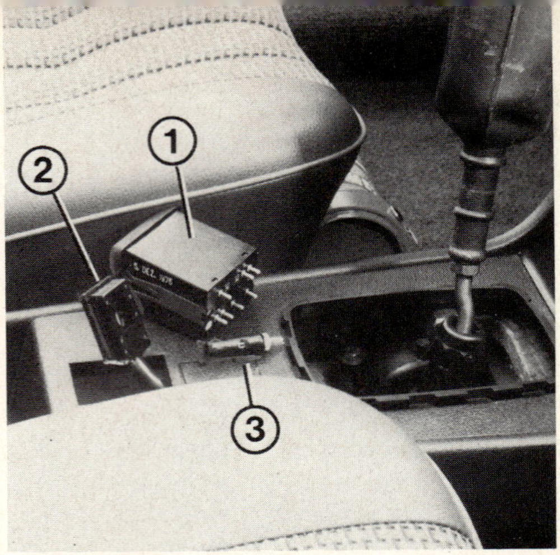

Rand lösen und nach oben stülpen, wonach es möglich ist, durch die entstandene Öffnung zu greifen und von unten den Warnblinkschalter herauszudrücken. An der Unterseite des Schalters ist die Lampenfassung zugänglich. Zum Lampenwechsel werden die beiden Plastikhebelchen zusammengedrückt und die Fassung mit der Glassockellampe läßt sich herausziehen. Diese Lampe in der Taste leuchtet beim Einschalten der Warnlichtanlage im Blinkrhythmus auf. Sie brennt aber auch schwach bei eingeschaltetem Standlicht, weil sie dann über Klemme 58 am Reglerwiderstand der Instrumentenbeleuchtung Strom erhält. Wenn das Auto nachträglich für Anhängerbetrieb ausgerüstet wird, muß der Warnblinkschalter gegen einen anderen mit zusätzlichem Kontakt für die Anhängerkupplung ausgetauscht werden.

Seit September 1981 haben die Wagen am alten Platz einen separaten Warnblinkschalter, während der Warnblinkgeber unter der Abdeckung zwischen Aschenbecher und Schalthebel angeordnet ist.

Das Bremslicht

Ein Kabel am Bremslichtschalter erhält Strom von der zuständigen Sicherung. Das andere Kabel an dem Schalter führt zunächst zum Anschluß der linken Bremsleuchte, sodann zur rechten Bremsleuchte.

Falls die betreffende Sicherung verschmort ist, kann auch einer der anderen dort angeschlossenen Verbraucher den Defekt ausgelöst haben. An der Sicherung liegt Spannung nur bei eingeschalteter Zündung (Klemme 15). Falls Sie einmal abgeschleppt werden, müssen Sie daher das Zündschloß in Stellung »2« bringen, damit der nachfolgende Verkehr sehen kann, wenn Sie bremsen.

Da die Leuchten über einen gemeinsamen Anschluß am Bremslichtschalter verfügen, muß man beim Aufleuchten nur einer Lampe vermuten, daß die andere durchgebrannt ist. Eventuell hat sie aber nur mangelhaften Massekontakt oder ihre Fassung hat sich gelockert. Wenn beide Bremsleuchten beim Tritt auf die Bremse nicht ansprechen und die Sicherung ist in Ordnung, kontrolliert man zunächst mit einer Prüflampe, ob bei eingeschalteter Zündung an einer Klemme des Bremslichtschalters Spannung vorhanden ist. Die andere Klemme führt nur bei getretenem Bremspedal Strom. Man kann die beiden Klemmen am Schalter auch einfach mit einem Stück Draht überbrücken, um herauszufinden, ob der Fehler im Schalter oder in den Kontakten oder Leitungen liegt. Dabei ist die Anordnung der Kabel an den Schalteranschlüssen gleichgültig; Massekontakt benötigt der Schalter nicht.

Der Zugang zu dem Bremslichtschalter, der über dem Hebel des Bremspedals angebracht ist, wird von der Verkleidung über den Pedalen verdeckt. Diese

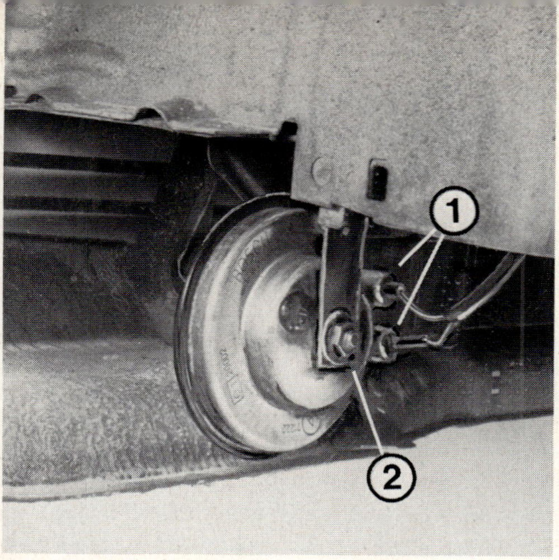

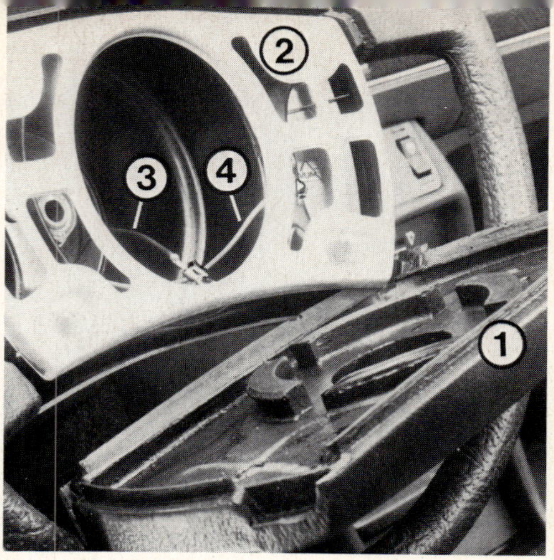

Links: Die Hupe ist unter dem Vorbau des Wagens mit einer Mutter (2) befestigt. Die Kabel sind über zwei Steckverbindungen (1) an der Hupe angeschlossen.

Rechts: Die elastische Abdeckung (1) sitzt auf der Hupenplatte (2). An dieser ist das schwarze, bei eingeschalteter Zündung stromführende Kabel (3) angeschlossen, und der Stromkreis wird beim Niederdrücken der Hupenplatte über das braune Massekabel (4) geschlossen.

zweiteilige Verkleidung läßt sich abnehmen, wenn man an ihrem oberen Teil zu beiden Seiten unten je eine Kreuzschlitzschraube herausdreht. Dann werden oben drei Klammern ausgehängt. Beide abgenommenen Verkleidungsteile sind durch drei Plastikhaken verbunden.
Den Austausch des Bremslichtschalters nimmt man folgendermaßen vor: Nachdem man beide Kabel abgezogen hat, löst man die Muttern SW 17 beiderseits der Befestigungsplatte mit einem Gabelschlüssel und schraubt die untere ab. Jetzt läßt sich der Schalter nach oben herausziehen.
Beim Einbau wird der Schalter probeweise mit angeschlossenen Kabeln und bei eingeschalteter Zündung in die Bohrung der Halteplatte eingeführt, währenddessen ein Helfer das Aufleuchten und Verlöschen der Bremslichter beobachtet. Der Schalterstift muß durch den Hebel des in Ruhestellung befindlichen Pedals in den Schalter gedrückt werden und soll nach etwa 1 cm Pedalweg – an Pedalmitte gemessen – die Bremsleuchten in Funktion setzen. Die obere Mutter dient zum Justieren des Schalters, die untere Mutter wird nach gefundener Einstellung festgezogen.

Das Signalhorn

Die Hupe ist hinter dem Vorbau links angebracht und dort weitgehend gegen Verschmutzung geschützt. In Selbsthilfe ist sie am besten zugänglich, wenn man den Wagen links hochbockt, sichert und das linke Vorderrad abnimmt.
Eine tonlose oder krächzende Hupe tauscht man aus. Versuche, sie wieder normal zum Tönen zu bringen, sind meistens zwecklos.
Über eine direkte Verbindung (schwarz-gelbes Kabel) ist das Signalhorn an seine Sicherung angeschlossen. Diese ist, da es sich wie beim Bremslicht um einen Klemme-15-Anschluß handelt, nur bei eingeschaltetem Lenkschloßschalter stromführend. Das muß man beachten, sollte man einmal abgeschleppt werden und dem Zugfahrer sollen akustische Zeichen gegeben werden.
Der andere Anschluß am Signalhorn ist über das schwarz-gelb-rosa Kabel mit der Hupenplatte im Lenkrad verbunden. Beim Niederdrücken der Platte schließt ein Kontakt zu einem an Masse angeschlossenem braunen Kabel.

Die Lichthupe

Mit Betätigung der Lichthupe werden vorhandene Teile der Beleuchtungsanlage benutzt. Während jedoch für den üblichen Gebrauch das Fernlicht links und rechts durch zwei voneinander unabhängige Sicherungen geschützt ist und über den Lichtdrehschalter eingeschaltet wird, erfolgt die Einschaltung der Lichthupe über den Kontaktschalter. Diese Leitung ist durch eine weitere Sicherung geschützt und verfügt somit über einen eigenen Stromkreis.

Dienerschaft

Aufschluß über Zustand und Funktion des Motors und seiner angeschlossenen Aggregate geben während der Fahrt die Anzeigegeräte und Kontrolleuchten. Ohne sie gäbe es weniger Sicherheit. Aber auch noch andere Geräte gehören dem hilfreichen Mitarbeiterstab an, wie etwa die Scheibenwischer. Man muß sich auf diese Einrichtungen absolut verlassen können.

Das Kombiinstrument

Die Anzeigeinstrumente sowie die Kontroll- und Warnlampen sind in einem gemeinsamen Gehäuse untergebracht, daher die Bezeichnung »Kombiinstrument«.

In dem linken Ziffernblatt sind gleich drei Instrumente vertreten: Kühlmitteltemperatur-Anzeige, Kraftstoffvorrats-Anzeige mit Warnleuchte und Öldruckmesser. In der Mitte sitzt das Tachometer mit Gesamt- und einstellbarem Tageskilometerzähler. Rechts davon befindet sich die Zeituhr. Oberhalb zwischen diesen drei runden Anzeigen sind die Blinkerkontrolleuchten untergebracht. Über den ganzen unteren Rand der Kombi-Instrumente verläuft eine Leiste, die auf der linken Seite die Fernlichtkontrolleuchte, die Ladekontrolleuchte, die Warnleuchte für Bremsbelagverschleiß und die Warnleuchte für die getretene Feststellbremse sowie gleichzeitig für zu geringen Stand der Bremsflüssigkeit. Es folgen nach rechts der Knopf für Instrumentenbeleuchtung und Tageskilometer, dann der Verstellknopf für die Zeituhr.

Kombi-Instrument ausbauen

Wie man das Instrumentengehäuse aus seinem Sitz herauslöst, muß man besonders dann wissen, wenn eine durchgebrannte Kontrolleuchte ersetzt werden muß. Andere Arbeiten an den Instrumenten sind im Do-it-yourself-Verfahren so gut wie nicht durchführbar – gewöhnlich wird der Daimler-Benz-Service das betreffende der drei Geräte im Kombi-Instrument bei einem Schaden daran ausbauen, austauschen und neu in das Kombi-Instrument einsetzen.

Rechts und links am Gehäuse des Kombi-Instrumentes befinden sich Aussparungen, in die man einen Haken einrasten kann, um das Gehäuse herauszuziehen. Andernfalls ist so vorzugehen, wie in dem betreffenden Abschnitt beschrieben. An der Rückseite des Kombi-Instrumentes sind diese Anschlüsse zu entfernen:
1 – Mehrfachstecker,
2 – Einfachstecker (für Zeituhr),
3 – Tachowelle,
4 – Öldruckleitung.

Zunächst muß man die Verkleidung über den Pedalen herauslösen; diese Arbeit wurde im Abschnitt »Das Bremslicht« bereits beschrieben.
Von unten her ertastet man danach den Anschluß der Tachowelle am Tachometer, um die Rändelmutter dieser Verbindung loszudrehen. Sollte das nicht möglich sein, muß die Tachowelle etwas aus der Trennwand gezogen werden, um dadurch von hinten das Kombi-Instrument in Richtung Lenkrad drücken zu können. (In der Werkstatt zieht man das Instrumentengehäuse an dessen seitlichen Aussparungen mit zwei Haken aus seinem Sitz.) Wenn das Gehäuse weit genug abgehoben ist, kann man die Rändelmutter seitlich von oben lösen.
Jetzt läßt sich das Kombi-Instrument noch um ein weiteres Stück aus der Hutze im Armaturenbrett herausziehen. Der runde Mehrfachstecker und der kleine Einfachstecker des rot-gelben Kabels für die Zeituhr werden abgezogen. Mit einem Gabelschlüssel SW 10 ist die Mutter der Öldruckleitung am Öldruckmesser loszuschrauben. Dann ist das Kombi-Instrument frei und es kann herausgenommen werden.

Leuchten des Kombi-Instruments wechseln

Das Auswechseln der Kontroll-, Warn- und Beleuchtungslampen ist nach dem erfolgten Ausbau der Instrumententafel problemlos. Diese sogenannten Glassockellampen sitzen in herausnehmbaren Fassungen, die in der Rückseite des Gehäuses eingesteckt sind. Dabei handelt es sich um 6 kleine Lämpchen mit viereckigem und 3 größere Lämpchen mit rundem Sockelgriff.
Bei dem erforderlichen Lampentausch ist auf die Leistungsangabe der Lampen zu achten (0,4, 1,2 und 3 Watt, siehe auch Seite 179).
Beim Einbau des Instrumentengehäuses muß man darauf achten, daß die Kabelstecker fest in ihren Anschluß gedrückt werden. Sofort danach unterrichte man sich durch Einschalten der Zündung, der Scheinwerfer und der Blinker von der Funktion der Anzeigen, um nicht eventuell die Prozedur des Ausbaus wiederholen zu müssen. Erst im Anschluß daran ist die Öldruckleitung festzuschrauben. Das Gehäuse wird in seinen Sitz gedrückt und von unten greift man nach rechts neben dem Lenkschloß hindurch, um zuletzt die Tachowelle einzuführen und die Verschlußschraube festzudrehen. Die Tachowelle ist so weit wie möglich wieder durch die Spritzwand zurückzudrücken (rechts neben der Lenksäule).

Die Öldruckanzeige

Bei dem Mercedes wird der im Motor herrschende Öldruck traditionsgemäß durch eine direkte Rohrleitung auf das Anzeigeinstrument, das Öldruckmanometer, übertragen. Dadurch ergibt sich eine genauere Kontrollmöglichkeit als bei den in anderen Autos meist üblichen elektrischen Anzeigegeräten.

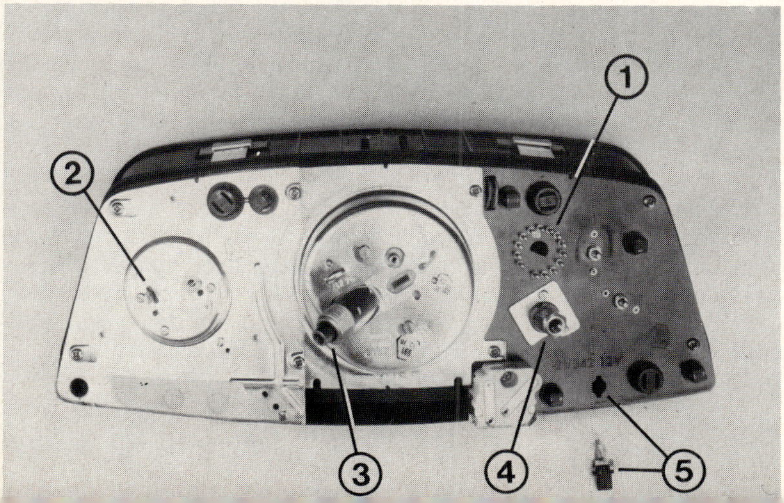

Rückseite des ausgebauten Kombi-Instrumentes.
1 – Anschluß für Mehrfachstecker,
2 – Anschluß des Einfachsteckers an der Zeituhr,
3 – Gewinde für die Rändelmutter der Tachowelle,
4 – Anschluß für die Öldruckleitung der Öldruckanzeige,
5 – aus ihrem Sitz entnommene Kontrollampe mit Fassung.

Die Schmierstellen im Motor müssen ständig mit Öl versorgt werden. Je nach Motordrehzahl ist der Druck, mit dem das Öl herangeführt wird, unterschiedlich hoch. Bei kaltem Motor und daher zähem Öl ist der Öldruck höher als nach strammer Autofahrt. Fällt der Öldruck unterwegs plötzlich auffallend, sollte man schnellstens anhalten und den Ölstand im Motor kontrollieren – immerhin ist es schon vorgekommen, daß sich eine nachlässig eingedrehte Ölablaßschraube in der Ölwanne lockerte und der für den Motor lebenswichtige Schmierstoff auslief.

Ebenso ist es nicht ganz unwahrscheinlich, daß der Anschluß der Druckleitung am Manometer nicht sicher befestigt wurde. In diesem Fall würde das Öl von der Rückseite des Kombi-Instruments hinter die Verkleidung über den Pedalen tropfen.

Sollte der Verdacht bestehen, daß die Öldruckanzeige nicht funktioniert, muß das Kombi-Instrument einem Mercedes-Service oder einer VDO-Vertretung zur Überprüfung gegeben werden. Zu diesem Zweck kann man es selbst ausbauen, wie es vorher beschrieben wurde.

Die Kraftstoffanzeige

Die Kraftstoffanzeige besteht aus dem Geber im Tank und der Anzeige im Kombi-Instrument. Parallel dazu, vom Tank zur Reserve-Warnleuchte, verläuft ein zweites Kabel. Beide erhalten bei eingeschaltetem Lenkschloß Strom über ein schwarz-blaues Kabel.

Im Geber der Kraftstoffanzeige (»Tauchrohrgeber«) befinden sich elektrische Widerstände und ein Schwimmer mit Schleifkontakten. Da dieser Tauchrohrgeber genau senkrecht in dem Tank hängt, bewegt sich der Schwimmer mit der Veränderung des Kraftstoffniveaus ebenso in senkrechter Richtung und wandert dabei an zwei Widerstandsdrähten und an einem Massedraht entlang. Bei vollem Tank ist der Widerstand gering und wenn das Niveau im Tank absinkt, erhöht sich der Widerstand entsprechend. Die auf diese Weise vom Schwimmer freigegebene Spannung wird an das Anzeigeinstrument weitergeleitet.

Sehr kleine Belüftungslöcher am Tauchrohrgeber bewirken, daß der Schwimmer nicht ruckartig auf und ab pendelt, wenn während der Fahrt der Tankinhalt umherplätschert.

Unten im Geber dient ein Kontakt zum Aufleuchten der Warnlampe, den der Schwimmer erreicht und schließt, wenn noch 9 bis 10 Liter Kraftstoff im Tank sind.

Falsche Kraftstoffanzeige

Mit ziemlicher Sicherheit kann man nur bei leerem oder vollem Tank am Zigerausschlag erkennen, ob Kraftstoffstandanzeige und Geber richtig arbeiten. Im Zwischenbereich ist die Menge des Kraftstoffvorrates auch recht genau abzulesen. Wenn jedoch die Angabe bei leerem oder vollem Tank nicht stimmt oder die Meßuhr zeigt gar nichts an, so kann der Fehler sowohl im Anzeigegerät wie auch im Geber stecken. Man sollte dann auch die Kabelverbindungen überprüfen. Ist nichts daran zu entdecken, müßten Instrumententafel oder Geber ausgebaut werden, wie es auf Seite 103 beschrieben wird.

Die Kühlwasseranzeige

Der Motor besitzt einen Wärmefühler zum Registrieren der Kühlwassertemperatur. Er befindet sich an der linken Motorseite vorn. Dieser Temperaturfühler gibt seine Meldung über ein grünes Kabel dem Anzeigeinstrument weiter. Über seinen Gewindesitz hat das Gerät Masseanschluß. Wenn die Anzeige nicht funktioniert und die zuständige Sicherung ist in Ordnung, können der Fühler, die Kabelanschlüsse oder das Gerät der Temperaturanzeige defekt sein.

Zeigt das Kühlmittel-Fernthermometer falsche Werte an, läßt es sich mit Heimwerkermitteln nicht prüfen, woran der Fehler liegt. Im übrigen ist es aber Werkstattsache, dem Übel auf den Grund zu gehen. Ein neuer, auch als Geber bezeichneter Fühler, darf nur mit einem neuen Dichtungsring eingebaut werden, damit kein Wasserverlust eintritt; Dichtungsmasse soll man vermeiden.

Das Tachometer

Im Tachometer sind Geschwindigkeitsmesser und Kilometerzähler vereinigt. Das Gerät wird zwar nicht elektrisch betrieben, doch beruht die Wirkung des Geschwindigkeitsmessers auf den erzeugten Wirbelströmen eines ringförmigen Magneten, von der Tachowelle angetrieben, die ihrerseits die Tachonadel mit sich zu ziehen versuchen.
Die Tachowelle kann durch äußere Einwirkung brechen. Macht sie durch eine zitternde Tachonadel darauf aufmerksam, daß sie bereits einen Knick hat und bald brechen wird (Ursache für die zitternde Tachonadel kann aber auch eine verschlissene Antriebsschnecke am Getriebe sein), muß die Welle baldmöglichst ausgetauscht werden. Das sollte man der Werkstatt überlassen, denn bei ungeübtem Einbau wird sie leicht geknickt, was bereits der Anfang zum erneuten Bruch ist. Sie darf beim Einbau auch nicht gezerrt oder in zu engem Radius verlegt werden.
Fällt außer der Tachonadel auch der Kilometerzähler aus, liegt die Schuld sicher an der Tachowelle. Es ist dann zu kontrollieren, ob der Anschluß der Welle am Instrument richtig eingerastet ist, ob die Befestigungsmutter der Welle am Tachometer gelockert ist oder ob sich eventuell die Welle am Getriebe gelöst hat. Die Kilometerangabe im Tacho wird beim Verkauf des Wagens als Dokument gewertet und soll über die zurückliegende Beanspruchung des Wagens aussagen. Deshalb darf man natürlich nicht mit gelöster Tachowelle fahren. Auch den Umtausch eines eventuell defekten Tachometers läßt man sich mit den entsprechenden Kilometerangaben von der Werkstatt bestätigen. Plombiert ist die Welle im Mercedes nicht.

Die Zeituhr

Die elektronisch arbeitende Quarz-Zeituhr wird von einer stets stromführenden Sicherung mit Strom versorgt. Daher muß ihre Anzeige reguliert werden, wenn einmal die Batterie abgeklemmt war. Ihr Ausfall kann natürlich auch bei einem Sicherungsdefekt den Schaden an den dort angeschlossenen Stromverbrauchern anzeigen.

Der Drehzahlmesser

Anstelle der im rechten Drittel des Kombiinstruments eingebauten Zeituhr kann dort auch ein Drehzahlmesser eingesetzt sein. Dann befindet sich die Zeituhr zugleich in der unteren Hälfte der Drehzahlmesser-Anzeige. Seine Impulse erhält der Tourenzähler von Klemme TD am Schaltgerät.
Auf den Seiten 16 und 85 bis 86 wurde dargelegt, weshalb es ratsam sein kann, die Motordrehzahl zu überwachen.

Der Scheibenwischer

Teil der Pflegearbeit Nr. 43

Durch Alterung verhärtete Wischerblätter können nur noch schlecht für einwandfreie Sicht sorgen. Ebenso unangenehm macht sich eine verschmierte Windschutzscheibe bemerkbar, die mit einem verfetteten Fensterleder bearbeitet wurde. Silikonhaltige Lackpflegemittel hinterlassen auf dem Glas die vor allem bei Dunkelheit störenden Schlieren, die das Licht brechen. Eine solche Scheibe kann man versuchen mit Spiritus oder Sidol zu reinigen, brüchige Wischerblätter müssen erneuert werden.
Die Wischerblätter sind auch regelmäßig von Qualm- und Insektenrückständen zu befreien. Man reibt die Wischerblätter am besten mit einer festen Nylonbürste (Nagelbürste) und einer starken Waschmittellösung oder auch Brennspiri-

Zum Auswechseln der Wischerblätter diese zusammen mit dem Wischerarm von der Windschutzscheibe abklappen, die Arretierungsfeder des Wischerblattes aus dem Ausschnitt des Wischerarmes drücken und das Wischerblatt in Richtung auf die Scheibenwischerwelle aus dem Wischerarm aushängen. Der Einbau des neuen Wischerblattes erfolgt sinngemäß umgekehrt.

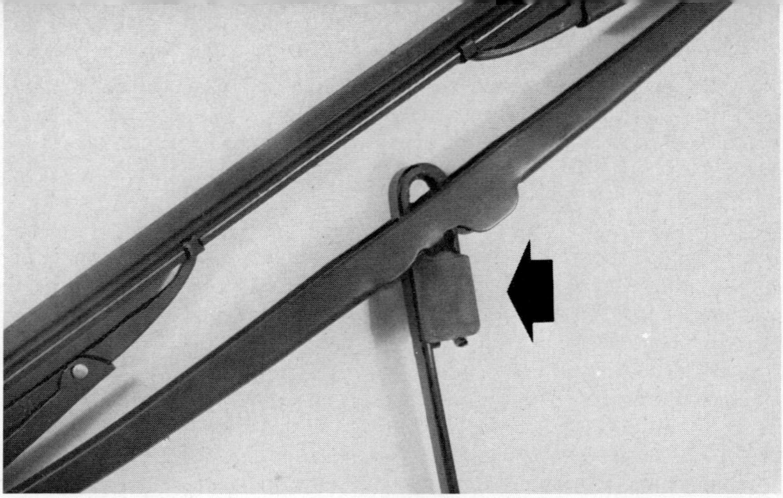

tus ab. Dazu müssen sie von ihrem Arm ausgehängt werden. Wenn der Gummi der Wischerblätter brüchig geworden ist, wird es höchste Zeit zur Erneuerung. Man kann dann neue Wischergummis einziehen. Es ist also nicht nötig, komplette Wischerblätter anzuschaffen. Der Austausch der Wischergummis sollte wenigstens einmal im Jahr stattfinden.

Der Scheibenwischermotor wird bei eingeschalteter Zündung mit Strom versorgt. Im Schaltplan läßt sich verfolgen, welche Kabel für die Scheibenwischer-/Scheibenwaschanlage zuständig sind. Die Anlage hat eine Dreistufen-Schaltung, die einmal den Intervallbetrieb und zweitens den Dauerbetrieb in zwei Geschwindigkeiten ermöglicht. Nach dem Ausschalten des Wischermotors wird bewirkt, daß die Wischerblätter nicht sofort stehenbleiben, sondern in ihre Ausgangsstellung zurücklaufen. Auf der Welle des Wischermotors sitzen Nocken für den Befehl zum Rücklauf, auf denen Schleifkontakte ablaufen. Im Wischermotor liegt bei eingeschalteter Zündung dauernd Spannung an. Zusätzlich ist noch eine Nachwisch-Elektronik vorhanden und das Relais zu dieser Anlage sitzt unter dem Armaturenbrett links (siehe Bild Seite 218).

Bleiben jedoch die Wischerblätter, etwa bei Schneetreiben, außerhalb ihrer Ruhestellung stehen, während die Zündung eingeschaltet ist, verschmort womöglich die Ankerwicklung des Wischermotors, auch wenn der Wischerschalter ausgeschaltet wurde. Denn durch den Endstellungs-Schalteffekt bleibt der Wischermotor trotzdem unter Strom, kann sich aber nicht drehen. Abhilfe: Wischerblätter sofort von der Windschutzscheibe abheben, damit sie in Ruhestellung laufen können.

Die Scheinwerferwischer, kombiniert mit der Waschanlage (Wascherdüsen auf dem Stoßfänger), sorgen bei schlechter Witterung für beste Lichtausbeute. Diese Anlage läßt sich als Sonderausstattung auch nachträglich einbauen.

Der Scheibenwischermotor befindet sich unter dem Abdeckblech vor der Windschutzscheibe. Von ihm führt das Wischergestänge zu den Lagern der Wischerarme. Wenn man gerade einmal ein Ölkännchen zur Hand hat, kann man den – an und für sich wartungsfreien – Lagern zwischen Wischerkurbel und -gestänge einen Tropfen Öl gönnen.
Der Ausbau des Wischermotors ist, wie man sehen wird, einfach. Beim Einbau jedoch muß die Wischeranlage eingestellt werden. Dazu läßt man den befestigten Motor ohne Kurbel in die Endstellung laufen. Dann wird die Kurbel mit den beiden Wischergestängen in eine Flucht gebracht. Dabei muß die Kurbel vom Wischermotor wegzeigen. Motor erneut ein- und auschalten, damit er wieder in die Endstellung läuft. Schließlich wird das vorher abgenommene Abdeckblech wieder befestigt und die Wischerarme können festgeschraubt werden.

Die Scheibenwaschanlage

Teil der Pflegearbeit Nr. 43

Im Kapitel »Winterschutz« wird die Füllung der Scheibenwaschanlage behandelt. Diese Anlage besteht aus der elektrischen Wasserpumpe, dem Wasserbehälter, den Verbindungsschläuchen und den Spritzdüsen. Zur Verbindung zwischen Scheibenwaschschalterkontakt und Pumpe dient das grün-schwarze Kabel; Masseanschluß zur Pumpe gelangt über das braune Kabel.
Die Scheibenwaschdüsen können durch Verschmutzung von außen oder durch unreine Waschfüllung verstopfen. Man reinigt sie durch Einführen einer passenden Nadel oder besser mit einem Stück dünnen Drahtes; ihre Bohrung darf dabei nicht vergrößert werden. Wenn die Pumpe Schmutz ansaugt, ist deren Schädigung möglich, daher ist stets auf eine reine Waschfüllung zu achten.

Die Scheinwerfer-Reinigungsanlage

Das vorstehend Gesagte trifft sinngemäß auch auf die als Sonderausstattung mögliche Reinigungsanlage für die Scheinwerfer zu. Sie wird zugleich mit dem Betätigen der serienmäßigen Scheibenwaschanlage bei eingeschaltetem Licht in Betrieb gesetzt.
Zu jedem Scheinwerfer gehört ein Wischermotor mit Arm und Wischerblatt, eine Wascherpumpe und Spritzdüsen unterhalb der Scheinwerfergläser. Die Stromaufnahme bewirkt, daß die Reinigungsanlage nur bei eingeschaltetem Licht und nicht unnötig arbeitet. Von der Sicherung führt ein grau-rotes Kabel zu dem besonderen Relais dieser Anlage. Dieses Relais sitzt in einem auf dem linken Radlauf im Motorraum angeschraubten Halter unter einer Kunststoffhaube. Am Leitungsstrang trägt es die Kennzahl 13.

Die heizbare Heckscheibe

Die heizbare Heckscheibe ist durch ein schwarzes Kabel direkt mit Klemme 87 an ihrem Relais verbunden. Der Heizdraht der Scheibe hat Massekontakt. An der Klemme 15 R erhält das Relais über das schwarz-rote Kabel Strom. Das Relais ist links unter dem Armaturenbrett befestigt, steht mit dem Schalter für die Heckscheibe über je ein blaues und schwarzes Kabel in Verbindung und an Klemme 31 liegt jeweils Masse an. Der Schalter steht mit der erwähnten Sicherung ebenfalls über ein schwarz-rotes Kabel in Verbindung.
Da die Heizscheibe viel Strom verbraucht (230–250 Watt), sollte sie nur so lange eingeschaltet bleiben, wie sie tatsächlich gebraucht wird. Sicherheitshalber wird die Beheizung nach spätestens 30 Minuten automatisch abgeschaltet. Das bewirkt ein elektronischer Schalteffekt im Relais.
Es kann vorkommen, daß der Anschluß zu einem Heizfaden am Rand der Heckscheibe durch äußere Einflüsse beschädigt wird und somit der Stromkreis an dieser Stelle unterbrochen wird. Solche Schäden lassen sich wieder instand setzen; Reparaturen soll man aber der Werkstatt überlassen, weil dazu die Scheibe ausgebaut werden muß.

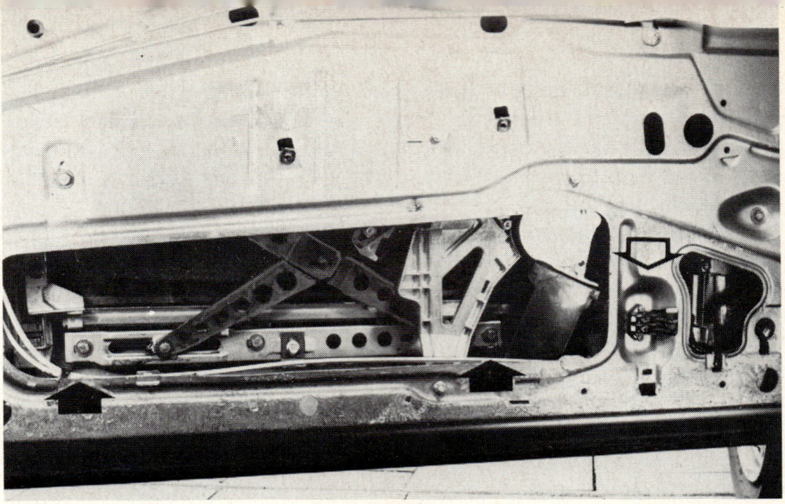

Sollte ein elektrischer Fensterheber ausfallen, muß die Türverkleidung abgebaut werden (siehe Seite 39). Dann löst man die Fensterhebeschiene (schwarze Pfeile) und das Fenster läßt sich mit den Händen nach oben schieben. Weißer Pfeil: Kabelanschlüsse zu dem Fensterhebermotor.

Elektrische Fensterheber

Im Kapitel »Karosserieteile« sind die Türen mit den von Hand zu bedienenden Fensterhebern beschrieben. Als Sonderausstattung steht eine elektrische Bedienungseinrichtung für die Fenster zur Verfügung.

Die Anlage besitzt für jedes Türfenster einen Motor. In der Mittelkonsole zwischen den Vordersitzen sind – zu jedem Motor gehörend – vier Wippschalter eingebaut, die über die Stellungen »öffnen« und »schließen« verfügen. Mit einem dort noch vorhandenen Sicherheitsschalter (nur links, rechts: Attrappe) kann der Stromkreis zwischen den für die Rückfenster bestimmten Schaltern zu den zwei zusätzlichen Fensterschaltern an den hinteren Türen freigegeben werden.

Jeder der vier vorn untergebrachten Fensterbetätigungsschalter erhält über ein separates Kabel bei eingeschalteter Zündung Strom, und zwar die Schalter für die Fenster vorn rechts und hinten links von der Sicherung a, die Schalter für die Fenster vorn links und hinten rechts von Sicherung b. Daneben sind die beiden Relais dieser Anlage noch über eine Sicherung geschützt. Das eine Relais sorgt bei ausgeschalteter Zündung dafür, daß die Betätigung über den zusätzlichen Schalter erfolgen kann: Damit die Fenster auch bei abgezogenem Schlüssel (oder in Zündschloßstellung »0« oder »1«) betätigt werden können, ist zwischen der ständig stromführenden Sicherung und dem Relais II noch ein Schalter eingefügt. Er schaltet, wie ein üblicher Türkontaktschalter arbeitend, beim Öffnen der Fahrertür ein, womit gesagt ist, daß er im vorderen Türholm links (direkt über dem Kontaktschalter für die Innenbeleuchtung) eingesetzt ist.

Wenn ein im Augenblick nicht auffindbarer Schaden die Betätigung behindert,

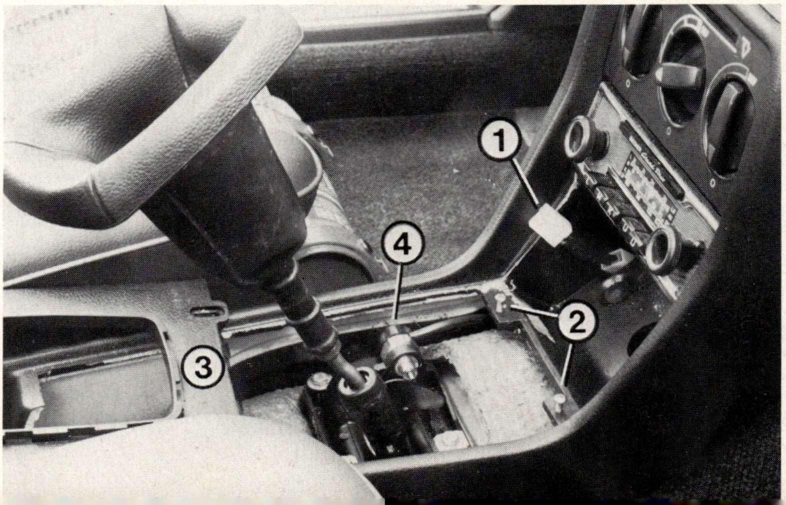

Die Abdeckung über der Mittelkonsole wird folgendermaßen ausgebaut: Aschenbecher entnehmen, 2 Kreuzschlitzschrauben der Ascherhalterung herausdrehen, Kabelstecker (1) von der Ascherhalterung abziehen, 2 Kreuzschlitzschrauben zur Befestigung der Abdeckung (2) herausdrehen, Abdekkung nach rückwärts aus dem hinteren Zapfenloch schieben und ablegen (3). Auf diese Weise wird der Schalter für die Rückfahrleuchten (4) zugänglich. Er läßt sich mittels Maulschlüssel SW 22 herausdrehen.

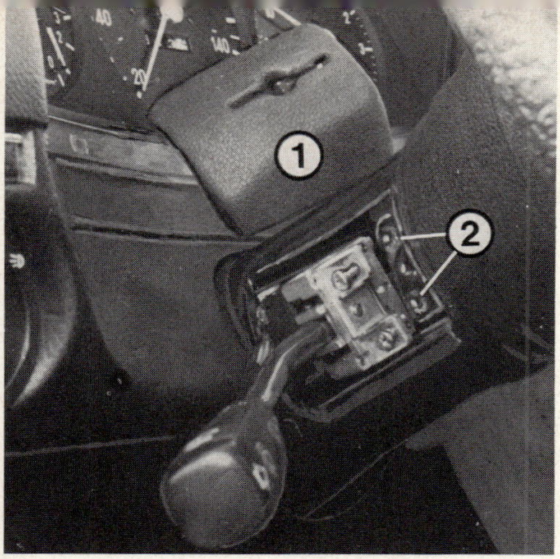

Der Kombischalter an der Lenksäule wird von einer Abdeckung (1) verschlossen. Der Schalter kann ausgebaut werden, wenn man seine beiden Befestigungsschrauben (2) herausgedreht hat.

kann eventuell ein geöffnetes Fenster geschlossen werden, indem man bei eingeschalteter Zündung und betreffendem Fensterheberschalter das Fenster mit der Hand hochschiebt. Dazu beiderseits gegen die Scheibe drücken und sie hochziehen. Sollte das nicht gelingen, muß man die Türverkleidung ausbauen (siehe Seite 39), die beiden Sechskantschrauben SW 10 an der Fensterhebeschiene herausdrehen und dann das Fenster nach oben drücken. Die Scheibe bleibt in der geschlossenen Stellung, wenn man zwischen Glas und unterem Fensterausschnitt einen Keil (Holz; Radiergummi) klemmt.

Schalter und Relais

Im Abschnitt »Die Masse-Leitung« auf Seite 195 wurde beschrieben, wie man die Funktion eines Schalters überprüfen kann, wenn man seiner Wirkungsweise nicht mehr sicher ist. Man muß aber unterscheiden zwischen der Einsatzbereitschaft eines Stromverbrauchers und des für ihn zuständigen Schalters. Allerdings ist es nicht schwer, sich von der Arbeit der Schalter zu vergewissern: Bei seiner Betätigung muß unmittelbar damit die entsprechende Reaktion eintreten. Übliche Schalter besitzen einen oft einfachen und überschaubaren Aufbau. Entweder sind sie direkt an das zu schaltende Gerät angeschlossen oder sie dienen zur Weiterleitung des Stroms über Kabel mit geringem Querschnitt.
Ein Relais ist ein elektromagnetisch arbeitender Schalter für Verbraucher mit großer Leistungsaufnahme. Sein Steuerstrom ist sehr gering, deshalb ist es möglich, an die Relais-Wicklung ein schwach bemessenes und langes Kabel zu führen. Das Relais läßt sich daher besser in Verbrauchernähe unterbringen.
Die Relais für heizbare Heckscheibe, Intervall-Nachwisch-Elektronik der Schei-

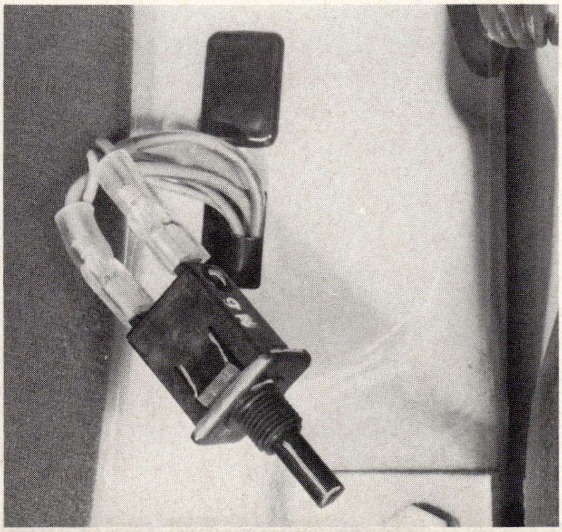

Die Türkontaktschalter werden von seitlichen Klammern an ihrem Gehäuse in der Aussparung der Karosserie festgehalten, mittels Schraubenzieher lassen sie sich heraushebeln.

benwischer und für die Fensterheber (I und II) sind – in dieser Reihenfolge von links nach rechts – unter dem Armaturenbrett befestigt.
Weitere Relais können auf dem Halter vor der Sicherungsdose sitzen. Sie können für die Scheinwerferreinigungsanlage, für den Zusatzlüfter und (als Relais I und II) für die Klimaanlage bestimmt sein.
Ein zu der übrigen Sonderausstattung gehörendes Relais ist im Motorraum links, unter der Abdeckung auf besonderem Halter, zu suchen. Eine bei den Mercedes allgemeingültige Kennzeichnung der Relais-Funktionen erleichtert die Identifikation eines dieser Relais, die auf dem Halter nur eingesteckt sind: Am Leitungsstrang in Relaisnähe ist ein Klebeband mit Kennziffer angebracht:

Kennziffer	Relais-Funktion
1	Relais Kraftstoffpumpe
2	Relais Startventil
3	Hauptrelais elektronische Einspritzung
4	Relais Klimaanlage/Starter
5	Relais Umschaltventil-Zündung (Drehzahlstabilisierung)
6	Relais Zusatzlüfter
6a	Doppelkontaktrelais Zusatzlüfter/Magnetkupplung Motorlüfter
7	Relais Sitzgurtwarnsystem
8	Relais Klimaanlage (Trennung Zusatzlüfter von Zündumschaltung)
9	Relais Fensterheber (Trennung Klemme 30 von Klemme 15)
10	Relais Fensterheber (Hauptrelais)
11	Relais Starter Klemme 50
12	Relais Klimaanlage (Kältekompressor)
13	Relais Scheinwerferreinigungsanlage
14	Relais ABS, Magnetventil
17	Relais Heizspirale Starterdeckel (65°C Schalter)
18	Relais ABS, Rückförderpumpe
19	Relais Umschaltventil-Abgasrückführung/Frühzündung
20	Relais Zusatzheizung
21	Relais Kraftstoffpumpe/Warmlaufregler
21a	Relais Kraftstoffpumpe (Spannungsverbesserung)
22	Relais Heizspirale Starterdeckel Vorwiderstand
23	Relais Kältekompressor
24	Relais 1 Klimaanlage/Zusatzheizung (Gebläsemotor)
25	Relais 2 Klimaanlage/Zusatzheizung (Einspeisung Verstärker)
26	Relais 3 Klimaanlage/Zusatzheizung (Umschaltung), Zusatzheizung/Klimatisierung
27	Relais Saugrohrbeheizung
29	Relais Umschaltventil Drehzahlstabilisierung (nur bei automatischem Getriebe und Klimaanlage)
30	Relais 1 Klimatisierungsautomatik/Zusatzheizung (Trennung Wasserventil/Bediengerät)
31	Relais 2 Klimatisierungsautomatik/Zusatzheizung (Trennung Steuergerät/Bediengerät)
32	Relais elektromagnetische Kupplung Luftpumpe

Links: Auf dem rechten Radlauf kann ein Relaisträger (3) angeschraubt werden, der Platz für 6 Wechselkontaktrelais bietet. Ein Relais (2) wird in die vorgesehenen Öffnungen des Trägers eingesetzt. Am Leitungsstrang zum Relais ist die entsprechende Kennzahl angebracht (Pfeil). Die Kunststoffhaube (1) verfügt an ihrem Rand über Halteklammern.

Rechts: Die Relais für die heizbare Heckscheibe (1), für die Intervall-Nachwisch-Elektronik (2) und für die elektrischen Fensterheber (3 und 4) befinden sich unter dem Armaturenbrett links.

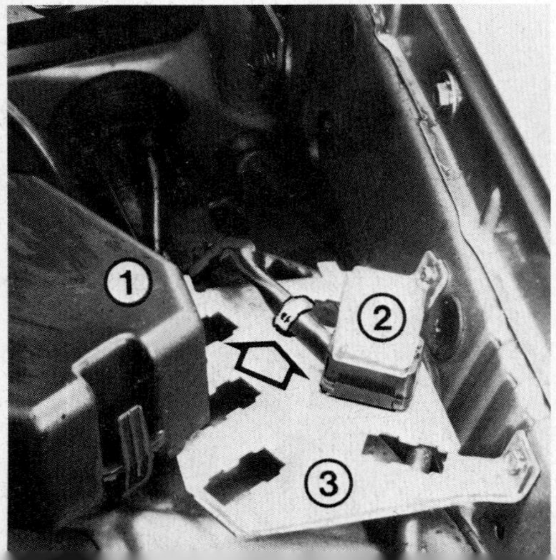

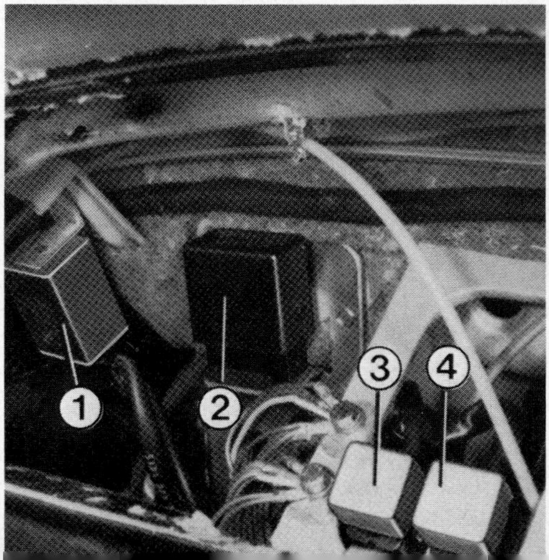

Der Tempomat

Alle Modelle können in Verbindung mit einem automatischen Getriebe als Sonderausstattung über einen Tempomat verfügen. Diese Einrichtung ermöglicht das Einhalten einer konstanten Geschwindigkeit über 40 km/h und ist etwa mit der Handgas-Einstellung bei früheren Automobilen zu vergleichen. Jene war jedoch nur eine mechanische Fixierung des Gasgestänges in gewünschter Stellung, hier handelt es sich um eine elektronisch gesteuerte Anlage mit verschiedenen Möglichkeiten der Aufgabenstellung. Sie erlaubt unabhängig von ihrer Einschaltung eine Geschwindigkeitserhöhung über das Gaspedal und schaltet sich selbsttätig aus, wenn man bremsen muß oder wenn die Geschwindigkeit an Steigungen um mehr als 20 Prozent des eingestellten Tempos abfällt. Ferner kann eine vorher eingestellte Geschwindigkeit nach Ausschaltung wieder eingeschaltet werden – sie wird gespeichert –, aber die zuletzt gespeicherte Geschwindigkeit wird in Zündschloß-Stellung »0« grundsätzlich gelöscht.
Die Anlage besteht im wesentlichen aus dem Schalter an der Lenksäule oberhalt des üblichen Kombischalters, aus dem Regelgerät, dem Steuergerät und dem Geber. In den Schaltplänen am Ende dieses Buches ist der Verlauf der Kabel zu dieser Anlage zu erkennen. Für Störungen im Funktionsablauf des Tempomats ist allein die Werkstatt zu ständig.
Bei der Leerlaufprüfung ist auch sein Drahtzug (Bowdenzug) zu kontrollieren. Dabei soll der Drahtzug so am Regulierhebel anliegen, daß er nicht gespannt ist. Eine Einstellmutter unterhalb der Halterung für diesen Drahtzug ermöglicht seine spannungsfreie Einstellung. Der Motor soll bei dieser Einstellung aber laufen.

Maßgebliches

Bei den »Technischen Daten« handelt es sich um Werte in international gültigen Maßeinheiten, die von Kurzbezeichnungen für Teile des Motors, des Fahrwerks und der Karosserie ergänzt werden. Diese Zahlen sind zugleich Bestandteil der Allgemeinen Betriebserlaubnis (ABE) und entsprechende Veränderungen am Wagen sind nicht oder nur unter besonderen Bedingungen erlaubt. Die Daten geben Aufschluß über den Charakter der in diesem Buch beschriebenen Modelle und bieten einen Vergleich zu anderen Automobilen. (Abweichungen der auf den nachstehenden Seiten gemachten Angaben auf Grund von werksseitigen Änderungen vorbehalten.)

Werksinterne Typ-Bezeichnungen:
Mercedes-Benz 200 = 123.220
Mercedes-Benz 200 T = 123.280
Mercedes-Benz 230 E = 123.223
Mercedes-Benz 230 CE = 123.243
Mercedes-Benz 230 TE = 123.283

Motor

		200 / 200 T	230 E / 230 CE / 230 TE
Bezeichnung		102.920	102.980
Kurzbezeichnung		102	102
Bauart		Reihenmotor mit obenliegender Nockenwelle	
Arbeitsverfahren		Viertakt-Ottomotor mit Vergaser	Viertakt-Ottomotor mit Benzineinspritzung
Zylinderzahl		4	4
Zylinderanordnung		stehend in Reihe, 15° geneigt	
Hubraum effektiv	cm³	1997	2299
Hubraum nach Steuerformel	cm³	1977	2276
Bohrung	mm	89,0	95,5
Hub	mm	80,25	80,25
Leistung	kW	80	100
	PS	109	136
	bei 1/min	5200	5100
Höchstdrehzahl	1/min	6000	6000
Leerlaufdrehzahl	1/min	750–850	750–850
Höchstdrehmoment	Nm bei 1/min	170/3000	205/3500
Mittlerer Arbeitsdruck max. bar Überdruck		10,7	11,2
Verdichtungsverhältnis		9±0,2:1	9±0,2:1
Mittlere Kolbengeschwindigkeit bei Höchstleistung	m/s	13,9	13,6
Kurbelwellenlager		5	5
Ventiltrieb		1 Nockenwelle, obenliegend, Einfachrollenkette	
Ventilanordnung		hängend	hängend
Ventilsteuerzeiten			
Einlaß öffnet nach OT		12°	12°
Einlaß schließt nach OT		22°	22°
Auslaß öffnet vor UT		30°	30°
Auslaß schließt vor OT		12°	12°

		200 / 200 T	230 E / 230 CE / 230 TE
Ventilspiel (kalt)			
Einlaß	mm	0,15	0,15
Auslaß	mm	0,30	0,30
Ventilspiel (warm)			
Einlaß	mm	0,20	0,20
Auslaß	mm	0,35	0,35
Schmierung		Öldruckumlaufschmierung durch Zahnradpumpe	
Öldruck			
im Leerlauf	bar	0,5	0,5
bei 3000/min	bar	3,0	3,0
Ölfilter		Hauptstromfilter	Hauptstromfilter
Kühlung		Wasserumlaufkühlung durch Flügelradpumpe, Thermostat mit Kurzschlußteller, Rippenrohrkühler	
Lüfter		Magnetlüfterkupplung	Magnetlüfterkupplung
Kühlmitteltemperatur			
bis maximal	°C	126	126
im Regelbereich des Thermostaten	ca. °C	85–100	85–100

Kraftstoffanlage

Kraftstoffart		Super-Benzin	Super-Benzin
Kraftstoff-Klopffestigkeit	ROZ/MOZ	98/88	98/88
Kraftstoffpumpe		Mechanische Membranpumpe, Antrieb durch Nebenwelle	
Luftfilter		Trockenluftfilter mit Papierpatrone	Trockenluftfilter mit Papierpatrone
Gemischbildungsanlage		Vergaser	Einspritzanlage
Bezeichnung		Stromberg 175 CDT	Bosch K-Jetronic
Leerlauf-Abgaswert	% CO	0,8–1,5	0,5–1,5

Verbrauchswerte

		200	200 T	230 E	230 CE	230 TE
Mechanisches 4-Gang-Getriebe						
Stadtzyklus	l/100 km	12,4	13,1	12,9	13,1	13,1
90 km/h	l/100 km	7,9	7,9	8,1	8,1	8,1
120 km/h	l/100 km	10,2	10,2	10,3	10,3	10,3
Mechanisches 5-Gang-Getriebe						
Stadtzyklus	l/100 km	12,4	13,1	12,7	13,1	13,1
90 km/h	l/100 km	7,6	7,6	7,7	7,7	7,7
120 km/h	l/100 km	9,6	9,6	9,6	9,6	9,6
Automatisches Getriebe						
Stadtzyklus	l/100 km	12,1	12,9	13,1	12,8	13,1
90 km/h	l/100 km	8,6	8,6	8,6	8,7	8,7
120 km/h	l/100 km	11,0	11,0	11,0	10,9	10,9

Elektrische Anlage

		200 / 200 T	230 E / 230 CE / 230 TE
Netzspannung	V	12	12
Batteriekapazität	Ah	55	55
Anlasser	Typ	Bosch GF 12 V 1,5 kW	Bosch GF 12 V 1,5 kW
Drehstrom-Generator	Typ	Bosch K 1→14 V 55 A 20	Bosch K 1→14 V 55 A 20
max. Leistung	W	770	770
Ladebeginn bei	l/min	437	437
Regler	Typ	Bosch EL 14 V 4 B	Bosch EL 14 V 4 B
Zündanlage		Kontaktlose Transistorzündung ohne Vorwiderstände	
Zündverteiler	Typ	Bosch 0 237 002 059	Bosch 0 237 003 022
Schließwinkel		–	–
Zündzeitpunkt bei 4500/min ohne Unterdruck		32°	32°
Zündverstellung			
mit Unterdruck im Leerlauf		13° ± 3°	13° ± 3°
mit Fliehkraft und Unterdruck bei 4500/min		32–40°	32–40°
Zündfolge		1-3-4-2	1-3-4-2
Zündkerzen		Bosch H7D Beru 14 K–7D Champion BN–9Y	Bosch H7D Beru 14 K–7D Champion BN–9Y
Elektrodenabstand	mm	0,8	0,8
Glühlampen		siehe Seite 200	

Keilriemen-Abmessung

		200 / 200 T	230 E / 230 CE / 230 TE
Kühlmittelpumpe – Drehstrom-Generator	mm	9,5 × 1005	9,5 × 1005
Servolenkung	mm	12,5 × 750	12,5 × 750
Klimaanlage	mm	12,5 × 875	12,5 × 875

Kraftübertragung

Bauart		Antrieb auf Hinterräder über geteilte Kardanwelle	
Kupplung		Einscheiben-Trockenkupplung	Einscheiben-Trockenkupplung
Betätigung		hydraulisch	hydraulisch
Schaltgetriebe		mechanisches 4-Gang- oder 5-Gang-Synchron-Getriebe, Mittelschaltung	
Übersetzungsverhältnisse			
4-Gang-Getriebe			
1. Gang		3,91	3,91
2. Gang		2,32	2,32
3. Gang		1,42	1,42
4. Gang		1,00	1,00
Rückwärtsgang		3,78	3,78
5-Gang-Getriebe			
1. Gang		3,82	3,82
2. Gang		2,20	2,20
3. Gang		1,40	1,40
4. Gang		1,00	1,00
5. Gang		0,81	0,81
Rückwärtsgang		3,71	3,71
Automatisches Getriebe		automatisches 4-Gang-Getriebe mit Wandler, Mittelschaltung oder Lenkradschaltung	
Übersetzungsverhältnisse			
1. Gang		3,98	3,98
2. Gang		2,39	2,39
3. Gang		1,46	1,46
4. Gang		1,00	1,00
Rückwärtsgang		5,47	5,47
Hinterachse		hypoidverzahntes Ausgleichsgetriebe	
Hinterachsübersetzung		3,69	3,58
Motordrehzahl bei 100 km/h im 4. Gang			
mechanisches Getriebe	1/min	3195	3100
automatisches Getriebe	1/min	3250	3150

Fahrwerk

Vorderachse		Einzelradaufhängung, Doppel-Querlenker, Schraubenfedern, Gasdruck-Stoßdämpfer, Drehstabstabilisator	
Lenkung		Kugelumlauflenkung mit Lenkungsdämpfer	
Servolenkung		bis 8. 82: auf Wunsch, ab 8. 82: serienmäßig	bis 8. 82: auf Wunsch, 230 CE: serienmäßig, ab 8. 82: serienmäßig
Wendekreis	m	11,25, 200 T: 11,29	11,25, 230 TE: 11,29
Radeinschlag			
innen bis		43°	43°
außen bis		33°	33°
Vorspur		0° 25′ ± 10′ = 3,0 ± 1 mm	
Sturz		0° ± 10′	
Nachlauf		8° 45′ ± 30′	
Spurdifferenzwinkel		–1° 10′ ± 40′	
Hinterachse		Diagonal-Pendelachse, Schräglenker, Schraubenfedern, Gasdruck-Stoßdämpfer, Drehstabstabilisator	
Niveauregulierung		auf Wunsch, 200 T: serienmäßig	auf Wunsch, 230 T: serienmäßig
Vorspur		$0^\circ\, 30'{}^{+10'}_{-15'}$ = 3,5 ± 1,5 mm	$0^\circ\, 30'{}^{+10'}_{-15'}$ = 3,5 ± 1,5 mm
Sturz		0° 15′ ± 30′, 200 T: –0° 30′ ± 30′	0° 15′ ± 30′, 230 TE: –0° 30′ ± 30′
bei erhöhter Zuladung		+ 0° 50′ ± 30′	+ 0° 50′ ± 30′
Bremsanlage		hydraulische Zweikreisbremse mit Unterdruckverstärker	
Bremsscheiben-Durchmesser			
vorn	mm	278 ± 0,2	278 ± 0,2
hinten	mm	279 ± 0,2	279 ± 0,2
Feststellbremse		Fußfeststellbremse, mechanisch auf Hinterräder wirkend	

Räder und Reifen

		200	200 T	230 E	230 CE	230 TE
Felgengröße		5½ J × 14 H 2	6 J × 14 H 2	5½ J × 14 H 2	6 J × 14 H 2	6 J × 14 H 2
bei erhöhter Zuladung			5½ J × 15 H 2			5½ J × 15 H 2
Reifengröße		175 SR 14 88 S	195/70 R 14 90 S	175 HR 14 88 H	195/70 HR 14 89 H bzw. 90 H	195/70 HR 14 90 H
bei erhöhter Zuladung			185 R 15 93 H			185 R 15 93 H
Reifendruck (kalt)						
mittlere Geschwindigkeit						
vorn	bar	2,0		2,0	2,0	
hinten	bar	2,2		2,2	2,2	
maximale Geschwindigkeit						
vorn	bar	2,3		2,3	2,3	
hinten	bar	2,5		2,5	2,5	
Teilbelastung						
vorn	bar		2,0			2,0
hinten	bar		2,2			2,2
Maximalbelastung						
vorn	bar		2,0			2,0
hinten	bar		2,7			2,7
bei erhöhter Zuladung						
vorn	bar		2,3			2,3
hinten	bar		3,2			3,2
maximale Geschwindigkeit zuzüglich	bar		0,3			0,3

Maße und Gewichte

		200	200 T	230 E	230 CE	230 TE
Radstand	mm	2795	2795	2795	2795	2795
Spurweite						
vorn	mm	1488	1488	1488	1488	1488
hinten	mm	1446	1446	1446	1446	1453
Länge	mm	4725	4725	4725	4640	4725
Breite	mm	1786	1786	1786	1786	1786
Höhe unbelastet	mm	1438	1438	1438	1395	1425
mit Dachreling	mm	–	–	–	–	1470
Bodenfreiheit belastet	mm	164	164	164	164	159
Überhangwinkel						
vorn		24°	24°	24°	24°	24°
hinten		16°	16°	16°	16°	16°
Überhang						
vorn	mm	795	795	795	795	795
hinten	mm	1135	1135	1135	1135	1135
Leergewicht, fahrfertig	kg	1350	1470	1360	1380	1480
Achslast, fahrfertig						
vorn	kg	695	705	700	710	710
hinten	kg	655	765	660	670	670
Zulässiges Gesamtgewicht	kg	1870	2090	1880	1900	2100
Zulässiger Achsdruck						
vorn	kg	875	895	880	885	900
hinten	kg	995	115	1000	1015	1200
Zulässige Kofferraumlast	kg	100	–	100	100	–
Zulässige Dachlast	kg	–	100	–	–	100
bis Dezember 1980	kg	80	–	80	80	–
ab Januar 1981	kg	100	–	100	100	–
Zulässiges Anhängegewicht						
gebremst	kg	1500	1500	1500	1500	1500
ungebremst	kg	705	750	715	730	750

Füllmengen

		200	200 T	230 E	230 CE	230 TE
Tankinhalt	ca. l	65	70	65	65	70
Reserve	ca. l	9,5	11	9,5	9,5	11
Kühlsystem mit Heizung	ca. l	8,5	8,5	8,5	8,5	8,5
Motor						
Neubefüllung	ca. l	5,0	5,0	5,0	5,0	5,0
bei Öl- und Filterwechsel	ca. l	4,5	4,5	4,5	4,5	4,5
Ölfilter	ca. l	0,2	0,2	0,2	0,2	0,2
Ölmeßstabmarkierungen						
Maximum	l	4,3	4,3	4,3	4,3	4,3
Minimum	l	2,8	2,8	2,8	2,8	2,8
Ölkühler	l	–	–	0,5	0,7	0,7

		200	200 T	230 E	230 CE	230 TE
Mechan. 4-Gang-Getriebe	ca. l	1,3	1,3	1,3	1,3	1,3
Mechan. 5-Gang-Getriebe	ca. l	1,6	1,6	1,6	1,6	1,6
Automatisches Getriebe						
Neubefüllung	l	6,1	6,1	6,1	6,1	6,1
Ölwechsel	l	4,8	4,8	4,8	4,8	4,8
Hinterachse	ca. l	1,0	1,0	1,0	1,0	1,0
Mechanische Lenkung	ca. l	0,3	0,3	0,3	0,3	0,3
Servolenkung	ca. l	1,4	1,4	1,4	1,4	1,4
Bremsanlage und Kupplungsbetätigung	ca. l	0,53	0,53	0,53	0,53	0,53
Niveauregulierung	l	3,5	3,5	3,5	3,5	3,5
Scheibenwaschanlage	ca. l	3	3	3	3	3
mit Scheinwerfer-Reinigungsanlage	ca. l	5	5	5	5	5

Fahrwerte (Werksangaben)

		200	200 T	230 E	230 CE	230 TE
Höchstgeschwindigkeit in der Ebene (ca.)						
Mechan. 4-Gang-Getriebe	km/h	168	168	180	180	180
Mechan. 5-Gang-Getriebe	km/h	168	168	180	180	180
Automatisches Getriebe	km/h	163	163	175	175	175
Höchstgeschwindigkeiten in den einzelnen Gängen						
Mechan. 4-Gang-Getriebe						
1. Gang	km/h	48	48	52	52	52
2. Gang	km/h	80	80	85	85	85
3. Gang	km/h	134	134	138	138	138
4. Gang	km/h	168	168	180	180	180
Mechan. 5-Gang-Getriebe						
1. Gang	km/h	48	48	52	52	52
2. Gang	km/h	80	80	85	85	85
3. Gang	km/h	134	134	138	138	138
4. Gang	km/h	168	168	180	180	180
5. Gang	km/h	160	160	172	172	172
Automatisches Getriebe						
1. Gang	km/h	40	40	43	43	43
2. Gang	km/h	80	80	85	85	85
3. Gang	km/h	134	134	138	138	138
4. Gang	km/h	163	163	175	175	175
Steigfähigkeit						
Mechan. 4-Gang-Getriebe						
1. Gang	%	44	45	44	44	47
2. Gang	%	27	25	31	31	28
3. Gang	%	15	13	17	17	15
4. Gang	%	9	8	10	10	9
Mechan. 5-Gang-Getriebe						
1. Gang	%	44	45	44	44	47
2. Gang	%	27	25	31	31	28
3. Gang	%	15	13	17	17	15
4. Gang	%	9	8	10	10	9
5. Gang	%	6	5	7	7	6
Automatisches Getriebe						
1. Gang	%	44	47	44	44	47
2. Gang	%	35	34	44	44	44
3. Gang	%	22	20	27	27	25
4. Gang	%	8,5	8	10	10	9
Beschleunigen mit Durchschalten 0–100 km/h						
Mechanisches Getriebe	s	14,4	15,3	11,5	11,5	12,2
Automatisches Getriebe	s	15,4	16,4	12,3	12,3	13,1

Änderungen in der Baureihe

Reifezeit

Im Laufe der Produktion werden Änderungen vorgenommen, die sich auf Erfahrungen in der Praxis und auf neue Gesichtspunkte in der technischen Entwicklung stützen. Hier folgt eine chronologische Übersicht solcher Verbesserungen. Sie ist für Gebrauchtwagenkäufer und -händler gleichermaßen wertvoll, und sie enthält wichtige Anhaltspunkte für professionelle und private Handwerker. Ausführliche technische Daten enthält das vorangegangene Kapitel.

1980

Juni: Innerhalb der seit Januar 1976 gefertigten Baureihe 123 ersetzen die neuen Modelle 200 und 200 T sowie 230 E, 230 CE und 230 TE die bisherigen Typen 200 und 230, den im März 1977 erschienenen 230 C und den im April 1978 vorgestellten 230 T.
Merkmale der neuen Modelle sind neue Vierzylindermotoren und ein ebenfalls neues Viergang-Getriebe. Der 2-Liter-Motor leistet 80 kW (109 PS), Gemischaufbereitung durch einen Stromberg-Vergaser. 2,3-Liter-Motor mit 100 kW (136 PS), mechanisch gesteuerte Einspritzanlage (Bosch K-Jetronic). Beide Triebwerksvarianten sind konstruktiv miteinander verwandt, sie besitzen eine obenliegende Nockenwelle, Transistorzündung und erstmals eine Sichel-Ölpumpe. Gegenüber den vorangegangenen Modellen angehobenes Drehmoment und deutliche Verbrauchsreduzierung.
Karosserie- und Fahrwerksausführung wie bei den bisherigen Modellen.

Oktober: Auslieferung mit Anti-Blockier-System (ABS) möglich.

1981

September: Neues Fünfgang-Getriebe auf Wunsch verfügbar.
K-Jetronic serienmäßig mit Schubabschaltung.
Auf Wunsch Airbag für den Fahrer, Gurtstrammer für den Beifahrer.

1982

August: Rechteckscheinwerfer für alle Modelle wie bisher bei den Typen 280 E/TE und 300 TD. Geänderte Blenden an den vorderen und hinteren Dachpfosten, neue Kopfstützen, Stoffbezüge seitlich an Sitzen und an den Türen, Holzleiste am Armaturenbrett. Lehnen der Vordersitze ausgekehlt (mehr Knieraum im Fond). Leichtgängigere Fensterkurbeln, Innenleuchte mit Ausschaltverzögerung. Einsatz eines Econometers (Verbrauchstendenzanzeige). Alle Modelle mit Servolenkung. Sonderausstattung: elektrisch einstellbarer rechter Außenspiegel.

Stichwortverzeichnis

Wegbereiter

Erläuterung zum nebenstehenden Schaltplan

Kabelfarben

bl = blau	gn = grün	rt = rot
br = braun	gr = grau	sw = schwarz
el = elfenbein	nf = naturfarben	vi = violett
ge = gelb	rs = rosa	ws = weiß

Beispiel:
Leitungsbezeichnung 1,5 gr/rt
Grundfarbe gr = grau
Kennfarbe rt = rot
Leitungerquerschnitt 1,5 = 1,5 mm²

Elektrischer Schaltplan Typ 230 E/CE (123.223/243)

1 – Leuchteinheit, links
- a Fernlicht
- b Abblendlicht
- c Standlicht/Parklicht
- d Nebellicht
- e Blinklicht

2 – Schalter Bremsflüssigkeitskontrolle
3 – Kontaktfühler Bremsbeläge, vorn links
4 – Kontaktfühler Bremsbeläge, vorn rechts
5 – Kombi-Instrument
- a Blinkerkontrolle, links
- b Fernlichtkontrolle
- c Temperaturanzeige Kühlmittel
- d Kraftstoffanzeige-Instrument
- e Kraftstoffreserve-Warnung
- f Ladekontrolle
- g Kontrolle Bremsbelagverschleißanzeige
- h Kontrolle Bremsflüssigkeit und Feststellbremse
- i Instrumentenbeleuchtung
- j Regelwiderstand Instrumentenbeleuchtung
- k Warnsummer
- l Blinkerkontrolle, rechts
- m Elektronische Uhr

6 – Zigarrenanzünder mit Ascherbeleuchtung
7 – Radio*
8 – Leuchteinheit, rechts
- a Fernlicht
- b Abblendlicht
- c Standlicht/Parklicht
- d Nebellicht
- e Blinklicht

9 – Zusatzlufschieberbeheizung
10 – Schalter Festellbremskontrolle
11 – Temperaturfühler Kühlmittelanzeige
12 – Warnsummerkontakt
13 – Deckenleuchte, vorn, mit Schalter
14 – Türkontaktschalter, vorn links
15 – Türkontaktschalter, vorn rechts
16 – Steuergerät Tempomat*
17 – Geber Tempomat*
18 – Tastschalter Tempomat*
- A Ausschalten
- V Verzögern/Fixieren
- SP Speicher
- B Beschleunigen/Fixieren

19 – Regelgerät Tempomat*
20 – Schalter Handschuhkastenleuchte
21 – Handschuhkastenleuchte
22 – Relais Umschaltventil Drehzahlstabilisierung* (Nur bei autom. Getriebe und/oder Klimaanlage)
23 – Heizspirale Warmlaufregler
24 – Thermozeitschalter
25 – Startventil
26 – Relais Kraftstoffpumpe mit elektronischer Drehzahlbegrenzung/Warmlaufregler
27 – Kraftstoffpumpe
28 – Relais I Fensterheber*
29 – Relais II Fensterheber*
30 – Sicherungsdose
31 – Bremslichtschalter
32 – Zweiklang-Signalanlage
33 – Warnblinkschalter/Elektronik
34 – Signalkontakt
35 – Kombi-Schalter
- a Blinkerschalter
- b Lichthupenschalter
- c Abblendschalter
- d Wascherschalter
- e Schalter Wischergeschwindigkeit
  - I Intervallwischen
  - II Langsames Wischen
  - III Schnelles Wischen

36 – Wischermotor
37 – Intervall-Nachwisch-Elektronik
38 – Zündstartschalter
39 – Lichtdrehschalter
40 – Türkontaktschalter Fensterheber
41 – Schiebedachmotor*
42 – Schalter elektrisches Schiebedach*
43 – Magnetventil automatisches Getriebe*
44 – Kick-down-Schalter*
45 – Startsperr- und Rückfahrlichtschalter*
46 – Umschaltventil Frischluft Umluftweiche*
47 – Temperaturfühler Klimaanlage*
48 – Temperaturwählrad Klimaanlage*
49 – Gebläseschalter mit Beleuchtung
50 – Wascherpumpe
51 – Wischermotor Scheinwerfer, links*
52 – Wischermotor Scheinwerfer, rechts*
53 – Relais Scheinwerferreinigungsanlage*
54 – Wascherpumpe Scheinwerfer*
55 – Schaltgerät Transistorzündung
56 – Zündverteiler kontaktlos
57 – Zündkerzen
58 – Zündspule
59 – Beleuchtung
- a Luftweichenbedienung
- b Heizungsregulierung
- c Schalter*

60 – Relais Klimaanlage*
61 – Temperaturschalter 62°C Flüssigkeitsbehälter Klimaanlage*
62 – Temperaturschalter 100°C
63 – Zusatzlüfter*
64 – Magnetkupplung Motorlüfter*
65 – Elektromagnetische Kupplung Kältekompressor*
66 – Druckschalter Kältekompressor* Ein 2,6 bar, Aus 2,0 bar
67 – Umschaltventil Drehzahlstabilisierung*
68 – Vorwiderstand Gebläsemotor
69 – Gebläsemotor
70 – Automatische Antenne*
71 – Fensterhebermotor, hinten links*
72 – Schalter Fenster, hinten links*
73 – Schaltergruppe Fensterheber*
- a Schalter Fenster, hinten links
- b Sicherheitsschalter
- c Schalter Fenster, vorn links
- d Schalter Fenster, vorn rechts
- e Schalter Fenster, hinten rechts

74 – Fensterhebermotor, vorn links*
75 – Zeitrelais heizbare Heckscheibe
76 – Schalter heizbare Heckscheibe
77 – Doppelkontaktrelais Klimaanlage*
78 – Starter
79 – Batterie
80 – Drehstromgenerator mit elektronischem Regler
81 – Türkontaktschalter, hinten links*
82 – Schalter Deckenleuchte, hinten*
83 – Türkontaktschalter, hinten rechts*
84 – Deckenleuchte, hinten*
85 – Steckverbindung Schlußlampenleitungssatz
86 – Kofferraumleuchte
87 – OT-Geber
88 – Fensterhebermotor, vorn rechts*
89 – Steckdose (Diagnose)
90 – Geber Kraftstoffanzeige
91 – Fensterhebermotor, hinten rechts*
92 – Schalter Fenster, hinten rechts*
93 – Schlußleuchte, links
- a Blinklicht
- b Schlußlicht/Parklicht
- c Rückfahrlicht
- d Bremslicht
- e Nebelschlußlicht

94 – Kennzeichenleuchte
95 – Heizbare Heckscheibe
96 – Beleuchtung Schaltkulisse*
97 – Schlußleuchte, rechts
- a Blinklicht
- b Schlußlicht/Parklicht
- c Rückfahrlicht
- d Bremslicht

* – Sonderausstattung

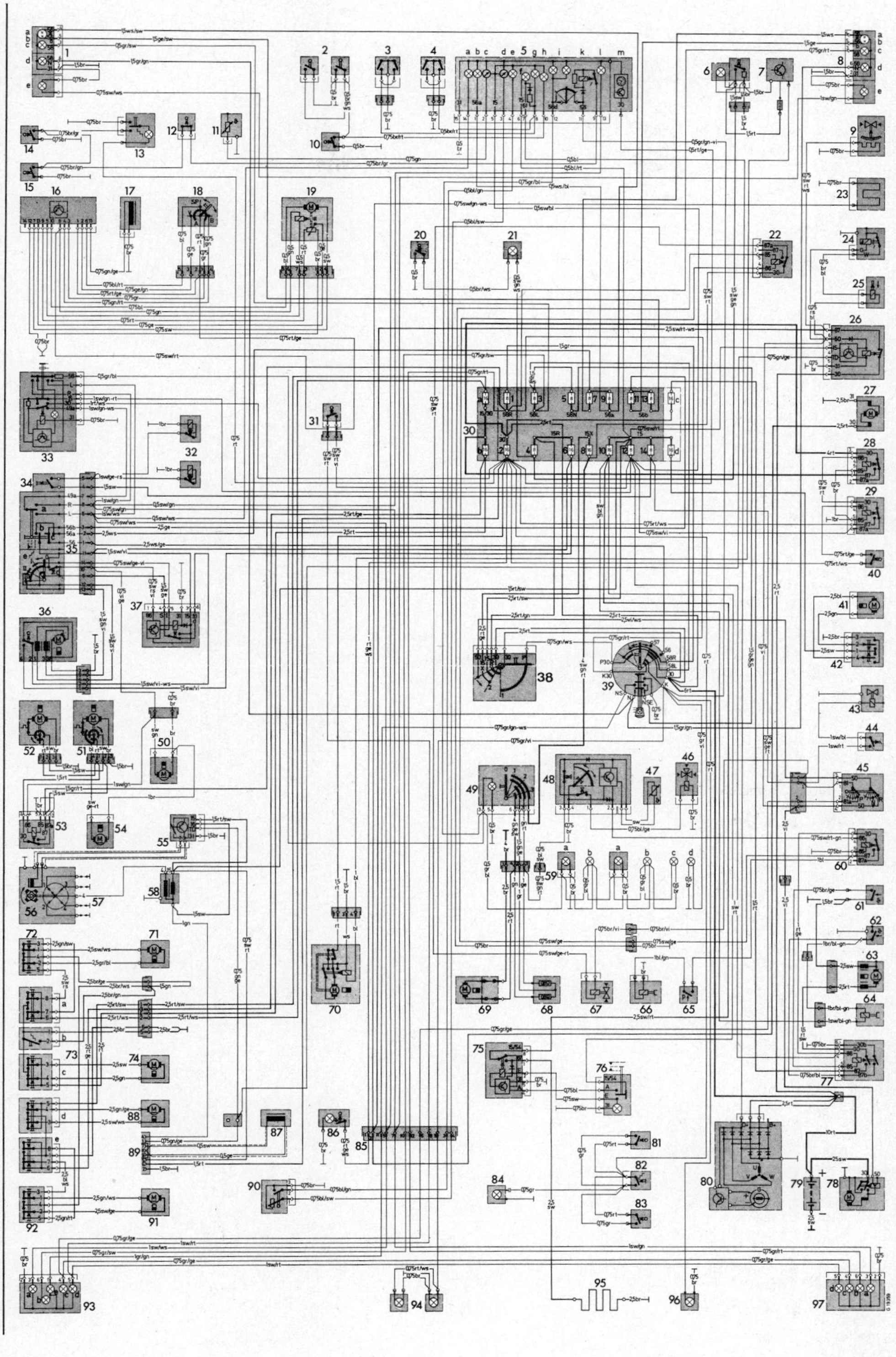

1
2
3
4
5
6
7
8
9
10
11
12
13
14
15
16
17
18
19
20
21
22
23
24
25
26
27
28
29
30
31
32
33
34
35
36
37
38
39
40
41
42
43
44
45
46
47
48
49
50
51
52
53
54
55
56
57
58
59
60
61
62
63
64
65
66
67
68
69
70
71
72
73
74
75
76
77
78
79
80
81
82
83
84
85
86
87
88
89
90
91
92
93
94
95
96
97

Erläuterung zum Schaltplan in der hinteren Buchklappe

Elektrischer Schaltplan Typ 200 (123.220)

1 – Leuchteinheit, links
a Fernlicht
b Abblendlicht
c Standlicht/Parklicht
d Nebellicht
e Blinklicht
2 – Schalter Bremsflüssigkeitskontrolle
3 – Kontaktfühler Bremsbeläge, vorn links
4 – Kontaktfühler Bremsbeläge, vorn rechts
5 – Kombi-Instrument
a Blinkerkontrolle, links
b Fernlichtkontrolle
c Temperaturanzeige Kühlmittel
d Kraftstoffanzeige-Instrument
e Kraftstoffreserve-Warnung
f Ladekontrolle
g Kontrolle Bremsbelagverschleißanzeige
h Kontrolle Bremsflüssigkeit und Feststellbremse
i Instrumentenbeleuchtung
j Regelwiderstand Instrumentenbeleuchtung
k Warnsummer
l Blinkerkontrolle, rechts
m Elektronische Uhr
6 – Zigarrenanzünder mit Ascherbeleuchtung
7 – Radio*
8 – Leuchteinheit, rechts
a Fernlicht
b Abblendlicht
c Standlicht/Parklicht
d Nebellicht
e Blinklicht
9 – Thermoverzögerungsventil Startautomatik
10 – Schalter Festellbremskontrolle
11 – Temperaturfühler Kühlmittelanzeige
12 – Warnsummerkontakt
13 – Deckenleuchte, vorn, mit Schalter
14 – Türkontaktschalter, vorn links
15 – Türkontaktschalter, vorn rechts
16 – Steuergerät Tempomat*
17 – Geber Tempomat*
18 – Tastschalter Tempomat*
A Ausschalten
V Verzögern/Fixieren
SP Speicher
B Beschleunigen/Fixieren
19 – Regelgerät Tempomat*
20 – Schalter Handschuhkastenleuchte
21 – Handschuhkastenleuchte
22 – Saugrohrbeheizung
23 – Heizspirale Starterdeckel
24 – Relais Saugrohrbeheizung
25 – Temperaturschalter 40° C
26 – Sicherungsdose Saugrohrbeheizung
27 – Leerlaufabschaltventil
28 – Relais Leerlaufabschaltventil Drehzahlbegrenzung
29 – Relais I Fensterheber*
29 a – Relais II Fensterheber*
30 – Sicherungsdose
31 – Bremslichtschalter
32 – Zweiklang-Signalanlage
33 – Warnblinkschalter/Elektronik
34 – Signalkontakt
35 – Kombi-Schalter
a Blinkerschalter
b Lichthupenschalter
c Abblendschalter
d Wascherschalter
e Schalter Wischergeschwindigkeit
I Intervallwischen
II Langsames Wischen
III Schnelles Wischen
36 – Wischermotor
37 – Intervall-Nachwisch-Elektronik
38 – Zündstartschalter
39 – Lichtdrehschalter
40 – Türkontaktschalter Fensterheber
41 – Schiebedachmotor*
42 – Schalter elektrisches Schiebedach*
43 – Magnetventil automatisches Getriebe*
44 – Kick-down-Schalter*
45 – Startsperr- und Rückfahrlichtschalter*
46 – Umschaltventil Frischluft Umluftweiche*
47 – Temperaturfühler Klimaanlage*
48 – Temperaturwählrad Klimaanlage*
49 – Gebläseschalter mit Beleuchtung
50 – Wascherpumpe
51 – Wischermotor Scheinwerfer, links*
52 – Wischermotor Scheinwerfer, rechts*
53 – Relais Scheinwerferreinigungsanlage*
54 – Wascherpumpe Scheinwerfer*
55 – Schaltgerät Transistorzündung
56 – Zündverteiler kontaktlos
57 – Zündkerzen
58 – Zündspule
59 – Beleuchtung
a Luftweichenbedienung
b Heizungsregulierung
c Schalter*
60 – Relais Klimaanlage*
61 – Temperaturschalter 62°C Flüssigkeitsbehälter Klimaanlage*
62 – Temperaturschalter 100°C
63 – Zusatzlüfter*
64 – Magnetkupplung Motorlüfter*
65 – Elektromagnetische Kupplung Kältekompressor*
66 – Druckschalter Kältekompressor*
Ein 2,6 bar, Aus 2,0 bar
67 – Umschaltventil Drehzahlstabilisierung*
68 – Vorwiderstand Gebläsemotor
69 – Gebläsemotor
70 – Automatische Antenne*
71 – Fensterhebermotor, hinten links*
72 – Schalter Fenster, hinten links*
73 – Schaltergruppe Fensterheber*
a Schalter Fenster, hinten links
b Sicherheitsschalter
c Schalter Fenster, vorn links
d Schalter Fenster, vorn rechts
e Schalter Fenster, hinten rechts
74 – Fensterhebermotor, vorn links*
75 – Zeitrelais heizbare Heckscheibe
76 – Schalter heizbare Heckscheibe
77 – Doppelkontaktrelais Klimaanlage*
78 – Starter
79 – Batterie
80 – Drehstromgenerator mit elektronischem Regler
81 – Türkontaktschalter, hinten links*
82 – Schalter Deckenleuchte, hinten*
83 – Türkontaktschalter, hinten rechts*
84 – Deckenleuchte, hinten*
85 – Steckverbindung Schlußlampenleitungssatz
86 – Kofferraumleuchte
87 – OT-Geber
88 – Fensterhebermotor, vorn rechts*
89 – Steckdose (Diagnose)
90 – Geber Kraftstoffanzeige
91 – Fensterhebermotor, hinten rechts*
92 – Schalter Fenster, hinten rechts*
93 – Schlußleuchte, links
a Blinklicht
b Schlußlicht/Parklicht
c Rückfahrlicht
d Bremslicht
e Nebelschlußlicht
94 – Kennzeichenleuchte
95 – Heizbare Heckscheibe
96 – Beleuchtung Schaltkulisse*
97 – Schlußleuchte, rechts
a Blinklicht
b Schlußlicht/Parklicht
c Rückfahrlicht
d Bremslicht
* – Sonderausstattung